Lehrbuch

der

Spektralanalyse.

Lehrbuch

der

Spektralanalyse

von

Dr. Heinrich Kayser,

Privatdocent an der Universität zu Berlin und Assistent am Physikalischen Institut.

Mit 87 in den Text gedruckten Holzschnitten und 9 lithogr. Tafeln.

Springer-Verlag Berlin Heidelberg GmbH

1883.

ISBN 978-3-642-52523-0 ISBN 978-3-642-52577-3 (eBook)
DOI 10.1007/978-3-642-52577-3
Softcover reprint of the hardcover 1st edition 1883

Vorwort.

Bei Gelegenheit der Vorarbeiten zu einem Colleg über Spektralanalyse wurde mir der Mangel an einem Lehrbuch über diesen Abschnitt der Physik aufs Neue fühlbar, nachdem ich ihn schon früher bei eigenen Untersuchungen sehr empfunden hatte. In unseren Lehrbüchern der allgemeinen Physik wird dieses so interessante Gebiet ausserordentlich stiefmütterlich behandelt, die neueren Versuchsmethoden und Resultate finden sich fast nirgends angegeben, und die enormen Fortschritte, welche die Spektralanalyse in den letzten 15 Jahren — namentlich durch englische Forscher — gemacht hat, bleiben meist unerwähnt. Von den speciellen Werken über Spektralanalyse, deren es eine recht grosse Anzahl giebt, verfolgen die meisten den Zweck, in ganz populärer Form den Gegenstand zu behandeln; in dieser Richtung hat Roscoe Ausgezeichnetes geleistet. Andere Werke sind zwar wissenschaftlicher gehalten, aber sie betonen dann nur einzelne Capitel oder einzelne Richtungen der Spektralanalyse; so hat das sehr empfehlenswerthe Buch von H. W. Vogel nur die praktische Analyse, namentlich die durch Absorptionsspektren im Auge. Auch die sehr starke, neueste Auflage der Schellen'schen Spektralanalyse lässt recht viel zu wünschen übrig.

Es bleibt daher einem Jeden, der sich eingehend mit der Sache beschäftigen will, nichts anderes übrig als selbst an die Quellen zu gehen und die Tausende von Abhandlungen, die in zahllosen Zeitschriften verstreut sind, zu studiren.

Als nun auch ich mich dieser nicht kleinen Arbeit unterzog, schien es mir doch zweckmässig, sie nicht nur für mich zu unternehmen, sondern sie auch für Andere verwerthbar zu machen, und aus diesem Bestreben ist das vorliegende Buch hervorgegangen. Entsprechend den Veranlassungen, die ich zu seiner Ausarbeitung hatte, verfolgt es einen doppelten Zweck, nämlich erstens den, dem Studirenden in möglichst kurzer Form eine trotzdem vollständige Uebersicht über die Gesetze, Methoden und Apparate der Spektralanalyse zu geben, wobei zahlreiche Litteraturnachweise ein näheres Eingehen auf einzelne Punkte erleichtern, und zweitens soll es demjenigen, der selbständige Forschungen machen und zum weiteren Ausbau des Gegenstandes beitragen will, eine möglichst vollständige Kenntniss des bisher Erreichten geben. Diesem Zwecke entspricht der dritte Abschnitt des Buchs, der nach meinen Kräften vollständige Litteraturangaben enthält. Sollte die eine oder andere Arbeit übersehen sein, so würde ich Mittheilungen jederzeit dankbarst entgegennehmen.

Die Spektralanalyse ist noch ein durchaus nicht abgeschlossenes Gebiet, wie sehr häufig angenommen wird; im Gegentheil sind noch viele der fundamentalsten Fragen streitig — ich weise nur auf den Einfluss von Temperatur und Dichte und auf die Erklärung der mehrfachen Spektren der Elemente hin; es könnte daher Manchem verfrüht erscheinen, ein Lehrbuch zu schreiben. Ich bin indessen der Meinung, dass ein Zusammenfassen der Thatsachen und eine Erklärung derselben von einheitlichem Standpunkte aus, wie ich es zu thun versucht habe, nur vortheilhaft zur Klärung beitragen kann, selbst wenn sich manche Erklärungen als nicht richtig später herausstellen sollten. Jedenfalls werden dadurch die fraglichen Punkte und die Stellen, wo die weitere Untersuchung einzusetzen hat, deutlich hervorgehoben.

Es sind noch viele Arbeiter auf dem Felde der Spektralanalyse erwünscht und der Leser wird so manche Stellen im Buche finden, wo Lücken in unserer Kenntniss bezeichnet sind. Wenn es dem Buche gelingen sollte, neue Mitarbeiter zu gewinnen und so zur Ausfüllung dieser Lücken beizutragen, so würde es seinen Zweck vollkommen erfüllt haben.

Berlin, den 11. März 1883.

Dr. Heinrich Kayser.

Inhalt.

Einleitung.

Dritter Abschnitt.

Die Spektren der chemischen Elemente und ihrer wichtigsten Verbindungen.

Einleitung.

§. 1. Beziehungen zwischen Molekularbau und Lichterscheinungen.

Das wichtigste Hülfsmittel zur Erkennung der Konstitution der Körper ist in ihrem Verhalten zu den Lichtschwingungen gegeben; es gewährt uns die Möglichkeit, sowohl die Art des Aufbaues der Körper, die Lagerung der Molekeln in denselben zu erkennen, d. h. festzustellen, ob der Körper isotrop oder krystallinisch ist, und in welcher Weise er krystallisirt ist, — als auch über den Aufbau des Molekels selbst aus Atomen vieles zu erfahren, so weit, dass wir die chemische Natur des Molekels festzustellen vermögen.

In erster Beziehung benutzen wir die Polarisationserscheinungen; sie beruhen darauf, dass nach bestimmten Gesetzen geschichtete Molekeln Lichtschwingungen, die nach einer Richtung erfolgen, leichter hindurchlassen, als die Schwingungen nach allen andern Richtungen, und daher von dem auf sie fallenden natürlichen Lichte, welches Schwingungen nach allen möglichen Richtungen enthält, eine Schwingungsrichtung begünstigen, das Licht in dieser Richtung polarisiren.

Ueber die Natur des Baues der einzelnen Molekeln können wir durch das Licht auf zwei Weisen Aufschluss erhalten, nämlich einmal durch ihr Verhalten zu fremdem, auf sie fallendem Lichte, dann aber vor allen Dingen auch durch Untersuchung des Lichtes, welches die Körper unter gewissen Bedingungen selbst ausstrahlen können. Wie nämlich die Körper als Ganzes (falls sie krystallinisch, also gesetzmässig gebaut sind) einzelne Schwingungsrichtungen begünstigen können, andere aber gar nicht hindurchlassen, so zeigen die verschiedenen Molekeln verschiedenes Verhalten gegen verschieden schnelle Schwingungen: während sie die einen ungeschwächt hindurchlassen, können sie anderen den Durchtritt ganz verwehren, dieselben absorbiren. Gehen also durch einen Körper Lichtstrahlen, welche Schwingungen von allen möglichen Schwingungszahlen enthalten, hindurch, so wird das Licht dabei je nach der Natur des Köpers modifizirt, und wir können aus seiner nachherigen Beschaffenheit Aufschlüsse über den Körper erhalten.

Andrerseits können die Körper auch selbstleuchtend werden, und es zeigt sich, dass dann ihr Molekularbau von grösstem Einfluss auf das emittirte Licht werden kann, indem jedes Molekel nur Wellen von bestimmter Schwingungszahl aussendet, und uns dadurch seine Beschaffenheit erkennen lässt.

Zu dieser Untersuchung über die Natur der Molekeln müssen wir aber das Licht in seine Bestandtheile von verschiedener Schwingungszahl sondern, was mittelst der Ausbreitnng zu einem Spektrum geschieht. Man hat daher diese Beobachtungsweise Spektralanalyse genannt, und unterscheidet nach den beiden besprochenen Arten der Untersuchung die Spektralanalyse mittelst Absorption und die Analyse mittelst Emission. In diese beiden Kapitel zerfällt denn auch naturgemäss unser Stoff, sie werden verbunden, und unter einheitliche Gesichtspunkte gebracht durch das für die Spektralanalyse fundamentale Kirchhoff'sche Gesetz über das Verhältniss zwischen der Emission und Absorption des Lichtes. Die erste und auch heute noch für irdische Stoffe wichtigere Untersuchungsweise bildet die Emissionsspektralanalyse, und so wollen wir auch mit dieser beginnen. Im zweiten Abschnitte werden wir die Absorptionserscheinungen kennen lernen und durch das Kirchhoff'sche Gesetz sehen, dass sie vollkommen gleichwerthig mit denen der Emission sind, und uns nur die Verhältnisse auch bei niedriger Temperaturstufe zeigen. In diesen Abschnitt wird auch die Besprechung des Sonnenspektrums fallen.

Ein dritter Abschnitt endlich soll die durch die spektralanalytischen Untersuchungen bisher gewonnenen Kenntnisse über die chemischen Elemente und ihre Verbindungen enthalten.

Erster Abschnitt.

Die Emission des Lichtes.

Capitel I.

Die Aetherwellen.

§. 2. Abhängigkeit der Emission von der Temperatur.

Alle Körper wirken bei gewöhnlichen Temperaturen auf unser Auge nur unter dem Einflusse von fremdem Licht, welche sie theils reflektiren, theils in verändertem Zustand hindurchlassen. Sobald das fremde Licht abgehalten wird, im Dunkeln, hören wir auf, die Körper zu sehen. Das ändert sich aber, wenn wir die Körper auf eine höhere Temperatur bringen; dann fangen sie selbst an, Licht auszustrahlen und zwar zuerst rothes Licht. Am bekanntesten ist diese Eigenschaft bei Metallen: halten wir ein Stück Eisen ins Feuer, so wird es zunächst „kirschroth", allmälig mit steigender Temperatur wird es hellroth um schliesslich bei der höchsten erreichbaren Hitze „weissglühend" zu werden. Diese Veränderung der Farben entsteht dadurch, dass zu den zuerst ausgesandten rothen Strahlen allmälig gelbe, dann grüne, endlich blaue hinzukommen; das Gemisch aller Farben giebt weisses Licht. Man kann sich davon durch einen einfachen Versuch überzeugen: leitet man durch einen Platindrath einen elektrischen Strom, so wird der Drath erhitzt und zwar um so stärker, je kräftiger der Strom ist. Lassen wir zunächst einen Strom hindurchgehen, der grade stark genug ist, um den Drath schwach glühend zu machen. Halten wir jetzt ein rothes Glas vor den Drath, so sehen wir ihn, da das rothe Glas alle rothen Strahlen ungeschwächt hindurchgehen lässt. Durch ein grünes oder blaues Glas, welche nur grünes oder blaues Licht durchlassen, sehen wir dagegen keine Spur des Drathes, da er Strahlen dieser Farbe noch nicht aussendet. Verstärken wir den elektrischen Strom, so wird der Drath heisser, und wir kommen zu einem Punkte, wo der Drath durch das rothe und grüne Glas sichtbar ist, durch das blaue aber noch nicht. Verstärken wir den Strom noch weiter, so können wir nun den Drath durch alle drei Gläser sehen, ein Beweis, dass er nun neben dem rothen und grünen auch blaues Licht aussendet; jetzt erscheint der Drath ohne farbige Gläser nahezu weiss.

Diese Eigenschaft, mit gesteigerter Temperatur selbst Licht zu emittiren, und zwar erst rothes, dann gelbes, grünes, blaues, endlich violettes, kommt allen festen und flüssigen Körpern zu. Es ist zuerst von Draper[1]) experimentell bewiesen worden, dass sämmtliche Körper bei genau derselben Temperatur anfangen, Strahlen der verschiedenen Farben auszusenden, indem er verschiedene Metalle, Gläser, Gesteine in demselben Metallrohr erhitzte, wobei sich zeigte, dass alle Körper bei der gleichen Temperatur, etwa 525° C. anfingen dunkelrothglühend zu werden, dann hellrothglühend, endlich weissglühend. Diese Thatsache hat sich später auch als Folgerung aus dem Kirchhoff'schen Gesetze ergeben.

§. 3. Brechung und Dispersion.

Wir haben eben gesehen, dass man gefärbte Gläser benutzen kann, um aus Lichtstrahlen die verschiedenfarbigen Bestandtheile auszuscheiden und zu trennen; indess ist dies Mittel ein sehr rohes und unvollkommenes, da jedes Glas doch noch sehr verschiedene Farben hindurchlässt. Wir müssen uns daher vor allen Dingen nach besseren Hülfsmitteln umsehen, die wirklich eine vollständige Trennung der Farben herbeiführen. Ein solches Mittel ist namentlich die Brechung des Lichtes.

Wenn ein Lichtstrahl schräg auf die Grenzfläche zweier durchsichtigen Medien von verschiedener Dichtigkeit auffällt, so setzt er seinen gradlinigen Weg nicht fort, sondern ändert in der Grenzfläche seine Richtung. Die Grösse dieser Richtungsänderung hängt erstens ab von der Natur der beiden Medien, dann aber auch von der Farbe des Strahles. Diese wichtige Thatsache wurde zuerst bekannt durch die im Jahre 1675 erschienene berühmte Abhandlung von Newton über Optik, in der er den Satz aussprach: „Lichtstrahlen von verschiedener Farbe sind verschieden brechbar.“ Er fand diese Thatsache, indem er durch eine runde Oeffnung im Laden seines verfinsterten Zimmers einen Sonnenstrahl auf ein Glasprisma fallen und durch dasselbe hindurchgehen liess. Der Strahl erzeugte dann auf der gegenüberliegenden Wand einen hellen Fleck, der aber nicht mehr kreisrund und weiss war, sondern in die Länge gezogen und gefärbt, so dass das eine Ende, und zwar das am wenigsten abgelenkte, roth, das am meisten abgelenkte violett erschien. Diese Zerlegung des Lichtes in seine farbigen Bestandtheile nennt man die Dispersion. Aus diesem und andern ähnlichen Versuchen folgerte Newton ganz

[1]) Draper, Phil. Mag. **30** p. 345—360 (1847).

richtig, dass 1. das weisse Sonnenlicht aus verschiedenfarbigen Strahlen zusammengesetzt sei, und dass 2. die verschiedenfarbigen Strahlen verschieden stark abgelenkt würden. Newton wies auch gleich nach, dass aus den verschiedenen Farben wieder weisses Licht zusammengesetzt werden könne, indem er den farbigen Fleck durch ein umgekehrt gehaltenes zweites Prisma betrachtete; dadurch werden die auseinandergelenkten Strahlen wieder vereinigt, und man sieht statt des langen farbigen Streifen einen kreisrunden weissen Fleck. Weiter zeigte Newton, dass die prismatischen Farben wirklich einfache Farben sind, dass sie also durch nochmalige Brechung nicht weiter verlegt werden können, was später von v. Helmholtz[1]) noch genauer bewiesen wurde. Um Anhaltspunkte für die Bezeichnung verschiedener Stellen im Spektrum zu haben, bezeichnete Newton die Reihenfolge der Farben von der am wenigsten brechbaren Farbe beginnend, mit Roth, Orange, Gelb, Grün, Blau, Indigo, Violett. Die Scheidung in diese 7 Regenbogenfarben ist natürlich eine ganz willkürliche, da wir nicht 7, sondern unendlich viele verschiedene Farben haben, indess ist sie zur ungefähren Bestimmung ganz bequem, und wir werden sie häufig anwenden.

§. 4. Reines Spektrum.

Aber das Newton'sche Spektrum — so nennt man den durch Zerlegung des weissen Lichtes entstehenden farbigen Streifen, — war noch ein sehr schlechtes, und zwar aus folgendem Grunde: denkt man sich den Newton'schen Lichtstrahl zusammengesetzt aus rothem und

Fig. 1.

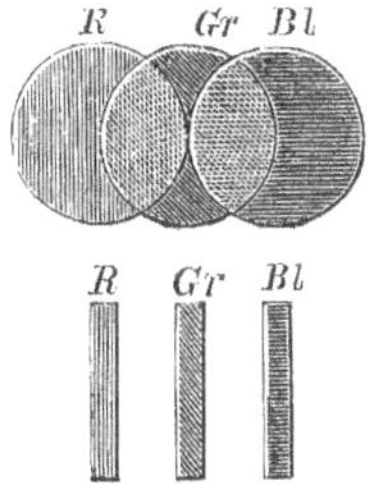

blauem Licht, so wird er in Folge der verschiedenen Ablenkung beider Farben zwei verschiedene runde Bilder an der Wand geben, die sich bei einem gewissen Abstande der Wand grade von aussen berühren mögen, so dass diese beiden Farben völlig getrennt sind. Ist nun aber

[1]) v. Helmholtz, Pogg. Ann. **86** p. 501—523 (1852).

auch grünes Licht vorhanden, welches eine mittlere Ablenkung hat, so wird dies einen grünen Kreis erzeugen, der theils auf dem Roth theils auf dem Blau liegt; dasselbe wird von jeder anderen Farbe gelten, deren Ablenkung grösser als die von Roth, aber kleiner als die von Blau ist. An den Rändern wird daher das Spektrum rein sein, in der Mitte aber werden viele, unter Umständen alle Farben über einander fallen, so dass sie sich dort wieder zu weissem Licht zusammensetzen. Wenn wir dagegen statt des runden Loches einen schmalen Spalt, der parallel der Prismenkante steht, anwenden, so haben die farbigen Bilder in der Längs-Richtung des Spektrums geringe Breite und fallen wenig oder gar nicht übereinander, wie es Fig. 1 zeigt. Je enger der Spalt ist, um so geringer braucht der Unterschied in der Brechbarkeit zweier Farben zu sein, damit sie grade nicht mehr zusammenfallende Bilder geben. Diesen wichtigen Schritt von dem runden Loch zum Spalt machte Wollaston[1]), und er war folglich der erste, der ein wirklich reines Spektrum, d. h. ein solches, in welchem die verschiedenen Farben nahezu vollständig getrennt sind, herstellte.

§. 5. Die Emissionstheorie.

Bevor wir weiter gehen in der Besprechung der Eigenschaften des Spektrums, müssen wir ganz kurz auf die Theorie des Lichtes eingehen, und auf die Art, wie sie die verschiedenen Farben erklärt. Zur Zeit Newtons nahm man an, das Licht verbreite sich dadurch, dass jeder leuchtende Körper kleinste Theilchen aussende, die mit grosser Geschwindigkeit gradlinig durch den Raum fliegen, und durch den Stoss auf das Auge den Eindruck von Licht hervorbringen. Indess wurde diese Erklärung, die sog. Emissionstheorie, immer schwerer haltbar, je mehr optische Erscheinungen man kennen lernte, und sie musste schliesslich aufgegeben werden. Namentlich veranlassten dazu die Interferenzerscheinungen des Lichtes, welche zeigen, dass Licht zu Licht gefügt unter Umständen Dunkelheit erzeugen kann. Nach der Emissionstheorie würde das bedeuten, dass eine Masse eine andere aufheben kann. Da nun Masse + Masse nie 0 geben kann, so musste die Emissions-Hypothese verlassen werden, und man stellte die Undulationstheorie auf, nach der Licht eine Schwingungsbewegung ist, ebenso wie der Schall durch Luftschwingungen entsteht. Nach dieser Ansicht liessen sich die Interferenzen leicht erklären, da eine Bewegung eine andere sehr wohl schwächen und aufheben kann, wenn nämlich beide entgegengesetzt gerichtet und gleich gross sind. Die Polarisations-

[1]) Wollaston, Philos. Trans. 1802 p. 378.

erscheinungen, die man bald darauf kennen lernte, zeigten weiter, dass ein Lichtstrahl in verschiedenen Richtungen um seinen Weg sich verschieden verhalten könne; das lässt sich nur durch die Annahme erklären, dass die Lichtschwingungen senkrecht zur Fortpflanzungsrichtung des Strahles stattfinden, dass wir es also mit Transversalschwingungen zu thun haben, nicht mit Longitudinalschwingungen, wie bei den Schallwellen in Luft. Da sich ferner Lichtstrahlen durch die besten Vakua und durch den Weltraum, in dem man Anwesenheit von ponderabler Materie nicht annimmt, fortpflanzen, so muss in diesen Räumen ein Stoff vorhanden sein, der zwar imponderabel, aber doch im Stande ist, Schwingungen auszuführen. Man nennt ihn Lichtäther, oder einfach Aether, da er nicht nur die Licht-, sondern auch die elektrischen Bewegungen fortzupflanzen scheint.

Die erwähnten Interferenzerscheinungen geben uns die Mittel in die Hand, die Wellenlänge eines Lichtstrahles aufs genaueste zu messen, worauf wir später zurückkommen werden. Ausserdem kennt man die Fortpflanzungsgeschwindigkeit des Lichtes, theils aus astronomischen Bestimmungen, theils aus Messungen in irdischen Entfernungen, sie beträgt ziemlich genau 299 000 km. Bezeichnen wir diese Geschwindigkeit mit v, mit λ die Wellenlänge eines Lichtstrahles, mit n seine Schwingungszahl, so besteht zwischen diesen drei Grössen die Gleichung:

$$n \lambda = v$$

welche uns gestattet, für jeden Strahl die Schwingungszahl zu bestimmen, wenn wir die Wellenlänge gefunden haben.

§. 6. Die Farben.

Die Interferenzerscheinungen geben nun für jede andere Farbe ein anderes λ, und zeigen damit, dass die Farbe eines Lichtstrahles von der Zahl der Schwingungen, welche der Aether in einer Sekunde ausführt, abhängt. Am wenigsten Schwingungen führt das rothe Licht aus, es hat also die grösste Wellenlänge, die kleinste Brechbarkeit, während den violetten Strahlen die grösste Schwingungszahl, die grösste Brechbarkeit und die kleinste Wellenlänge zukommt.

Wir können die Vorgänge beim Licht sehr zwekmässig mit den bekannteren beim Schall vergleichen: Sobald regelmässige Luftschwingungen entstehen, die unser Ohr treffen, so haben wir den Eindruck eines Tones; je mehr Schwingungen in der Sekunde das Ohr treffen, um so höher wird der Ton, während von der Stärke der Schwingungen, von ihrer Amplitüde, die Intensität des Tones abhängt. Genau dasselbe gilt vom Licht: sobald eine gewisse Anzahl regelmässiger Aetherwellen unser Auge treffen, so haben wir den Eindruck einer Farbe, folgen die Aetherwellen sich rascher, so sehen wir eine Farbe, die mehr nach dem violetten Ende des Spektrums hin liegt; die Amplitüde der Schwingungen bestimmt auch hier die Stärke des Eindrucks, die Helligkeit.

Es kann nicht genug hervorgehoben werden, dass die Wirkung des Wellenstrahles auf unser Auge, also die gesehene Farbe, etwas rein subjectives ist; der Strahl an und für sich ist nicht roth, grün blau, sondern es ist stets derselbe Aether, der nur verschieden schnelle Schwingungen ausführt, wodurch unsere Empfindung geändert wird.

Sehen wir nun zu, innerhalb welcher Grenzen die Schwingungszahlen von Luft- und Aetherwellen liegen müssen, um von unserm Ohr und Auge als Ton und Farbe wahrgenommen zu werden. Finden nur wenige Luftschwingungen in der Sekunde statt, so hören wir bekanntlich keinen Ton, derselbe entsteht erst, wenn 16 bis 20 Schwingungen das Ohr treffen; ein deutlich bestimmbarer Ton besteht bis zu etwa 10 000 Schwingungen, bei mehr Schwingungen hören wir zwar noch etwas, können aber nicht mehr scharf unterscheiden, und bei 40 000 bis 50 000 Schwingungen in der Sekunde hört überhaupt die Empfindung des Ohres auf. Diese Grenzen sind aber nur durch den Bau unseres Ohres gegeben, denn die Grenzen sind sehr verschieden für verschiedene Menschen, und einzelne Insekten hören offenbar noch höhere Töne, da sie solche mit Vorliebe hervorbringen.

Was die Lichtwellen betrifft, so ist die geringste Anzahl der Schwingungen, die von unserm Auge als Licht aufgefasst wird, etwa 400 Billionen (Wellenlänge 760 Milliontel Millimeter); diese Wellen sehen wir als das dunkelste rothe Licht des Spektrums. Die obere Grenze bildet die Schwingungszahl 758 Billionen (Wellenlänge 396 Milliontel Millimeter), welche dem äussersten violetten Licht entspricht. Das sind die Grenzen, innerhalb deren unser Auge gemäss seiner Konstruction die Aetherschwingungen auffassen kann; sie sind nicht weit, denn das Gebiet umfasst nicht einmal eine ganze Oktave.

§. 7. Wärmewirkung der Aetherwellen.

Man kann aber nicht annehmen, dass der Aether wirklich keine anderen Schwingungen ausführen kann, als die, welche innerhalb dieser Grenzen der Wahrnehmungsfähigkeit unseres Auges liegen, und das ist auch in der That nicht der Fall.

Wenn wir nämlich andere Reaktionsmittel für die Aetherwellen anwenden, als unser Auge, so zeigt sich, dass die Wellen im sichtbaren Theile des Spektrums, also zwischen $\lambda = 760\ \mu\mu$ und $\lambda = 396\ \mu\mu$[1]) auch noch andere Wirkungen ausüben können. Die bekannteste dieser Wirkungen ist die der Wärme; wir wissen ja alle, dass die Sonne durch ihre Strahlen uns nicht nur Licht giebt, sondern auch Wärme. Als im Jahre 1800 Herrschel[2]) die Intensität der Wärme in den verschiedenen Farben des Spektrums untersuchte, fand er, dass dieselbe im violetten Theile am kleinsten sei, nach dem rothen Ende hin aber immer mehr zunimmt. Er bewegte nun sein Thermometer über das rothe Ende hinaus, an Stellen wo das Auge nichts mehr sah, und da fand er, dass die Wärme noch immer zunahm, bis er in eine Entfernung vom rothen Ende gekommen war, die etwa gleich dem Abstand dieses vom Gelben ist. Hier erreichte die Wärmewirkung ein Maximum, um bei noch weiterer Entfernung vom Rothen wieder rasch abzunehmen. Damit war der Beweis geliefert, dass es Aetherwellen giebt, die weniger brechbar sind, als die, welche uns roth erscheinen, dass also Wellenlängen existiren, die grösser sind als $760\ \mu\mu$; sie unterscheiden sich in gar nichts von den anderen Wellen, als dadurch, dass sie nicht mehr auf unser Auge wirken, ebenso wie die längsten Schallwellen vom Ohr nicht mehr als Ton aufgefasst werden, aber ihrem Wesen nach doch nichts anderes sind, als die kürzeren Wellen.

Diese unsichtbaren Strahlen, die kleinere Schwingungszahl haben, als die rothen Strahlen, die daher weniger brechbar sind und im Spektrum jenseits des rothen Endes liegen, werden als Ultrarothe Strahlen bezeichnet. Ihre starke Wärmewirkung lässt sich durch einen hübschen Versuch nachweisen, den Tyndall angegeben hat. Eine Lösung von Jod in Schwefelkohlenstoff sieht dunkelviolett aus, und lässt von dem sichtbaren Lichte fast gar nichts hindurch; die ultrarothen Strahlen dagegen absorbirt sie nur sehr schwach. Lässt man daher das Licht der Sonne oder einer elektrischen Lampe durch eine Schicht dieser Flüssigkeit gehen, so sieht man nichts mehr von dem Lichte, fühlt aber sehr wohl die Wärme. Vereinigt man die Strahlen durch eine Linse in einen Punkt, so kann man hier Phosphor, Pulverpapier, Streichhölzer entzünden, an einem Punkte, der sich für das Auge in nichts von seiner Umgebung unterscheidet. Andrerseits lässt

---

[1]) Hier, so wie in dem ganzen Buche sollen die Wellenlängen stets in Milliontel mm angegeben werden. Da für diese Grösse noch keine einfache Bezeichnung existirt, und sie für alle Wellenmessungen die geeignetste ist, so habe ich dafür die neue Bezeichnung $\mu\mu$ eingeführt, welche aus der Bezeichnung μ für ein Tausendstel mm abgeleitet ist, wie mm aus m. Wir hätten also die Längen: m, mm, μ, $\mu\mu$, von denen jede 1 Tausendstel der vorhergehenden ist.

[2]) Herrschel, Philos. Trans. 1800 p. 255—292.

eine Alaunlösung die Strahlen von kleinerer Wellenlänge als 760 $\mu\mu$ fast vollständig hindurch, während sie die grösseren Wellenlängen sehr stark absorbirt; setzt man daher eine Alaunschicht an Stelle der vorigen, so erhält man nun einen hellleuchtenden Fokus, in welchem man aber nichts entzünden kann.

§. 8. Chemische Wirkung der Aetherwellen.

Noch eine andere Wirkung üben die Aetherwellen aus, eine Wirkung auf der das ganze organische Leben und die Farbenpracht der Pflanzen- und Thierwelt beruht, nämlich chemische Wirkung. Dieselbe äussert sich in der Weise, dass die Lichtstrahlen chemische Verbindungen zerlegen oder hervorrufen können, oder dass sie die Substanzen zu solchen Verbindungen oder Zerlegungen prädisponiren.

Die wichtigste Thätigkeit der Aetherwellen ist in dieser Beziehung die Beförderung des Sauerstoffwechsels zwischen der Thier- und Pflanzenwelt. Menschen und Thiere können nur leben und Arbeit verrichten, wenn ihnen, wie den Dampfmaschinen, Brennmaterialien in Form von Speise zugeführt werden; diese muss im Körper verbrannt, d. h. mit Sauerstoff verbunden werden; den nöthigen Sauerstoff nehmen wir beim Athmen zu uns, er verbrennt die Kohlenstoffverbindungen der Speisen, und wir athmen Kohlensäure wieder aus. Es würde nicht allzulange dauern, so wäre aller freie Sauerstoff der Atmosphäre in Kohlensäure übergeführt, die Thiermaschinen würden still stehen, wenn nicht immer wieder die Kohlensäure zerlegt, der Sauerstoff frei gemacht würde. Diese Zerlegung besorgen die Aetherschwingungen mit Hülfe der Pflanzen. Dieselben enthalten alle einen Farbstoff, das Chlorophyll, und dieser ist es, welcher bei Gegenwart von Licht die Kohlensäure zerlegt. Die Pflanzen athmen den Sauerstoff aus und behalten den Kohlenstoff zum Aufbau ihrer Zellen.

Eine andere sehr bekannte chemische Wirkung des Lichtes ist die auf die Silbersalze, die Verbindung des Silbers mit Chlor, Jod, Brom, auf deren Benutzung hauptsächlich die Photographie beruht. Bei dem jetzt gebräuchlichen Negativverfahren führt das Licht keine Zersetzungen aus, sondern prädisponirt nur die belichteten Theile dazu. Auf eine Schicht von Jodsilber in Collodium wird mittelst einer Linse auf wenige Sekunden ein Bild geworfen, so dass einzelne Stellen heller, andere weniger hell belichtet sind. Während der kurzen Belichtungszeit entsteht aber keine Spur eines Bildes auf der Platte. Fügt man zu Jodsilber ein Reduktionsmittel, z. B. Eisenlösung oder Pyrogallussäure, so wird das Silber langsam reducirt, d. h. vom Jod getrennt, und fällt als graues Pulver nieder. Giesst man ein solches

Reduktionsmittel auf eine belichtete Platte, so zeigt sich, dass die belichteten Stellen zur Reduktion prädisponirt sind, aus ihnen wird das Silber zuerst reduzirt und erscheint als grauschwarzes Pulver, während in den schwächer oder gar nicht belichteten Theilen die Reduktion viel langsamer und schwächer vor sich geht. Man lässt das Reduktionsmittel nur so lange wirken, bis die am stärksten belichteten Theile vollkommen reduzirt sind; liesse man es länger auf der Platte, so würde auch das unbelichtete Silbersalz reduzirt werden, das Bild würde „verschleiert", endlich würde die ganze Platte schwarz. Durch kurze Einwirkung aber erhalten wir auf der Platte ein Bild aus Silberpulver, welches an den im Original hellsten Stellen am dunkelsten gefärbt ist, an den ganz lichtlosen Stellen dagegen ganz hell, also ein in Bezug auf Licht und Schatten umgekehrtes Bild, ein Negativ. Es war schon bald nach Auffindung der Photographie bekannt, dass die rothen und gelben Lichtstrahlen diese Wirkung nicht haben, die grünen schwach, während Blau und Violett sich sehr wirksam erwiesen. Im Jahre 1837 fand Draper[1]), dass auch jenseits des Violetts das Licht die Silbersalze kräftig zersetzt. Es giebt also auch Aetherschwingungen mit kleinerer Wellenlänge, grösserer Schwingungszahl und stärkerer Brechbarkeit als die äussersten violetten Strahlen, die zwar im Allgemeinen nicht durch das Auge, wohl aber durch ihre chemische Wirkung erkennbar sind. Man nennt diese Strahlen wegen ihrer Lage im Spektrum Ultraviolette Strahlen.

Am genauesten studirt und zum ersten Male quantitativ beobachtet ist die chemische Wirkung der Aetherwellen durch Bunsen und Roscoe[2]) mit Hülfe des Chlorknallgases. Ein Gemisch von gleichen Theilen Chlor und Wasserstoff lässt sich im Dunkeln herstellen, ohne dass eine Verbindung einträte. Dieselbe stellt sich aber her unter der chemischen Wirkung des Lichtes, mit grösserer oder geringerer Schnelligkeit je nach der chemischen Intensität der Strahlen. Bunsen und Roscoe setzten ein Gefäss mit der Mischung den verschiedenen Stellen eines Spektrums aus, und indem sie die Menge der in bestimmter Zeit entstandenen Verbindung massen, konnten sie die chemische Wirkung der verschieden schnellen Schwingungen bestimmen, — allerdings nur auf Chlorknallgas; die Wirkung der verschiedenen Farben, z. B. auf Jodsilber oder Bromsilber ist eine ganz andere.

---

[1]) Draper, Journ. of the Franklin Inst. 1837.

[2]) Bunsen u. Roscoe, Pogg. Ann. **108** p. 267—273 (1860).

§. 9. Phosphoreszenz.

Ausser den leuchtenden, wärmenden und chemischen Wirkungen der Aetherwellen giebt es noch eine Wirkung, die indessen wenig aufgeklärt ist. Sie besitzen nämlich die Fähigkeit, einige Körper, die sogenannten phosphoreszirenden und fluoreszirenden, zum Selbstleuchten zu bringen. Diese Körper bilden die einzige Ausnahme von der allgemeinen Regel, dass bei gewöhnlichen Temperaturen alle Körper nur durch fremdes Licht sichtbar sind. Wenn diese Substanzen, zu denen namentlich die Calciumverbindungen gehören, — von fremdem Licht getroffen worden sind, so strahlen sie nachher längere oder kürzere Zeit selbst Licht aus. Als erregendes Licht hat sich besonders wirksam das Blau, Violett und Ultraviolett gezeigt, während das Grün und Gelb kaum wirken, das Roth und Ultraroth sogar das Leuchten vernichten kann. Die Fluoreszenzwirkung zeigt also die Existenz sowohl der ultravioletten, als der ultrarothen Strahlen.

§. 10. Einheitlichkeit der Aetherwellen.

Man nahm früher lange Zeit an, dass die Sonne und andere helle Lichtquellen drei verschiedene Arten von Strahlen aussenden, Wärmestrahlen, optische Strahlen und chemische Strahlen, und konstruirte die in Figur 2 abgebildeten 3 Kurven für die Intensität der Wirkung dieser Strahlen, wobei die Höhe der Kurve über der Grundlinie die Grösse der Wirkung an dieser Stelle des Spektrums angiebt. Diese Ansicht

Fig. 2.

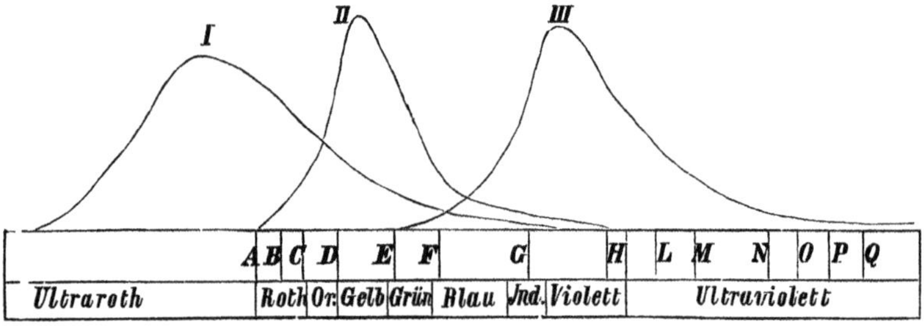

ist indessen längst aufgegeben. Wir wissen jetzt, dass alle diese Wirkungen nur auf Wellen eines und desselben Aethers beruhen, die sich einzig durch die Zahl der Schwingungen in der Sekunde unterscheiden; die Wellen mit den kleinsten Schwingungszahlen wirken namentlich auf Thermoskope; für schnellere Schwingungen ist das menschliche Auge besonders empfänglich, während die schnellsten Schwingungen die Molekularstruktur verschiedener Substanzen am stärksten beeinflussen. Aber es existirt durchaus keine Grenze, ebensowenig lässt sich eine allgemein gültige Kurve für die Intensität der Wirkung verschiedener Farben ziehen, jede Kurve gilt nur für eine besondere Beobachtungsart, für ein Reagens, die Kurven sind nicht Kurven z. B. für die chemische Intensität des Lichtes, sondern für die Empfindlichkeit des Reagens. So ist die obige chemische Kurve nur für Chlorknallgas gültig, Jodsilber hätte ganz andere Resultate gegeben, Bromsilber wieder andere. In neuester Zeit ist es gelungen, Silberverbindungen herzustellen, auf die nicht nur das gelbe und rothe, sondern auch das ultrarothe Licht chemisch wirkt, und zwar geht die chemische Wirkung viel weiter in das Ultraroth hinein, als man jemals Wärmewirkung nachgewiesen hat. Ebenso relativ sind die Grenzen der optischen Wirksamkeit; dieselben hängen theils von den verschiedenen Augen ab, theils von der Intensität des Lichtes; bei sehr grosser Helligkeit kann man ziemlich weit ins Ultraroth hinein noch sehen, und v. Helmholtz[1]) hat gezeigt, dass das Ultraviolett bei gehörigen Vorsichtsmassregeln auch ohne grosse Intensität zu sehen ist, wobei es dann lavendelgrau erscheint.

Sowie ein elektrischer Strom Funken geben kann, oder eine Flüssigkeit zersetzen, oder einen Magnet erzeugen, je nachdem worauf wir ihn wirken lassen, und doch Niemand daran denkt, es seien drei verschiedene gleichzeitige Ströme vorhanden, so haben wir auch nur eine Art von Aetherwellen, die sich allerdings bald als Wärme, bald als Licht, bald als chemische Wirkung offenbaren können.

§. 11. Feste und flüssige Körper, und Gase und Dämpfe.

Nachdem wir so im Allgemeinen das Wesen und die Wirkungen der verschiedenen Strahlen des Spektrums besprochen haben, wenden wir uns zu der eigentlichen Aufgabe, der Untersuchung des Lichtes, welches von verschiedenen Körpern bei hohen Temperaturen ausgesandt wird.

Lässt man das Licht, welches von glühenden festen oder flüssigen Körpern ausgeht, durch einen schmalen Spalt auf ein Prisma fallen, so kann man das Draper'sche Gesetz leicht bestätigen; alle solche Körper, z. B. Platindraht, Eisen, Kalk, Kohle, Magnesia u. s. w. strahlen bei niedrigster Temperatur nur rothes Licht aus; aber je mehr die Temperatur steigt, um so mehr dehnt sich das Spektrum nach dem blauen Ende hin aus, und wenn die Substanzen weissglühend geworden sind, so sehen wir den ganzen sichtbaren Theil des Spektrums von Roth bis Violett. Solche Körper strahlen also Licht von allen mög-

---

[1]) v. Helmholtz, Pogg. Ann. **86** p. 501—523. 1852.

lichen Wellenlängen aus, ihr Spektrum zeigt keinerlei Unterbrechung, und ein solches Spektrum nennen wir ein kontinuirliches.

Wenn aber alle festen und flüssigen Körper das gleiche kontinuirliche Spektrum erzeugen, so ist es klar, dass eine Unterscheidung der Körper mittelst des Spektrums nicht möglich ist, dass eine Spektralanalyse für sie nicht existirt. Ganz anders gestalten sich aber die Verhältnisse, wenn wir von den festen oder flüssigen Körpern zu den Dämpfen und Gasen übergehen. Es war schon lange bekannt, dass verschiedene Substanzen, wenn sie in Flammen verdampfen, dieselben stark färben, dass also z. B. Strontiumsalze die Flamme roth, Natriumsalze gelb färben; diese Dämpfe können also nicht Licht von allen Farben ausstrahlen, — denn sonst müsste die Flamme weiss erscheinen, — sondern in ihrem Lichte müssen einzelne Farben sehr stark überwiegen oder allein vorhanden sein. Was von diesen Substanzen, die namentlich zu Feuerwerkszwecken benutzt wurden, längst bekannt war, gilt aber von allen Dämpfen und Gasen: jedes von ihnen sendet, zum Leuchten gebracht nur Strahlen von bestimmter Wellenlänge aus, die für dasselbe charakteristisch sind, und so eine Unterscheidung und Bestimmung der vorhandenen Gase gestatten; da das Licht der leuchtenden Dämpfe nur einzelne Farben enthält, so wird das Spektrum nicht kontinuirlich sein können, sondern es muss aus einzelnen getrennten Lichtbändern oder Linien bestehen. Die ganze Emissionsspektralanalyse arbeitet daher nur mit Gasen und Dämpfen, nie mit festen und flüssigen Körpern. Danach ist es klar, welches der Weg für spektralanalytische Untersuchungen sein muss. Wenn jeder Dampf ein aus hellen Bändern bestehendes Spektrum zeigt, und jedes Element andere solche Bänder, so können wir offenbar aus der Sichtbarkeit dieser Bänder auf die Anwesenheit der zugehörigen Elemente schliessen. Die Aufgabe der Spektralanalyse ist es, festzustellen, welche hellen Linien jedes uns bekannte Element giebt; ist diese Aufgabe vollständig gelöst, so können wir jede unbekannte Substanz darauf hin untersuchen, welche hellen Linien ihr Dampf emittirt; einzelne derselben werden dann mit Linien dieses, andere mit Linien jenes Elementes zusammenfallen, und dann wissen wir sofort, dass dieses und jenes Element als Bestandtheile in unserer Substanz vorhanden sind. Wenn wir also einen solchen unbekannten Körper zu untersuchen haben, so wird es unsere erste Aufgabe sein den Körper in Dampfform überzuführen, erst dann wird die eigentliche Untersuchung beginnen können.

Wir werden uns demgemäss zunächst mit den Methoden zu beschäftigen haben, die es ermöglichen, die festen und flüssigen Körper in Dampfform überzuführen und dann diese Dämpfe, sowie die Gase zum Leuchten zu bringen.

§. 12. Das Sonnenspektrum.

Bevor wir aber dazu übergehen, wird es zweckmässig sein, einige Worte über das Spektrum des Sonnenlichts vorauszuschicken, da dasselbe eigenthümliche Erscheinungen zeigt, von denen wir einen vorläufigen Gebrauch machen wollen.

Die Sonne ist im Allgemeinen ein feurig flüssiger Körper, und muss demgemäss ein kontinuirliches Spektrum geben. In der That fand Newton ein solches, und das Sonnenspektrum hat noch lange Zeit nach Newton für ein einfaches kontinuirliches Spektrum gegolten. Wie wir aber schon früher gesehen haben, war das Newton'sche Spektrum kein reines Spektrum, sondern die verschiedenen Farben lagen übereinander, da er eine runde Oeffnung benutzte. Erst Wollaston gebrauchte einen schmalen Spalt, der ein reines Spektrum erzeugte, und da sah er denn, dass dasselbe nicht kontinuirlich, sondern von einer grossen Anzahl feiner schwarzer Linien durchzogen war, die dem Spalte und der brechenden Kante des Prismas parallel waren. Später beschäftigte sich Frauenhofer[1]) mit der Untersuchung des Spektrums, und er fand diese Linien von Neuem. Er begnügte sich aber damit nicht, sondern stellte eine genaue Zeichnung des Sonnenspektrums her, und bestimmte die Wellenlängen, denen die schwarzen Linien entsprechen. Die stärksten und auffallendsten unter den Linien, deren er 576 zählte, bezeichnete er mit den grossen Buchstaben A bis H vom rothen Ende beginnend.

Die Wellenlängen der Hauptlinien sind nach den besten Messungen[2]):

A	760,40 $\mu\mu$	E	526,91 $\mu\mu$
B	686,70 „	F	486,07 „
C	656,21 „	G	430,72 „
D	589,21 „	H	396,81 „

Da ein Spektrum nichts anderes ist, als eine zahllose Reihe neben einander liegender Bilder des Spaltes, indem mit zunehmender Brechbarkeit der betreffenden Farbe der Strahl durch das Prisma immer mehr abgelenkt wird, so bedeuten die schwarzen Linien, dass die Farben, welche an der Stelle der Linien den Spalt abbilden sollten, im Sonnenlicht fehlen. Woher so viele bestimmte Farben im Sonnenlichte fehlen, das wird uns später ausführlich beschäftigen, für jetzt genügt die Thatsache, dass, wie man auch ein Sonnenspektrum

---

1) Frauenhofer, Denkschriften d. K. Akademie der Wissenschaften zu München 1814—15, 5 p. 193—225.

2) Es sind die Messungen von Angström angenommen.

hervorbringen mag, stets an genau denselben Stellen die schwarzen Linien auftreten, welche somit ein Mittel an die Hand geben, um mit aller Sicherheit bestimmte Stellen des Spektrums aufzufinden und zu bezeichnen; sie sind gleichsam Meilensteine auf dem langen Wege vom Ultraroth bis Ultraviolett, und als solche werden wir sie vielfach zu benutzen haben.

Capitel II.

Leuchtende Dämpfe.

§. 13. Temperatur der Flammen.

Wir treten jetzt der Frage näher, wie wir die Substanzen in die zur spektralanalytischen Untersuchung nöthige Form bringen, in die Form von glühenden Dämpfen und Gasen.

Das zunächst liegende und scheinbar einfachste, aber wie wir sehen werden, nicht immer wirksame, Mittel ist Erhöhung der Temperatur. Wenn wir die Temperatur einer Substanz steigern, so können wir dieselbe zum Verdampfen oder Sieden bringen, und auch ihre Dämpfe glühend machen. Je nach der Schmelzbarkeit und Flüchtigkeit müssen wir unsere Wärmequellen wählen, und wir haben eine ganze Anzahl verschiedener Flammen, die allen Anforderungen genügen. Eine ziemlich niedrige Temperatur, weniger als 2000° besitzt die Weingeistflamme, heisser ist die nichtleuchtende Flamme des Bunsen'schen Brenners mit etwa 2300°, dann folgt die Wasserstoffflamme mit weniger als 3000°, die Knallgasflamme, aus Wasserstoff und Sauerstoff bestehend, mit etwa 3000°[1]), endlich das elektrische Kohlenlicht mit 4—5000°[2]). Wir kennen keine Stoffe, die diesen Temperaturen widerstehen könnten, da selbst Platin bei etwa 2000° schmilzt, so dass uns also die Temperatursteigerung in der That gestattet, jedes beliebige Element und jede Verbindung in leuchtenden Dampf zu verwandeln und spektralanalytisch zu untersuchen.

§. 14. Dissociation.

Aber wir dürfen hier einen wichtigsten Punkt nicht aus den Augen lassen, der sonst sehr leicht über die Natur des untersuchten Dampfes täuschen kann, und dies bei Einführung der spektralanalytischen Beob-

---

1) Bunsen, Pogg. **131** p. 161—179 (1867).

2) Rosetti, CR. **89** p. 781—783 (1879).

achtungsweise auch häufig gethan hat: die Dissociation der Verbindungen. Nehmen wir an, wir hätten irgend eine Verbindung zweier Elemente, z. B. Kochsalz, Chlornatrium. Wir können dasselbe erhitzen und zum Schmelzen bringen; ohne dass es sich verändert; wenn wir aber die Temperatur immer mehr steigern, so gelangen wir zu einem Punkte, wo das Chlornatrium als solches nicht bestehen kann, wo die Verwandtschaftskräfte zwischen den Chlor- und den Natrium-Atomen nicht mehr ausreichen, um die Atome im Salzmolekel zusammen zu halten, wo die Verbindung also zerfällt. Während wir bei den niedrigen Temperaturen Chlornatriumdampf hatten, haben wir dann Chlorgas und Natriumdampf vor uns. Dieses Zerfallen der Verbindung in ihre Bestandtheile in Folge gesteigerter Temperatur nennt man die Dissociation der Verbindung und wenn wir die Temperaturen unbegrenzt steigern könnten, so würden wir jede beliebige Verbindung wirklich auf diese Weise trennen können.

Die Einflüsse der Dissociation werden noch viel komplizirter, wenn die Verbindung nicht nur aus zwei Elementen besteht, sondern z. B. aus einer Säure und einem Oxyd; dann kann bei einer Temperatur die Säure vom Oxyd getrennt werden, bei einer höheren Temperatur kann auch das Oxyd in Metall und Sauerstoff zerfallen, und so können je nach der Temperatur ganz verschiedene Dämpfe in der Flamme leuchten, deren Identifizirung durchaus nicht immer leicht ist.

Aber die Verhältnisse werden sogar noch verwickelter, indem wir nicht einmal immer sicher sein können, dass nur die in der Verbindung vorhandenen Bestandtheile die leuchtenden Dämpfe geben. Erhitzen wir z. B. Chlorstrontium in der Flamme des Bunsen'schen Brenners, so wird dasselbe dissociirt in Chlor und Strontium; aber letzteres verbindet sich sofort mit dem Sauerstoff der Luft, so dass wir weder das Spektrum von Chlorstrontium, noch von Strontium, sondern das von Strontiumoxyd erhalten. Erst bei sehr hohen Temperaturen, z. B. der des elektrischen Funkens erhalten wir das Spektrum von Strontium, während dasjenige von Chlorstrontium nur bei niedriger Temperatur und in einer Atmosphäre von Chlorgas gebildet wird. Wie man sieht, ist in jedem Falle genau zu untersuchen, mit was für Dämpfen man es zu thun hat, wenn man grobe Irrthümer vermeiden will.

§. 15. Der elektrische Funke.

Die leicht herzustellenden Flammentemperaturen genügen nur in wenigen Fällen zur Erzeugung der leuchtenden Dämpfe; das Knallgasgebläse und der elektrische Kohlenbogen sind aber umständlich herzustellen und zu gebrauchen, und daher ist es gut, dass wir ein anderes weit kräftiger wirkendes und bequemeres Mittel in der Elektrizität haben. Man benutzt Elektrizität von hoher Spannung, wie sie namentlich von Induktionsapparaten geliefert wird; aber auch die Influenzelektrisirmaschinen von Holz und Töpler entwickeln genügende Elektrizitätsmengen, um zweckmässig verwandt zu werden; in allen Fällen, wo es sich darum handelt, mit elektrischen Entladungen von bekannter Spannung und bekannter Stärke zu arbeiten, sind die letzteren sogar weit vorzuziehen.

Die Benutzung der Funken solcher Apparate findet auf zweierlei Weise statt, je nachdem man es mit festen und flüssigen oder mit dampfförmigen Substanzen zu thun hat. Hat man feste Substanzen zu untersuchen, so stellt man die Elektroden, d. h. die Endpunkte der Leitungsdräthe, zwischen welchen der Funke überspringt, direkt aus den Substanzen her; jeder überspringende Funke reisst dann kleinste Theilchen der Elektroden ab, und verwandelt sie in Folge seiner hohen Temperatur in leuchtenden Dampf. Aehnlich kann man mit Flüssigkeiten verfahren: man verbindet die eine Elektrode mit der Flüssigkeit, die zweite stellt man ihr gegenüber; dann springen die Funken von der Flüssigkeit zu der zweiten Elektrode über, und dabei werden Theilchen der Flüssigkeit in leuchtenden Dampf verwandelt.

Hierbei ist aber Folgendes zu beachten: lässt man die Funken zwischen festen Elektroden z. B. von Eisen, überspringen, so enthält der Funke glühende Eisendämpfe; ausserdem erhitzt aber der Funke auch die umgebende Luft, so dass man neben dem Eisenspektrum auch das Luftspektrum, also das Spektrum von Stickstoff und Sauerstoff erhält. Dies ist zuerst von Angström[1]) erkannt worden. Indess sind diese dem Eisen fremden Bethandtheile des Spektrum leicht zu eliminiren. Benutzt man nämlich nach einander Elektroden aus Eisen, Platin, Palladium u. s. w., so sind allen Spektren die Luftlinien gemeinsam, man kann daher diese erkennen und sie ausscheiden, und behält dann die Linien übrig, welche dem Eisen, dem Platin, u. s. w. angehören. Man kann auch etwas anders verfahren: man benutzt die Eisenelektroden einmal in Luft, dann in einer Wasserstoffatmosphäre, dann in Chlorgas, u. s. w.; dann sieht man die Spektren von Eisen und Luft, Eisen und Wasserstoff, Eisen und Chlor, und hat dann in den allen Spektren gemeinsamen Linien die gesuchten Eisenlinien. — Aehnliches gilt von der Untersuchung der Flüssigkeiten; hier hat man neben dem Spektrum der Flüssigkeit auch das der Luft, resp. des Gases, und das der festen Elektrode, die man aber ebenfalls leicht sondern kann. Zur Untersuchung von Salzen kann man nach dem Vor-

---

[1]) Angström, Pogg. Ann. **94** (1855).

gang von von der Willigen die Salze lösen, und mit der Lösung feste Elektroden, am besten aus Platin, befeuchten. Bunsen[1]) nimmt als Elektroden kleine besonders gereinigte Kohlestückchen.

§. 16. Geissler'sche Röhren.

Ein etwas anderes Verfahren schlägt man ein, wenn es sich um die Untersuchung von Gasen handelt, da diese nur in einem geschlossenen Raume zusammengehalten werden können. Man füllt Glasröhren mit den Gasen und schmilzt in die Enden der Röhren Platindräthe ein, welche als Elektroden dienen. Solche Röhren sind zuerst von Plücker angewandt worden, und werden mitunter, namentlich in England, Plückersche Röhren genannt; häufiger ist jedoch der Name Geisslersche Röhren nach dem Glasbläser Geissler, der sie zuerst gut herstellte und in den Handel brachte. Man pflegt mit Hülfe der Luftpumpe den Gasdruck in diesen Röhren sehr gering zu machen; dann geht die Entladung leicht durch die ganze Röhre hindurch und bringt die gesammte Gasmasse zum Leuchten. Verlangt man grosse Lichtstärke, so wird ein Theil des Rohres aus einer Kapillarröhre hergestellt, in welcher das Leuchten viel lebhafter ist. Dieselbe Form des Apparates ist auch für Flüssigkeiten und leicht schmelzbare Körper von Vortheil; bringt man in den unteren Theil des Rohres, oder in ein Ansatzrohr z. B. Alkohol oder Quecksilber und pumpt das Rohr luftleer, so füllt es sich mit Dämpfen der Flüssigkeit, welche beim Durchgehen der elektrischen Entladung leuchtend werden. Durch Erhitzen des Rohres kann man die Dämpfe stärker entwickeln und auch feste Körper, z. B. Natrium in Dampfform überführen und so untersuchen.

§. 17. Das Leuchten der Dämpfe.

Die Frage, auf welche Weise die Elektrizität im Falle der Geisslerschen Röhren das Leuchten der Gase herbeiführt, ist nicht ohne Weiteres zu beantworten. Früher nahm man allgemein an, dass die Elektrizität das Gas einfach so hoch erhitze, dass es leuchtet, wie sie dies bei Dräthen thut, durch welche sie fliesst. Aber seitdem es E. Wiedemann[2]) durch Messung der entwickelten Wärme gelungen ist, unzweifelhaft nachzuweisen, dass unter dem Einfluss elektrischer Ent-

---

[1]) Bunsen, Pogg. Ann. **155** p. 250—251 (1875).

[2]) E. Wiedemann, Wied. Ann. **6** p. 298—302 (1879). Hasselberg (Mém. de l'acad. de St. Petersbourg (7) **27** (1879) hat sogar noch niedrigere Temperaturen gefunden.

ladungen die Gase leuchten können bei Temperaturen, die weit unter 100^0 liegen, müssen wir uns nach einer anderen Erklärung dieser Vorgänge umsehen.

Wir müssen dazu etwas ausführlicher auf die jetzt herrschenden Ansichten über den Bau der Körper und die Art, wie überhaupt das Glühen derselben entsteht, eingehen. Man nimmt an, dass alle festen, flüssigen und gasförmigen Körper nur für unser Auge fest und in Ruhe sind, dass sie aber in Wahrheit Haufen von durcheinander schwirrenden kleinsten Theilchen, Molekeln, bilden. Die festen und flüssigen Körper unterscheiden sich von den Gasen dadurch, dass bei ersteren die Molekeln sich nur wenig von ihrer Ruhelage entfernen können, gleichsam an dieselbe fest gebunden sind durch gegenseitige Anziehung, während bei den Gasen eine solche Ruhelage nicht existirt, jedes Theilchen vielmehr ganz unabhängig von den andern seine Bahnen beschreibt. Wir können uns diese Verschiedenheit durch einen rohen Vergleich klar machen: Denken wir uns zwei Bretter, auf deren jedem eine Anzahl Kugeln liegen; auf dem ersten möge jede Kugel mit allen benachbarten durch Gummifäden verbunden sein, während auf dem zweiten die Kugeln frei liegen; schütteln wir die Bretter, so werden auf dem ersten die Kugeln sich zwar bewegen, aber im Ganzen nicht ihre Stelle verlassen, da sie sich gegenseitig festhalten, während auf dem zweiten Brette die Kugeln regellos durcheinander rollen werden. Damit haben wir die Verhältnisse bei den festen Körpern einerseits, bei den Gasen andrerseits nachgeahmt. — Ausserdem unterscheiden sich die festen Körper von den Gasen dadurch, dass bei ersteren die Anzahl der Molekeln in der Volumeinheit sehr viel grösser, ihre Entfernung von einander sehr viel kleiner ist, als bei letzteren.

Bei allen uns zugänglichen Temperaturen sind die Molekeln in steter Bewegung begriffen, und die Grösse dieser Bewegung oder vielmehr ihre lebendige Kraft ist ein Maass für die Temperatur des Körpers, da die Wärme nichts anderes ist, als diese Bewegung. — Von der Wärmebewegung, welche die Molekeln als Ganzes in gradlinigen Bahnen durch den Raum führt, haben wir eine andere Art der Bewegung kleinster Theile wohl zu unterscheiden, die innere Molekularbewegung. Bekanntlich denkt man sich die Molekeln als noch sehr zusammengesetzte Gebilde, und zwar zusammengesetzt aus Atomen, sei es derselben Substanz bei Elementen, sei es verschiedener bei Verbindungen. Die Atome sind in Form von kugligen Haufen, oder Ringen, strahligen Sternen und dergl. zusammengelagert, und werden durch die chemischen Verwandtschaftskräfte zusammengehalten.

Die Zwischenräume zwischen den Atomen, ebenso wie die zwischen den Molekeln sind von dem Lichtäther erfüllt, dem Medium, welches allein die Lichtschwingungen — und wahrscheinlich auch die elektrischen — fortleitet. — Ausser der translatorischen Wärmebewegung des ganzen Molekels können sich nun auch die einzelnen Atome in demselben bewegen, sie können Schwingungen ausführen, sie können um ihre eigene Axe oder um die Axe des Molekels rotiren, auch das ganze Molekel kann rotiren und schwingen, — und alle diese Bewegungen werden als innere bezeichnet, die sich als Wärme nach aussen nicht bemerklich machen. Dagegen werden grade diese Atombewegungen auf den Lichtäther wirken müssen. Wir können uns denken, dass jedes Atom und das ganze Molekel von einer Aetheratmosphäre umgeben ist und dieselbe bei seiner Wärmebewegung mit sich trägt, etwa wie die Erde ihre Atmosphäre durch den Raum trägt; die translatorische Bewegung kann jedenfalls den Aether nicht in Schwingungen versetzen. Anders ist es, wenn die einzelnen Atome Schwingungen ausführen; sie müssen den sie einschliessenden Aether beeinflussen und auch zum Schwingen bringen, so wie im Wasser hängende Kugeln Schwingungen nicht ausführen können, ohne auch das Wasser zu bewegen. Da Aetherschwingungen von uns als Licht aufgefasst werden, so erzeugen also die inneren Molekularbewegungen das Licht.

Es fragt sich nun noch, wie die beiden Arten der Bewegungen, die inneren und die Wärmebewegungen zusammenhängen. Die Molekeln können sich nicht frei durch den Raum bewegen, sondern sie stossen dabei fortwährend mit andern Molekeln zusammen und prallen zurück; bei jedem solchen Zusammenstosse wird aber ein Theil der lebendigen Kraft der translatorischen Bewegung an die Molekeln abgegeben und in innere Bewegung umgewandelt, da die Atome erschüttert und in Schwingungen versetzt werden. Je höher die Temperatur ist, desto grösser sind die Molekulargeschwindigkeiten, desto zahlreichere und kräftigere Zusammenstösse finden also statt, desto lebhafter werden also auch die Atom- und durch sie die Aether-Schwingungen. Auf diese Weise erklärt sich ganz einfach die Thatsache, dass Steigerung der Temperatur die Körper zum Leuchten bringen muss. Ebenso bequem erklärt sich auch die Dissociation. Wir haben schon gesehen, dass die Atome durch die chemischen Verwandtschaftskräfte im Molekül zusammengehalten werden; diese Anziehungskräfte begrenzen eben die Atomschwingungen, gestatten den Atomen eines Molekels nicht, sich über eine gewisse Strecke von dem gemeinsamen Mittelpunkt zu entfernen. Wenn aber durch immer lebhaftere Wärmebewegung die Atombewegung verstärkt wird, so kommt ein Punkt, wo die Anziehungskräfte nicht mehr ausreichen, die Atome zurückzuziehen, wo die Atome aus der Verbindung herausspringen, die Verbindung also in ihre Bestandtheile zerfällt. Je grösser die Verwandtschaft zwischen den Atomen ist, d. h. je beständiger die Verbindung ist, desto grösser muss die Atombewegung werden, desto höher müssen wir die Temperatur steigern, damit Dissociation eintreten kann.

Unser Brett mit zusammengebundenen Kugeln ist wieder sehr geeignet, diese Vorgänge darzustellen. Dasselbe soll jetzt ein Molekel bedeuten, die Kugeln sind die Atome, die Gummischnüre ersetzen die chemischen Anziehungskräfte zwischen ihnen. Wenn das Brett angestossen wird, so werden alle Kugeln erschüttert und schwingen, werden die Stösse immer heftiger und zahlreicher, so können die Schnüre reissen, die Kugeln rollen auseinander, wir haben unser Molekel dissociirt.

§. 18. Wirkung der Elektrizität.

Wenn wir so den Einfluss der Temperatursteigerung auf das Leuchtendwerden genügend erklärt haben, so bleibt uns noch die Wirkung der elektrischen Entladungen in dieser Beziehung zu betrachten übrig. Diese Wirkung kann auf zwei Weisen stattfinden. Erstens nämlich wissen wir, dass die Elektrizität alle Körper erwärmt, durch die sie fliesst; die Entladung wird also ebenso gut, wie zugeführte Wärme, die Molekularbewegungen und damit die Atom- und Aether-Schwingungen verstärken. — Aber noch in anderer Weise muss die Elektrizität wirken. Ich habe schon gesagt, dass zahlreiche Erscheinungen es in hohem Grade wahrscheinlich machen, dass der Aether auch Träger der elektrischen Vorgänge ist, dass er bei elektrischer Ladung in einen Zustand der Spannung geräth, welche nach erfolgter Entladung wieder verschwindet. Eine jede Entladung durch ein Geissler'sches Rohr muss daher den Aether um und in den Molekeln in stürmische Bewegung bringen; dabei können aber die Atome nicht in Ruhe bleiben; wenn wir Wasser, in welchem sich Kugeln befinden, erschüttern, so werden auch die Kugeln bewegt. Also die Atome gerathen durch die Entladungen in Schwingungen, welche wieder die Schwingungen des Aethers beeinflussen, der dadurch leuchtend wird mit einer Farbe, welche den Atomschwingungen entspricht. Während daher die Elektrizität im ersten Fall durch die Molekeln auf die Atome und von diesen auf den Aether wirkt, beeinflusst sie im zweiten Fall umgekehrt zuerst den Aether, von welchem die Wirkung auf die Atome übergeht. Es ist klar, dass diese zweite Art der Wirkung die Molekeln als Ganzes gar nichts angeht, dass ihre Wärmebewegung dadurch gar nicht verändert zu werden braucht, dass wir also ein Gas leuchtend machen können, ohne dass es dabei heiss zu sein brauchte.

Diese Anschauungsweise über die Wirkung der Elektrizität ist sehr geeignet, über eine ganze Reihe anderer Erscheinungen, auf welche wir theilweise noch stossen werden, Auskunft zu geben. Wir wollen hier nur noch gleich bemerken, dass auf diesem Wege auch sehr leicht Dissociationen ohne Temperatursteigerung bewirkt werden, und es ist bekannt, dass wir in der Elektrizität überhaupt das kräftigste Mittel besitzen, um Verbindungen zu zerlegen. So führt der elektrische Funke fast stets die Dissociation herbei, und die mit seiner Hülfe hergestellten Spektren sind nicht die der Verbindungen, sondern die der Elemente selbst.

§. 19. Verschiedene Spektra.

Fragen wir uns nun, wie sich auf Grund dieser Ansichten das von verschiedenen Körpern ausgestrahlte Licht verhalten muss. Zunächst ist es klar, dass die Bewegung des Aethers durchaus an diejenige der Atome gebunden ist, in der Art, dass eine bestimmte Schwingungszahl des Aethers auch eine gleiche des Atoms voraussetzt. *In der Schwingungszahl des Lichtes, welches ein Atom aussendet, müssen wir also seine eigene Schwingungszahl sehen.* Durch die Thatsache, die wir später kennen lernen werden, dass alle Elemente nicht wirklich einfarbiges, monochromatisches Licht aussenden, sondern mehrere Strahlen von verschiedener Schwingungszahl, sind wir zu der Annahme gezwungen, dass jedes Molekel nicht nur einer bestimmten Schwingung fähig ist, sondern dass es verschieden schnelle Schwingungen ausführen kann, etwa wie eine Saite mit verschiedener Anzahl von Knotenpunkten schwingen kann, oder wie eine Platte oder Glocke verschiedener Töne fähig ist.

Wenn ein Molekel einen einzelnen Stoss erhält, so wird derselbe Schwingungen mit allen irgend möglichen Schwingungszahlen hervorrufen; aber länger bestehen werden nur die Schwingungen, welche den einzelnen Atomen in Folge ihrer Konstitutionen eigenthümlich sind, jedes Atom wird nur seinen Eigenton längere Zeit geben können. Folgen sich indessen die Stösse sehr rasch, so haben die Atome nicht Zeit, ihre Eigenschwingung zur Geltung zu bringen, sie sind in unregelmässiger, nicht in periodischer Bewegung begriffen. Dies gilt für die glühenden festen Körper; bei ihnen liegen die Molekeln sehr nahe, daher sind die Stösse ungemein zahlreich. Die Folge davon ist, dass das ausgesandte Licht nicht aus einzelnen wenigen Strahlenarten von bestimmter Schwingungsdauer besteht, sondern dass in ihm alle möglichen Schwingungszahlen vorkommen, wir also von glühenden festen Körpern ein kontinuirliches Spektrum erhalten, welches ganz unabhängig von dem speciellen Bau des Molekels und der Beschaffenheit seiner Atome ist.

Ganz anders ist es bei den Gasen; bei ihnen haben die Molekeln lange, freie Wege zurückzulegen, bevor sie mit anderen zusammenstossen, und in der Zwischenzeit haben die Atome genügende Zeit, ihre Eigenschwingungen vollkommen auszubilden und sie dem umgebenden Aether mitzutheilen. Daher senden die Gase Licht aus, welches nur aus wenigen bestimmten Farben gemischt ist, und ihr Spektrum ist daher nicht kontinuirlich, sondern besteht aus einzelnen hellen Banden oder Linien. Hierbei kommt nun auch die chemische Natur der Elemente zur Geltung, indem jedes Atom in Folge seiner Beschaffenheit, die es von den Atomen der anderen chemischen Elemente unterscheidet, auch besonderer Schwingungen fähig ist und Licht von besonderer Farbe aussendet. So wird eine Unterscheidung der verschiedenen Elemente mittelst des Lichtes möglich. Die Spektralanalyse thut also eigentlich nichts anderes, als dass sie feststellt, welcher Eigenschwingungen die Atome der verschiedenen Elemente unter allen möglichen Bedingungen fähig sind.

Capitel III.

Zerlegung des Lichts durch Brechung.

§. 20. Refraktion und Diffraktion.

Nachdem wir so die Mechanik des Leuchtens studirt und die Hülfsmittel kennen gelernt haben, die uns gestatten, jede zu untersuchende Substanz in die zur Untersuchung allein geeignete Form glühenden Dampfes überzuführen, müssen wir uns vor allen Dingen genauer mit den zur Untersuchung des Lichtes nöthigen Apparaten und Methoden vertraut machen.

Wir haben also zuerst zu untersuchen, wie wir aus einem gegebenen Lichtbündel ein reines Spektrum herstellen können, in welchem die verschiedenen Wellenlängen vollkommen getrennt sind, und nach welchen Gesetzen diese Trennung stattfindet, dann aber die Apparate kennen zu lernen, mit welchen wir das so hergestellte Spektrum beobachten, die Wellenlängen bestimmen und verschiedene Spektren vergleichen können.

Das zuerst, und zwar von Newton, aufgefundene Mittel, Strahlen von verschiedener Wellenlänge zu sondern und im Spektrum räumlich getrennt zu erhalten, war die Brechung des Lichtes durch ein Prisma. Ausser dem durch Brechung erzeugten Spektrum, dem Refraktionsspektrum, giebt es aber noch eine zweite Art von Spektrum, welches durch Interferenz des Lichtes bei seinem Durchgange durch ein Gitter entsteht, das Diffraktionsspektrum. Das zweite Spektrum ist deshalb so wichtig, weil es allein gestattet, mit grosser Leichtigkeit und Schärfe die Wellenlänge des an jeder Stelle erscheinenden Lichtes zu bestimmen; dagegen hat es auch Nachtheile, namentlich starke Schwächung des Lichtes, so dass es im Ganzen weniger benutzt wird, und nur bei Fundamentaluntersuchungen unentbehrlich ist. Wir wollen uns daher zunächst mit dem Refraktionsspektrum und dem dasselbe hervorbringenden Prisma beschäftigen, dann zu dem Gitter und dem Diffraktionsspektrum übergehen.

§. 21. Brechung des Lichts.

Fällt ein Lichtstrahl von homogener Farbe schräg auf die Grenzfläche zweier Medien, so wird er von seinem Wege abgelenkt, und zwar gelten dabei die beiden Gesetze (vorausgesetzt, dass beide Medien isotrop, nicht krystallinisch sind):

1. der abgelenkte Strahl bleibt in der Einfallsebene, d. h. in der Ebene, die sich durch den einfallenden Strahl und durch das im Einfallspunkte errichtete Loth legen lässt.

Fig. 3.

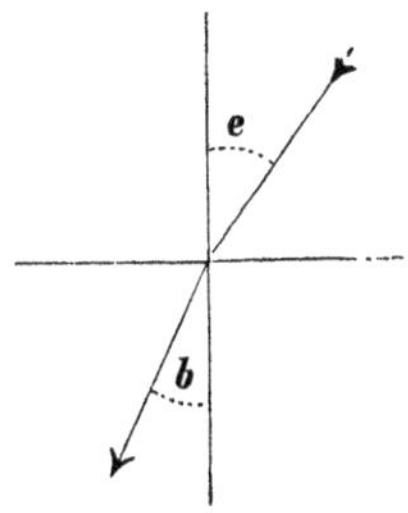

2. bezeichnet *e* den Einfallswinkel, *b* den Brechungswinkel (beide gemessen gegen das Einfallsloth, Fig. 3) so gilt die Gleichung (bekannt als das Snellius'sche Gesetz):

$$\frac{\sin e}{\sin b} = n,$$

wo *n* eine Konstante bedeutet, welche Brechungsexponent, Brechungsindex, Brechungsverhältniss genannt wird.

Kommt der Strahl an eine zweite Grenzfläche, worauf er wieder in das erste Medium gelangt, und ist die zweite Grenze der ersten parallel, d. h. geht er durch eine planparallele Platte, so ändert er seine Richtung abermals, aber so, dass er wieder seine ursprüngliche Richtung erhält, also durch die doppelte Brechung nur sich selbst parallel verschoben ist; denn an der zweiten Grenzfläche ist der Einfallswinkel e_1 gleich dem früheren Brechungswinkel b (Fig. 4), folglich muss, da n denselben Werth behält, auch $b_1 = e$ sein.

Fig. 4.

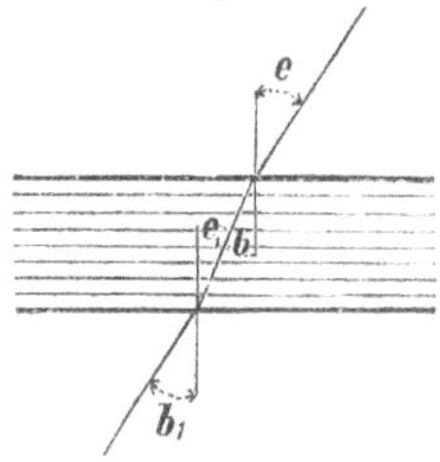

Ist dagegen die zweite Fläche der ersten nicht parallel, so erleidet der Strahl eine dauernde Ablenkung. Dies tritt ein bei dem Durchgang durch ein Prisma.

§. 22. Ablenkung durch das Prisma.

Unter einem Prisma versteht man in der Optik einen Körper der begrenzt ist von drei Ebenen, die alle parallel sind einer Linie, der Axe des Prisma; sie schneiden sich in drei Kanten, welche ebenfalls der Axe parallel sind. Ein Schnitt, welcher senkrecht zur Axe durch das Prisma geführt wird, heisst ein Hauptschnitt. Wir wollen die Ablenkung eines Strahles untersuchen, welcher in einem Hauptschnitt, durch das Prisma hindurchgeht. Den Winkel, der zwischen der Eintrittsfläche des Strahles und der Austrittsfläche liegt, nennt man den brechenden Winkel des Prismas, wir bezeichnen ihn mit γ.

Fig. 5.

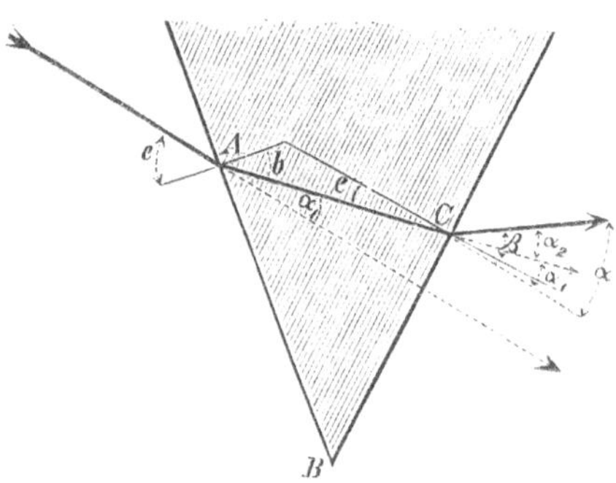

Der Strahl möge in A (Fig. 5) das Prisma treffen, nach C abgelenkt werden, und von hier in der Richtung D austreten. In A und

C errichten wir die Lothe, und bezeichnen Einfalls- und Brechungswinkel an der ersten und zweiten Fläche mit: *e*, *b* und ε, β. Aus dem Dreieck *ABC* folgt dann

$$\gamma + (90 - \mathrm{b}) + (90 - \varepsilon) = 180$$

oder

$$\gamma = \varepsilon + \mathrm{b} \quad \ldots\ldots\ldots\ldots \quad (1)$$

$$\left.\begin{aligned} &\text{Bei der ersten Brechung ist: } \frac{\sin \mathrm{e}}{\sin \mathrm{b}} = \mathrm{n}, \\ &\text{bei der zweiten: } \frac{\sin \beta}{\sin \varepsilon} = \mathrm{n}, \end{aligned}\right\} (2)$$

Ziehen wir von *C* die Linie *CE* parallel der ursprünglichen Richtung des Strahles, so ergiebt sich die Gesammtablenkung des Strahles

$$\alpha = \alpha_1 + \alpha_2 = \mathrm{e} - \mathrm{b} + \beta - \varepsilon,$$

oder wegen (1)

$$\alpha = \mathrm{e} + \beta - \gamma \quad \ldots\ldots \quad (3).$$

Aus dem brechenden Winkel γ, dem Einfallswinkel *e* und dem Austrittswinkel β kann man also die Ablenkung berechnen.

§. 23. Minimum der Ablenkung.

Man benutzt gewöhnlich das Prisma in einer bestimmten Stellung, nämlich so, dass $e = \beta$ wird, also auch $b = \varepsilon$. Dann wird nach (3)

$$\alpha = 2\mathrm{e} - \gamma, \ \mathrm{e} = \frac{\alpha + \gamma}{2} \text{ und nach (1) } \gamma = 2\mathrm{b},\ \mathrm{b} = \frac{\gamma}{2}$$

$$\text{also } \mathrm{n} = \frac{\sin \mathrm{e}}{\sin \mathrm{b}} = \frac{\sin \frac{\alpha + \gamma}{2}}{\sin \frac{\gamma}{2}} \quad \ldots\ldots \quad (4).$$

Bei dieser Stellung des Prismas zum Strahl wird also der Brechungskoeffizient, auf dessen Kenntniss es zumeist ankommt, gefunden aus dem brechenden Winkel und der Ablenkung des Strahles. — Man nennt diese Stellung die Stellung des Minimums der Ablenkung, weil, wie sich leicht nachweisen lässt, das Prisma in jeder anderen Stellung den Strahl mehr ablenkt. Wir wollen dies beweisen.

Es ist nach (3) die Ablenkung

$$\alpha = \mathrm{e} + \beta - \gamma.$$

Sie ist also am kleinsten, wenn $e + \beta$ am kleinsten ist, oder wenn $\sin(\mathrm{e} + \beta)$ oder auch $\sin \frac{\mathrm{e} + \beta}{2}$ am kleinsten ist. Nun ist nach (2)

$$\begin{aligned} \sin \mathrm{e} &= \mathrm{n} \sin \mathrm{b} \\ \sin \beta &= \mathrm{n} \sin \varepsilon \\ \hline \sin \mathrm{e} + \sin \beta &= \mathrm{n} (\sin \mathrm{b} + \sin \varepsilon) \\ \sin \mathrm{e} - \sin \beta &= \mathrm{n} (\sin \mathrm{b} - \sin \varepsilon) \end{aligned}$$

oder

$$\sin \frac{\mathrm{e} + \beta}{2} \cos \frac{\mathrm{e} - \beta}{2} = \mathrm{n} \sin \frac{\mathrm{b} + \varepsilon}{2} \cos \frac{\mathrm{b} - \varepsilon}{2} \quad (5)$$

$$\cos\frac{e+\beta}{2}\sin\frac{e-\beta}{2}=n\cos\frac{b+\varepsilon}{2}\sin\frac{b-\varepsilon}{2}$$

Durch Division der beiden letzten Gleichungen folgt:

$$\operatorname{tg}\frac{e+\beta}{2}\operatorname{tg}\frac{b-\varepsilon}{2}=\operatorname{tg}\frac{b+\varepsilon}{2}\operatorname{tg}\frac{e-\beta}{2}\quad(6).$$

Nun zeigt die Figur, dass $e+\beta > b+\varepsilon$, folglich $\operatorname{tg}\frac{e+\beta}{2} > \operatorname{tg}\frac{b+\varepsilon}{2}$, also nach (6) $\operatorname{tg}\frac{e-\beta}{2} > \operatorname{tg}\frac{b-\varepsilon}{2}$, daher $e-\beta > b-\varepsilon$. Demgemäss ist

$$\cos\frac{e-\beta}{2} < \cos\frac{b-\varepsilon}{2}$$

also nach (5)

$$\sin\frac{e+\beta}{2} > n\sin\frac{b+\varepsilon}{2}.$$

Der kleinste mögliche Werth von $\sin\frac{e+\beta}{2}$ tritt also ein, wenn $\sin\frac{e+\beta}{2}=n\sin\frac{b+\varepsilon}{2}$. Damit dies der Fall ist, muss nach (5)

$$\cos\frac{e-\beta}{2}=\cos\frac{b-\varepsilon}{2}=1$$

sein, d. h. es muss $e-\beta=0$, und $b-\varepsilon=0$ sein, also $e=\beta$, $b=\varepsilon$. Wenn das der Fall ist, so ist $\sin\frac{e+\beta}{2}$ am kleinsten, also auch $(e+\beta)$ selbst, also ist dann nach (3) die Ablenkung ein Minimum.

Die Formel (4)

$$n=\frac{\sin\frac{\alpha+\gamma}{2}}{\sin\frac{\gamma}{2}}$$

wird gewöhnlich benutzt, um den Brechungskoeffizienten zu finden. Führen wir die Bestimmung für Strahlen von verschiedenen Farben aus, so zeigt sich, dass n von der Farbe abhängt, dass es mit abnehmender Wellenlänge zunimmt. Wenn wir daher ein Gemisch verschiedener Farben durch ein Prisma hindurchgehen lassen, so muss dasselbe durch die Brechung in seine verschiedenfarbigen Bestandtheile zerlegt, dispergirt werden.

§. 24. Dispersionsformeln.

Es ist von Wichtigkeit, zu wissen, durch welche Gleichung n mit der Farbe oder Wellenlänge λ verbunden ist, d. h. wie die Brechung sich ändert, wenn wir zu anderen Wellenlängen übergehen. Diese Beziehung hat zuerst Cauchy[1]) theoretisch untersucht, und die von ihm gefundene Dispersionsformel lautet:

---

[1]) Cauchy, Memoire sur la dispersion de la lumière, Prag 1836.

$$n = A + \frac{B}{\lambda^2} + \frac{C}{\lambda^4} + \dots$$

wo *A*, *B*, *C*, Konstanten bezeichnen; *C* ist schon sehr klein, so dass das letzte Glied der Reihe, $\frac{C}{\lambda^4}$, für gewöhnlich vernachlässigt werden kann. Cauchy entwickelte diese Formel unter der Voraussetzung, dass die Wellenlänge nicht unendlich klein ist im Vergleich zum Abstand der Moleküle, nach den gewöhnlichen mechanischen Grundsätzen. Später wies Christoffel[1]) nach, dass die Rechnung Cauchy's nicht genau gewesen, dass die Gleichung vielmehr die Form haben müsse:

$$n = \frac{n_0 \sqrt{2}}{\sqrt{1 + \frac{\lambda_0}{\lambda}} + \sqrt{1 - \frac{\lambda_0}{\lambda}}}$$

wo n_0 und λ_0 zwei Konstanten sind.

Ferner hat Briot[2]) eine neue Theorie aufgestellt, indem er die Wechselwirkung zwischen dem Aether und den Molekülen berücksichtigt; er glaubt eine Gleichung von der Form der Christoffel'schen aufstellen zu müssen, während Ketteler[3]) nach derselben Theorie findet:

$$\frac{1}{n^2} = A + B\lambda^2 + \frac{E}{\lambda^2} + \frac{D}{\lambda^4} + \dots$$

Je mehr Konstanten in der Gleichung vorhanden sind, um so näher schliesst sie sich natürlich den Beobachtungen an. Indessen kommt man, wie schon bemerkt, für gewöhnlich mit der Cauchy'schen Formel mit nur zwei Konstanten genügend aus.

Die Kenntniss der Dispersionsformel ist deshalb von grosser Wichtigkeit, weil sie gestattet, aus dem Brechungsexponenten einer Farbe ihre Wellenlänge zu finden. Bestimmen wir z. B. für irgend ein Prisma die Brechungsexponenten für zwei Frauenhofer'sche Linien, deren Wellenlänge wir sehr genau kennen, so können wir daraus die Konstanten *A* und *B* der Cauchy'schen Formel für das Prisma berechnen, und dann für jede andere unbekannte Farbe die Wellenlänge aus der Formel finden, wenn wir ihren Brechungsexponenten mittelst des Prismas bestimmen.

§. 25. Achromasie und vision directe.

Die Grössen *A* und *B* sind Konstanten für jede Substanz, dagegen ändern sie sich von einem brechenden Mittel zum andern. Bezeichnet

---

[1]) Christoffel, Pogg. Ann. **117** p. 27—46 (1862).

[2]) Briot, Essais sur la théorie mathematique de la lumiere, Paris 1863.

[3]) Ketteler, Pogg. Ann. **140** p. 1 (1870).

man mit n_1 und n_2 die Brechungskoeffizienten für die äussersten rothen und violetten Strahlen, so nennt man $d = n_1 - n_2$ die Grösse der Dispersion oder Zerstreuung der betreffenden Substanz. Es zeigt sich nun, dass sowohl diese Grösse für Prismen von demselben brechenden Winkel aus verschiedenen Substanzen sehr verschieden ist, dass dieselben also verschieden lange Spektren liefern, als auch, dass die Ablenkung derselben Farbe eine sehr verschiedene ist. Fig. 6 zeigt z. B.

Fig. 6.

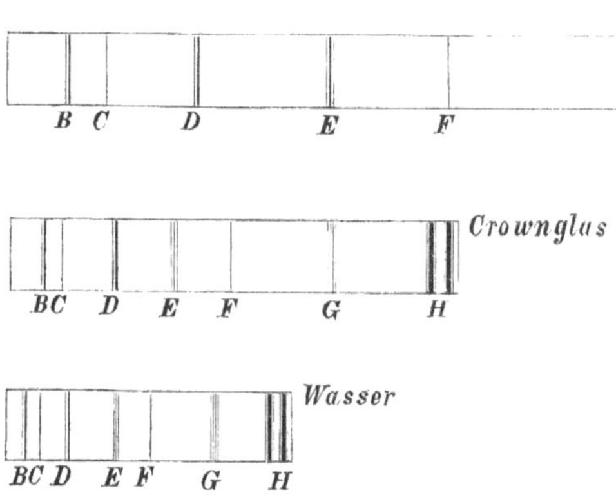

das Sonnenspektrum entworfen von drei Prismen von demselben brechenden Winkel aus Flintglas, Crownglas und Wasser; dabei zeigt sich die ungemein verschiedene Grösse der Dispersion, indem das Spektrum durch das Wasserprisma nur etwa halb so lang ist, wie das Spektrum des Flintglases.

Fig. 7.

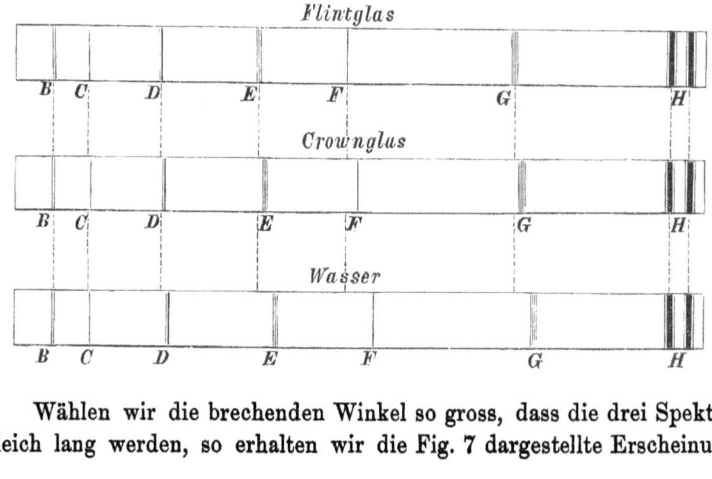

Wählen wir die brechenden Winkel so gross, dass die drei Spektren gleich lang werden, so erhalten wir die Fig. 7 dargestellte Erscheinung;

hier sehen wir, dass die Frauenhofer'schen Linien ganz verschieden stark abgelenkt sind, also in dem einen Spektrum eine Farbe einen viel grösseren Raum einnehmen muss, als in einem anderen.

Benutzt man daher zwei Prismen aus verschiedenen Substanzen, z. B. Crownglas und Flintglas, deren brechende Winkel so gewählt sind, dass sie dieselbe Dispersion geben, gleich lange Spektren erzeugen, so kann man dadurch, dass man sie in entgegengesetzter Stellung hinter einander benutzt, die Farbenzerstreuung aufheben, ohne auch gleichzeitig die Ablenkung des gesammten Lichtes zu vernichten. Fig. 8 zeigt den Gang eines mittleren Strahles in einem solchen Prisma. Solche Prismensysteme nennt man achromatische. Andrerseits kann

Fig. 8.

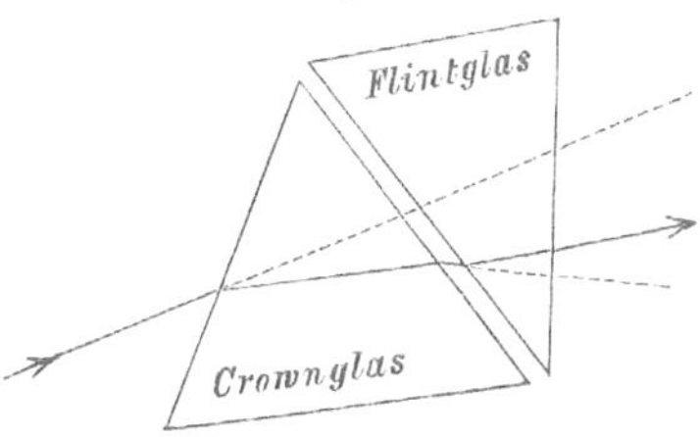

man auch die brechenden Winkel von zwei Prismen so wählen, dass sie eine mittlere Farbe gleich viel ablenken, ohne dass darum ihre Dispersion die gleiche ist; benutzt man diese in umgekehrter Stellung hinter einander, so wird die Ablenkung für die mittlere Farbe ganz, für die anderen zwar zum grossen Theil aufgehoben, ohne dass aber die Farbenzerstreuung aufhörte. Diese Systeme werden gradsichtige Prismen, prismes a vision directe genannt. Während die erste Kombination zur Herstellung der achromatischen Linsen führt, wird die letztere vielfach zu sehr bequemen Spektralapparaten benutzt, und wir werden sie später noch zu besprechen haben.

§. 26. Eigenschaften des Prisma.

Wir haben schon früher gesehen, dass man zur Erzeugung eines reinen Spektrums das Licht durch einen engen Spalt auf das Prisma fallen lässt. Der Spalt bildet eine leuchtende Linie, welche parallel der brechenden Kante steht. Betrachten wir wieder die Vorgänge in einem Hauptschnitt des Prismas, wobei wir von der leuchtenden Linie nur einen Punkt zu berücksichtigen haben. Jeder Strahl eines von dem Punkte A (Fig. 9) kommenden monochromatischen Lichtbündels wird durch das Prisma gebrochen. Das Lichtbündel ist ein homozentrisches, d. h. alle Strahlen kommen von einem Punkte her. Auch nach dem Austritt aus dem Prisma sind die Strahlen homozentrisch, wenn das Prisma in der Stellung des Minimums der Ablenkung steht, wie u. A. von v. Helmholtz[1]) bewiesen wird. Das neue Centrum B liegt aber in einer anderen Entfernung von dem Prisma, und die Entfernung ist ver-

Fig. 9.

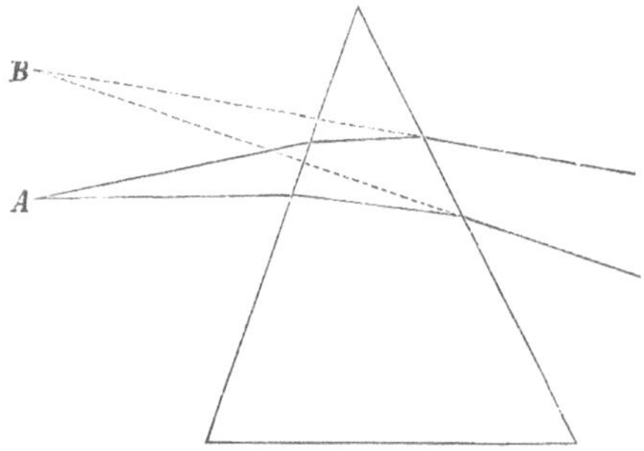

schieden für verschiedene Farben; sie hängt ab von der Einfallsrichtung der Strahlen. Nur beim Minimum der Ablenkung ist die Entfernung des neuen Centrums gleich der des alten, und nur in dieser Stellung ist sie für alle Farben die gleiche. Das ist der maassgebende Grund dafür, dass man bei allen Spektralbeobachtungen das Prisma auf das Minimum der Ablenkung einstellt, und dann das beobachtende Auge, oder das Fernrohr auf die Entfernung des Spaltes akkomodirt, denn nur dann erscheinen benachbarte Theile des Spektrums gleichzeitig deutlich.

Fig. 10.

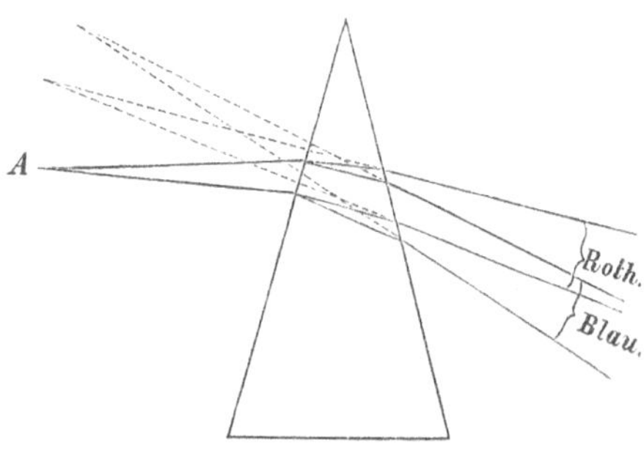

Wenn nicht homogenes, sondern mehrfarbiges Licht auf den Spalt A fällt, so erhält man nach dem Durchgang des Lichtes durch das Prisma so viele verschiedene Strahlenbündel, als Farben vorhanden sind; aber in Folge der verschiedenen Brechbarkeit der Farben scheint jedes

---

[1]) v. Helmholtz, Physiolog. Optik, § 19.

Bündel von einem anderen Punkte herzukommen (Fig. 10). Diese Bündel liegen in der Nähe des Prismas übereinander, und trennen sich um so mehr, je mehr man sich von dem Prisma entfernt. Um sie vollständig zu trennen, benutzt man die Eigenschaft der Linsen, homozentrisches Licht in einem Punkte vereinigen zu können. Setzt man hinter das Prisma eine achromatische Linse, so wird jedes Farbenbündel durch die Linse in bestimmter Entfernung in einem Punkte vereinigt (Fig. 11),

Fig. 11.

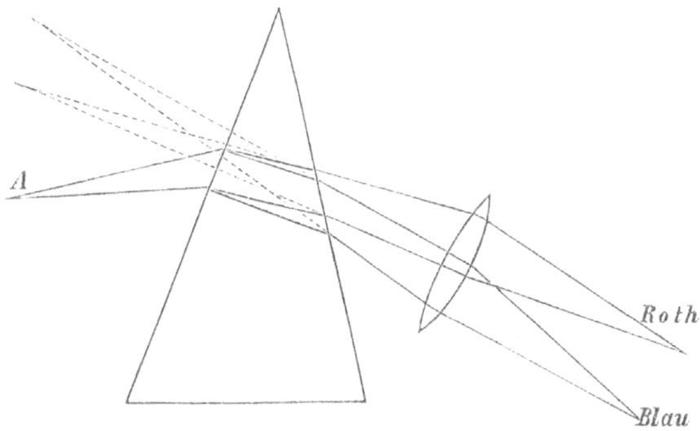

und diese Bilder fallen wegen der verschiedenen Richtung der verschiedenfarbigen Bündel nicht aufeinander, sondern neben einander. Beleuchten wir daher den Spalt mit weissem Licht, welches Strahlen aller Wellenlängen enthält, so erhalten wir im Bilde eine kontinuirliche Folge von Bildpunkten, deren jeder nur durch Licht von bestimmter Wellenlänge erzeugt wird, wir haben also damit ein reines Spektrum hergestellt.

§. 27. Helligkeit des Spektrums.

Bei der Erzeugung von Spektren kommt es nun auf zweierlei an: 1) muss die Helligkeit möglichst gross sein, d. h. von dem vorhandenen, aus dem Spalte austretenden Lichte darf möglichst wenig verloren gehen, sondern es muss sich alles im Spektrum wiederfinden; 2) das Spektrum muss möglichst rein und scharf sein, d. h., es müssen noch Strahlen getrennte Bildpunkte liefern, die möglichst geringe Unterschiede der Wellenlänge haben.

Die Helligkeit ist natürlich vor allen Dingen bedingt durch die Grösse der Dispersion, die Länge des entworfenen Spektrums; vertheilen wir dieselbe Lichtmenge auf ein doppelt so langes Spektrum, so wird jede einzelne Stelle nur halb so viel Licht erhalten. Je geringer also die Dispersion des Prismas ist, und je kleiner sein brechender

Winkel, desto heller ist das Spektrum. Da man aber gewöhnlich die feinen Details des Spektrums sehen will, so braucht man ein grosses Bild, benutzt starke Dispersion, grosse brechende Winkel, setzt auch wohl mehrere Prismen hinter einander. Man muss hier eben in jedem Falle entscheiden, wie weit man die Helligkeit zu Gunsten der Dispersion opfern will.

Das auf den Spalt fallende Licht kann bei seiner Zerlegung in ein Spektrum von gegebener Länge noch durch zwei Umstände geschwächt werden, nämlich durch Absorption in den Substanzen des Prismas und der Linse, und durch theilweise Reflexion an den Flächen derselben. Um die Absorption recht klein zu machen, muss man möglichst durchsichtige Medien benutzen, und verschiedene Glassorten zeigen hier ausserordentlich grosse Differenzen. Die Grösse der Reflexion wird bedingt durch den Einfallswinkel des Lichts und durch die Zahl der spiegelnden Flächen. Da man die Prismen im Minimum der Ablenkung benutzt, so hängt der Einfallswinkel von der Grösse des brechenden Winkels ab; den geringsten Lichtverlust erleidet man, wie Pickering[1]) nachweist, wenn man den brechenden Winkel so wählt, dass die reflektirten Strahlen vollständig polarisirt sind; die Grösse dieses zweckmässigsten Winkels ist also durch die Substanz des Prismas gegeben (beträgt z. B. für Flintglas 64^0).

Die Zahl der spiegelnden Flächen ist bestimmt durch die Zahl der Prismen und Linsen; es ist also, um eine gegebene Dispersion zu erreichen, im Allgemeinen günstiger, wenige Prismen mit grossem Winkel, als viele mit kleinem zu benutzen. Indess ist der Lichtverlust nicht proportional der Flächenzahl, da das Licht beim Durchgang durch die vielen Grenzflächen allmälig polarisirt und daher immer weniger reflektirt wird[2]).

§. 28. Reinheit und Schärfe des Spektrums.

Was die Reinheit und Schärfe des Spektrums betrifft, so kann man mit Hülfe höherer Rechnung leicht nachweisen, dass die Reinheit desto grösser wird, 1) je enger der Spalt ist, 2) je weiter der Spalt vom Prisma entfernt ist, 3) je schräger das Licht auf das Prisma auffällt. Diese drei Umstände bedingen nämlich die scheinbare Breite des Spaltbildes, und je kleiner diese ist, desto weniger fallen die verschiedenfarbigen Bilder übereinander.

Die scheinbare Breite des Spaltbildes lässt sich folgendermassen finden: Wir haben die drei Gleichungen (vergl. p. 29).

$$\sin e = n \sin b, \ \sin \beta = n \sin \varepsilon, \ b + \varepsilon = \gamma \quad . \quad . \quad . \quad . \quad (1)$$

[1]) Pickering, Phil. Mag. (4) **36**, p. 39—43 (1868).

[2]) Vergl. Pickering, Phil. Mag. (4) **36** p. 39—43 (1868).

Sei der Spalt vom Prisma aus sichtbar unter der Breite de, so dass die Einfallswinkel der beiden Ränder des Strahlenbündels sind: e und $e + de$; ebenso sollen die übrigen Winkel für die Ränder sein: b und $b + db$, ε und $\varepsilon + d\varepsilon$, β und $\beta + d\beta$. Differenziren wir obige Gleichungen, so erhalten wir, da n und γ Konstante sind:

$$\cos e\, de = n \cos b\, db;\ \cos \beta\, d\beta = n \cos \varepsilon\, d\varepsilon,\ db + d\varepsilon = 0.$$

Eliminiren wir mit Hülfe der dritten Gleichung aus den beiden ersten db und $d\varepsilon$, so erhalten wir:

$$d\beta = \frac{\cos e \cos \varepsilon}{\cos b \cos \beta} de$$

$d\beta$ ist aber der Unterschied der Austrittswinkel der Randstrahlen, also die scheinbare Breite des Spaltbildes. Sie ist also proportional der Spaltbreite, (welche durch de gegeben). Für gegebene Spaltbreite erreicht sie ihren kleinsten Werth, wenn $e = 90^0$, denn dann ist $\cos e = 0$, $d\beta = 0$; also bei streifendem Einfallen ist die scheinbare Spaltbreite ∞ klein; diese Stellung des Prismas ist indess natürlich nicht brauchbar, da dann gar kein Licht hindurchgeht. Mit steilerem Einfall nimmt die Breite des Spaltbildes zu; beim Minimum der Ablenkung, welche wir aus den früher angebenen Gründen benutzen, ist $e = \beta$, $b = \varepsilon$; dann giebt obige Gleichung

$$d\beta = - de$$

d. h., dann ist die Breite des Spaltbildes gleich der wirklichen Spaltbreite.

Als Maass für die Reinheit des Spektrums können wir die Differenz dn in den Brechungsexponenten der Strahlen, welche noch zusammenfallende Bilder geben, nehmen; je kleiner dn, desto schärfer ist das Spektrum. Wir betrachten einen gebrochenen Strahl, der von einer bestimmten Stelle des Spektrums ins Auge kommt. Er ist gegeben durch den Winkel β; die anderen Grössen, e, b, ε, n nehmen wir als variabel; wir differenziren wieder die drei Grundgleichungen (1), und erhalten

$$\cos e\, de = n \cos b\, db + \sin b\, dn$$
$$o = n \cos \varepsilon\, d\varepsilon + \sin \varepsilon\, dn$$
$$db + d\varepsilon = 0$$

durch Elimination von $db + d\varepsilon$ erhalten wir:

$$\cos e \cos \varepsilon\, de = (\sin b \cos \varepsilon + \cos b \sin \varepsilon)\, dn = \sin (b + \varepsilon)\, dn = \sin \gamma\, dn$$

$$dn = \frac{\cos e \cos \varepsilon}{\sin \gamma} de$$

Also dn ist desto kleiner, die Reinheit des Spektrums desto grösser, je kleiner de, die scheinbare Spaltbreite, und je grösser e ist, also je mehr das Licht streifend auffällt, und je grösser γ ist, also je grössere Dispersion wir benutzen,

Da wir an das Minimum der Ablenkung im Allgemeinen gebunden

sind, so haben wir nur die Mittel übrig, dass wir den Spalt möglichst eng machen, und ihn in möglichste Ferne vom Prisma bringen; man verlegt ihn deshalb in die Unendlichkeit, wie wir später sehen werden.

Rayleigh[1]) beweist den ungemein wichtigen Satz, dass die auflösende Kraft eines Prismas, d. h. die Fähigkeit, sehr nahe liegende Linien noch zu trennen, proportional der Dicke der benutzten Glasschicht ist, aber unabhängig von der Zahl in Form der Prismen.

Es ist also einerlei, ob wir zwei Prismen von einer mittleren Dicke von 5 cm hintereinander setzen, oder nur ein Prisma von 10 cm Dicke benutzen.

Wir haben bisher nur die Vorgänge in einem Hauptschnitt betrachtet, oder doch angenommen, dass jeder Punkt des Spaltes Strahlen nur in der Ebene des Hauptschnittes aussendet, in welcher er selbst liegt. In Wahrheit aber sendet jeder Punkt auch Strahlen aus in Ebenen, welche senkrecht zum Hauptschnitt liegen. Eine Folge davon ist, dass die Bilder des graden Spaltes nicht mehr grade Linien sind, sondern gekrümmt erscheinen, und zwar so, dass sie ihre konkave Seite dem violetten Ende zukehren. Die Krümmnng wird um so grösser, je grösser der brechende Winkel des Prismas, und je kleiner die Brennweite der Linse hinter dem Prisma ist[2]).

§. 29. Dispersion.

Zur Erzielung einer grossen Dispersion können wir verschiedene Wege einschlagen. Vor allen Dingen verwenden wir dazu Prismen von grossem brechendem Winkel, oder setzen auch mehrere solcher Prismen hinter einander, wobei die Dispersion proportional der Summe der brechenden Winkel wächst.

Dann aber haben wir schon gesehen, dass die Grösse der Dispersion für verschiedene Substanzen eine sehr verschiedene ist, und man stellt daher Prismen aus möglichst stark dispergirenden Substanzen her. Für einige feste Substanzen ist die Grösse der Dispersion $d = n_v - n_r$ folgende:

Crownglas	0,021
Flintglas	0,043
Diamant	0,056
Flintglas mit viel Blei .	0,067
Chroms. Blei	0,770

[1]) Rayleigh, Phil. Mag. (5) **8** p. 271 (1879).

[2]) Vgl. Reusch, Pogg. Ann. **117** p. 241—262 (1862) u. Ditscheiner, Wien. Ber. **51**. 2 p. 368—383 (1865) u. namentlich Crova, Ann. de Chim. (5) **22** p. 513—543 (1881).

Man ist aber nicht an die festen Körper gebunden; stellt man dreieckige Flaschen mit planparallelen Wänden her, so kann man sie mit Flüssigkeiten füllen und als Prismen benutzen. Namentlich häufig angewandt wird Schwefelkohlenstoff, der eine sehr starke Dispersion zeigt [1]). Die Flüssigkeitsprismen haben nur den Uebelstand, dass in ihnen leicht durch Temperaturänderungen starke Dichtigkeitsänderungen und damit Strömungen erzeugt werden, welche unregelmässige Brechung und unscharfe Bilder zur Folge haben; daher eignen sich die Flüssigkeitsprismen für genaue Messungen nur wenig. Die Grösse der Dispersion ist für

Wasser	0,013
Alkohol	0,013
Zimmtsäure-Aethyläther .	0,083
Schwefelkohlenstoff . . .	0,084
Cassiaöl	0,108

Statt die Dispersion zu steigern, können wir die Linien, wenn sie fein genug sind, auch dadurch trennen, dass wir das Spektrum durch eine Lupe stark vergrössert betrachten, wobei man weniger Licht verliert; es ist in jedem einzelnen Falle zu entscheiden, was zweckmässiger ist [2]).

Capitel IV.

Die Spektralapparate.

§. 30. Spektralapparat für Chemiker.

Nachdem wir die prismatische Brechung und die Bedingungen zur Herstellung eines guten Spektrums kennen gelernt haben, können wir zur Besprechung der nach diesen Prinzipien gebauten Spektralapparate übergehen. Je nachdem die Apparate nur zur Beobachtung und Vergleichung von Spektren oder auch zu exakten Messungen der Ablenkung der Strahlen dienen sollen, hat man sie Spektroskope und Spektrometer genannt.

Einen der einfachsten Apparate, welcher von Bunsen für die Untersuchung in chemischen Laboratorien konstruirt wurde, ist in

[1]) Liveing empfiehlt Quecksilberjodid, Cambridge Proc. 1879.

[2]) Lippich, Central-Zeit. für Opt. u. Mech. **2** p. 49—50 u. 61—62 (1881).

Figur 12 perspektivisch, in Figur 13 von oben gesehen dargestellt. Auf einem festen Fuss ist eine Platte befestigt, welche das Prisma *P*

Fig. 12.

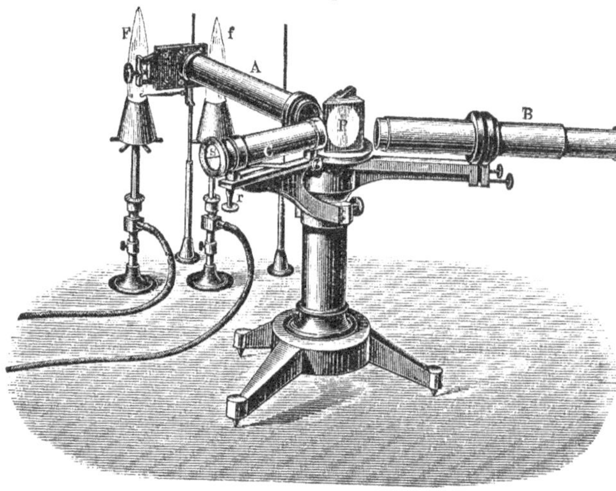

Fig. 13.

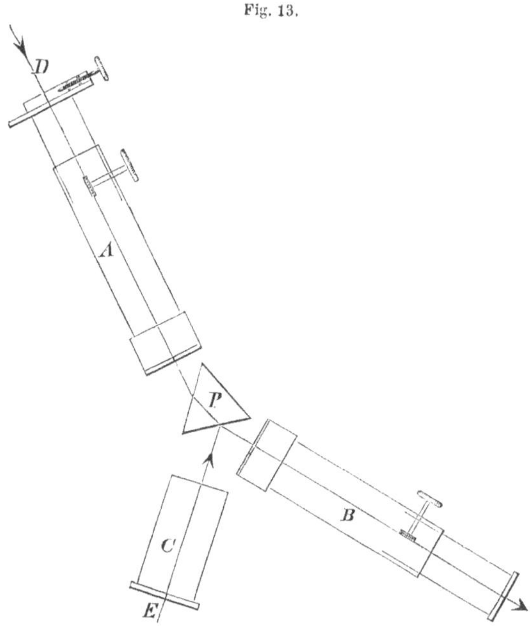

trägt; an dem Fusse sind ferner drei um eine zur Platte senkrechte Axe drehbare Arme angebracht, welche die Röhren *A*, *B* und *C* tragen.

Die Röhre A trägt an ihrem vordern Ende einen verschiebbaren Spalt, den wir gleich noch genauer betrachten wollen, an dem anderen Ende eine Linse, deren Brennweite gleich der Länge des Rohres A ist. Dies Rohr wird das Kollimatorrohr genannt. Die Röhre B ist ein kleines achromatisches Fernrohr, die Röhre C endlich trägt bei S auf einer Glasplatte eine Millimetertheilung, an dem anderen Ende eine Linse, deren Brennweite gleich der Länge von C ist. Der Zweck der einzelnen Theile des Apparates ist leicht zu erkennen. Wir haben gesehen, dass es zweckmässig ist, den Spalt möglichst vom Prisma zu entfernen; dies thut das Kollimatorrohr, welches so wirkt, als läge der Spalt in unendlicher Entfernung; in dem Falle würden von dem Spalt nur parallele Strahlen ausgehen. Da nun der Spalt im Brennpunkt der Kollimatorlinse liegt, so werden alle vom Spalte kommenden Strahlen durch die Linse parallel gemacht, als ob sie aus der Unendlichkeit kämen. — Das Prisma ist auf der Platte in fester Lage aufgestellt und wird durch eine Feder gehalten. Man dreht das Kollimatorrohr so, dass die parallel austretenden Strahlen das Prisma unter dem Minimum der Ablenkung treffen, und stellt es dann fest. Die Strahlen werden durch das Prisma gebrochen und gelangen an das Fernrohr B; die Objektivlinse desselben entwirft nun in der Entfernung ihrer Brennweite ein Spektrum, welches man in dem Rohre sehen kann, wenn man die Okularlinsen herauszieht. Diese letzteren dienen einfach als Lupe, um damit das Spektrum in Vergrösserung zu betrachten. — Das Rohr C dient dazu, angenähert bestimmte Punkte im Spektrum bestimmen und wiederfinden zu können. Es trägt wie gesagt eine Glasplatte S, welche berusst ist und in welche dann eine Millimetertheilung eingeritzt ist, oder eine photographisch hergestellte Theilung mit hellen Linien auf dunklem Grunde. Die Theilung wird durch eine davor gestellte Flamme hell beleuchtet; die Linse des Rohres macht die Strahlen parallel, so als ob die Theilung ∞ entfernt wäre; diese Strahlen fallen dann auf die Fläche des Prismas, aus welcher das zu untersuchende Licht austritt, und zwar unter einem solchen Winkel, dass sie in das Fernrohr B hinein reflektirt werden. Die Folge davon ist, dass man durch das Fernrohr gleichzeitig das Spektrum und die Theilung scharf sieht, und bei fester Aufstellung des Prismas die Theilstriche stets an dieselbe Stelle des Spektrums fallen, so dass man ungefähre Messungen machen kann. Dies genügt für den Zweck des Apparates, durch welchen man nur mit einem Blick soll entscheiden können, ob gewisse Farben von einer Flamme emittirt werden, oder nicht. Nach Bunsen wird die Röhre mit der Skala so eingestellt, dass der Theilstrich 50 mit der D-Linie des Sonnenspektrums zusammenfällt.

§. 31. Spalt- und Vergleichsprisma.

Wir haben nun noch die Einrichtung des Spaltes zu besprechen, welcher in Fig. 14 abgebildet ist. Derselbe wird gebildet durch zwei Stahlplatten, *a* und *b*, mit fein polirten Rändern, die sogenannten s'Gravesand'schen Schneiden. Die erste Schneide *a* ist in fester Lage, die zweite dagegen lässt sich durch eine Mikrometerschraube *c*

Fig. 14.

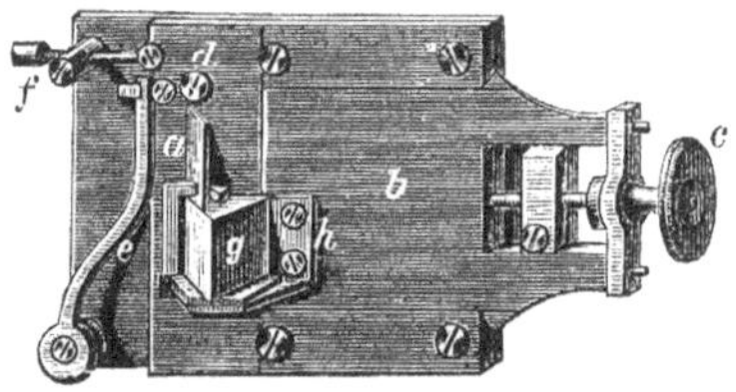

verschieben, so dass man den Spalt beliebig weit und eng machen kann. Die beiden Spaltränder sollen genau parallel sein; um dies bewirken zu können, ist die Platte *a* nicht ganz fest, sondern drehbar um die Schraube *d*; das obere Ende der Platte wird durch die Feder *e* zurückgeschoben, während die Schraube *f* es vorwärts bewegt. Durch *f* kann man daher die Stellung von *a* so reguliren, dass die Ränder von *a* und *b* genau parallel sind, der Spalt sich vollkommen schliessen lässt.

Die untere Hälfte des Spaltes ist in der Zeichnung nicht frei, sondern verdeckt durch ein kleines Prisma *g*, welches von einem an *b* angeschraubten Halter *h* getragen wird. Man nennt es das Vergleichsprisma, denn es hat die sehr wichtige Aufgabe, die Vergleichung zweier Spektren zu ermöglichen. Durch die obere Hälfte des

Fig. 15.

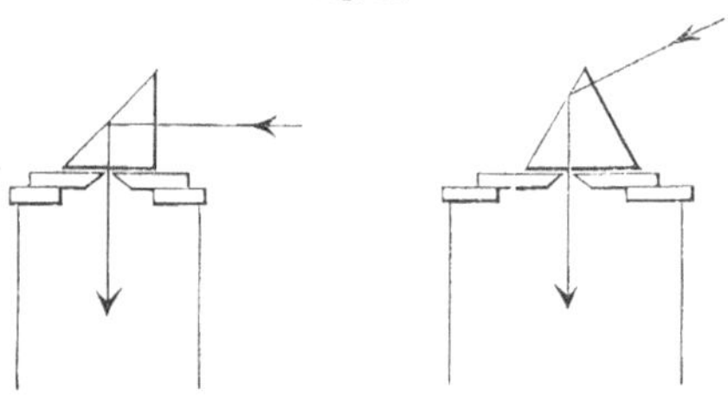

Spaltes lässt man direktes Licht einfallen, während auf die untere Hälfte des Spaltes Licht kommt, welches von einer seitwärts stehenden Flamme ausgehend an der Hypotenusenfläche des Prismas total reflektirt worden ist, wie es Fig. 15 zeigt. Das Vergleichs-Prisma nimmt man am zweckmässigsten rechtwinklig, doch werden auch gleichseitige benutzt. Fig. 15

zeigt für beide Fälle den Gang der Strahlen. Das Vergleichsprisma bewirkt, dass man im Gesichtsfeld zwei Spektren unmittelbar übereinander und sich berührend hat, wodurch man sehr leicht entscheiden kann, ob sich bestimmte Linien in dem einen vorfinden, die in dem andern vorhanden sind. Will man nur ein Spektrum haben, so kann man das Vergleichsprisma leicht abnehmen, oder fortdrehen.

§. 32. Justirung des Apparates.

Wenn man mit diesem Spektralapparat arbeiten will, so hat man ihn folgendermassen einzustellen: man nimmt das Fernrohr heraus, und stellt es so ein, dass man einen möglichst fernen Punkt deutlich sehen kann, dass es also auf parallele Strahlen akkomodirt ist. Nachdem man es wieder befestigt hat, nimmt man das Prisma ab, und dreht das Fernrohr so, dass es die Verlängerung des Kollimatorrohres bildet. In dieser Stellung sollen die Axen der beiden Röhren genau dieselbe Richtung haben; man kann in dieser Beziehung etwas korrigiren durch die beiden Schrauben, welche man in der Figur 12 unter dem Fernrohr angebracht sieht. Nun regulirt man am Auszuge des Kollimators die Stellung des Spaltes so, dass man ihn im Fernrohr scharf sieht; da das Fernrohr auf parallele Strahlen eingestellt war, so weiss man, dass nun die Strahlen aus dem Kollimator parallel austreten, der Spalt also so zu sagen im Unendlichen liegt. Jetzt stellen wir das Prisma auf, drehen das Fernrohr zurück und befestigen das Prisma im Minimum der Ablenkung für mittlere Farben, also Gelb und Grün; man erkennt diese Stellung leicht daran, dass wenn man das Prisma aus dieser Stellung nach rechts oder links dreht, das Spektrum sich nach der gleichen Seite verschiebt, so dass die Ablenkung grösser wird. Nun dreht man noch den Arm mit der Theilung, bis man ihr Bild im Fernrohr sieht, und stellt sie scharf ein, indem man die Entfernung der Theilung von der Linse ihres Rohres regulirt. Man deckt nun noch über den mittleren Theil des Apparates, also das Prisma und die Objektivenden der drei Röhren ein schwarzes Tuch, um das fremde Licht abzuhalten, und kann dann die Beobachtung beginnen.

§. 33. Spektrometer.

Nach denselben Gesichtspunkten, wenn auch mit zahllosen kleinen konstruktiven Verschiedenheiten, werden sämmtliche Spektralapparate gebaut, mit denen man keine Messungen ausführen will, also die Spektroskope. Wir wollen nun auch noch ein möglichst einfaches kleines Spektrometer näher betrachten, um die Messeinrichtungen kennen zu lernen.

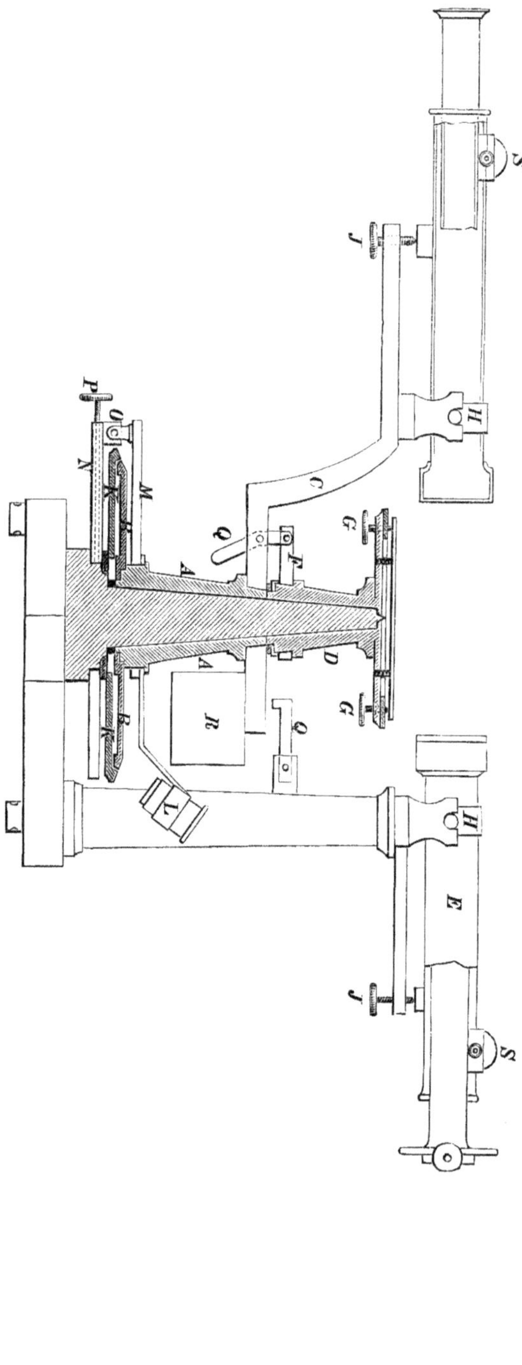

Fig. 16.

Wenn man genaue Bestimmungen der Wellenlänge einer Farbe machen will, so muss man den Brechungsexponenten derselben bestimmen nach der Formel: $n = \frac{\sin\frac{a+\gamma}{2}}{\sin\frac{\gamma}{2}}$ also man muss die Ablenkung des Strahles möglichst genau messen können. Hat man n gefunden, so lässt sich daraus mittelst der Cauchy'schen Dispersionsformel λ finden. Die Formel für n ist aber abgeleitet unter der Voraussetzung, dass die Strahlen in einem Hauptschnitt verlaufen, d. h., dass sowohl die Eintritts-, wie die Austrittsflächen des Prismas genau senkrecht stehen zur Richtung der Strahlenebene oder der Ebene, die durch die Axen des Kollimators und Fernrohrs gelegt werden kann. Ein Apparat, mit welchem man genaue Messungen machen will, muss also die Möglichkeit geben:

1) Die Axen von Kollimator und Fernrohr in Ebenen zu bringen, die senkrecht zur Drehungsaxe des Fernrohrs stehen;
2) die beiden Prismenflächen senkrecht gegen diese Ebene zu stellen;
3) Winkel, um die das Fernrohr gedreht wird, genau zu messen, da man in der Formel für n sowohl γ als a zu bestimmen hat.

Ein sehr einfacher, aber zweckmässiger Apparat, der diesen Bedingungen genügt, ist in Fig. 16 dargestellt[1]).

Auf einem festen eisernen Fuss mit Stellschrauben ist eine Stahlaxe befestigt; um dieselbe drehen sich zwei Theile, nämlich 1) das Stück *A*, an welchem unten ein getheilter Kreis *B* und oben ein Arm *C* sitzt, welcher das Fernrohr trägt, und 2) das Stück *D*, welches eine Metallplatte trägt und zum Aufsetzen des Prismas dient. Das Kollimatorrohr *E* ist an einer Säule, welche auf einem Fusse des Instrumentes aufgeschraubt ist, befestigt.

An dem Theile *D* ist ein Arm *F* befestigt, welchen man sowohl mit dem Kollimatorfuss, als auch mit dem Fernrohr *C* fest verbinden kann durch die Haken *Q*, so dass das Prismentischchen entweder feststeht, oder sich mit dem Fernrohr dreht. Die Trägerplatte für die Prismen ist mit dem Theil *D* nicht fest verbunden, sondern wird durch drei Spiralfedern herangezogen, während drei Schrauben *G* sie fortdrücken; durch Drehen an diesen Schrauben kann man daher die Neigung des Tischchens gegen die Drehungsaxe ändern. Fernrohr und Kollimator sind an ihren Trägern derart befestigt, dass sie drehbar sind um horizontale an den Objektivenden befindliche Axen *H*. Sie können daher durch die Schrauben *J* in Vertikalebenen bewegt und senkrecht zur Drehungsaxe eingestellt werden. *R* ist ein Contregewicht für das Fernrohr, welches Verbiegungen der Axe vermeiden soll. Um die Winkel, um

---

[1]) Er stammt aus der Werkstatt von Wanschaff in Berlin.

welche das Fernrohr gedreht wird, zu messen, ist an *A* der getheilte Kreis *B* befestigt; er ist umgeben von dem Ringe *K*, der an dem Fusse fest ist, und an zwei gegenüberliegenden Stellen Nonien trägt, so dass man die Einstellung bis auf 10″ ablesen kann. Die Ablesung geschieht durch die Lupen *L*. Um die Einstellung fein machen zu können, trägt *A* einen Arm *M*, der gegen den auf der Axe drehbaren Arm *N* durch die Mikrometerschraube *O* verschoben werden kann. Stellt man daher *N* fest, was durch die Schraube *P* geschehen kann, so bewegt eine Drehung von *O* das Fernrohr mikrometrisch.

§. 34. Einstellung des Apparates mittelst des Gauss'schen Okulars.

Hat man mit diesem Instrument Messungen zu machen, so muss man es zuerst justiren, und zwar znnächst die Axen von Fernrohr und Kollimator senkrecht zur Drehungsaxe stellen. Dies geschieht folgendermassen: Man stellt das Fernrohr auf ∞ ein[1]), und regulirt dann auch die Spaltstellung so, dass man den Spalt scharf sieht, der Spalt also im Brennpunkt der Kollimatorlinse liegt. Das Fernrohr besitzt ein Fadenkreuz und mit demselben wird irgend ein Punkt des Spaltbildes zusammenfallen[2]). Man dreht nun das Fernrohr um einen beliebigen Winkel und setzt auf das Tischchen ein Prisma oder eine ebene Glasplatte. Man dreht das Tischchen und stellt an den drei Schrauben *G* desselben so lange, bis das vom Spalte kommende Licht durch Spiegelung an der Glasfläche in das Fernrohr fällt, und zwar bis derselbe Punkt des Spaltbildes auf das Fadenkreuz fällt. Eine leichte Ueberlegung zeigt, dass dann die spiegelnde Fläche parallel der Drehungsaxe des Fernrohrs liegen muss. Wir haben also dadurch die Kenntniss von der Richtung der Drehungsaxe des Fernrohrs gewonnen; wir müssen nun das Fernrohr und Kollimator senkrecht zu dieser Richtung, also senkrecht zu der spiegelnden Fläche stellen.

Fig. 17.

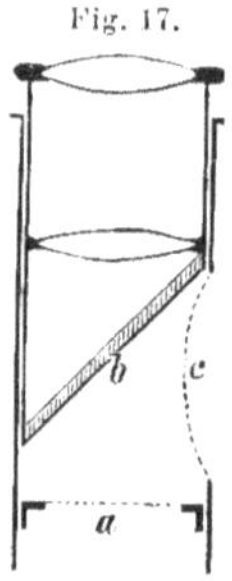

Dazu entfernen wir das Okular des Fernrohrs und ersetzen es durch ein Gauss'sches Okular, dessen Einrichtung aus der Fig. 17

1) Es geschieht dies dadurch, dass man das Fernrohr so einstellt, dass man den entferntesten sichtbaren Punkt, Kirchthurm, Baumspitze oder dergl. scharf sieht; aber diese Einstellung darf nicht durch eine Fensterscheibe hindurch stattfinden.

2) Am besten spannt man über die Mitte des Spaltes quer ein Haar, welches dann als Visirpunkt dient.

ersichtlich ist. Zwischen den Okularlinsen und dem Fadenkreuz *a* ist nämlich ein unter 45° gegen die Rohraxe geneigtes Stück Spiegelglas *b* befestigt, während das Rohr an der entsprechenden Stelle einen seitlichen Ausschnitt *c* hat, so dass Licht auf die Glasplatte fallen kann, welches das Fadenkreuz beleuchtet. Die von dem Fadenkreuz ausgehenden Strahlen werden durch das Objektivglas des Fernrohrs parallel gemacht; treffen sie auf eine spiegelnde Fläche senkrecht auf, so werden sie auf dem Wege, den sie gekommen, zurückgeworfen, durch die Objektivlinse wieder vereinigt, und es entsteht in der Ebene des Fadenkreuzes ein Bild desselben. Sieht man also durch das Okular hinein, so sieht man Fadenkreuz und Bild nebeneinander oder übereinanderfallen, wenn die spiegelnde Fläche nicht absolut senkrecht zur Fernrohraxe steht, dagegen genau zusammenfallend, wenn dies der Fall.

Ein solches Okular schiebt man also in das Fernrohr ein und dreht dies so, dass es etwa senkrecht gegen die Prismenfläche steht; indem man dann durch das Okular hindurchsieht, bewegt man eine Flamme vor dem Ausschnitt *c*, bis das Fadenkreuz richtig beleuchtet ist und man neben dem Fadenkreuz sein Bild sieht. Nun wird das Fernrohr so weit gedreht, dass Fadenkreuz und Bild übereinanderfallen, dann bewirkt eine kleine Drehung an der Schraube *J*, dass sie zusammenfallen. Damit steht dann die Fernrohraxe senkrecht zur Fläche des Prismas, also auch zur Drehaxe des Apparates. In gleicher Weise stellt man das Kollimatorrohr senkrecht, nachdem man statt des Spaltes das Gauss'sche Okular eingeschoben hat.

Es folgt nun die Aufgabe, das Prisma so aufzustellen, dass seine beiden Flächen senkrecht auf den Axen der Rohre stehen. Man setzt dazu das Prisma auf dem Tischchen etwa in die richtige Lage, dreht die eine Fläche dem Fernrohr zu, welches mit Gauss'schem Okular versehen ist. Man regulirt dann an den Schrauben *G* bis Fadenkreuz und Bild zusammenfallen; dann hat die eine Fläche die richtige Einstellung. Nun dreht man das Prismentischchen, bis die zweite Fläche dem Fernrohr gegenüber steht, und regulirt wieder die Schrauben *G*, bis auch hier sich Fadenkreuz und Bild decken. Durch Regulirung für die zweite Fläche kann die Einstellung der ersten verdorben sein; man kontrollirt dies, verbessert eventuell, bis bei beiden Flächen die Koinzidenz von Fadenkreuz und Bild vollkommen ist. Dreht man nun noch Tischchen und Fernrohr so, dass das Prisma im Minimnm der Ablenkung steht, in welcher Stellung man das Tischchen mit dem Kollimatorfuss fest befestigt, und dass das Spektrum durch das Fernrohr sichtbar ist, so ist die Justirung des Apparates vollendet.

Es bleiben nun noch einige Worte über die Winkelmessungen zu sagen. Die Bestimmung des brechenden Winkels geschieht am besten mit dem Gauss'schen Okular. Nachdem das Prisma justirt und festgestellt ist, dreht man das Fernrohr so, dass es senkrecht gegen die erste Prismenfläche steht, und liest die Stellung des Theilkreises am Nonius ab; dann dreht man das Fernrohr so, dass es senkrecht zur zweiten Fläche steht, und liest wieder ab; der Winkel, um den man hat drehen müssen, ergänzt den brechenden Winkel γ zu zwei Rechten.

Den Ablenkungswinkel a für eine Farbe oder z. B. für die Frauenhofer'sche Linie D bestimmt man, indem man das Fernrohr mit gewöhnlichen Okular einmal so stellt, dass sein Fadenkreuz auf die D-Linie fällt, dann das Prisma wegnimmt, und das Fadenkreuz zur Deckung mit dem direkten Spaltbild bringt. Der Drehungswinkel ist das gesuchte a.[1])

§. 35. Apparat von Abbe, Thollon und Christie.

Nachdem wir den Gebrauch eines der messenden Apparate mit aller Genauigkeit besprochen haben, können wir uns bei der Beschreibung anderer Apparate ganz kurz fassen, da die Prinzipien stets dieselben sind.

Zuerst sei noch eine recht interessante Form des Spektralapparates erwähnt, die von Abbe[2]) herrührt, und sich dadurch auszeichnet, dass

Fig. 18.

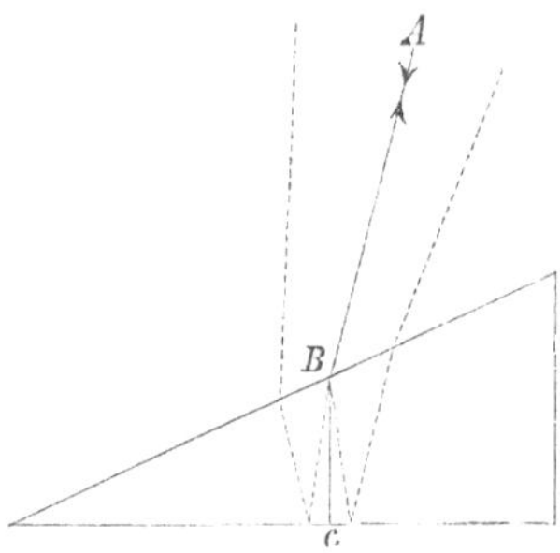

Kollimator und Fernrohr zusammenfallen, dass daher der Apparat billig und leicht einzustellen ist. Das Prinzip des Apparates ist folgendes: Fällt ein Lichtstrahl AB (Fig. 18) so auf ein Prisma auf, dass er nach der Brechnng senkrecht auf die zweite Prismenfläche trifft, in C, so

[1]) Ueber den Einfluss mangelhafter Aufstellung der Prismen, und nicht ebener Flächen derselben sehe man: Rayleigh, Investigations in Optics, Phil. Mag. 1879 u. 1880; ferner Cornu, Spectre Normal du Soleil, Paris 1881.

[2]) Abbe, Neue Apparate zur Bestimmung des Brechungs- u. Dispersions vermögens fester u. flüssiger Körper. Jena 1874.

wird er hier reflektirt, und durchläuft seinen Weg zurück. Strahlen von etwas grösserer oder kleinerer Wellenlänge, die in der Richtung *BA* auffallen, werden aber weniger oder mehr gebrochen, und daher auch nicht in derselben Richtung zurückreflektirt, sondern dispergirt. Abbe lässt das Licht von einem Spalte kommen, der an Stelle des Fadenkreuzes in dem Gauss'schen Okular seines Fernrohres sitzt. In der Ebene dieses Spaltes, der nur einen kleinen Theil des Gesichtsfeldes ausfüllt, erscheint dann auch das Spektrum, und man muss die Einfallsrichtung der Strahlen, d. h. die Richtung des Fernrohres, drehen, damit nacheinander die verschiedenen Farben mit dem Spalt zusammenfallen. In dem Fall muss sein:

$$\sin e = n \sin \gamma$$

woraus sich die Messung mit dem Apparat ergiebt.

Sehr merkwürdige und wichtige Eigenthümlichkeiten zeigen die von Thollon eingeführten Prismenpaare, auf welche ich indess nicht näher eingehen will[1]); ebenso seien die Halbprismen von Christie[2]) nur erwähnt; sie lassen mit wenigen Prismen ausserordentliche Dispersion und Reinheit erreichen, und sind gradsichtig; ein sehr grosser Vortheil ist die Einfachheit der Konstruktion, dadurch bewirkt, dass Kollimator und Fernrohr fest stehen, die Prismen gedreht werden.

§. 36. Apparate mit mehreren Prismen.

Eine Veränderung der Konstruktion wurde nöthig durch das Verlangen nach grösserer Dispersion, als man sie durch 1 Prisma erreichen konnte. Kirchhoff benutzte zuerst mehrere Prismen hinter einander. Sein Apparat enthält 4 Prismen, deren jedes 3 Stellschrauben besitzt, so dass sie genau senkrecht zu den Axen der Fernröhre gestellt werden können. Aber bei derartigen Instrumenten tritt eine neue Schwierigkeit ein, welche sie zu Messungen fast unbrauchhar macht. Während nämlich bei einem Apparat mit einem Prisma die Verschiedenheit der Ablenkung für verschiedene Strahlen so klein ist, dass man das Prisma für eine mittlere Farbe auf das Minimum der Ablenkung eingestellt hat, die Einstellung für alle Farben genügend genau ist, so gilt dies nicht mehr, wenn man mehrere Prismen benutzt. Man ist dann gezwungen, wenn man zu einer anderen Farbe übergeht, die Prismen einzeln nach einander auf das Minimum der Ablenkung für diese Farbe zu bringen, was ein sehr mühsames Geschäft ist. Man hat deshalb einen Mechanismus erfunden, der automatisch die Stellung der Prismen

---

1) Thollon, C. R. **86** p. 595—598 u. 329—331 (1878).

2) Christie, Proc. Roy. Soc. **26** p. 8—40 (1877).

Fig. 19.

ändert und das Minimum der Ablenkung erhält, wenn man von einer Farbe zur andern geht. Einen derartigen grossen Apparat mit 5 Prismen, wie ihn Schmidt&Haensch in Berlin bauen, zeigt Fig. 19 perspektivisch, während Fig. 20 eine obere Ansicht giebt, welche den Mechanismus zur automatischen Erhaltung des Minimums der Ablenkung näher erklären soll. (In den Abbildungen sind nur 4 Prismen aufge-

Fig. 20.

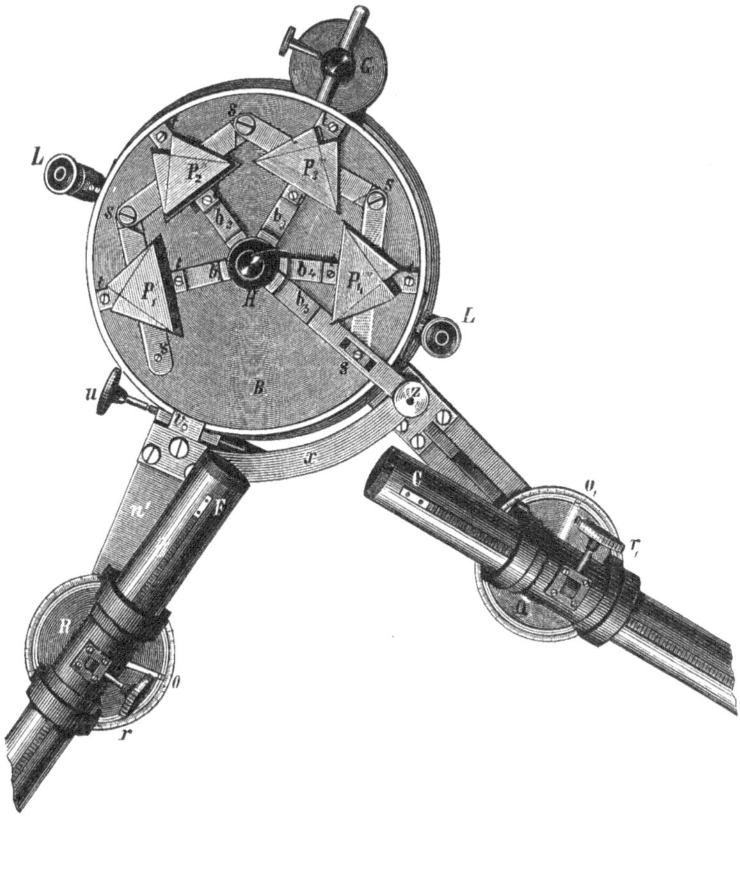

setzt; der Apparat kann mit 1, 2 bis 5 Prismen benutzt werden.) An der Axe drehbar sind radiale Messingstücke *b* angebracht; auf sie sind in radialer Richtung verschiebbare Querstücke gelegt, die durch die Schrauben *s* mit einander verbunden sind, und unter den Prismen *P* sich verschieben können; letztere sind durch Schrauben *t* an den Armen *b* befestigt. Die erste Schraube *s* kann in einem radialen Spalte der Plattform B sich verschieben, während die letzte Schraube s an einem Arme b_5 verschiebbar befestigt ist, welcher mit dem Fernrohr durch z und x verbunden ist. Jede Drehung des Fernrohrs zwingt daher alle Arme b und die Prismen, sich um einen gleichen Winkel zu drehen, wobei die Prismen sich nach innen oder aussen verschieben, dabei aber Tangenten an demselben Kreise und im Minimum der Ablenkung für die in das Fernrohr F gelangenden Strahlen bleiben. Der Apparat besitzt einen getheilten Kreis K, so dass man die Stellung des Fernrohrs, bei welcher eine bestimmte Farbe mit dem Fadenkreuz zusammenfällt bestimmen kann.

Bei derartigen Spektralapparaten kann man die Prismenzahl nicht weiter vermehren, als dass der Lichtstrahl einen vollen Kreis beschreibt. Man muss daher suchen, die Ablenkung durch jedes Prisma möglichst klein zu machen, um doch viele Prismen benützen zu können. Dem entsprechend sind die Prismen des letzten Apparates eingerichtet; es sind sog. Rutherford'sche Prismen; sie bestehen aus rechtwinkligen Primen, an welche zwei kleine spitze Prismen von geringer Dispersion aber starker Ablenkung in umgekehrter Stellung angekittet sind. Dadurch geht wenig von der Dispersion verloren, während die Ablenkung sehr stark vermindert wird, so dass man eben 5 Prismen hinter einander verwenden kann.

Aber auch die Dispersion von 5 Rutherford'schen Prismen genügt noch nicht für alle Zwecke. Man hat daher den Kunstgriff gebraucht, das Licht bei seinem Austritt aus dem letzten Prisma zu reflektiren, so dass es die Prismen noch einmal durchlaufen muss. Einen derartigen mächtigen Apparat beschreibt Listing[1]); das Instrument ist von J. Browning hergestellt und als Powerful Spectroscope bezeichnet. „Sechs Flintprismen von über 3 Zoll Höhe sind im Kreise aufgestellt auf automatisch beweglicher Basis, auf welcher durch eine Verrückung sämmtlichen Prismen die für jeden Theil des Spektrums erforderliche Minimalstellung ertheilt wird. Das vom Kollimator ins erste Prisma eintretende, aus dem sechsten Prisma dispergirt austretende Licht wird mittelst eines rechtwinkligen, mit seiner Hypotenusenfläche vertikal gestellten Prismas nach zwei innern Totalreflexionen zum Durchgang in umgekehrter Runde vom sechsten bis zum ersten Hauptprisma gleichsam in eine zweite Etage zurückgeleitet, welcher Umlauf in gleicher Weise ein drittes und viertes Mal je in einer höheren Etage veranstaltet wird, so dass das zuletzt in das Beobachtungsrohr eintretende Licht den durch die Prismenstellung bezielten Theil des Spektrums darstellt, wie er nach einer 24maligen Prismendispersion erweitert worden ist.“

---

[1]) Ber. über d. wissensch. Apparate auf d. Lond. Ausst. 1876 p. 360.

Einen ähnlichen Apparat von Secchi mit Hin- und Rückgang des Lichts in verschiedenen Etagen und automatischer Erhaltung des Minimums der Ablenkung zeigt Fig. 21. Dieselbe wird auch ohne weitere Erklärung verständlich sein.

Sehr grosse Dispersionen ohne übermässige Prismenzahl lassen sich erreichen, indem man Flüssigkeitsprismen benutzt, da ja die Flüssigkeiten viel grössere Differenzen zwischen den Brechungskoeffizienten der verschiedenen Farben haben, wie ein Blick auf die Zahlen auf p. 39 zeigt.

Fig. 21.

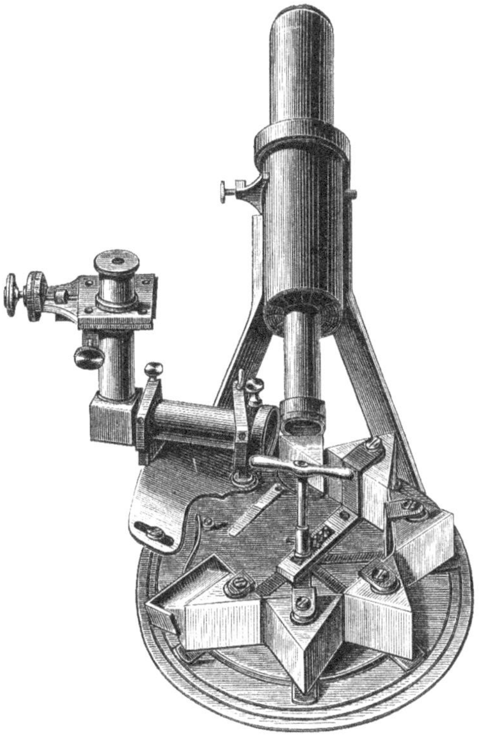

Zweckmässig verbindet man die Flüssigkeitsprismen mit entgegengesetzt gestellten Glasprismen, um einen Theil der Ablenkung aufzuheben. Es seien hier nur die Konstruktionen von Thollon[1]) aus Schwefelkohlenstoff und Krownglas, und von Wernicke[2]) aus Zimmtsäure-Aethyläther und Krownglas angeführt. Bei dem ersten ist die Dispersion 6 Mal so

---

[1]) Thollon, C. R. T. **88** p. 80—82 (1879).

[2]) Wernicke, Zeitschr. f. Instr.-Kunde **1** p. 353—357 (1881).

gross, wie bei einem Flintglasprisma von 60°, bei dem zweiten $3^1/_2$ Mal so gross, dafür ist aber auch das erstere gegen Temperaturänderungen sehr empfindlich, das zweite viel weniger.

§. 37. Gradsichtige Prismensysteme.

Die beschriebenen Spektroskope haben sämmtlich eine Eigenschaft, die mitunter unbequem ist, nämlich dass sie das Licht nicht nur dispergiren, sondern ablenken, die zu beobachtende Flamme daher nicht in der Richtung der Fernrohraxe liegt. Man hat auf sehr verschiedene Arten versucht, dieser Unbequemlichkeit abzuhelfen; da das Licht sowohl durch Brechung als durch Reflexion von seinem gradlinigen Wege abgelenkt werden kann, so sind diese beiden Mittel zur Erreichung des Zweckes angewandt worden. Zuerst ist wohl Amici auf den Gedanken gekommen, den Umstand zu benutzen, dass einige Substanzen grosse Dispersion und kleine Ablenkung, andere grosse Ablenkung und kleine Dispersion haben; stellt man daher hinter ein Prisma aus einer Substanz der ersten Art ein zweites der zweiten Art, aber in entgegengesetzter Stellung, so kann man durch passende Wahl des Winkels bewirken, dass für eine bestimmte mittlere Farbe die Ablenkung durch

Fig. 22.

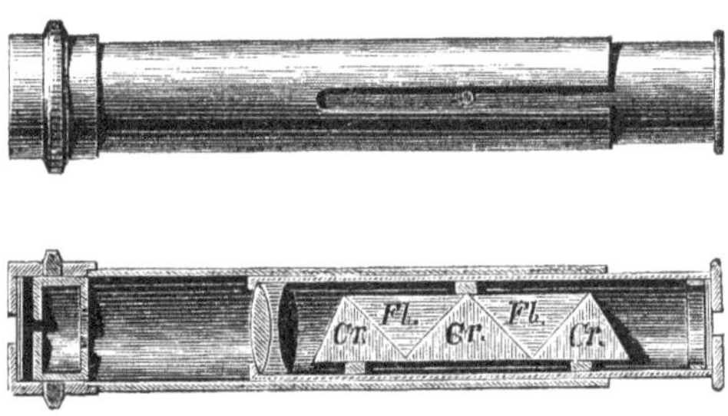

beide Prismen gleich und entgegengesetzt ist, also aufgehoben wird, während die Dispersion der übrigen Farben durch das zweite Prisma nur geschwächt wird. Man erhält also dadurch Prismensysteme, welche ein Spektrum zeigen, dessen mittelste Farben gar nicht abgelenkt sind; sie werden gradsichtige Spektroskope oder Prismes à vision directe genannt. Sie wurden zuerst von Hofmann in Paris aus Flint- und Krown-Glas hergestellt[1]). Da aber die Dispersion durch Aufhebung der Ablenkung auch vermindert wird, so muss man eine ganze Anzahl von Prismen hintereinander setzen, wenn man einigermassen bedeutende Dispersion haben will, wodurch man ziemlich viel Licht verliert in Folge

[1]) Radau, Pogg. Ann. **118** p. 452—456 (1863).

von Absorption und Reflexion. Indessen eignet sich diese Art von Prismen sehr gut zu kleinen Taschenspektroskopen. Ein derartiges Instrument von Browning zeigt Fig. 22 im Querschnitt und von aussen.

In neuerer Zeit hat man auch zu gradsichtigen Spektroskopen Kombinationen von Flüssigkeiten und Glas benutzt, so Schwefelkohlenstoff[1]) und Zimmtsäureäthyläther[2]), und hat damit sehr gute Resultate erzielt.

Da man indess immer von der durch das erste Prisma erreichten Dispersion durch das zweite einen Theil verliert, hat man statt der Brechung die Spiegelung des Lichtes benutzt, um den austretenden Strahl in eine dem eintretenden parallele Richtung zu bringen. Die einfachste Methode ist wohl die von Fuchs[3]), welche Fig. 23 zeigt:

Fig. 23.

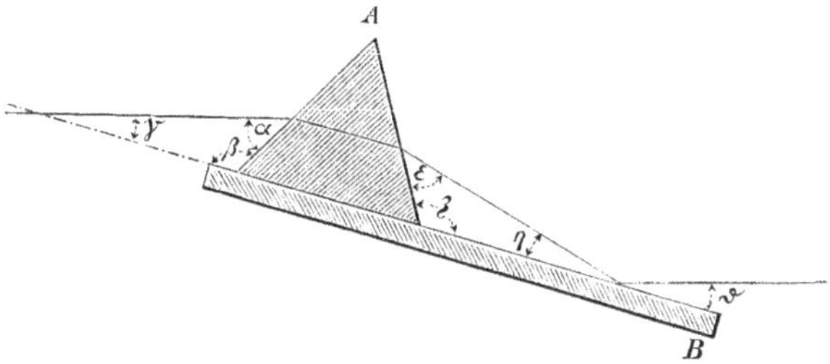

unter einem gleichschenkligen Prisma A ist ein Metallspiegel B befestigt. Geht ein Strahl unter dem Minimum der Ablenkung durch das Prisma, so wird er von dem Spiegel in der Einfallsrichtung reflektirt. Denn es ist wegen des Minimums der Ablenkung $\alpha = \varepsilon$, ferner $\beta = \zeta$ da das Prisma gleichschenklig, also auch $\delta = \eta$, oder $\delta = \vartheta$. Man hat auch vielfach die Totalreflexion an Glas benutzt, da hierbei der Lichtverlust

Fig. 24.

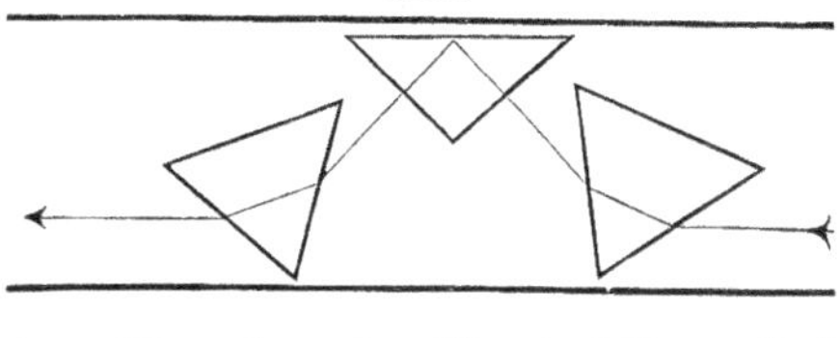

möglichst gering ist. Eine derartige Konstruktion mit 3 Prismen zeigt Fig. 24, wo der Gang eines mittleren unabgelenkten Strahles angedeutet ist. Endlich sind auch verschiedene Konstruktionen erdacht worden,

---

[1]) Rayleigh, Phil. Mag. (5) Vol. **9** p. 53 (1880) u. Thollon, D'Almeida J. **8** p. 73 (1879).

[2]) Wernicke, Zeitschr. f. Instr.-Kunde **1** p. 353—357 (1881). Vergl. auch Zenger, Zeitschr. f. Instr.-Kunde **1** p. 263—266 (1881).

[3]) Fuchs, Zeitschr. f. Instr.-Kunde **1** p. 352 (1881).

wo die totale Reflexion im Innern des brechenden Prismas selbst stattfindet, und daher der Lichtverlust am kleinsten wird; derartige Prismen sind z. B. von Herrschel[1]), Emsmann[2]) und Kessler[3]) angegeben;

Fig. 25.

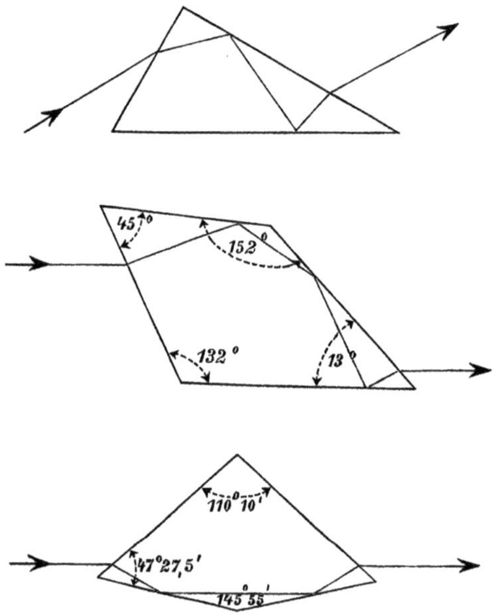

die Fig. 25 zeigt die Gestalt einiger solcher Prismen und den Gang des unabgelenkten Strahles.

§. 38. Litteraturübersicht für Apparate.

Es existiren zahllose Modifikationen in der Konstruktion der Prismen und Spektralapparate, auf deren genaue Beschreibung wir hier nicht eingehen können; dagegen ist im Folgenden die Litteratur über die verschiedenen Apparate und deren Theorie möglichst vollständig zusammengestellt, und ganz kurz der Inhalt der betreffenden Abhandlungen angedeutet.

1861. Meyerstein, das Spektrometer **17** pp.
„ Mousson, Arch. de Gen. (2) **10** p. 221—258 (Allg. Uebersicht).
„ „ Pogg. Ann. **112** p. 428—441 (über Prismeneinstell.).

---

1) Herrschel, Moniteur scientif. T. **7** p. 259 (1865).
2) Emsmann, Pogg. Ann. **150** p. 636—640 (1873).
3) Kessler, Pogg. Ann. **151** p. 507—510 (1874).

1861. Crookes, Dingler J. **159** p. 339—340 (einfach. Spektroskop).
„ Wilson, Phil. Mag. (4) **22** p. 364—369.
„ Kirchhoff und Bunsen, Pogg. Ann. **113** p. 337—381 (Chemischer Spektralapparat).
„ Kirchhoff, Abh. d. Berl. Acad. p. 63—93 (Kirchhoffs Apparat).
1862. Reusch, Pogg. Ann. **117** p. 241—262 (Theorie der Prismenbrechung).
„ Rood, Sillim. J. (2) **34** p. 299—300 (Schwefelkohlenstoffprisma).
„ Janssen, C. R. **55** p. 576—578 (Prisme à vision directe).
„ Cooke, Sillim. J. (2) **34** p. 299 (Prisma aus Glasplatten).
„ Littrow, Wien. Ber. **47**. 2 p. 26—32 (Mehrfacher Durchgang der Strahlen durch dieselben Prismen).
1863. Steinheil, Münch. Ber. **1** p. 47—51 (Spektralapparat).
„ Gibbs, Phil. Mag. (4) **25** p. 240 (Prisma).
„ Gassiot, Phil. Mag. (4) **27** p. 143—144 (Spektroskop mit 9 Prismen).
„ Cooke, Sillim. J. (2) **36** p. 266—267 (Spektroskop mit 9 Schwefelkohlenstoffprismen).
„ Osann, Würzb. Z. S. **4** p. 1—6 (Einfaches Spektroskop).
„ Hofmann, Cosmos **22**, p. 384—385 (Spektroskop à vision directe).
„ Valz, C. R. **57** p. 69—71, 141—142, 298—299 (Spektrometer).
„ Janssen, C. R. **56** p. 189 (Vision directe).
„ Steinheil, Astron. Nachr. **59** p. 253—256 (Apparat f. Sterne).
„ Airy, Monthly Not. **23** p. 188—191 (Apparat für Sterne).
„ Rutherford, Sillim. J. (2) **35** p. 71—77, 407—409.
1864. Gassiot, Phil. Mag. (4) **28** p. 69—71 (11 Schwefelkohlenstoffprismen).
„ Reynolds, Dublin. J. **4** p. 190—196 (Schwefelkohlenstoffprismen).
„ Huggins, Phil. Trans. **154** p. 139—160 (Apparat mit 6 Prismen).
1865. Rutherford, Pogg. Ann. **126** p. 363—367 (Schwefelkohlenstoffprismen).
„ Cooke, Phil. Mag. (4) **31** p. 110—119 (Automatische Einstellung auf Minimum).
„ Gassiot, Proc. Roy. S. **14** p. 320—326.
„ Veit, Carl. Rep. **1** p. 65—102 (Allgemeine Uebersicht).
„ Sorby, Rep. Brit. Ass. **2** p. 11—12 (Spektrummikroskop).
„ Herrschel, Moniteur scientif. **7** p. 295 (Prisme à vision directe).
1866. Ditscheiner, Pogg. Ann. **129** p. 336—340 (über Prisma).

1866. Secchi, Carl. R. **2** p. 157 (Apparat für Sterne).

„ Radau, Carl. R. **2** p. 241—242 (Prisme à vision directe).

1867. Wolf et Rayet, C. R. **65** p. 292—296 (Apparat für Sterne).

1868. Huggins, Phil. Mag. (4) **35** p. 239—241 (Handspektrumteleskop).

„ Pickering, Phil. Mag. (4) **36** p. 38—43 (über Prismen).

1869. Secchi, C. R. **69** p. 1053—1057 (Sternspektroskop).

„ Maxwell, Proc. Edinb. Soc. **6** p. 238—242 (Einstellung der Prismen).

1870. Merz, Phil. Mag. (4) **40** p. 294—295 (Sternspektroskop nach Frauenhofer).

„ Merz Phil. Mag. (4) **41** p. 129—132 (Sternspektroskop).

„ Gibbs, Phil. Mag. (4) **40** p. 229—230 (Prisma mit Schwefelkohlenstoff, in dem Schwefel und Phosphor aufgelöst).

„ Browning, Chem. News. **21** p. 201 (Automatische Prismenregulirung).

„ Lockyer, Mon. scientif. p. 956 (Allgemeines).

1871. Blaserna, Pogg. Ann. **143** p. 655—656 (Einfluss der Temperatur auf Prismen).

„ Browning, Monthly Not. **30** p. 71—72 (Durchsichtiges Fadenkreuz).

„ Zöllner, Pogg. Ann. **144** p. 449—456 (Reversionsspektroskop).

„ Joung, Nat. **5** p. 85—88 (Allgem. Uebersicht üb. Apparate).

„ Schönn, Pogg. Ann. **144** p. 334—335.

„ Browning, Monthly Not. **30** p. 198—225 (Automatische Erhaltung des Minimum).

1873. Zenger, Phil. Mag. (4) p. 439—445 (Prisma aus Kalkspath und Cylinderspiegel zur Vermehrung der Dispersion).

„ Emsmann, Pogg. Ann. **150** p. 636—640 (Prisma à vision directe).

1874. Kessler, Pogg. Ann. **151** p. 507—510 (Prisma).

„ Lovet, Sill. J. (3) **8** p. 64—65 (fluorescirendes Okular).

„ Soret, Pogg. Ann. **152** p. 167—171, Jubelb. p. 407—411 (fluorescirend. Okular).

„ Zöllner, Phil. Mag. (4) **48** p. 156 (Okularspektroskop für Sterne).

1875. Hoorweg, Pogg. Ann. **154** p. 423 (Theoretisches üb. Prismen)

„ Eaton, Inst. **3** p. 29 (Schwefelkohlenstoffprisma).

„ H. C. Vogel, Leipz. Ber. 1873 **6/7** p. 538—562 (Apparat für Sterne).

1875. W. M. Watts, Phil. Mag. (4) **50** p. 81—85 (Besondere Okulareinrichtung zum Messen der Linien).

1876. Baily, Phil. Mag. (5) **1** p. 314—315 (Mikrometer für Automatische Spektroskope).

1877. W. Christie, Proc. Roy. Soc. **26** p. 8—40 (Halbprisma).

„ Soret, Arch. sc. phys. (2) **57** p. 319 (Fluorescirendes Okular).

„ Baily, Phil. Mag. (5) **4** p. 100—104 (Automatische Einstellung der Prismen).

1878. Reynolds, Phil. Mag. (5) **5** p. 106—110 (Spektralapparat, Messmethoden).

„ Thollon, C. R. **86** p. 329—331 (Spektroskop à vision directe).

„ „ C. R. **86** p. 595—598 (Prismenpaar).

„ Meyerstein, Carl. Rep. **14** p. 127—128 (Justirung der Prismen).

1879. Hüfner, Carl. R. **15** p. 116—118 (Ablesevorrichtung).

„ Thollon, D'Almeida J. **8** p. 73 (Schwefelkohlenstoffprisma).

„ Cornu, Mond. **49** p. 16—17 (Quarzapparat).

„ Liveing und Dewar, Proc. Roy. Soc. **28** p. 482—483 (Apparat à vis. dir.).

„ Rayleigh, Phil. Mag. (5) **8** p. 261—274, 403—411, 477 bis 486 (Theorie).

1880. Rayleigh, Phil. Mag. (5) **9** p. 40—55 (Theorie).

„ Lamansky, Carl. R. **16** p. 253—255 (Apparat für fluorescirende Substanzen).

„ Lang, Carl. R. **16** p. 250—251 (Spektrometer).

„ Thollon, C. R. **89** p. 749—752 (Schwefelkohlenstoffprisma).

„ Tait, Nat. **22** p. 360—361 (Spektroskop mittelst Cirkularpolarisation).

1881. Zenger, C. R. **92** p. 1503—1504 (Prisma à vis. dir.).

„ Lippich, Central-Zeit. f. Opt. u. Mech. **2** p. 49—50, 61—62 (Theorie).

„ Wernicke, Zeitschr. f. Instr. Kunde **1** p. 353—357 (Benutzung von Flüssigkeitsprismen).

„ Zenger, Zeitschr. f. Instr. Kunde **1** p. 263—266 (Benutzung von Flüssigkeitsprismen).

„ Fuchs, Zeitschr. f. Instr. Kunde **1** p. 352 (Prisma à vision directe).

„ Cornu, Spectre normal du Soleil, Paris, Gauthier-Villars (Theorie der Prismenfehler. Quarz-Apparat).

„ Crova, Ann. de Chim. (5) **22** p. 513—543 (Krümmung der Linien; Reflexionsprismen).

§. 39. Reduktion der Messungen auf Wellenlängen.

Bei den kleineren Spektralapparaten mit nur einem Prisma kann man für jeden farbigen Strahl, dessen Ablenkung man gemessen hat, den Brechungs-Koeffizienten und daraus, bei Kenntniss der Dispersionsformel für das Prisma, die Wellenlänge des Strahles erhalten. Die Angabe der Linien des Spektrums in Wellenlängen ist aber das Endziel aller Messungen, denn solche Angaben besitzen allein allgemeine Gültigkeit, während die früher üblichen Angaben nach einer willkürlichen Skala, oder nach den Graden der Ablenkung nur für den speciellen Apparat gelten und daher für andere Beobachter nur wenig brauchbar sind.

Bei den grösseren Apparaten mit mehreren Prismen, sowie bei den zusammengesetzten Prismen und den gradsichtigen Spektroskopen ist aber eine direkte Berechnung der Wellenlänge mittelst Messung der Ablenkuug und Anwendung der Dispersionsformel nicht mehr möglich, man muss vielmehr die Angaben des Instrumentes auf empirischem Wege auf Wellenlängen reduziren. Am einfachsten macht sich die Arbeit, wenn das Spektrum sehr lichtstark ist, so dass man durch das Vergleichsprisma direkt ein Sonnenspektrum neben ihm entwerfen kann. Wie wir wissen, enthält das Sonnenspektrum mehrere Tausend feiner schwarzer Linien, für welche die Wellenlängen namentlich durch Angström sehr genau bestimmt sind. Man kann daher für jede zu messende Linie finden, mit welcher Sonnenlinie sie koinzidirt, und daraus ihre Wellenlänge erhalten. Fällt die Linie zwischen zwei Sonnenlinien, z. B. zwischen Linien deren Wellenlängen seien 500,0 $\mu\mu$ und 500,1 $\mu\mu$, und zwar so dass sie um $^1/_3$ dieses Abstandes von der ersten Linie entfernt ist, so wird man ohne grossen Fehler die Wellenlänge gleich 500,33 μ setzen können, da für so kleine Differenzen der Wellenlängen die Ablenkung fast proportional der Wellenlänge ist.

Wenn das Spektrum lichtschwach ist, so würde das helle Sonnenspektrum so blenden, dass man die schwächeren Linien nicht mehr sähe. Man kann dann so verfahren, dass man das Fadenkreuz des Fernrohrs auf die zu messende Linie einstellt, dann erst das Sonnenlicht in den Apparat gelangen lässt, und nun die Stellung des Fadenkreuzes zu den Sonnenlinien bestimmt. Man kann dann auch statt des Sonnenspektrums ein gut bekanntes Metallspektrum mittelst des Vergleichsprismas benutzen. Indess ist dies Hülfsmittel nur zu empfehlen, wenn die Sonne fehlt, also namentlich für Beobachtungen, die Abends oder Nachts angestellt werden müssen.

Einfacher ist es aber dann, vorher die Ablesungen am Apparat ein für alle Mal auf Wellenlängen zu reduziren. Man verfährt folgendermaassen: Man misst die Ablenkungen am Theilkreis, die nöthig sind, um gewisse Sonnenlinien mit dem Fadenkreuz zur Koinzidenz zu bringen; man wählt dazu, je nach der Genauigkeit, welche man erreichen will, 10, 20 oder 100 recht charakteristische Sonnenlinien. Die gefundenen Ablenkungen trägt man auf Koordinatenpapier als Abscissen, die Wellenlängen der zugehörigen Sonnenlinien als Ordinaten auf, und verbindet die erhaltenen Punkte durch eine Kurve. Wenn man dann für irgend eine andere Linie die Ablenkung gemessen hat, so kann man aus der Kurve unmittelbar die zugehörige Wellenlänge finden.

Zur Herstellung der Kurve kann man statt der Sonnenlinien natürlich auch andere Linien nehmen, deren Wellenlängen gut bekannt sind, und es werden dazu vielfach Metalllinien benutzt. Indess ist dies nur ein Hülfsmittel, falls die Sonne fehlt, sonst ist deren Anwendung am bequemsten und genausten.

Capitel V.

Diffraktion des Lichtes.

§. 40. Diffraktion durch eine Oeffnung.

Wie wir gesehen haben, beruht die Möglichkeit, im prismatischen Spektrum Bestimmungen der Wellenlängen auszuführen, nur darauf, dass man durch Messungen für einige Farben von bekannter Wellenlänge die Konstanten der Dispersionsformel für das betreffende Prisma berechnen kann. Es ist also die Kenntniss dieser Wellenlängen vorausgesetzt. Wir müssen nun die Methode kennen lernen, mittelst deren man zu dieser Kenntniss kommt, zumal diese Methode gleichzeitig die zweite Art ist, auf welche wir zusammengesetztes Licht in ein Spektrum zerlegen können.

Lässt man Licht durch eine grosse Anzahl in gleichem Abstande dicht nebeneinader befindlicher feiner Spalten, durch ein sogenanntes Gitter gehen, so wird in Folge von Interferenz das Licht in seine Bestandtheile zerlegt und zu einem Diffraktions- oder Beugungs-Spektrum ausgebreitet.

Wenn wir natürlich die genaue Besprechung und Berechnung der Vorgänge den Lehrbüchern der Physik und den speciellen Werken über Optik[1]) überlassen müssen, so wollen wir doch in aller Kürze das

[1]) Vgl. z. B. das Lehrbuch von Müller-Pouillet-Pfaundler Bd. 2

Prinzip für das Zustandekommen der Erscheinung rekapituliren, um die Formeln zu verstehen, nach denen die Messung vollzogen wird, und die Bedingungen für Lichtstärke, Schärfe u. s. w. zu erkennen.

Sei in Fig. 26 AB der Querschnitt einer einzelnen spaltförmigen Oeffnung, auf welche paralleles monochromatisches Licht senkrecht auffällt. Dann wird nach dem Huyghens'schen Prinzip jeder Punkt der Oeffnung als neues Lichtzentrum aufzufassen sein, und alle Strahlen in der Oeff-

Fig. 26.

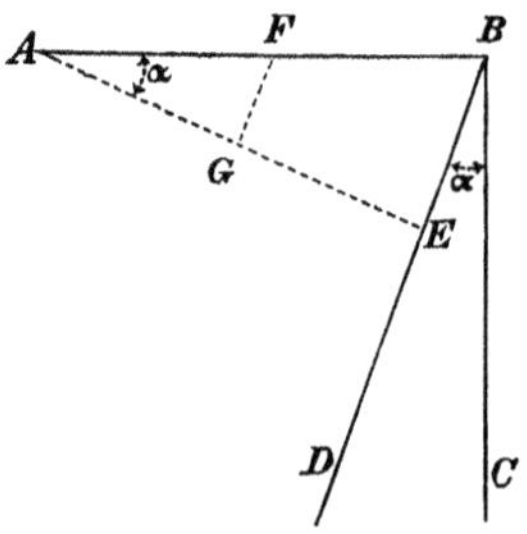

nung werden die gleiche Phase der Bewegung haben. Alle Strahlen, die senkrecht von der Oeffnung ausgehen, also in Richtung BC, werden in gleicher Entfernung vom Spalte die gleiche Phase haben, und vereinigen wir sie durch eine Linse, so werden sich die Intensitäten der einzelnen Strahlen einfach summiren. Anders ist es für die Strahlen, die in schräger Richtung ausgehen; nehmen wir z. B. die Richtung BD, die so gewählt sei, dass die Projektion der Oeffnung AB auf diese Richtung, also BE, grade gleich einer Wellenlänge des auffallenden Lichtes sei. Dann wird in der zur Richtung senkrechten Ebene AE der in E befindliche Strahl grade eine Schwingung gemacht haben, wenn der in A befindliche Strahl zu schwingen anfängt; die Strahlen, die längs EA vertheilt sind, werden also sämmtliche existirenden Phasen zwischen 0 und 2π haben; die Strahlen der ersten Hälfte EG werden daher je um eine halbe Schwingung den Strahlen der zweiten Hälfte GA voraus sein, und da Bewegungen, die gleich gross und um eine halbe Schwingung verschieden sind, sich aufheben, so werden bei Vereinigung aller Strahlen durch eine Linse dieselben sich gegenseitig aufheben. Sei die Richtung von BD nun eine solche, dass die Projektion $BE = \frac{3}{2}\lambda$, so können wir die Strahlen in EA in 3 Theile zerlegen; im ersten Drittel wird die erste Hälfte der Phasen vorhanden sein, von 0 bis π, im zweiten Drittel die zweite von π bis 2π, im dritten wieder die erste von 0 bis π. Bei

§ 119—125; oder das Lehrbuch von Mousson § 812 u. 813; oder Verdet, Wellentheorie des Lichts, deutsche Uebers. § 78 bis 80.

Vereinigung durch eine Linse müssen die beiden ersten Drittel sich aufheben, das letzte bleibt bestehen. Ist die Projektion *BE* gleich $\frac{4}{2}\lambda$, so wird von den 4 Vierteln das erste sich gegen das zweite, das dritte gegen das vierte aufheben, u. s. w.

In dieser Weise kann man leicht einsehen, dass wenn die Richtung *BD* eine solche ist, dass die Projektion der Oeffnung *AB* auf sie, *BE*, ein grades Vielfaches der halben Wellenlänge ist, die Strahlen sich grade aufheben, also in dieser Richtung kein Licht herauskommt, dass aber, wenn die Richtung ein ungrades Vielfaches der halben Wellenlänge ist, ein Theil des Lichtes bestehen bleibt, und zwar $^1/_3$, $^1/_5$, $^1/_7$ u. s. w. des auffallenden Lichtes. Stellt man daher hinter eine solche Oeffnung eine Linse, so werden wir in der auf der Oeffnung senkrechten Richtung ein helles Bild der Oeffnung erhalten, daneben aber zu beiden Seiten noch eine ganze Anzahl Bilder von abnehmender Helligkeit, die durch dunkle Zwischenräume getrennt sind.

Aus der Figur haben wir:

$$\mathrm{BE} = \mathrm{AB} \sin\alpha, \quad \sin\alpha = \frac{\mathrm{BE}}{\mathrm{AB}}.$$

Wo $\mathrm{BE} = \mathrm{m}\frac{\lambda}{2}$ ist, herrscht Dunkelheit, wenn m = 0, 2, 4, 6 u.s.w., dagegen Helligkeit, wenn m = 1, 3, 5 u. s. w. Die Richtungen α, wo helle Bilder liegen, sind also gegeben durch

$$\sin\alpha = \mathrm{m}\frac{\lambda}{2\,\mathrm{AB}} \text{ für } \mathrm{m} = 1, 3, 5, 7 \ldots$$

§. 41. Diffraktion durch Gitter.

Von dem einfachen Falle einer Oeffnung gehen wir nun über zu dem komplizirten Fall eines Gitters.

Unter einem Gitter versteht man theoretisch eine Anzahl nebeneinander liegender Spalten von der Breite a, die durch dazwischen liegende dunkle Balken von der Breite d getrennt sind. Für jeden einzelnen Spalt gelten die vorigen Betrachtungen. Ueber die sich daraus ergebende Erscheinung legt sich nun aber noch eine zweite Reihe abwechselnder Maxima und Minima, deren Lage von der Länge a + d abhängt; und zwar zeigt die Theorie, dass hier die Maxima in solchen Richtungen entstehen, dass die Projektion von a + d ein grades Vielfaches von $\frac{\lambda}{2}$ ist, die Minima dagegen entstehen, wenn diese Projektion ein ungrades Vielfaches von $\frac{\lambda}{2}$ ist. Sind sehr viele Spalten vorhanden, so verschwinden die Maxima und Minima, deren Lage einer Spalte entspricht, es bleibt nur die Wirkung der vielen Spalten bestehen, —

und wir erhalten Bilder mit abnehmender Helligkeit, zunehmender Breite, in Richtungen α, die gegeben sind durch

$$\sin \alpha = \frac{m \lambda}{a + d} \text{ für } m = 1, 2, 3 \text{ u. s. w.}$$

Da diese Richtung also proportional zu λ ist, so werden bei Benutzung von Licht einer anderen Farbe die hellen Bilder an andere Stellen fallen, und nimmt man weisses Licht, in dem die Wellenlänge kontinuirlich wächst, so wird man eine kontinuirliche Reihe von verschiedenfarbigen Spaltbildern erhalten, d. h. das Licht wird zu Spektren ausgebreitet werden, die zu beiden Seiten der senkrecht aus dem Gitter austretenden Strahlen liegen.

Fällt daher auf ein Gitter paralleles, weisses, von einem unendlich entfernten Spalte kommendes Licht, welches nachher durch eine achromatische Linse wieder vereinigt wird, so sieht man folgende Erscheinung: Senkrecht zum Gitter erhält man ein unabgelenktes weisses Bild des Spaltes; rechts und links von demselben liegen eine Reihe von Spektren, deren Helligkeit abnimmt, während ihre Länge zunimmt, je grösser die Ablenkung wird. Man bezeichnet diese Spektra dem Werthe von $m = 1, 2, 3 \ldots$ entsprechend, als Spektra erster, zweiter, dritter Ordnung u. s. w. Da sie an Länge zunehmen, so haben sie bald nicht mehr Platz neben einander, sondern fallen immer mehr über einander, so dass gewöhnlich nur das Spektrum erster Ordnung frei liegt, während über das Ende des Spektrums zweiter Ordnung schon der Anfang des dritter Ordnung übergreift u. s. w.

Aus der Gleichung $\sin \alpha = \frac{m \lambda}{a + d}$ ergiebt sich, dass in jedem Spektrum die Ablenkung mit der Wellenlänge zunimmt, also umgekehrt, wie bei dem prismatischen Spektrum, Violett und Blau weniger abgelenkt ist, als Gelb und Roth.

Das Beugungsspektrum bietet nun das beste Mittel, um die Wellenlängen, z. B. der Frauenhofer'schen Linien zu bestimmen. Stellt man auf das Tischchen eines Spektrometers senkrecht ein Gitter auf, so fallen die durch den Kollimator parallel gemachten Strahlen des Spaltes senkrecht auf dasselbe. Das Objektiv des Fernrohrs entwirft in seiner Brennweite die Spektren: durch Drehen des Fernrohrs kann man die betreffende Frauenhofer'sche Linie im ersten, zweiten u. s. w. Spektrum rechts und links vom unabgelenkten Strahle zum Zusammenfallen mit dem Fadenkreuz des Okulars bringen, und den Ablenkungswinkel α_1, α_2, α_3 jedesmal bestimmen. Misst man ferner die Breite des Gitters, und zählt die Zahl der Spalte desselben, so findet man durch Division der ersten Grösse durch die zweite die Länge $a + d$. Dann ergiebt unsere Formel

$$\sin \alpha = \frac{m \lambda}{a + d}$$

$$\lambda = \sin \alpha_1 (a + d) = \frac{\sin \alpha_2}{2} (a + d) = \frac{\sin \alpha_3}{3} (a + d) = \text{u. s. w.}$$

Es lässt sich also λ sehr einfach und genau bestimmen.

§. 42. Herstellung von Gittern.

Die ersten Gitter sind von Frauenhofer hergestellt, und sie entsprechen der theoretischen Voraussetzung, dass helle Spalten zwischen dunklen Zwischenräumen liegen; er stellte seine Gitter nämlich in der Weise her, dass er dünne Dräthe parallel nebeneinander ausspannte, oder Glasplatten mit Russ überzog und dann in den Russ feine Linien einritzte. Es lassen sich jedoch auf diese Weise sehr feine Gitter nicht herstellen und man gebraucht nun einfache Glasplatten, in welche mit dem Diamant sehr feine dicht nebeneinander liegende parallele Linien eingeritzt werden. Solche Gitter stellte zuerst in hoher Vollkommenheit Nobert her, dem es gelang, bis 400 Linien auf die Breite eines mm zu ziehen. Eine noch vollkommnere Maschine konstruirte dann Rutherford und mit derselben liessen sich bis zu 700 Linien per mm ziehen. In neuester Zeit liefert auch Wanschaff in Berlin vortreffliche derartige Gitter.

Wie wir gleich sehen werden, kommt es zur Erzeugung guter Spektren nicht so sehr auf die Enge der Linien an, als namentlich darauf, dass die Linien durchweg in genau gleichem Abstande stehen. Da das Reisserwerk der Theilmaschine durch eine Schraube bewegt wird, so liegt die Schwierigkeit in der Herstellung guter Gitter namentlich daran, dass es bisher mechanisch unmöglich war, eine vollkommene Schraube herzustellen. Aber diese Aufgabe ist in allerneuster Zeit durch Prof. Rowland in Baltimore gelöst worden[1]; er hat eine Schraube konstruiren lassen und mit derselben Gitter hergestellt, die an Genauigkeit alle bisherigen weit übertreffen sollen; er hat bis zu 1700 Linien per mm auf den Gittern gezogen.

Es ist dann auch versucht worden die Gitter photographisch zu reproduziren, und ist dies namentlich Rayleigh[2] gelungen, obwohl die photographirten Gitter nie so viel leisten, wie die Originale.

Bei diesen Gittern ist nun die theoretische Voraussetzung durchaus nicht erfüllt, sie sind vielmehr durchweg durchsichtig, und die Interferenzerscheinungen kommen nur dadurch zu Stande, dass das Licht, welches durch die Furchen geht, eine dünnere Glasschicht zu durch-

[1]) Rowland, Phil. Mag. (5) **13** p. 470—474 (1882).

[2]) Rayleigh, Phil. Mag. (4) **47** p. 80—93 (1874).

dringen hat, als das andere, und dadurch ein Gangunterschied zwischen den beiden entsteht. Indessen zeigt die Theorie[1]) und der Versuch, dass auch für diese Gitter die obige Formel gilt.

Man braucht das Licht nicht durch das Gitter hindurchgehen zu lassen, sondern kann es von vorn auf das Gitter fallen lassen und das reflektirte Licht beobachten, welches ebenfalls neben dem unabgelenkten und nicht dispergirten Strahl auf beiden Seiten eine Reihe von Spektren zeigt; auch dadurch ändern sich die Gesetze nicht. Da aber das Glas weniger Licht reflektirt, als die Metalle, so hat man für diese Beobachtungsweise die Glasgitter mit einem feinsten Silberüberzug versehen. Quinke hat auf solchen versilberten Gittern Kupfer galvanisch niedergeschlagen und es dann abgehoben, wodurch er einen Abdruck des Gitters erhielt, welcher als reflektirendes Gitter brauchbar war. Rutherford hat die Theilung direct in Spiegelmetall ausgeführt, und so die besten reflektirenden Gitter erzeugt. Auch Rowland hat seine Gitter auf Spiegelmetall ausgeführt; er hat den glücklichen Einfall gehabt, die Gitterfläche cylindrisch gekrümmt zu machen, wodurch das Gitter selbst ein Bild erzeugt; die Theorie dieser Gitter ist von Mascart[2]) gegeben.

§. 43. Bedingungen für Gitterspektra.

Wir wollen nun wieder die Bedingungen für die drei geforderten Eigenschaften eines Spektrums: Helligkeit, Länge (Dispersion), und Schärfe oder Reinheit, untersuchen[3]).

Was die Helligkeit betrifft, so ist sie, wie schon gesagt, verschieden in den Spektren verschiedener Ordnung. Die Theorie zeigt, dass die Helligkeit eines farbigen Spaltbildes der mten Ordnung ist $= \frac{1}{m^2 \pi^2}$, wenn die Helligkeit des auffallenden Lichtes = 1 ist. Also das zweite, dritte ... Spektrum enthält nur $^1/_4$, $^1/_9$, ... des Lichtes, welches das erste enthält. Zugleich aber wächst auch die Dispersion in den Spektren proportional zu m, das zweite Spektrum ist doppelt, das dritte drei Mal so lang, als das erste, folglich ist die Helligkeit an einer Stelle im mten Spektrum $= \frac{1}{m^3 \pi^2}$, wenn die des auffallenden Lichtes gleich 1 ist. Die Helligkeit hängt also in erster Linie von der Ordnung des benutzten Spektrums ab. Weiter nimmt die Helligkeit zu, je mehr Linien be-

[1]) Quinke, Pogg. Ann. **146** p. 1—75 (1872).
[2]) Mascart, D'Almeida J. (2) **2** p. 5—11 (1883).
[3]) Vgl. Rayleigh, Phil. Mag. (4) **47** p. 193—205 (1874).

nutzt werden, d. h. je breiter das Gitter ist, und je schmaler die Balken zwischen den Spalten sind, letzteres wenigstens bis zu einer gewissen Grenze.

Was die Dispersion betrifft, so ist sie, wie eben gesagt, von der Ordnung des Spektrums abhängig, dieser proportional. Ferner hängt die Dispersion von der Zahl der Linien pro mm ab. Haben wir zwei Gitter, das eine von 200, das zweite von 400 Linien pro mm, so zeigt die Formel, $\sin \alpha = \frac{m \lambda}{a + d}$, dass das erste Spektrum des zweiten Gitters dorthin fällt, wo das zweite Spektrum des ersten Gitters liegt, also auch dieselbe Dispersion hat, wie dies, weil im zweiten Fall a + d halb so gross ist, wie im ersten, also für gleichen Werth von $\sin \alpha$ m auch halb so gross sein muss. Ein Gitter von 2, 3 . . . Mal so viel Linien hat also in seinem Spektrum erster Ordnung die doppelte, dreifache, . . . Dispersion, wie ein Gitter mit der einfachen Linienzahl.

Es bleibt endlich noch die Schärfe, oder die auflösende Kraft des Gitters zu untersuchen; eine einfache Ueberlegung wird zeigen, dass dieselbe gegeben ist durch die Genauigkeit des gleichen Abstandes zwischen den Linien, durch die Ordnung des benutzten Spektrums, und durch die Anzahl der Linien im Gitter.

Wir wollen annehmen, wir hätten ein Gitter, von dem die eine Hälfte 1000, die andere 1001 Linien auf der gleichen Strecke enthält; unsere Grundformel zeigt, dass dann um denselben Winkel α, um welchen das zweite Gitter einen Strahl von der Wellenlänge λ ablenkt, das erste Gitter einen Strahl von der Wellenlänge $\lambda + \frac{\lambda}{1000}$ ablenkt, denn

$$\sin \alpha = \frac{\lambda (1 + \frac{1}{1000})}{\frac{1}{1000}} = \frac{\lambda}{\frac{1}{1001}}$$

zwei Spektrallinien, deren Wellenlänge sich um ein Tausendstel des Werthes unterscheidet, würden also durch die beiden Hälften übereinander dispergirt werden. Dasselbe tritt natürlich ein wenn die verschieden entfernten Striche des Gitters nicht gerade auf zwei Hälften vertheilt sind, sondern durcheinander liegen; es folgt daraus, dass wenn ein Gitter z. B. zwei benachbarte Frauenhofer'sche Linien, deren Wellenlänge um $^1/_{1000}$ verschieden, trennen soll, die Entfernung je zweier Spalten bis auf $^1/_{1000}$ ihres Werthes konstant sein muss. Die Grundbedingung für ein gutes Gitter ist also Genauigkeit in den Abständen der Linien.

Wir wollen jetzt den Einfluss der Linienzahl und der Ordnung des Spektrums untersuchen. Sei *AB* (Fig. 27) das Gitter von n Linien, also von der Länge n (a + d), und *BD* die Richtung, in welche das Licht-Maximum für die Wellenlänge λ im mten Spektrum fällt; dann ist die

Projektion von (a + d) auf BD gleich m λ, also die Projektion von AB, nämlich $BF =$ m n λ. Sei ferner die Richtung BE eine solche, dass in sie das nächste Minimum fällt, so ist die Projektion von AB auf BE: $BG = (\mathrm{m\,n} + 1)\,\lambda$; falle dagegen in die Richtung BD das mte Maximum für die Wellenlänge $\lambda + d\lambda$, dann ist

$$(\mathrm{m\,n} + 1)\,\lambda = \mathrm{m\,n}\,(\lambda + d\lambda) \quad \ldots\ldots \quad (1)$$

Diese 2 Strahlen mit den Wellenlängen λ und $\lambda + d\lambda$ werden scharf ge-

Fig. 27.

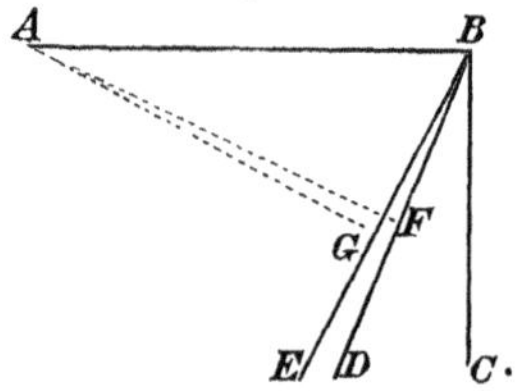

trennt sein, da das Minimum des einen dorthin fällt, wo das Maximum für den andern liegt. Aus Gleichung (1) folgt

$$\frac{d\lambda}{\lambda} = \frac{1}{\mathrm{m\,n}}$$

was beweist, dass die auflösende Kraft sich proportional zu m und zu n ändert. Nehmen wir wieder an, dass wie vorhin λ und $\lambda + d\lambda$ sich um $^1/_{1000}$ unterscheiden[1]) so ist die Gleichung:

$$\frac{1}{1000} = \frac{1}{\mathrm{mn}}$$

also für m = 1 ist n = 1000, für m = 2 ist n = 500 u. s. w. Wenn also zwei Strahlen, deren Wellenlängen sich um $^1/_{1000}$ unterscheiden, vollkommen getrennt werden sollen, so muss bei Benutzung des Spektrums erster Ordnung die Zahl der Linien 1000 sein, bei Benutzung des Spektrums zweiter Ordnung 500, u. s. w.

Ueber die Fehler in der Wellenlängenbestimmung, welche durch mangelhafte Beschaffenheit der Glasplatte, auf welcher das Gitter eingeritzt ist, herbeigeführt werden können, nämlich Krümmung oder Nichtparallelität der beiden Flächen, ferner über fehlerhafte Einstellung des Gitters, des Kollimator's und Fernrohres, findet man Betrachtungen bei v. d. Willigen, Arch. d. musée Teyler I., p. 280—300.

§. 44. Unterschiede zwischen Brechungs- und Beugungs-Spektrum.

Die beiden Apparate, die wir besitzen, um Spektren zu erzeugen, das Prisma und das Gitter, unterscheiden sich in vielen Beziehungen. Auf einen Punkt haben wir schon aufmerksam gemacht, dass nämlich

[1]) Dies ist ungefähr der Fall bei den beiden D-Linien der Sonne.

beim Prisma das blaue Ende, die kurzen Wellen, stärker abgelenkt werden, beim Gitter dagegen das rothe Ende, die langen Wellen. Der wesentlichste Unterschied liegt aber in der verschiedenen Art der Dispersion.

Für Prismen hatten wir: $n = A + \frac{B}{\lambda^2}$,

für Gitter dagegen: $\sin \alpha = C\lambda$

Während also beim Prisma die Ablenkung eines Strahles umgekehrt proportional dem Quadrat der Wellenlänge wächst, also mit abnehmender Wellenlänge immer rascher und rascher zunimmt, so ist bei dem Gitter die Ablenkung der Wellenlänge direkt proportional. Es ist dies ein grosser Vorzug des Gitterspektrums, dass man sofort aus der Lage einer Linie in demselben ihre Wellenlänge erhalten kann, und die Spektren sämmtlicher Gitter einander ähnlich sind, während jedes Prisma sein besonderes Spektrum liefert, in welchem die eine oder andere Partie stärker dispergirt ist. Aus den verschiedenen Dispersionsgesetzen ergiebt sich, dass im Gitterspektrum namentlich das Roth viel ausgedehnter ist, als im Prismenspektrum, dagegen das violette und ultraviolette Ende viel mehr zusammengedrängt ist. Ein weiterer grosser Vorzug des Gitters liegt darin, dass man mit verhältnissmässig grosser Leichtigkeit sehr starke Dispersion und Schärfe erhält; um z. B. durch Prismen das gleiche Resultat in der Gegend der D-Linie in Bezug auf die Schärfe zu erhalten, welches das Spektrum vierter Ordnung eines Gitters von 3000 Linien giebt, muss die Dicke der Prismen etwa 12,5 cm betragen[1]), während dem ersten Spektrum der grössten Rowland'schen Gitter erst eine Dicke von mehreren Metern entspricht.

Diesen Vorzügen steht gegenüber als Nachtheil die grosse Lichtschwäche der Gitter; das erste Spektrum enthält nur $\frac{1}{\pi^2}$ also etwa $^1/_{10}$ des auffallenden Lichtes, das zweite schon nur $^1/_{40}$ u. s. w. Ein weiterer Uebelstand ist der, dass sich die verschiedenen Spektren höherer Ordnungen immer mehr über einanderlegen. Man hilft sich hier so, dass wenn man z. B. das Roth im Spektrum 3ter Ordnung beobachten will, über welches sich aber das Blau vom Spektrum 4ter Ordnung legt, man letzteres dadurch fortschafft, dass man vor den Spalt ein rothes Glas hält, welches blaues Licht überhaupt nicht durchlässt.

---

[1]) Rayleigh, Phil. Mag. (5) **8** p. 274 (1879).

Capitel VI.

Untersuchungs-Methoden für das ultrarothe und ultraviolette Licht.

§. 45. Das ultraviolette Licht.

Wir haben bisher bei der Besprechung der Apparate angenommen, dass man mit dem Auge die Spektren beobachtet; aber wie wir schon gesehen haben, giebt es sehr ausgedehnte Theile des Spektrums, welche das Auge nicht wahrnimmt, das ultraviolette und das ultrarothe Spektrum, deren Wellenlängen unterhalb 400 $\mu\mu$ und oberhalb 760 $\mu\mu$ liegen. Da die Körper auch Strahlen dieser Wellenlängen aussenden, so werden wir zu einer vollständigen Kenntniss des ausgesandten Lichtes auch diese Theile untersuchen müssen, und wir müssen uns mit den dazu dienenden Hülfsmitteln bekannt machen.

Wir haben schon gesehen, dass das ultraviolette Licht sich durch starke chemische Wirkungen auszeichnet; es wurde daher schon sehr früh versucht, das Spektrum auf eine photographische Platte, eine Daguerre-Platte, fallen zu lassen, und es so zu fixiren. Dies wurde wohl zuerst von Draper[1]) ausgeführt, dem dann zahlreiche andere Forscher gefolgt sind. Eine Grenze der photographischen Wirkung im Ultraviolett ist nicht vorhanden; die äusserste photographirte Linie dürfte wohl eine Aluminiumlinie mit der Wellenlänge 185 $\mu\mu$ sein.

Die Herstellung der photographischen Spektren ist ganz einfach: wie wir gesehen haben, entwirft bei einem Spektralapparat die Objektivlinse des Fernrohres ein scharfes Spektrum in ihrer Brennweite, welches wir gewöhnlich noch durch ein vergrösserndes Okular betrachten; wir können es aber auch dort auf Papier auffangen, oder auf einer lichtempfindlichen Platte, und werden im letzteren Falle ein Bild des Spektrums erhalten.

Um das Spektrum zu photographiren, stellt man also hinter das Prisma eine photographische Kamera, deren Objektiv auf ∞ eingestellt ist, und kann darin das Spektrum photographiren, wie jedes andere Bild. Es sind auch eine ganze Anzahl besonderer Apparate konstruirt worden, bei welchen die photographische Kamera mit dem Spektralapparat fest verbunden ist; es sei hier nur H. W. Vogels Spektrograph erwähnt[2]).

---

[1]) Draper, Phil. Mag. 1842.

[2]) Bericht über die wissensch. Instr. auf d. Berl. Gewerbeaust. 1879 p. 380 bis 387.

Ausser der Photographie haben wir noch ein Mittel, das ultraviolette Licht sichtbar zu machen in der Fluoreszenz. Es giebt eine grosse Anzahl Substanzen, namentlich Farbstoffe und Pflanzenextrakte, welche unter dem Einfluss fremden Lichtes selbstleuchtend werden, und dieses Leuchten wird namentlich stark erregt durch das ultraviolette Licht. Am genauesten sind diese Erscheinungen von Stokes[1]) studirt worden, von dem auch der Name der Fluoreszenz gegeben worden ist. Die Fluoreszenz ist identisch mit der Phosphoreszenz: sie unterscheidet sich nur durch die Dauer des Leuchtens; während bei den fluoreszirenden Substanzen das Leuchten nur kleine Bruchtheile einer Sekunde nach der Belichtung anhält, dauert es bei den phosphoreszirenden viele Stunden. Bringt man eine phosphoreszirende Platte an die Stelle, wo ein Spektrum scharf erscheint, so werden alle Punkte leuchtend, auf welche Licht fällt, während die Stellen, wo das Spektrum kein Licht enthält, also z. B. die Frauenhofer'schen Linien, dunkel bleiben, so dass das Spektrum sichtbar wird. Unter den fluoreszirenden Substanzen zeichnen sich namentlich Uranglas, Fluoreszin, Aeskulin, schwefelsaures Chinin u. s. w. durch starke Wirksamkeit aus. Um auf diese Weise das ultraviolette Spektrum bequem untersuchen zu können, hat man in dem Okular fluoreszirende Substanzen angebracht; namentlich Soret hat derartige Apparate konstruirt und benutzt. (Vergl. die Litteraturzusammenstellung.)

In neuerer Zeit ist man in der Fabrikation phosphoreszirender Substanzen weit vorgeschritten (Balmain'sche Farbe), und kann leicht derartige Platten herstellen. Lässt man auf sie einige Sekunden oder Minuten das Spektrum fallen und bringt sie dann ins Dunkle, so erscheint längere Zeit ein leuchtendes Spektrum, das im ersten Moment hell und scharf ist, allmälig aber blasser und verschwommener wird. Legt man eine solche Platte auf eine photographische Platte, so erhält man auch auf dieser ein Bild, welches man fixiren kann; indess sind diese Photographieen viel schlechter als die direkten und haben daher wenig Bedeutung.

Bei der Untersuchung des ultravioletten Theiles des Spektrums ist aber noch ein Punkt zu beachten. Von dem auf den Spalt fallenden Lichte können wir auf der Photographie nur dann alles wiederfinden, wenn es ungeschwächt durch die Linsen und Prismen hindurchgeht. Das ist für die sichtbaren Strahlen nahezu der Fall, für die ultravioletten aber durchaus nicht; die meisten Glassorten absorbiren vielmehr die Strahlen, deren Wellenlängen unter 380 $\mu\mu$ liegen, fast vollständig. Es sind daher Prismen und Linsen aus Glas für den vorliegenden Zweck

---

[1]) Stokes, Phil. Trans. **152** p. 599—619 (1862).

ganz unbrauchbar. Stokes[1]) beobachtete zuerst, dass der Quarz für das ultraviolette Licht sehr durchsichtig ist, später fand man noch den Doppelspath als sehr passend, und so verwendet man jetzt Apparate aus diesen beiden Substanzen[2]). Mit Hülfe der Photographie ist im letzten Jahrzehnt ein grosser Theil der Spektren untersucht und unsere Kenntniss dadurch erheblich gefördert worden.

§. 46. Der ultrarothe Theil des Spektrums.

Die Existenz des ultrarothen Theiles erkannte zuerst Herrschel[3]) durch die Wärmewirkung; mittelst derselben kann denn auch das ultrarothe Spektrum in ganz roher Weise untersucht werden: verschiebt man ein empfindliches Thermoskop, z. B. eine Thermosäule oder ein Differentialthermometer in dem Bild des Spektrum, so wird an den Stellen, wo eine breite Lichtlinie liegt, sich Wärmewirkung zeigen, während an den Stellen, wo kein Licht hinfällt, die Temperatur niedriger ist. In dieser Art wurde das Sonnenspektrum von Lamansky[4]) und Draper[5]) und vielen Anderen (Müller, Franz, Knoblauch, Desains, Fizeau & Foucault, Conroy) durchforscht. Einen anderen sinnreichen Weg schlug Herrschel[6]) ein. Auf ein mit Alkohol befeuchtetes Stück Papier liess er das Spektrum fallen; an den Stellen, wo Licht hinfällt, erwärmt sich das Papier, der Alkohol verdunstet, während an den Stellen, welche Frauenhofer'schen Linien entsprechen, das Papier länger feucht bleibt.

Etwas vollkommenere Resultate, als mittelst dieser Methoden, liessen sich durch phosphoreszirende Platten erreichen. Es zeigt sich nämlich die merkwürdige Erscheinung, dass das ultrarothe Licht das Leuchten dieser Platten vernichtet. Setzt man daher eine phosphoreszirende Platte dem Tageslicht aus, so dass sie ganz leuchtend wird, und lässt dann das ultrarothe Spektrum auf sie fallen, so werden alle vom ultrarothen Licht getroffenen Stellen nicht mehr leuchten, während die dunklen Stellen, z. B. der Frauenhofer'schen Linien des Ultrarothen, leuchtend bleiben; man erhält dadurch gleichsam ein negatives Bild des Spektrums. So ist unter Anderen Draper[7]) vorgegangen.

---

[1]) Stokes, Phil. Trans. **152** p. 599—619. (1862).

[2]) Vergl. Cornu, Spectre Normal du Soleil, Paris, Gauthier-Villars 1881 und D'Almeida J. **10** p. 425—426 (1881).

[3]) Herrschel, Phil. Trans. 1800 p. 255—292.

[4]) Lamansky, Monatsber. der Berl. Akad. 1871.

[5]) Draper, Phil. Mag. (4) **44** p. 104—117 (1872).

[6]) Herrschel, Phil. Trans. 1840.

[7]) Draper, Phil. Mag. 1842.

Wahre Kenntniss der Strahlen von grosser Wellenlänge ist aber erst durch die Hülfe der Photographie angebahnt worden. Schon die erste Aufnahme des Sonnenspektrums durch Draper[1]) und Becquerel[2]) auf Daguerre'schen Platten zeigten, dass die Wirkung des Lichtes im Ultraviolett, dem blauen Theile des sichtbaren Spektrums, und dann im Ultraroth sich geltend macht. Bei dem später allgemein angenommenen Verfahren der Photographie auf Kollodiumhäuten mit Jodsilber war aber eine Lichtwirkung im Roth und Ultraroth nicht vorhanden; erst Vogel[3]) zeigte, wie man durch Zusatz von Farbstoffen die Platten auch für diese Strahlen empfindlich machen könne. Aber eine wirkliche Photographie des ultrarothen Theiles der Spektren ist erst möglich geworden, seit es Abney[4]) gelang, die Herstellung einer Modifikation des Bromsilbers aufzufinden, welche in Gelatine emulsifizirt Trockenplatten giebt, die für Roth ebenso empfindlich sind, wie für Blau. Mit diesen Platten kann man daher fast das ganze Spektrum, — ausgenommen den gelben und grünen Theil, für welche wir aber andere empfindliche Platten haben, — mit beliebiger Genauigkeit photographiren. Abney selbst ist bei Aufnahme des Sonnenspektrums, wie es scheint, bis zur Wellenlänge $\lambda = 2700\ \mu\mu$ gekommen.

Auch beim Ultraroth hat man zu beachten, dass die Substanzen, welche für die optischen Strahlen sehr durchsichtig sind, die längeren Wellen sehr stark absorbiren können. Die Glasprismen und Linsen zeigen sich zwar lange nicht so unbrauchbar für das ultrarothe wie für das ultraviolette Licht, aber zur Erreichung grosser Dispersion sind sie doch nicht recht brauchbar. In den Fällen, wo man Absorption beim Durchgang des Lichtes fürchtet, wird man nun am zweckmässigsten das Licht gar nicht durch Prismen hindurchgehen lassen, sondern wird Gitter benutzen, und zwar reflektirende Metallgitter; dass die Gitter die Zerlegung des Lichtes in ein Spektrum gestatten, ohne durch ihre Substanz das Licht zu modifiziren, ist ein sehr wesentlicher Vortheil der Gitter gegen die Prismen; bei letzteren kann man nie sicher sein, ob die gesehenen Erscheinungen wirklich dem Lichte eigenthümlich sind, oder ob sie eine Wirkung des Prismas sind.

Also die Prismen können wir vermeiden; aber es blieben noch die Linsen, welche das auffallende Licht parallel machen, und ein Bild des Spektrums entwerfen müssen. Glücklicher Weise können wir auch diese ersetzen, und so einen Spektralapparat herstellen, in welchem das

---

[1]) Draper, Phil. Mag. 1843.

[2]) Becquerel, La Lumière, Paris 1868.

[3]) H. W. Vogel, Photogr. Mittheil. **13** p. 31.

[4]) Abney, Phil. Trans. **171** p. 653—667 (1880).

Licht nur durch Luft geht, aber sonst durch keine brechende Substanz modifizirt werden kann. Ein solcher Apparat[1]) ist in Fig. 28 skizzirt.

Das vom Spalte *A* kommende Licht fällt zunächst auf einen kleinen ebenen Silberspiegel *B*, der es auf den Hohlspiegel *C* reflektirt. Die Strecke *ABC* ist gleich der Brennweite des Hohlspiegels *C*, so dass das Licht denselben parallel verlässt. Es trifft nun das Reflexionsgitter *D*, und gelangt von da dispergirt zu dem Hohlspiegel *E*. In der Brennweite desselben befindet sich in *F* die empfindliche Platte, auf

Fig. 28.

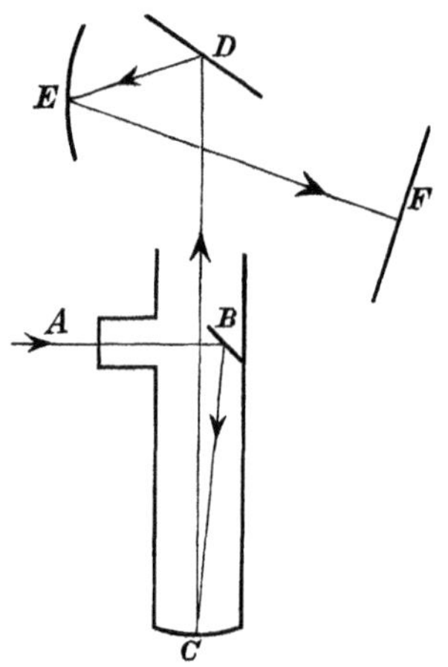

welche das Licht vom Spiegel reflektirt wird, so dass auf ihm ein scharfes Spektrum entsteht. Ein ganz besonderer Vorzug dieser Konstruktion ist auch der Umstand, dass für die Spiegelung die Wellenlänge eines Strahles nicht in Betracht kommt, wir daher für Achromasie nicht zu sorgen brauchen; es ist vielmehr das ganze Spektrum in einer und derselben Ebene scharf, was für Herstellung von Photographieen ein nicht zu unterschätzender Vortheil ist.

§. 47. Wichtigkeit der Photographie.

Wenn wir so gesehen haben, dass sowohl für die kurzen, wie für die längsten Wellen die Photographie das einzige Hülfsmittel der Untersuchung ist, so ist sie auch für den übrig bleibenden mittleren Theil des Spektrums das beste. Immer mehr ist in den letzten Jahren, namentlich Dank der Bemühung Lockyers, die Wichtigkeit der Photographie für die Spektralanalyse erkannt worden, und die Zeit wird

[1]) Abney, Phil. Trans. **171** p. 653—667 (1880).

wohl nicht mehr allzu fern sein, wo jede wichtige Untersuchung in dieser Weise geführt wird. Ein Hauptvorzug der Photographie ist wie überall, so auch bei der Spektralanalyse, ihre absolute Treue. Während der Beobachter oft genug sieht, was er sehen möchte oder zu sehen erwartet, und danach seine Zeichnungen anfertigt, so steht die Platte der Erscheinung ganz objektiv gegenüber, und fixirt, was wirklich vorhanden ist. Während daher mit dem Auge gewonnene Resultate als subjektiv angezweifelt werden können, ist eine Photographie stets absolut sicher und beweisend. Es liegen schon Fälle vor, wo der Mangel einer Photographie sehr zu bedauern ist; so hat im Jahre 1860 Kirchhoff die Frauenhofer'schen Linien gezeichnet; dabei fehlt eine Linie, die jetzt sehr deutlich sichtbar ist. Hat nun Kirchhoff diese Linie damals blos übersehen, oder existirte sie nicht, und ist erst neu entstanden? Eine Photographie würde sofort Auskunft geben, während jetzt diese, wie wir später sehen werden, sehr interessante Frage unbeantwortet bleiben wird. — Ausser dieser Objektivität und dokumentarischen Sicherheit, sind noch zahlreiche andere Vorzüge zu nennen. Die Platten sind viel empfindlicher, als das Auge, durch die Eigenschaft, dass sie nicht die Intensität, sondern die Quantität des Lichtes registriren. Das schwächste Licht, wenn es nur lange genug auf die Platte fällt, vermag sie zu schwärzen, während das Auge schwaches Licht nicht wahrnimmt; dadurch kann man mittelst der Photographie schwache Linien in den Spektren finden, die dem Auge ewig unsichtbar bleiben. Weiter wäre zu nennen die Dauer der Photographie; ist sie einmal gemacht, so kann man später zu jeder Zeit beliebig genaue Messungen an ihr vornehmen und wiederholen. Endlich ist die grosse Leichtigkeit, mit der man Spektren vergleichen kann, von hoher Wichtigkeit. Zu diesem Zweck hat man besondere Kollimatorspalten angewandt und ein solcher[1]) ist in Fig. 29 abgebildet. Am Spalt sind 5 Schieber angebracht, welche sich über ihn schieben lassen, so dass sie je ein Fünftel desselben verdecken. Oeffnet man zunächst den obersten Schieber, so kann man durch den obersten Theil des Spaltes und der Prismen das Spektrum einer Lichtquelle aufnehmen. Man schliesst dann den Schieber, ohne sonst etwas zu berühren, bringt eine zweite Lichtquelle vor den Spalt und photographirt nun nach Oeffnung des zweiten Schiebers, und so fort. Man erhält dadurch auf derselben Platte unmittelbar über einander die Spektren von 5 verschiedenen Flammen, und diese Spektren sind auf das genaueste vergleichbar, da sie durch dieselben Prismen in derselben Stellung erhalten sind. Als eine der Lichtquellen benutzt man die Sonne, und da in ihr zahllose Frauen-

[1]) Lockyer, Studien zur Spektralanalyse Leipz. 1879 p. 87.

hofer'sche Linien vorhanden sind, deren Wellenlängen durch die Gittermessungen namentlich von Ditscheiner, Angström, v. d. Willigen, Mascart, Cornu aufs genaueste bekannt sind, so hat man im Sonnenspektrum unmittelbar eine Skala neben den andern Spektren, aus welcher man ihre Wellenlängen mit Leichtigkeit bestimmen kann. Man wird dadurch von allen Fehlern der Prismen, der Aufstellung u. s. w. befreit, denn an allen Verzerrungen, falschen Ablenkungen nimmt die Skala in

Fig. 29.

gleicher Weise Theil, wie die übrigen Spektren. Mit Hülfe der Photographie kann man auch Spektren von sehr verschiedener Lichtstärke vergleichen: man exponirt eben das schwache Spektrum länger, als das helle, so dass sie gleich kräftige Bilder geben, während für das Auge sehr helles Licht die Details in benachbarten dunkleren Theilen verdeckt.

Die angeführten Umstände werden wohl genügen, um die ungeheuren Vortheile der Photographie zu beweisen, und ihre Benutzung überall zu empfehlen.

Capitel VII.

Hülfsapparate zur Spektralanalyse.

§. 48. Einführung der Salze in Flammen.

Wir haben früher schon im Allgemeinen die Methoden kennen gelernt, mittelst deren man die Substanzen in glühende Dämpfe verwandelt. Wir haben gesehen, dass wir dazu Flammen von verschiedener Temperatur oder elektrische Entladungen benutzen. Es bleibt uns noch übrig, die Verwerthung dieser Mittel etwas genauer zu besprechen. Zunächst frägt sich, wie wir die Substanzen in die Flamme einzuführen haben. Die gebräuchlichste, von Bunsen herrührende Methode ist die, dass man an einem Platindrath eine Portion des Salzes als Perle anschmilzt, und dann den Drath, welcher in einem Stückchen einer Glasröhre eingeschmolzen ist, an einem kleinen Stativ befestigt (Fig. 30),

Fig. 30.

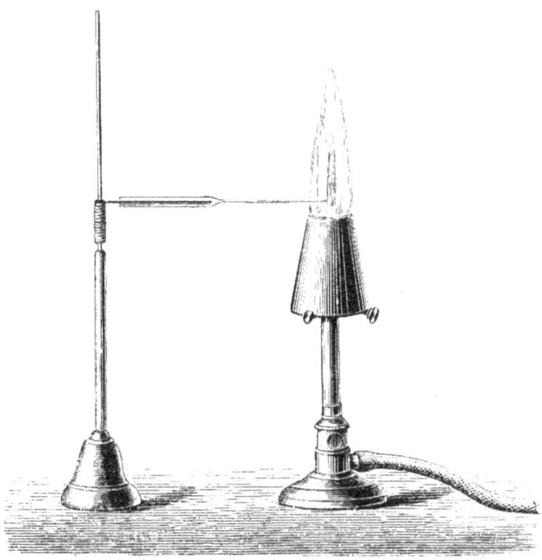

in den Rand der Flamme bringt. Man muss vielfach die Salze vorher in einem Platintiegel ausglühen, um sie von ihrem Wasser zu befreien, weil sich sonst die Perlen nicht bilden lassen. Man muss suchen möglichst flüchtige Salze zu benutzen, damit die Flammenfärbung stark ist, die Linien des Spektrums hell werden. Besonders flüchtig pflegen die Chlorverbindungen zu sein; hat man eine andere Verbindung, so kann man häufig das Chlorid herstellen, indem man die Perle wiederholt erhitzt und dann mit Salzsäure befeuchtet. —

Da eine solche Salzperle bald verdampft, so hat man auch andere Wege eingeschlagen, wenn es sich darum handelt, längere Zeit eine Flamme zu benutzen. Recht zweckmässig erweist sich folgendes Mittel: ein etwas gebogenes Glasröhrchen (Fig. 31) wird an einem Ende durch ein Bündel ausgeglühter Asbestfäden oder dünner Platindrähte lose verstopft, und dann mit der Lösung des betreffenden Salzes gefüllt. Das herausragende Ende des Asbest's wird in den Rand der Flamme gebracht, und da der Asbest als Docht wirkend stets feucht bleibt, so kann die Lösung von seiner Spitze fortdauernd verdampfen, bis der ganze Inhalt des Röhrchens verbraucht ist. Mitscherlich[1]) hat in sehr zweckmässiger Weise eine ganze Anzahl solcher Röhrchen, welche verschiedene Salze enthalten, auf einem drehbaren Gestell (Fig. 32) ver-

Fig. 31.

Fig. 32.

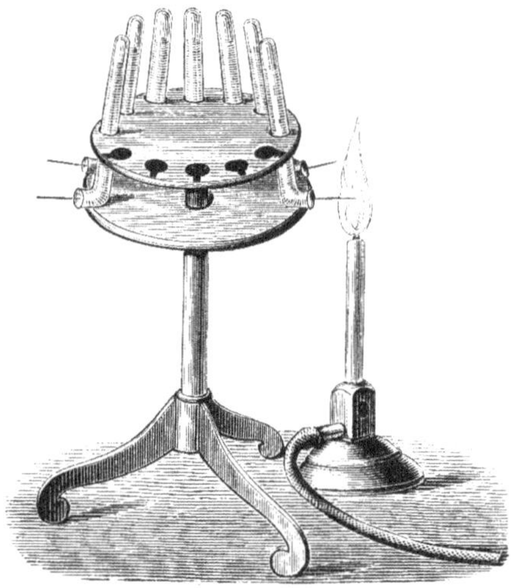

einigt, so dass man leicht die Spektra verschiedener Elemente hervorbringen und zur Vergleichung benutzen kann.

Mitscherlich[2]) und nach ihm namentlich Salet[3]) haben für Salze, welche bei niedriger Temperatur schmelzen und verdampfen, mit vielem Erfolge folgende Methode verwandt: das Salz wird in ein horizontales Glasrohr gelegt und durch einen darunter gesetzten Brenner zum

---

1) Mitscherlich, Pogg. Ann. **116** p. 489—507 (1862).

2) Mitscherlich, Pogg. Ann. **121** p. 459—488 (1863).

3) Salet, Ann. de Chim. (4) **28** p. 7—71 (1873).

Verdampfen gebracht. Durch das Rohr leitet man einen Strom von Wasserstoff, welchem sich der Dampf beimischt; zündet man das Gas an der Mündung der Röhre an, so zeigt die Flamme das Spektrum des Salzes. Will man die Temperatur noch steigern, so lässt man den Wasserstoff mit Sauerstoff verbrennen.

Eine andere Methode, Spektren dauernd hervorzubringen, besteht darin, dass man in die Flamme mittelst eines Refraichisseur's einen Strahl von fein zerstäubter Salzlösung, oder auch festen Salzstaub, hinein bläst. Gouy[1]) erreicht dasselbe, indem er das dem Brenner zugeführte Leuchtgas durch einen Glasballon gehen lässt, in welchem die Salzlösung fein zerstäubt wird.

Will man die Verbindungsspektra z. B. der Haloidverbindung erhalten, so mischt man dem Leuchtgase des Brenners Chlor-, Brom- oder Joddämpfe zu. — Handelt es sich um die Untersuchung von Gasen, so kann man, wenn man sie mittelst Flammen untersuchen will, das Gas direkt dem Leuchtgas des Bunsenbrenners oder dem Wasserstoff beimischen; besser ist jedoch meist die Anwendung der Elektrizität.

Sind nicht Salze, sondern Metalle zu untersuchen, so genügen die Flammentemperaturen meist nicht, sondern man muss das Knallgasgebläse oder den elektrischen Kohlenbogen benutzen. Von den beiden Kohlenstücken, zwischen denen der Lichtbogen sich bildet, wird bekanntlich das eine, welches die negative Elektrode bildet, durch die Flamme ausgehöhlt, während die positive Kohle spitz brennt; zur Untersuchung von Metallen macht man die negative Kohle zur unteren in der Lampe, und legt die Metallstückchen in die Höhlung derselben hinein, wo sie sofort schmelzen und verdampfen. Es empfiehlt sich, die untere Kohle von grösserem Querschnitt zu nehmen, als sie gewöhnlich hat, so dass die Höhlung einen förmlichen Kohlennapf bildet, weil sonst das geschmolzene Metall leicht über den Rand der Höhlung hinunter fliesst. Häufig ist es zweckmässig, diese Untersuchung nicht in Luft, sondern in einem andern Gase, z. B. Wasserstoff auszuführen; dann kann man entweder beide Kohlen mit einer Glasröhre umgeben und durch diese einen Wasserstoffstrom leiten; oder man durchbohrt die obere Kohle der Länge nach und führt durch diesen Kanal Wasserstoff zu.

§. 49. Benutzung des elektrischen Funkens.

Gehen wir jetzt zur Benutzung des elektrischen Funkens über, der von einer Influenzmaschine, oder wie es häufiger der Fall, von einem Induktionsapparat, geliefert wird. Man kann bei beiden Arten der

---

[1]) Gouy, Ann. de Chim. (5) **18** p. 5—101 (1879).

Funkenerzeugung die Temperatur noch innerhalb weiter Grenzen variiren, da sie von der Menge und von der Spannung der bei jeder Entladung übergehenden Elektrizität abhängt. Betrachten wir zunächst den Induktionsapparat, so kann die Intensität seiner Entladungen gesteigert werden, indem man die primäre Batterie verstärkt. Dann macht es einen erheblichen Unterschied, ob die induzirte Spirale wenige Windungen von dickem Drath, oder viele von dünnem Drath besitzt; in erstem Falle ist die Quantität der Elektrizität bei jeder Entladung grüsser, im zweiten Falle die Spannung. Endlich kann man auch die Enden der induzirten Spirale ausser mit den Elektroden noch mit einer oder mehreren Leidner Flaschen verbinden, das eine Ende mit der äusseren, das andere mit der inneren Belegung; dadurch wird die Quantität der bei jeder Entladung übergehenden Elektrizität sehr gesteigert, die Funken werden viel dicker und leuchtender, weil die gesammte in Bewegung gesetzte Elektrizitätsmenge sich erst in den Flaschen sammelt und dann mit einem Male übergeht. Aehnlich können wir die Influenzmaschine mit und ohne Flaschen benutzen, wir können verschieden lange Funkenstrecken in die Leitung von der Maschine zu unseren Elektroden einschalten, und erhalten durch diese beiden Mittel Entladungen von verschiedener Quantität und Intensität. Die Luftstrecken wirken dadurch, dass die Spannung der Elektrizität so hoch steigen muss, bis der Funke die Luftstrecke zu durchspringen vermag; ist das eingetreten, so geht mit einem Schlage die gesammte Elektrizität über.

§. 50. Untersuchung fester Substanzen.

Wie schon früher gesagt wurde, untersucht man Metalle mittelst solcher Entladungen in der Art, dass man die Elektroden, zwischen denen der Funke überspringt, aus den Metallen herstellt. Will man die Untersuchung nicht in Luft ausführen, sondern in irgend einem Gase, z. B. Wasserstoff, so bringt man die Elektroden in einer Glasröhre an, durch welche dauernd ein Strom des Gases geleitet wird.

Ebenso kann man Salze als Elektroden nehmen; da aber dann der Funke leicht zwischen verschiedenen Stellen überspringt, so dass er nicht immer vor dem Spalte bleibt, so ist eine von Friswell[1]) angegebene Methode zu empfehlen. Derselbe benutzt einen starken Aluminiumdrath von 3 mm Durchmesser. Das eine Ende desselben ist trichterförmig ausgehöhlt (Fig. 33) und der Drath in der Mitte durchbohrt. Durch diese Bohrung wird ein Platindrath gezogen, dessen Spitze

[1]) Lockyer, Phil. Trans. **163** p. 639—658 (1873).

also in der Mitte des Trichters liegt; er bildet die Elektrode, während in das Trichterchen herum das Salz fest eingedrückt wird. Der Funke springt dann immer von der Platinspitze aus, wobei das benachbarte Salz verdampft. — Man kann auch die Salze auflösen und mit der

Fig. 33.

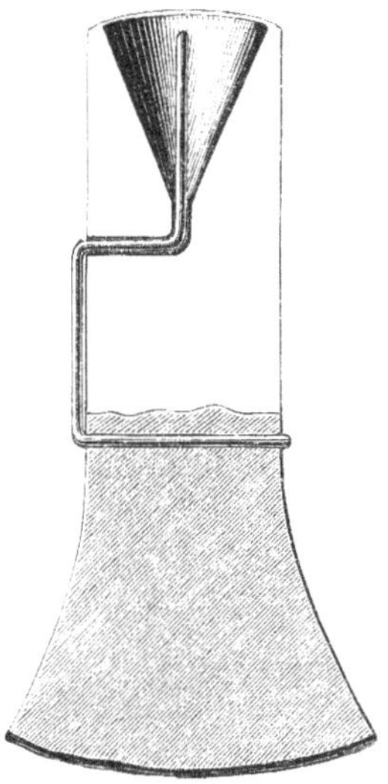

Fig. 34.

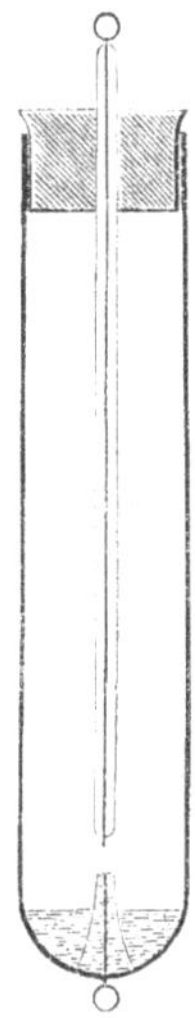

Lösung feste Elektroden, die dann am besten aus Platin hergestellt werden, befeuchten. Auf diese Weise hat namentlich Thalen viele Untersuchungen ausgeführt.

§. 51. Fulgurator.

Bei Untersuchung von Flüssigkeiten, nach denen von einer gegenüber gestellten Metallelektrode der Funke übergeht, tritt derselbe Uebelstand ein, dass der Funke nach immer anderen Stellen der Oberfläche überspringt, und man ihn daher nicht im Gesichtsfeld behält. Dies lässt sich durch einen kleinen Apparat, den Fulgurator von Delachanal und Mermet[1]), vermeiden. In den Boden eines Reagensgläschens ist eine Platinspitze eingeschmolzen (Fig. 34); über dieselbe wird ein Stückchen einer konischen Kapillarröhre gesetzt, und die Flüssigkeit in das Gläschen nur soweit eingefüllt, dass es unterhalb des Randes des Röhrchens steht. In Folge der Kapillarität steigt dann die Flüssigkeit in dem schmalen Raum zwischen der Platinspitze und dem Kapillarröhrchen in die Höhe und hält letzteres stets bis an den Rand

[1]) Delachanal und Mermet C. R. **81** p. 726—728 (1875).

gefüllt. Das Reagensglas ist durch einen Kork geschlossen, durch welchen ein Glasstab gesteckt wird, in welchem als zweite Elektrode ein Platindrath eingeschmolzen ist, dessen herausragende Spitze dem Kapillarröhrchen gegenüber gestellt wird. Macht man die untere Platinspitze zur negativen Elektrode, die obere zur positiven, so wird bei jedem Funken ein Theil der Flüssigkeit verdampft, aber durch die Kapillarität sofort wieder ersetzt, und die Funken springen stets an derselben Stelle, zwischen den beiden Spitzen, über.

§. 52. Die Geissler'schen Röhren.

Zur Untersuchung von Gasen schliesst man dieselben in Röhren ein. Man pflegt die Gase dabei stark zu verdünnen, weil dann ihre charakteristischen Linien im Spektrum am besten hervortreten. Durch solche verdünnte Gase gehen die elektrischen Entladungen sehr leicht hindurch, und Röhren von beträchtlicher Länge werden durch die Entladungen leuchtend, ohne dass ein eigentlicher Funke sichtbar würde. Je enger die Röhre ist, auf um so weniger Gastheilchen wird die Wirkung der Elektrizität konzentrirt, desto heller wird das Leuchten. Man pflegt daher die Röhren, die sogenannten Geissler'schen Röhren, in der Form der Fig. 35 herzustellen, so dass zwei weitere Theile, in denen die Elektroden eingeschmolzen sind, durch ein kapillares Stück verbunden sind; dann wird im kapillaren Theil die Lichtintensität am grössten. Früher pflegte man die Elektroden aus Platin zu machen, und zwar aus folgendem Grunde: bei den Entladungen erhitzt sich sowohl die Elektrode als das sie umgebende Glas ziemlich stark, wobei sie sich ausdehnen. Wenn nun die Ausdehnung der Elektrode und des Glases sehr verschieden gross wäre, so würde das Glas entweder gesprengt, oder die Elektrode von ihm losgerissen werden, jedenfalls würde die Röhre undicht werden. Da aber die Ausdehnungskoeffizienten von Glas und Platin nahezu dieselben sind, so ist dies bei Benutzung von Platin nicht zu fürchten. Aber die Platinelektroden haben einen anderen Nachtheil: jeder Funke reisst kleinste Theilchen des Platins ab und schlägt sie auf den Glaswänden in Form eines schwarzen Spiegels nieder. Dadurch wird die Röhre beim Gebrauch sehr bald undurchsichtig und werthlos. Dieser Uebelstand tritt nicht ein bei Aluminiumelektroden, deshalb verfertigt man die Röhren jetzt stets so, dass der die Glaswand durchdringende Theil der Elektrode aus Platin, der innere dagegen aus Aluminium besteht.

Fig. 35.

Da man aus später anzuführenden Gründen die Gase häufig bei verschiedenen Drucken untersuchen muss, so versieht man die Geissler'schen Röhren zweckmässig mit zwei Glas-Hähnen (Fig. 36), von denen der eine mit der Luftpumpe, der andere mit dem Gasreservoir verbunden wird.

Fig. 36.

Die Herstellung von Geissler'schen Röhren mit reinen Gasen ist eine der schwierigsten Aufgaben, die es giebt, wenn nicht gradezu unlösbar. Jedes Gas wird nämlich an den Oberflächen fester Körper verdichtet, und diese verdichteten Schichten lassen sich kaum ganz entfernen; die besten Mittel dazu sind starkes Erhitzen und elektrische Entladungen. Will man eine Röhre z. B. mit Wasserstoff füllen, so verbindet man das eine Röhrchen des Geissler'schen Rohres mit der Luftpumpe (womöglich durch Anschmelzen, da Kautschukverbindungen nie dicht sind, und Fettdichtungen immer Kohlenwasserstoffe in die Röhre bringen), das zweite Röhrchen wird mit dem Gasreservoir verbunden. Man pumpt nun aus, so weit wie möglich, und erhitzt dabei das Geissler'sche Rohr, so weit es das verträgt, ohne weich zu werden. Nachdem es mehrere Stunden, oder womöglich Tage, heiss gehalten ist, während welcher Zeit man immer ab und zu das von den Wänden sich lösende Gas ausgepumpt hat, lässt man Wasserstoff eintreten. Diesen pumpt man wieder unter Erhitzen aus, und wiederholt das, je öfter desto besser. Während des Erhitzens kann man auch starke Entladungen durch das Rohr gehen lassen, da es sich gezeigt hat, dass dieselben sehr geeignet sind, die Gastheilchen von den Wänden zu fegen, und aus den Elektroden zu vertreiben. Wenn das Gas vollkommen rein und absolut trocken war, kann man hoffen, auf diese Weise eine gute Wasserstoffröhre zu erhalten. Das Trocknen der Gase wird dadurch erreicht, dass man sie ganz langsam über Chlorcalcium, Schwefelsäure und schliesslich über Phosphorsäureanhydrid streichen lässt. — Ist Feuchtigkeit in einem Geissler'schen Rohr vorhanden, so wird dieselbe durch den Funken zersetzt, und es zeigen sich die Linien des Wasserstoffs.

Auch für Flüssigkeiten und feste Körper, welche bei niedriger Temperatur verdampfen, sind die Geissler'schen Röhren brauchbar; sie haben dann etwa nebenstehende Form (Fig. 37): an dem einen weiteren Theil ist ein umgebogenes Glasrohr angeschmolzen, in welchem sich die Flüssigkeit befindet. Das Geissler'sche Rohr ist luftleer gepumpt;

erhitzt man die Flüssigkeit, so erfüllt sich das ganze Rohr mit ihren Dämpfen, und durchgehende Entladungen bringen die Dämpfe zum Glühen. Die Dampfdichte kann man durch Erhitzen beliebig verändern.

Fig. 37.

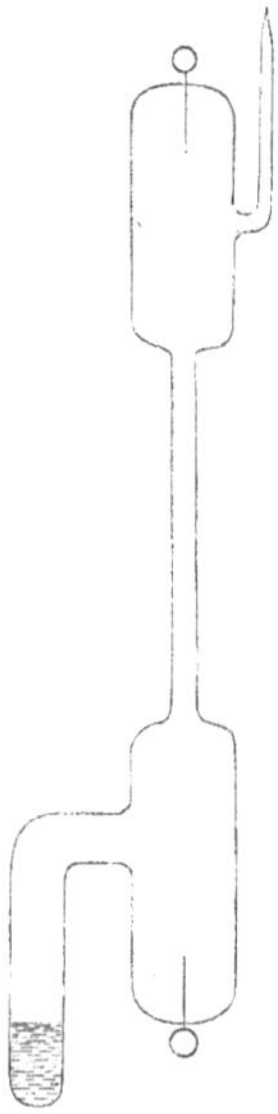

Endlich wäre noch eine Form der Geissler'schen Röhre zu erwähnen, die man zur Erreichung sehr grosser Helligkeit benutzt; es sind dies die Röhren mit Längsdurchsicht (end-on-tubes)[1]. Bei ihnen (Fig. 38) ist die eine Elektrode seitwärts angebracht, während das benachbarte Ende des Geissler'schen Rohres durch eine planparallele Glasplatte geschlossen ist, so dass man durch dieselbe der Länge nach durch das ganze Kapillarrohr sieht; die Intensität ist dabei viel grösser, als wenn man quer durch das enge Kapillarrohr beobachtet.

Endlich sei erwähnt, dass man auch Geissler'sche Röhren ohne eingeschmolzene Elektroden herstellen kann, was namentlich von Salet benutzt worden ist: man umgiebt die Enden der Röhre von aussen mit Staniol oder Metallblechen, welche mit dem Induktorium verbunden werden; bei jeder Entladung desselben geht dann eine induzirte Entladung durch das Rohr, allerdings von viel geringerer Temperatur, als bei eingeschmolzenen Elektroden.

Was die Temperatur betrifft, welche man in Geissler'schen Röhren erreichen kann, so ist zu bemerken, dass dieselbe in enormen Grenzen schwanken kann, je nach der Art der Entladung; je grösser nach Quantität und Intensität die Entladung ist, desto höher steigt die

Fig. 38.

Temperatur; ebenso ist die Dauer der Entladung von grossem Einfluss; bei den Induktionsapparaten hat man nie eine einzelne Entladung, sondern eine ganze Reihe immer schwächer werdender Partialentladungen; dabei steigt die Temperatur lange nicht so hoch, als wenn man die gesammte disponible Elektrizitätsmenge in einem Moment entladet, was durch eingeschaltete Leidner Flaschen und Funkenstrecken erreicht wird.

Von grossem Einfluss ist ausser der Quantität, Intensität und Dauer

---

[1]) Eingeführt von Monkhoven [Mond, (1877)] und Piazzi Smyth (Trans. Roy Scott. Soc. 1879).

der Entladung auch der Querschnitt des Rohres; ist derselbe sehr gross, so vertheilt sich die Entladung und Erhitzung auf sehr viele Molekeln, während bei einem engen Kapillarrohr die ganze Wirkung auf einen kleinen Raum konzentrirt ist, und daher hier viel energischer wirkt.

Die wirklichen Temperaturgrenzen sind noch sehr wenig bekannt; die untere Grenze kann, wie schon angegeben, unter 100° liegen. Eine sehr hohe Temperatur hat E. Wiedemann[1]) beobachtet, nämlich 87000°; wahrscheinlich kommen noch sehr viel höhere Temperaturen vor, und jedenfalls können wir im Geissler'schen Rohr zu Wärmegraden kommen, gegen die alle sonst erreichbaren Temperaturen klein zu nennen sind.

Es sind noch zahllose verschiedene Apparate konstruirt, und Methoden benutzt worden, die in den besonderen Fällen zum Ziele führen; wir wollen uns nicht länger bei diesen Hülfsmitteln der Spektralanalyse aufhalten, sondern nun zu ihr selbst übergehen.

Cap. VIII.

Geschichte der Spektralanalyse.

§. 53. Vorgeschichte der Spektralanalyse.

Es war schon seit Anfang dieses Jahrhunderts bekannt, dass viele Salze die Flammen färben können, so die Natriumsalze gelb, die Baryumsalze grün, Strontium roth u. s. w. Es hatten sich auch Gelehrte[2]) mit dieser Erscheinung beschäftigt, die Flammen durch Prismen betrachtet und gesehen, dass die Spektren aus getrennten hellen Linien bestanden. Es wurde sogar mehrfach die Vermuthung ausgesprochen, dass man an diesen Linien die betreffenden Salze erkennen könne, — aber alle diese Beobachtungen hatten wenig Werth, — wenn auch später auf sie hin Prioritätsansprüche geltend gemacht wurden, — und blieben unbeachtet, weil das Wesen der Erscheinung, und ihre Gesetzmässigkeit nicht genügend erkannt wurde. Es war nämlich nicht ausgesprochen worden, dass glühende Dämpfe ein solches diskontinuirliches Spektrum geben, und ebenso wenig war es erkannt worden, dass jeder glühende Dampf ein solches Spektrum geben muss, und zwar ein nur ihm eigenthümliches, von dem aller anderen Dämpfe verschiedenes.

---

[1]) E. Wiedemann, Wied. Ann. **6** 298—302 (1879).

[2]) Vergl. Kirchhoff, Pogg. Ann. **118** p. 94—111 (1863) und Diacon, Ann. de Chim. (4) **6** p. 5—25 (1865).

Für die Geschichte der Wissenschaft ist es interessant, dass grade der Körper, der Kirchhoff später den Anstoss zu dem wichtigsten Gesetz der Spektralanalyse, dem Gesetz über das Verhältniss zwischen Emission und Absorption des Lichtes gab, die Erkennung der Gesetzmässigkeit verhinderte. Dieser Körper ist das Natrium, welches in seiner Verbindung mit Chlor als Kochsalz in der ganzen Atmosphäre verbreitet ist, und daher in jeder Flamme sichtbar wird, wenn man nicht ganz besondere Vorsichtsmassregeln verwendet. Das stete Auftreten der gelben Natriumlinien, — welche mit den D-Linien der Sonne zusammenfallen, — einerlei welches Salz man in die Flamme brachte, schien auszuschliessen, dass jeder Körper seine besonderen Linien gebe, da man an die allgemeine Verbreitung einer derartigen Verunreinigung nicht dachte.

§. 54. Untersuchungen von Kirchhoff und Bunsen.

Im Jahre 1859 nahmen nun Kirchhoff und Bunsen[1]) die prismatische Untersuchung der gefärbten Flammen auf, und sie gelangten bald zu den beiden grundlegenden Gesetzen:

1. Jeder feste und flüssige Körper strahlt bei seiner Erhitzung zunächst Strahlen von der grössten Wellenlänge aus, zu welchen mit steigender Temperatur Strahlen von immer kürzeren Wellenlängen hinzukommen, so dass bei den höchsten Temperaturen das Licht weiss erscheint und sämmtliche möglichen Wellenlängen enthält, das Spektrum also kontinuirlich ist.

2. Jeder Dampf oder gasförmige Körper strahlt bei seiner Erhitzung Licht aus, welches nur Strahlen von einzelnen bestimmten Wellenlängen enthält, und diese Wellenlängen sind für jede Substanz charakteristisch, indem nur sie allein diese Strahlen aussendet. Die Beschaffenheit des von den Dämpfen ausgesandten Lichts ist, wenn nicht ganz, so doch fast ganz unabhängig von der Temperatur und dem Druck des Dampfes.

Wie sich später gezeigt hat, ist der letzte Theil des zweiten Gesetzes wesentlich zu beschränken; wir werden uns damit ausführlich zu beschäftigen haben.

Durch diese beiden Gesetze war die Spektralanalyse geschaffen. Während der erste Satz uns lehrt, dass wir die Substanzen nicht in fester Form verwenden dürfen, sondern sie in Dämpfe verwandeln müssen, um eine Untersuchung anstellen zu können, sagt der zweite

---

[1]) Kirchhoff u. Bunsen, Pogg. Ann. **110** p. 161—189 (1860), u. **113** p. 337—381 (1861).

Satz, dass dann ein jeder Dampf sein besonderes Spektrum zeigen muss, welches aus bestimmten hellen Linien besteht; daraus folgt dann auch, dass umgekehrt die Anwesenheit einer bestimmten hellen Linie mit alter Sicherheit die Anwesenheit der Substanz, der sie eigenthümlich ist, in dem Dampfe beweist, dass man also in der That durch das Spektrum des Dampfes denselben analysiren kann.

Es trat nun an die genannten Gelehrten die Aufgabe heran, für die bekannten Elemente die Spektren zu bestimmen, festzustellen, welche Strahlen jedes Element aussendet, und darüber Tafeln zu entwerfen, mit Hülfe deren man aus irgend einer hellen Linie in einem Spektrum unbekannter Herkunft das zugehörige Element erkennen konnte. Kirchhoff und Bunsen[1]) untersuchten daher eine Menge Salze, die Chlor-Brom,-Jodverbindungen der Elemente, in verschiedenen Flammen. Sie benutzten, um möglichst grosse Temperaturunterschiede zu haben, die Flamme des Schwefels, des Schwefelkohlenstoffs, des Alkohols, des Leuchtgases, des Kohlenoxyds, des Wasserstoffs und des Knallgases; endlich verwandten sie auch den elektrischen Funken zwischen Metallelektroden. Sie glaubten dabei zu finden, dass bei allen diesen Temperaturen alle Verbindungen das gleiche Spektrum, nämlich das des Metalloids oder Metalls, geben, und dass sich daher die Spektren mit der Temperatur nicht ändern. Sie zeichneten nun Tafeln mit den Spektren der verschiedenen Elemente, und konstruirten zweckmässige Apparate, die eine schnelle und genaue Untersuchung gestatteten, und erhoben auf diese Weise die neue Untersuchungsart gleich auf eine hohe Stufe der Vollkommenheit.

§. 55. Vorzüge der spektralanalytischen Methode.

Man kann nun fragen, ob denn eine neue Methode der chemischen Untersuchung nöthig gewesen, und was für Vortheile die Spektralanalyse gegenüber der chemischen hat, da wir ja doch durch letztere eine ganze Anzahl von Reaktionen haben, die jedes Element mit Sicherheit erkennen lassen. — Die Vortheile der Spektralanalyse sind in der That sehr zahlreiche und wichtige; da wäre zuerst zu nennen die grosse Leichtigkeit und Schnelligkeit, mit welcher man in vielen Fällen eine qualitative Analyse ausführen kann. Haben wir z. B. ein Gemisch aus K, Rb, Cs u. s. w., so ist ja freilich eine Feststellung der vorhandenen Elemente auf chemischem Wege denkbar, aber dieselbe erfordert vielfaches Lösen, Fällen, Filtriren, Kochen u. s. w., ist also eine zeitraubende Arbeit. Halten wir dagegen das Gemisch in die Bunsen'sche Flamme,

[1]) Kirchhoff u. Bunsen, Pogg. Ann. **110** p. 161—189 (1860).

so genügt bei einiger Uebung ein Blick in den Spektralapparat, um die charakteristischen Linien der Elemente zu sehen, und in wenigen Minuten kennen wir die Bestandtheile des Gemisches. Dazu kommt noch, dass grösstentheils grade die Elemente, die sich chemisch schwer von verwandten Elementen trennen und unterscheiden lassen, sehr charakteristische Spektren haben, also spektroskopisch sehr leicht zu entdecken sind.

Ein weiterer Vortheil ist die unglaubliehe Empfindlichkeit der spektralanalytischen Reaktionen, welche bereits Bunsen gemessen hat. Er fand z. B., dass von Na sich $\frac{1}{3\,000\,000}$ Milligramm in der Flamme durch Auftreten der gelben Linie deutlich sichtbar machen müsse; von Li genügt weniger als $\frac{1}{100\,000}$ mgr, von Sr $\frac{6}{100\,000}$, von Ca $\frac{6}{100\,000}$ u. s. w. Das sind so ungeheuer kleine Quantitäten, dass an deren Erkennung auf chenischem Wege nicht zu denken ist.

Tabellen, welche die Empfindlichkeit der spektranalytischen Methode für die verschiedenen Elemente zeigen, d. h. die kleinste Menge Substanz angeben, welche noch entdeckt werden kann mit Hülfe des Bunsen'schen Brenners oder des Induktionsfunkens, hat Cappel[1]) gegeben; es sind folgende:

1. In der Flamme des Bunsen'schen Brenners lassen sich noch erkennen:

von Cs	$\frac{1}{25\,000}$	mgr nach	Kirchhoff und Bunsen
- Rb	$\frac{1}{7\,000}$	- -	- - -
- K	$\frac{1}{3\,000}$	- -	- - -
- Na	$\frac{1}{14\,000\,000}$	- -	- - -
- Li	$\frac{1}{600\,000}$	- -	- - -
- Ba	$\frac{1}{2\,000}$	- -	- - -
- Sr	$\frac{1}{30\,000}$	- -	- - -
- Ca	$\frac{1}{50\,000}$	- -	- - -
- Mn	$\frac{1}{83}$	- -	Simmler
- In	$\frac{1}{2\,000}$	- -	Cappel
- Tl	$\frac{1}{50\,000}$	- -	Lamy
- Cu	$\frac{1}{285}$	- -	Simmler

Wesentlich anders gestalten sich die Empfindlichkeiten bei der

[1]) Cappel, Pogg. Ann. **139** p. 628—639 (1870).

höheren Temperatur des Induktionsfunkens, wie es folgende Tabelle zeigt:

2. Bei Anwendung des Induktionsfunkens lassen sich noch erkennen[1]):

von Cs	$\frac{1}{4\,000}$	mgr	von Co	$\frac{1}{15\,000}$	mgr
- Rb	$\frac{1}{1\,000}$	-	- Ni	$\frac{1}{600}$	-
- K	$\frac{1}{400}$	-	- Fe	$\frac{1}{26\,000}$	-
- Li	$\frac{1}{40\,000\,000}$	-	- Tl	$\frac{1}{80\,000\,000}$	-
- Ba	$\frac{1}{900\,000}$	-	- Cd	$\frac{1}{18\,000}$	-
- Sr	$\frac{1}{100\,000\,000}$	-	- Pb	$\frac{1}{20\,000}$	-
- Ca	$\frac{1}{10\,000\,000}$	-	- Bi	$\frac{1}{70\,000}$	-
- Mg	$\frac{1}{500\,000}$	-	- Cu	$\frac{1}{20\,000}$	-
- Cr	$\frac{1}{4\,000\,000}$	-	- Ag	$\frac{1}{12\,000}$	-
- Mn	$\frac{1}{200\,000}$	-	- Hg	$\frac{1}{10\,000}$	-
- Zn	$\frac{1}{600\,000}$	-	- Au	$\frac{1}{4\,000}$	-
- In	$\frac{1}{90\,000}$	-	- Sn	$\frac{1}{17\,000}$	-

Die enorme Empfindlichkeit für Na in der Bunsen'schen Flamme ist die Ursache, warum in jedem Flammenspektrum die Na-Linien vorhanden sind; durch die Verdampfung und das Verspritzen des salzigen Seewassers werden fortwährend grosse Mengen Kochsalz in die Atmosphäre gebracht und daher ist sowohl die Luft salzhaltig, als auch ist jeder Körper, der mit der Luft in Berührung ist, mit Salzstaub überzogen. Halten wir irgend einen Gegenstand, z. B. einen Platindrath in die Flamme, so färbt sie sich gelb wegen des vorhandenen Na. Nach einiger Zeit, wenn das Salz verdampft ist, hört die Färbung auf, aber es genügt, den Drath wenige Minuten liegen zu lassen oder ihn mit irgend etwas zu berühren, damit er sofort die Flamme wieder gelb färbt.

§. 56. Auffindung neuer Elemente.

Wegen der grossen Empfindlichkeit führte die Spektralanalyse gleich bei ihrer Entdeckung zur Auffindung neuer chemischer Elemente, die zwar in der Natur weit verbreitet sind, aber stets nur in sehr kleinen Mengen, so dass sie der chemischen Analyse bis dahin entgangen waren. Wie sich die Entdeckung neuer Elemente mittelst der Spektralanalyse macht, ist leicht zu erkennen: bringt man irgend

[1]) Diese Bestimmungen sind von Cappel gemacht.

eine Verbindung in die Flamme, so erhält man ein aus hellen Banden und Linien bestehendes Spektrum. Man sucht nun diese Linien in Tafeln auf, in denen die Linien aller bekannten Elemente aufgeführt sind. Findet man eine Linie in den Tafeln nicht, so kann man annehmen, dass sie einem unbekannten Element angehört; es kommt dann darauf an, dasselbe aus dem Gemisch auszuscheiden. Auch diese Aufgabe wird mit Hülfe des Spektroskops gelöst und zwar in folgender Weise: wir lösen das Gemisch in irgend einer Säure; wir wollen annehmen, ein Theil löse sich nicht. Nun untersuchen wir in der Flamme sowohl die Lösung als den Rückstand; hat sich die unbekannte Substanz gelöst, so muss die Lösung die Linie zeigen, sonst der Rückstand; angenommen das erstere sei der Fall, so fällen wir nun z. B. mit Schwefelwasserstoff; wir entscheiden dann, ob der gesuchte Körper dadurch gefällt worden ist oder nicht, indem wir die Spektralreaktion der Lösung und des Niederschlags untersuchen. Fährt man in dieser Weise fort, so kann man schliesslieh alle bekannten Elemente ausscheiden und behält das unbekannte Element übrig, dessen chemische Reaktionen man gleichzeitig kennen gelernt hat.

Auf diese Weise wurden von Bunsen im Jahre 1860 zwei neue Metalle, nämlich Caesium und Rubidium[1]) gefunden; bald darauf, im Jahre 1862 entdeckten Crookes[2]) das Thallium, im Jahre 1863 Reich und Richter[3]) das Indium, endlich 1875 Lecoq de Boisbaudran[4]) das Gallium; so war die grosse Fruchtbarkeit des neuen Verfahrens für die Chemie auf's glänzendste bewiesen.

§. 57. Untersuchung der Himmelskörper.

Aber damit sind die Verdienste der Spektralanalyse noch keineswegs erschöpft, die angeführten Thatsachen erscheinen im Gegentheil ganz unbedeutend gegenüber dem Umstande, dass wir durch sie auch Aufklärung über die chemische Natur der Himmelskörper erlangt haben. Da wir zur Untersuchung die Körper nicht in unseren Händen zu haben brauchen, es vielmehr genügt, wenn von ihnen ausgehendes Licht bis zu uns kommt, so ist die Möglichkeit gegeben, leuchtende Körper, die Billionen von Meilen entfernt sind, so genau zu analysiren, als ob wir sie in unserem Laboratorium hätten. Diese wichtigste Eigenschaft der Spektralanalyse wurde denn auch sofort von Kirchhoff erkannt, und

---

[1]) Kirchhoff u. Bunsen, Pogg. Ann. **113** p. 337—381 (1861).

[2]) Crookes, Phil. Trans. **153** p. 173—192 (1863).

[3]) Reich u. Richter, J. f. prakt. Chemie **81** p. 441—442 (1863).

[4]) Lecoq de Boibaudran, CR. **81** p. 493—495 (1875).

seine Untersuchungen gaben ihm bald die Mittel an die Hand, die bis dahin geltenden Ansichten über den Bau der Sonne für vollkommen falsch zu erklären und die wahre Beschaffenheit derselben zu erkennen; es gelang ihm, die Anwesenheit mehrerer chemischer Elemente in der Sonne nachzuweisen mit Hülfe einer genauen Zeichnung des Sonnenspektrums, welche er in grossem Maassstabe mittelst eines Spektrometers von 4 Prismen ausgeführt hatte, um in ihr eine Skala für die Linien der Elemente zu besitzen.

Das ist der Standpunkt, auf den Kirchhoff und Bunsen die Spektralanalyse gleich bei ihrer Entdeckung stellten; es waren damit die Apparate, die Gesetze, und die Gebiete, auf denen sie anzuwenden war, gegeben, und die Nachfolger hatten nur in demselben Sinne weiter zu arbeiten, die vorhandenen Lücken auszufüllen, und die Schlüsse vollständiger zu ziehen.

§. 58. Neuere Forschungen.

Namentlich in zwei Punkten sind die obigen Gesetze durch die späteren Forschungen modifizirt worden, zwei Punkte, auf welche schon Kirchhoff und Bunsen in ihrer zweiten Abhandlung hinwiesen. Sie sprachen nämlich aus[1]), dass möglicher Weise bei allen von ihnen untersuchten Salzen nur deshalb dasselbe Spektrum des Metalles aufgetreten sei, weil die Temperatur immer hoch genug zur Dissociation war, dass aber in anderen Fällen auch das Spektrum der Verbindung selbst sich zeigen könne.

Dass dem in der That so ist, wurde sehr bald festgestellt, namentlich durch Mitscherlich[2]). Er erhitzte die Salze im Bunsen'schen Brenner, oder im Knallgasgebläse, oder in einer in Chlor brennenden Wasserstoffflamme, oder in Gemengen von H mit Brom- und Jod-Dampf; oder er verdampfte die Salze und mischte den Dampf zu einem Strome von Wasserstoff, welcher angezündet wurde; in anderen Fällen wurden elektrische Entladungen zwischen den festen Salzen, oder ihren Lösungen verwandt, wobei die Salze in verschiedenen Gasen eingeschlossen waren. Aus allen Versuchen ging hervor, dass jede Verbindung ihr eigenes Spektrum giebt, sobald die zum Leuchten erforderliche Temperatur erreicht werden konnte, ohne dass Dissociation eintrat. — Das Resultat ist seitdem durch alle Versuche bestätigt worden; namentlich Lockyer hat sich noch eingehend mit der Sache beschäftigt, und

---

[1]) Kirchhoff u. Bunsen, Pogg. Ann. **113** p. 337—381 (1861).

[2]) Mitscherlich, Pogg. Ann. **116** p. 499—507 (1862) und **121** p. 459 bis 488 (1863).

hat unsere Kenntnisse bedeutend gefördert durch Einführung des Begriffs der langen und kurzen Linien, wovon später genaueres folgt.

Mitscherlich fand übrigens gleichzeitig, dass Kirchhoff und Bunsen in Wahrheit gar nicht immer das Metallspektrum beobachtet hatten, sondern vielfach ein Verbindungsspektrum, nämlich das des Oxyds.

Der zweite Punkt, in welchem sich die Ansichten durch die weiteren Forschungen wesentlich änderten, betrifft den Einfluss der Temperatur auf die Spektren. Nach dem Kirchhoff'schen Gesetze soll das Spektrum von der Temperatur in sofern unabhängig sein, dass höchstens die relativen Intensitäten der Linien sich ändern können, aber niemals ein Lichtmaximum verschwinden und an seine Stelle ein Minimum treten kann; aber Kirchhoff und Bunsen selbst machten schon darauf aufmerksam[1]), dass das einer niedrigen Temperatur angehörige Absorptionsspektrum des Jod ein ganz anderes sei, als das Emissionsspektrum.

Diese Frage, ob jedes Element nur ein Spektrum hat, oder ob wir bei sehr verschiedenen Temperaturen ganz verschiedene Spektren von ihm erhalten können, ist namentlich in einer sehr wichtigen Abhandlung von Plücker und Hittorf[2]) behandelt und entschieden worden; durch Einführung der Geissler'schen Röhren war es den genannten Forschern möglich, die Temperaturen innerhalb viel weiterer Grenzen zu variiren, als es bis dahin ausführbar gewesen war. Sie fanden, dass eine grosse Anzahl der untersuchten Elemente zwei verschiedene Spektra geben können, welche ihrem Charakter nach ganz anders sind, nämlich Spektra erster Ordnung oder Bandenspektra und Spektra zweiter Ordnung oder Linienspektra.

Dies Resultat der Untersuchung wurde nicht gleich allgemein anerkannt; namentlich Angström erklärte sich gegen eine solche Anschauung, und seiner Autorität schlossen sich viele an. Allmälig indessen mehrten sich die Beweise, — es seien nur die Arbeiten von Wüllner und namentlich Salet genannt, — und nachdem im Jahre 1875 auch Angström das Vorhandensein der mehrfachen Spektra zugegeben hatte, dürfte heute wohl Niemand mehr ihre Existenz bestreiten.

---

[1]) Kirchhoff u. Bunsen, Pogg. Ann. **113** p. 337—381 (1861).

[2]) Plücker u. Hittorf, Phil. Trans. **155** p. 1—29 (1865).

Capitel IX.

Gesetze der Spektralanalyse.

§. 59. Spektra der Salze.

Die neueren Untersuchungen lassen es als ganz zweifellos erscheinen, dass das Aussehen eines jeden Spektrums durchaus abhängt von der Temperatur der Flamme oder des Funkens, von dem Drucke des Dampfes, von der Dicke der ausstrahlenden Schicht, endlich auch von der Anwesenheit anderer Dämpfe. Die Verhältnisse werden dadurch ungemein komplizirt, und sind daher auch noch durchaus nicht in jeder Richtung aufgeklärt; die Frage nach dem Einfluss von Temperatur und Druck gehört im Gegentheil noch immer zu den streitigen Punkten der Spektralanalyse, obgleich zahlreiche Forscher sie auf verschiedene Weise zu lösen gesucht haben.

Wir können daher diese Frage auch nicht bis in die Details verfolgen, sondern werden uns mit einem allgemeinen Ueberblick begnügen müssen. Da wird es denn am zweckmässigsten sein, wenn wir zuerst von unseren Anschauungen über den Bau der Körper und über das Wesen von Wärme und Licht, wie sie früher entwickelt worden sind, ausgehen und untersuchen, wie danach Druck- und Temperatur-Aenderungen wirken müssen. Wir werden dabei finden, dass eine grosse Reihe von Thatsachen sich ungezwungen von einheitlichem Standpunkte aus erklären lässt.

Wir nehmen an, dass alle Körper aus gesonderten Molekülen bestehen, die wiederum aus Atomen aufgebaut sind; zwischen den Molekeln und zwischen ihren Atomen liegt der Lichtäther. Die Molekeln sind in einer translatorischen Bewegung begriffen, die um so grösser und schneller ist, je höher die Temperatur des Körpers ist. Neben der Wärmebewegung existirt die innere Molekularbewegung, die in Rotationen und Schwingungen des ganzen Moleküls oder seiner Atome besteht, und zwar ist die Art der möglichen Bewegungen eine beschränkte und fest gegebene durch den Bau des Molekels und die augenblickliche Beschaffenheit desselben, also Grösse, Abstand und Stellung der Atome in demselben u. s. w. Diese inneren Bewegungen erzeugen entsprechende Schwingungen des Aethers von bestimmt gegebenen Schwingungszahlen.

Da wir nun annehmen müssen, dass jede chemische Verbindung Molekeln von bestimmtem, ihr eigenthümlichem Bau hat, wodurch sie sich ja allein von anderen chemischen Verbindungen unterscheidet, so folgt unmittelbar, dass eine jede Verbindung, ein jedes Salz sein eigenes Spektrum haben muss. Denn wenn das Molekel besonders gebaut ist, so muss es besondere Schwingungen ausführen, also auch Aetherwellen von besonderen Wellenlängen erregen. Damit, dass theoretisch jede Verbindung ihr eigenes Spektrum haben muss, ist aber nicht gesagt, dass wir dies Spektrum auch kennen müssen; im Gegentheil, wir wissen, dass wir die Temperatur sehr hoch steigern müssen, damit ein Dampf überhaupt Licht aussendet, und dass bei hoher Temperatur sehr viele Verbindungen nicht mehr zusammenhalten, sondern dissociirt werden. Da also bei der hohen Temperatur, die zur Emission des Lichtes nöthig ist, die meisten Verbindungsmolekeln nicht mehr existiren, so werden wir auch ihre Emissionsspektren niemals kennen lernen können, sondern wir werden das Spektrum der Zerfallsprodukte, also der Elemente, oder einfacherer Verbindungen erhalten. Nur bei Verbindungen, die sehr fest sind, oder bei Anwendung besonderer Vorsichtsmassregeln, um das Zerfallen der Verbindungen zu hindern, wird das Spektrum derselben zum Vorschein kommen.

Einige Beispiele werden dies besser erläutern. Kirchhoff und Bunsen hatten das Chlorid, Bromid und Jodid von Strontium in verschiedenen Flammen untersucht und stets dasselbe Spektrum erhalten, welches sie somit für das Spektrum des Sr selbst hielten.

Lockyer[1]) untersuchte die Sache wieder mit dem kältesten Funken, der ihm zu Gebot stand, und gebrauchte die Vorsicht, die Salze mit einer reinen Wasserstoffatmosphäre zu umgeben. Da zeigt sich denn, dass jede Verbindung ihr eigenes Spektrum hat, welches ganz verschieden von dem des Sr ist (Fig. 39). Bei der Untersuchung in Luft hatte der anwesende Sauerstoff die Verbindungen des Sr zerlegt, und es war in allen Fällen das Spektrum von SrO beobachtet worden, während bei Fehlen des O die Verbindung die Temperatur noch aushielt. Sowie aber die Temperatur des Funkens durch Einschalten einer Leidener Flasche gesteigert wurde, verschwanden in allen Fällen die Verbindungsspektren und es erschien das Spektrum von Sr. Ein anderes Beispiel giebt die Kohlensäure und das Kohlenoxyd; im Geissler'schen Rohr geben beide dasselbe Spektrum, welches aber weder das der Kohle, noch das des Sauerstoffs ist, sondern dem Kohlenoxyd angehört; die CO_2 zerfällt also bei der Temperatur des Funkens in CO und O, und giebt das Spektrum von CO, welches der Temperatur widersteht.

Wir sind somit zu dem wichtigen Resultat gekommen, dass jede Verbindung, welche bei der Temperatur der Lichtemission überhaupt existirt, auch ihr eigenes Spektrum hat.

---

[1]) Lockyer, Studien zur Spektralanalyse p. 168—170 (1879).

§. 60. Mehrfache Spektra der Elemente.

Die Chemiker nehmen an, dass auch die Molekeln der chemischen Elemente aus sehr zahlreichen Atomen aufgebaut sind, und dass dieser

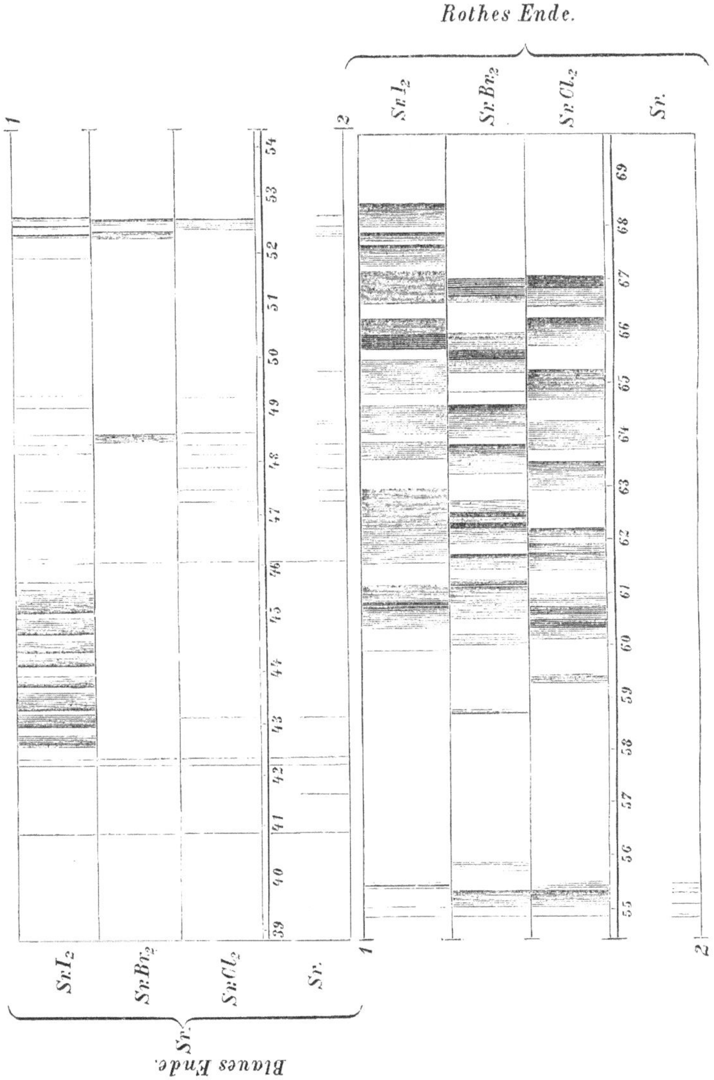

Fig. 39.

Bau für dasselbe Element ein verschiedener sein kann. Dadurch erklärt man ja die allotropen Modifikationen einzelner Elemente, welche beweisen, dass Körper, welche die gleichen chemischen Eigenschaften haben, also aus denselben Elementaratomen bestehen, physikalisch sehr verschieden sein können. So kennen wir von der Kohle drei Modifikationen, den Diamant, den Graphit und die gewöhnliche Kohle; ebenso haben wir Sauerstoff und die Modifikation desselben, das Ozon; auch vom Schwefel und Phosphor kennen wir zwei Formen. Diese Erscheinungen lassen sich nicht anders erklären, als durch die Annahme, dass die Molekeln dieser Modifikationen verschiedene Verbindungen von allerdings gleich beschaffenen Atomen sind. Es wird also auch von diesen Elementen der obige Satz gelten müssen; jede Modifikation setzt ein anders gebautes Molekel voraus, und hat daher ihr besonderes Spektrum. Aber wir brauchen dies nicht auf die Elemente zu beschränken, von denen wir bei gewöhnlicher Temperatur allotrope Modifikationen kennen; es scheint vielmehr zweifellos, dass jedes einzige Molekel, sei es das eines Elementes oder einer Verbindung, bei hoher Temperatur anders gebaut ist, als bei niedriger, dass z. B. beim Uebergang von Dämpfen zu Flüssigkeiten mehrere Dampfmolekeln sich vereinigen, um ein aus zahlreicheren Atomen aufgebautes Flüssigkeitsmolekel zu bilden. Wir können im allgemeinen annehmen, dass mit steigender Temperatur ein Molekel immer mehr dissociirt wird, aus immer weniger Atomen besteht, bis bei der höchsten Temperatur endlich jedes Atom einzeln seinen Weg verfolgt. — Daraus folgt dann aber auch, dass jedes Element nicht nur e i n Spektrum haben kann, sondern dass wir eine ganze Anzahl derselben, entsprechend der Aenderung der Molekularstruktur, finden müssen.

§. 61. Einfluss der Temperatur.

Fragen wir uns nun, wie im allgemeinen der Charakter der Spektren sein wird, welche grösserer oder geringerer Komplizirtheit des Molekularbaues entsprechen.

Haben wir das Molekel eines festen Körpers, welches aus sehr zahlreichen Atomen gebildet und von anderen Molekeln dicht umgeben ist, so werden zwischen den verschiedenen Molekeln so zahllose Zusammenstösse statt finden, dass die den Atomen eigenthümlichen Schwingungen sich nicht frei ausbilden können, dass sie nicht zur Geltung kommen, vielmehr alle möglichen Aetherschwingungen angeregt werden, das Spektrum also kontinuirlich ist.

Es brauchen aber dabei nicht Schwingungen aller Wellenlängen angeregt zu werden, sondern etwa nur die längeren, oder nur die kürzeren; es kommen viele Fälle vor, wo wir bei niedriger Temperatur ein kontinuirliches Spektrum nur am rothen oder am blauen Ende des sichtbaren Theiles erhalten. Gehen wir um einen Schritt weiter, zu den Dämpfen von niedriger Temperatnr, und noch ziemlich komplizirtem Molekularbau, also z. B. zu dem Dampf einer Verbindung. Hier werden die Stösse der Molekeln schon seltener statt finden, die Eigenschwingungen der Atome werden sich bemerklich machen. Aber die Stösse sind doch noch zu häufig, als dass die Eigenschwingungen allein beständen, es werden noch eine Reihe anderer Schwingungen bestehen, die um so stärker sind, je näher sie den Eigenschwingungen stehen. Da ausserdem das Molekel noch sehr viele Atome enthält, so werden sehr viele verschiedene Eigenschwingungen existiren. Das Spektrum muss daher aus sehr vielen hellen Theilen bestehen, die aber nicht scharfe Linien, entsprechend einer bestimmten Wellenlänge, sind, sondern breitere Bänder, welche von einem hellsten Theile sich nach einer oder beiden Seiten abschattiren. Solche Spektren nennt man

Fig. 40.

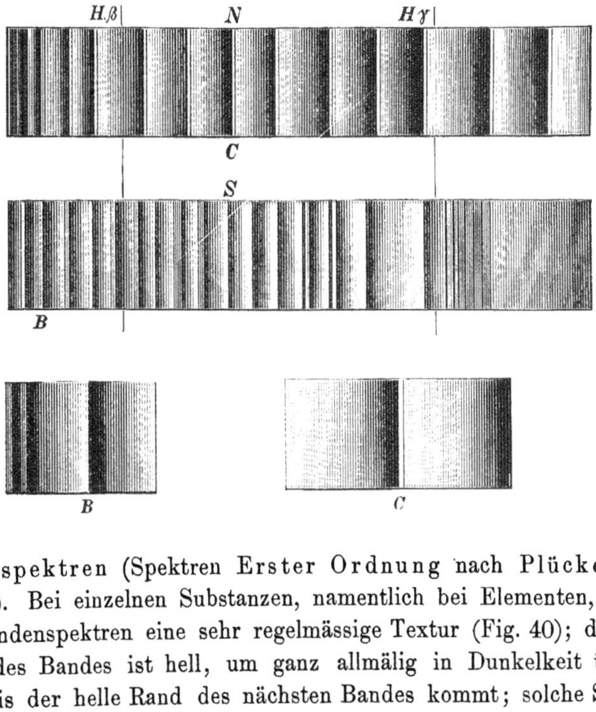

Bandenspektren (Spektren Erster Ordnung nach Plücker und Hittorf). Bei einzelnen Substanzen, namentlich bei Elementen, zeigen diese Bandenspektren eine sehr regelmässige Textur (Fig. 40); der eine Rand jedes Bandes ist hell, um ganz allmälig in Dunkelkeit überzugehen, bis der helle Rand des nächsten Bandes kommt; solche Spektra machen den Eindruck einer seitlich beleuchteten kannelirten Säule, sie werden daher auch kannelirte oder säulenstreifige Spektra genannt. Betrachtet man solche kannelirten Spektren bei sehr starker Dispersion oder Vergrösserung, so zeigt sich, dass die Abschattirung von der hellen Kante aus dadurch zu Stande kommt, dass jede Bande aus zahllosen hellen Linien zusammengesetzt ist, welche vom hellen Rande ausgehend immer schmaler werden und weiter auseinander rücken. Fig. 40, welche Theile der Bandenspektra von Stickstoff und Schwefel darstellt, zeigt dies Verhalten genauer. Diese Spektra entsprechen niedriger Temperatur und komplizirtem Molekularbau, kommen also namentlich bei den Spektren der Verbindungen vor. Solche Bandenspektren sind z. B. auch die auf Seite 95 in Fig. 39 abgebildeten Spektra der Strontiumverbindungen.

Haben wir endlich die Verhältnisse eines stark verdünnten Dampfes bei hoher Temperatur, so können sich bei relativ seltenen Zusammenstössen die Eigenschwingungen der Atome voll entwickeln, und wenn auch bei dem Stosse andere Schwingungen angeregt werden sollten, so sind sie rasch verklungen, lange bevor ein neuer Stoss sie wieder anregt. Das Spektrum wird daher aus einzelnen scharfen hellen Linien bestehen, deren Schwingungszahl den Schwingungen der Atome entspricht. Wir haben damit das Linienspektrum (Spektrum Zweiter Ordnung nach Plücker).

Sowohl bei den Banden-, wie bei den Linienspektren zeigt sich sehr häufig der Grund, von dem die Linien sich abheben, nicht dunkel, sondern schwach erleuchtet, es sind geringe Spuren eines kontinuirlichen Spektrums vorhanden. Die Erklärung für die Entstehung desselben wird sich aus unseren Anschauungen leicht ergeben. Wenn nämlich auch bei Dämpfen die lebendige Kraft, welche die Molekeln durch die Zusammenstösse erhalten und in innere Bewegung umsetzen, fast ausschliesslich zur Erzeugung von bestimmten Atomschwingungen verwandt wird, so werden doch in den ersten Momenten auch alle übrigen Schwingungen angeregt, und es tritt eine kurz andauernde schwache ungeordnete Bewegung der Atome ein, die sich uns als schwacher kontinuirlicher Hintergrund sichtbar machen muss. Mit dieser Erklärung stimmt die Thatsache sehr gut überein, dass bei grösserer Dampfdichte, also zahlreicheren Stössen, der kontinuirliche Hintergrund ganz besonders an Helligkeit zunimmt. Ebenso lässt sich der von Ciamician[1]) hervorgehobene Umstand leicht erklären, dass gerade bei den Dämpfen, deren Linien sich durch Druck wenig verbreitern (vergl. den folgenden §), der Druck den kontinuirlichen Grund heller macht; die lebendige Kraft der Stösse wird eben auf die eine oder die andere Weise verbraucht werden, sie wird entweder die periodische oder die ungeordnete Bewegung der Atome vermehren.

Der einzige mir bekannte Versuch einer Erklärung des kontinuir-

---

[1]) Ciamician, Wien. Ber. **78**, 2 p. 867—890 (1878).

lichen Grundes rührt von Cazin[1]) her und ist jedenfalls zu verwerfen: kleine glühende feste Theilchen, die im Dampf suspendirt sind und von den Wänden oder Elektroden herrühren, sollen das kontinuirliche Spektrum hervorbringen.

Es sind somit drei ganz verschiedene Arten von Spektren vorhanden, kontinuirliche Spektra, Bandenspektra und Linienspektra, welche sehr verschiedenem molekularen Bau entsprechen. Die Zustände des Molekels, denen diese drei Spektralstufen entsprechen, werden so verschieden sein, dass wir sie allotrope Modifikationen nennen können, denn nur wenn solche vorhanden, wenn das Molekel ein ganz anderes geworden ist, können nach dem Kirchhoff'schen Gesetze andere Spektra vorhanden sein. Bei einzelnen Elementen finden bei der Temperatur, bei welcher das Bandenspektrum in das Linienspektrum übergeht, auch andere Veränderungen statt; bei Schwefel z. B. ändert sich plötzlich die Dampfdichte, was einen Zerfall der Molekeln beweist und sehr für unsere Auffassung spricht.

Innerhalb der Hauptstufen ist aber Aenderung der Temperatur auch nicht ohne Einfluss; es zeigt sich vielmehr, dass sowohl bei den Banden-, wie namentlich bei den Linienspektren die relativen Intensitäten der Linien noch erheblich variiren können, ganz entsprechend dem Kirchhoff'schen Gesetz. Bei den Linienspektren macht sich die steigende Temperatur sehr häufig in der Richtung geltend, dass die kürzeren Wellenlängen besonders verstärkt werden. Die bei der höheren Temperatur heftigeren Zusammenstösse zwischen den Molekeln bringen also die schnelleren Schwingungen besonders zum Vorschein, was bei akustischen Vorgängen ebenfalls geschieht.

Wenn wir die Temperatur und gleichzeitig die Verdünnung des Dampfes ausserordentlich steigern, so müssen wir zu einem Punkte gelangen, wo jedes Molekel eines Elementes in einzelne gleiche Atome zerfallen ist; dann würde das Spektrum am einfachsten sein, es würde nur aus einer hellen Linie bestehen, welche der Schwingung des Atoms entspricht, oder höchstens aus einigen in harmonischer Beziehung stehenden Linien. Es scheint, dass wir uns diesem Zustande höchsten Zerfalles bei einzelnen Elementen nähern können.

Wir haben somit gefunden, dass bei niedrigster Temperatur das komplizirte Molekel uns das komplizirteste Spektrum giebt, nämlich das kontinuirliche. Bei steigender Temperatur vereinfachen wir den Bau des Molekels, indem wir den festen Zusammenhang der verschiedenen Molekeln lösen und sie im Dampfe einzeln vor uns haben. Diese Stufe giebt uns Bandenspektra, und zwar sowohl von Elementen, als

[1]) Cazin, la spectroscopie p. 88.

von Verbindungen. Steigern wir die Temperatur noch höher, so erreichen wir eine dritte Stufe, auf welcher die einzelnen Atome sich geltend machen, wir erhalten das Linienspektrum, welches nach seiner Erklärung durch Schwingungen der dissociirten Molekeln niemals von Verbindungen, sondern nur von Elementen gegeben werden kann.

Es muss aber hier bemerkt werden, dass es eine ganze Anzahl von Physikern[1]) giebt, welche die Veränderlichkeit der Spektren anders auffassen. Während wir annehmen, dass jedes andere Spektrum auch anderen Bau des Molekels voraussetzt, nehmen jene an, dass Aenderungen von Druck und Temperatur allein, ohne Aenderung des molekularen Zustandes, die Aenderung des Spektrums hervorrufen. In der That folgt aus dem Kirchhoff'schen Gesetz, wie wir später sehen werden, ein derartiger Einfluss von Druck und Temperatur, aber wir können diesen Umstand doch nur als mitwirkend betrachten, da sonst eine vollkommen kontinuirliche Aenderung der Spektren vorhanden sein müsste, die starken sprungweisen Aenderungen aber, die auf einen Zerfall des Molekels bei bestimmter Temperatur deuten, unerklärt blieben. Andererseits glaubt Lockyer[2]) noch mehr als drei Stufen annehmen zu müssen; er unterscheidet:

1. Linienspektrum.
2. Bandenspektrum.
3. Kontinuirliches Spektrum im Blau.
4. Kontinuirliches Spektrum im Roth.
5. Kontinuirliches Spektrum von Roth bis Blau.

Wir werden darauf noch zurückkommen müssen.

Unsere Schlüsse werden nun übrigens durch die Thatsachen vollkommen bestätigt. Wir kennen von einer grossen Anzahl von Elementen, unter anderen von allen Metalloiden, die drei Arten der Spektren, das kontinuirliche, das Banden- und das Linienspektrum. Wenn von vielen Elementen also namentlich Metallen, das Bandenspektrum unbekannt ist, so ist der Grund der, dass die Temperatur, die zur Herstellung von Licht emittirenden Dämpfen erforderlich ist, für die Mittelstufe schon zu hoch ist. Da könnte nur das Absorptionsspektrum die Lücke füllen, und thut es auch in manchen Fällen, wie wir später sehen werden. Die Verbindungen, die sich einerseits durch komplizirten Molekularbau auszeichnen, andererseits bei niedrige Temperatur untersucht werden müssen, damit sie nicht zerfallen, geben uns stets Bandenspektra. Die elektrischen Entladungen mit ihrer hohen Temperatur

[1]) Vergl. Zöllner, Pogg. Ann. **142** p. 88—111 (1871) u. Wüllner, Wied. Ann. **8** p. 590—623 (1879).

[2]) Lockyer, Studien zur Spektralanalyse p. 116.

geben fast stets Linienspektren, die Flammen meist Bandenspektren, ausser wenn die Substanzen sehr leicht dissociirbar sind.

§. 62. Einfluss des Druckes.

Wir haben hiermit im Wesentlichen den Einfluss der Temperatur auf die Spektren untersucht; er besteht also darin, dass mit steigender Temperatur die Spektren immer einfacher werden, das Licht sich auf immer wenigere scharfe Linien konzentrirt. Dabei ist aber vorausgesetzt, dass nicht mit der Temperatursteigerung gleichzeitig eine Drucksteigerung verbunden ist, wie es z. B. in Geissler'schen Röhren der Fall ist. Dann nämlich werden zwar durch Dissociation die Spektra vereinfacht, durch die häufigeren und stärkeren Zusammenstösse der Molekeln aber komplizirter; in dem Falle wirkt also Temperatursteigerung analog der Drucksteigerung zu deren Betrachtung wir nun übergehen wollen[1]).

Wenn wir den Druck eines Gases vermehren, so drängen wir die Molekeln enger zusammen; davon ist die Folge, dass sie viel häufiger auf einander stossen, also die inneren Molekularbewegungen viel heftiger werden. Das kann sich nun auf zwei Arten geltend machen: es können nämlich Schwingungen, die vorher zu schwach waren, um sichtbare Linien zu geben, so verstärkt werden, dass sie neue Linien im Spektrum hervorbringen; dann aber können auch die den Eigenschwingungen der Atome benachbarten Schwingungen hervorgerufen werden, was eine Verbreiterung der Spektrallinien bewirken würde[2]). Vermehrter Druck wirkt also in der Richtung, dass er die Spektren weniger einfach macht, dass das Licht sich mehr über das Spektrum verbreitet und einem kontinuirlichen Spektrum zustrebt.

Dass in dieser Weise in der That der Druck wirkt, ist zuerst von Wüllner[3]) für Wasserstoff und Sauerstoff beobachtet worden, und hat sich dann bei vielen anderen Elementen bestätigt. Für Wasserstoff haben Frankland und Lockyer den Einfluss des Druckes am genauesten untersucht; das Linienspektrum des Wasserstoffs besteht im sichtbaren Theil aus 4 Linien, die vollkommen scharf und schmal sind, wenn der Druck nur wenige mm beträgt. Lässt man den Druck zunehmen, so werden die Ränder verschwommen, die Linien werden allmälig breiter, der ganze Zwischenraum zwischen ihnen erhellt sich. Dann erhält man ein kontinuirliches Spektrum, von welchem sich die

---

1) Vergl. Schuster, Rep. of the Brit. Ass. 1880 p. 275—288.

2) Vergl. Lippich, Pogg. Ann. **139** p. 465—479 (1870).

3) Wüllner, Pogg. Ann. **137** p. 337—361 (1869).

4 Linien nur als schwache Lichtmaxima abheben, und bei 10 Atm. Druck ist in dem sehr hellen Spektrum keine Spur von ihrer Existenz mehr zu sehen[1]). — Wenn man andrerseits den Wasserstoff immer mehr verdünnt, so wird das Licht der vier Linien immer schwächer, und es bleibt schliesslich nur eine einzige Linie, und zwar die mit $H\beta$ bezeichnete, übrig[2]).

Ueber die Art, wie die Verbreiterung der Linien vor sich geht, lassen sich einige ziemlich allgemein gültige Gesetze aufstellen, wenn auch deren Erklärung nicht so einfach ist. Wenn auch bei allen Elementen durch Druck eine Verbreiterung der Linien eintritt, so ist sie doch bei den meisten darauf beschränkt, dass die Ränder der Linien unscharf werden; nur bei einzelnen, wie z. B. beim Wasserstoff, verbreitern sich die Linien über einen beträchtlichen Theil des Spektrums. Es fangen hier nicht alle Linien zugleich an sich zu verbreitern, sondern man kann die Regel aufstellen, dass zuerst die Linien von kürzester Wellenlänge breit werden, die andern nach der Reihenfolge der zunehmenden Wellenlänge folgen. Weiter ist zu bemerken, dass die Verbreiterung nicht immer nach beiden Seiten stattfindet; verbreitert sich aber die Linie nur nach einer Seite hin, so ist dies immer nach der Seite der längeren Wellen, dem rothen Ende des Spektrums.

Es ist vielfach darüber gestritten worden, ob diese Verbreiterung der Linien von der gesteigerten Temperatur oder dem gesteigerten Druck herrührt. Die Entscheidung scheint sich zu Gunsten des Druckes zu gestalten, jedoch ist der Einfluss von Druck und Temperatur sehr schwer zu trennen; wenn wir den Druck in einem Geissler'schen Rohr erhöhen, so wächst dessen Widerstand und daher auch die Temperatur der Entladung, wir können eines vom andern nicht trennen.

Man hat auch die Verbreiterung der Linien durch Folgerungen aus dem Kirchhoff'schen Gesetz erklären wollen, welche Verbreiterung der Linien bei Vermehrung der leuchtenden Materie ergeben. Dass aber diese Erklärungsweise unhaltbar ist, lässt sich durch die Thatsache beweisen, dass die Linien in einem Geissler'schen Rohr bei Quer- und Längsdurchsicht gleich breit erscheinen; namentlich sind aber die Sonnenlinien beweisend, die vollkommen scharf sind, trotzdem sie von einer enorm dicken Schicht herkommen.

Wie schon gesagt, können die Spektren nicht nur durch Verbreiterung der Linien, sondern auch durch das Auftreten neuer Linien komplizirter werden, sei es nun, dass die Linien wirklich neu erscheinen,

---

[1]) Frankl. Proc. R. S. **16** p. 419—422 (1868), vergl. Cailletet C. R. **74** p. 1281—1285 (1872).

[2]) Frankland u. Lockyer, Proc. Roy. Soc. XVII p. 453 (1869).

oder dass ihre Intensität vorher nur zu schwach war. Es gilt dies namentlich von den Metallen.

§. 63. Lockyer's Untersuchungsmethode.

Lockyer hat eine sehr zweckmässige und erfolgreiche Methode der Spektralbeobachtung erdacht, welche es gestattet, mit einem Blicke den Einfluss von Druck und Temperatur auf ein Spektrum zu übersehen, und mit dieser Methode wollen wir uns zunächst bekannt machen.

Die vor Lockyer übliche, und auch jetzt noch meist angewandte Untersuchungsweise der Spektren, welche die im elektrischen Kohlenbogen verdampfenden Metalle geben, ist folgende: man setzt den Spalt des Spektralapparates möglichst dicht an den Kohlenbogen heran, um möglichst viel Licht auf den Spalt zu bekommen, oder man stellt auch wohl eine Cylinderlinse vor den Spalt, welche das Licht in einer Linie auf dem Spalt konzentrirt; Kohlen und Spalt stehen dabei vertikal. Bei dieser Methode erhalten alle Punkte des Spaltes Licht von allen Stellen des Kohlenbogens; wenn daher auch verschiedene Stellen des Bogens verschiedenes Licht aussenden würden, so müssten doch sämmtliche Punkte des Spaltes das gleiche Spektrum geben, welches die Summe der etwa vorhandenen verschiedenen Lichtarten ist. Das Spektrum ist daher an seinem oberen und unteren Rande und in der Mitte ganz gleich, es zeigt Linien von der Länge des Spaltes, die theils von den Kohlen, theils von dem Metalle, theils von der Luft herrühren.

Fig. 41.

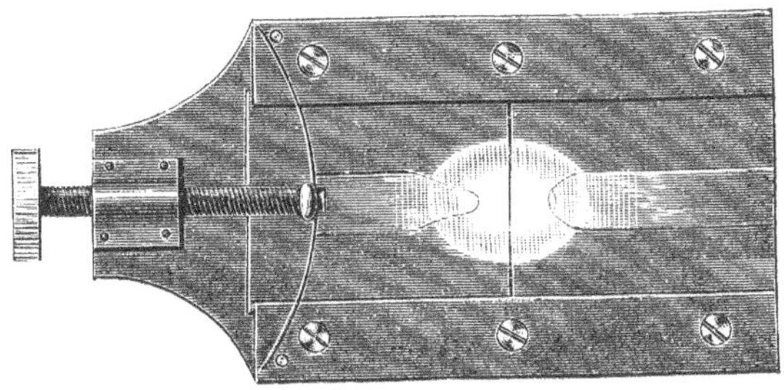

Lockyer verfährt scheinbar unbedeutend anders, aber der Erfolg ist ein sehr wesentlicher: er stellt die Kohlen horizontal, und entwirft ein Bild des Kohlenbogens mittelst einer Linse auf den Spalt, wie es Fig. 41 zeigt. Ein solches mittelst einer Linse entworfenes Bild hat die Eigenschaft, dass in jedem seiner Punkte nur die Strahlen vereinigt sind, welche von dem entsprechenden Punkte des Gegenstandes ausgehen. Die Mitte des Spaltes empfängt daher nur Licht von der Mitte des Bogens, während, wenn wir von der Mitte nach den Rändern des Spaltes gehen, wir Licht haben, welches immer mehr von den Randtheilen des Bogens ausgeht. Wenn daher das Licht der Mitte des Kohlenbogens verschieden ist von dem des Randes, so muss der mittlere Streif des Spektrums anders aussehen, als der obere und untere; wir können auf diese Weise das Licht jedes bestimmten Punktes des Kohlenbogens für sich analysiren.

Die Erscheinung, welche man bei dieser Beobachtungsweise erhält, ist in Fig. 42 dargestellt, welche ein Stück des Spektrums eines Gemisches von Ca und Sr zeigt. Man sieht, dass in der That das Spektrum des Flammenkernes ein ganz anderes ist, als das der Ränder; das Spektrum ist in der Mitte erheblich komplizirter; je mehr wir an den Rand kommen, um so mehr Linien verschwinden, bis am aller äussersten

Fig. 42.

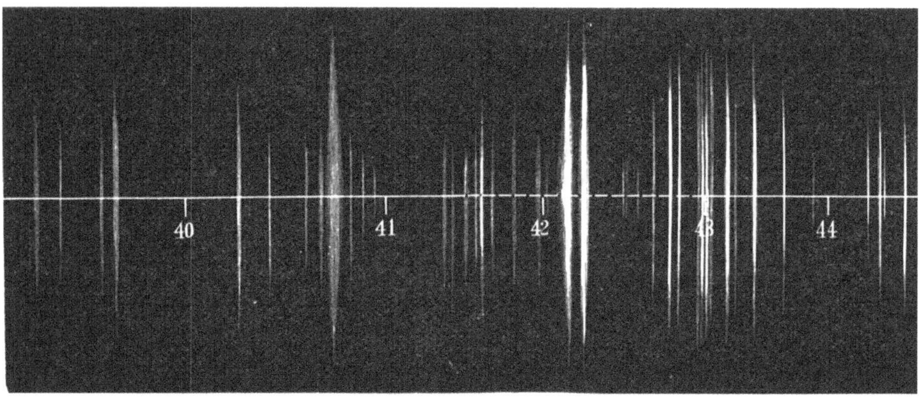

Rande nur noch zwei Linien übrig sind, von denen die eine dem Sr die andere dem Ca angehört. Dies Verschwinden der Linien nach dem Rande hin drückt sich in dem Spektrum derart aus, dass die Linien eine verschiedene Länge haben; es giebt also in dem Spektrum kurze und lange Linien, und daher wird die Lockyer'sche Methode auch die Methode der kurzen und langen Linien genannt.

Der Kern des Flammenbogens kann sich von dem Rande durch Verschiedenes unterscheiden. Erstens ist es wohl anzunehmen, dass in der Mitte der Flamme die Temperatur eine höhere ist, als in den äusseren Schichten, da diese durch Strahlung ihre Wärme rasch abgeben, während sie die Mitte als schützende Hülle umgeben. Ferner wird in dem Kern der Flamme der Metalldampf viel dichter und reichlicher vorhanden sein, da er sich an den Rändern mehr oder weniger mit den umgebenden Gasen mischt; endlich wird der Metalldampf in der Mitte aus demselben Grunde reiner sein, als aussen.

Wenn einzelne Linien, die kurzen, nur im Lichte des Kerns sichtbar sind, so ist das ein Beweis, dass zu ihrem Zustandekommen die höhere Temperatur, der höhere Druck und die grössere Reinheit des Dampfes nöthig sind, oder wenigstens einer von diesen Umständen, während die langen Linien, die sowohl in der Mitte als am Rande vorhanden sind, sich als nahezu unabhängig von diesen Umständen zeigen, um so unabhängiger, je länger sie sind. Die Lockyer'sche Beobachtungsweise zeigt uns also auf einen Blick, wie das Spektrum eines wenig dichten Dampfes von niedriger Temperatur sich ändert, wenn wir allmälig Dichte und Temperatur steigern: wir brauchen nur vom Rande des Bildes mehr zur Mitte zu gehen, um alle verschiedenen Stufen zu erhalten.

Es zeigt sich also, dass die Spektrallinien der Metalldämpfe ganz verschiedenes Verhalten haben; die langen Linien sind so zu sagen Hauptlinien, die bei den verschiedensten Temperaturen und Dichtigkeiten sichtbar sind, während die kurzen Linien zu ihrem Erscheinen bestimmte Zustände voraussetzen. Die langen Linien sind also viel wichtiger für die Erkennung eines Metalls als die kurzen, sehr häufig wird man die kurzen Linien in einem Spektrum vermissen, aber doch auf die Anwesenheit des Metalls schliessen müssen, wenn nur die paar längsten Linien sichtbar sind.

Bei der gewöhnlichen Spektralbeobachtung unterscheiden sich die Linien durch verschiedene Breite und Helligkeit; man ist leicht geneigt anzunehmen, dass die breitesten und hellsten Linien auch die längsten Linien seien und man findet häufig eine Verwechslung zwischen den hellsten und längsten Linien; es muss daher ausdrücklich hervorgehoben werden, dass oft genug die hellsten Linien kurze Linien sind, und ganz schwache Linien lange.

Auch für die Beobachtung von Funkenspektren, die man zwischen Metallelektroden erhält, ist die Lockyer'sche Methode mit Vortheil zu verwenden; man stellt in diesem Falle die Elektroden entweder vertikal, parallel dem Spalt, und projizirt wieder ihr Bild auf den Spalt; dann wird das Spektrum oben und unten das Licht des Dampfes dicht an den Elektroden analysiren, während der mittlere Streifen den Theil zwischen den Elektroden darstellt. Auch hier zeigt sich der Unterschied zwischen langen und kurzen Linien, indem einzelne Linien durch das ganze Spektrum hindurchgehen, andere nur kurze Stückchen unmittelbar an den Elektroden sind. In diesem Falle wird der Dampf unmittelbar an den Elektroden, wo er sich bildet, dichter und heisser sein, als in der Mitte, die kurzen und langen Linien entsprechen also ganz denen des vorigen Falles. — Man kann auch die Elektroden horizontal stellen, und hat dann dieselben Verhältnisse, wie beim Kohlenbogen.

Der Einfluss von Druck, Temperatur und Reinheit auf die Spektrallinien ist von Lockyer sehr eingehend studirt worden; wir wollen nur ein Beispiel anführen[1]). Im Zinkspektrum zeigen sich unter anderen Linien mit den Wellenlängen 492,4; 401,1; 481,0; 472,1; 467,9, welche bei der gewöhnlichen Beobachtungsweise gleich breit und hell sind, während nach Lockyer's Methode die drei letzten sich als längere Linien zeigen. Lockyer schloss die Elektroden in ein Glasrohr ein, so dass er den Druck beliebig ändern konnte. Bei abnehmendem Druck wurden die kürzeren Linien immer schwächer und kürzer, und bei 30 mm waren nur die längsten Linien 481,0 und 272,1 vorhanden; bei 34 mm erschienen wieder alle 5 Linien. Also bei der gegebenen Temperatur war ein Druck von über 30 mm nöthig, damit die kürzeren Linien existiren.

§. 64. Dissociation der Salze.

Der Einfluss der Anwesenheit fremder Dämpfe hat sich als sehr wichtig herausgestellt, und ist ebenfalls von Lockyer sehr eingehend untersucht worden. Er stellte Gemische zweier Substanzen her, in denen die eine Substanz einen verschiedenen Prozentsatz ausmachte. Beim Verdampfen erschienen in der Mischung mit dem niedrigsten Prozentgehalt der betreffenden Substanz nur ihre längsten Linien, und mit zunehmendem Gehalte kommen immer kürzere Linien zum Vorschein. Auf diese Erscheinung hat Lockyer eine quantitative Spektralanalyse gegründet, wovon wir bald zu sprechen haben werden. Sehr wichtig ist dieser Umstand auch für die Spektra chemischer Verbindungen, der Salze geworden. Wenn wir irgend ein Salz erhitzen, so werden wir nach dem Früheren im Allgemeinen ein Bandenspektrum erhalten müssen. Sehr häufig aber werden durch die Hitze einzelne Molekeln schon dissociirt sein, so dass wir neben dem Dampf des Salzes auch etwas Metalldampf in der Flamme haben; dieser wird nun die längsten Linien des Metalles zeigen müssen, während die kurzen noch fehlen. Je höher wir die Temperatur steigern, um so mehr Molekeln werden zerfallen, der Metalldampf wird in dem Dampfgemisch an Menge zunehmen und es werden also immer kürzere Metalllinien auftreten, während das Bandenspektrum schwächer und schwächer wird.

Es ergiebt sich daraus, dass die Spektren der verschiedenen Salze

---

[1]) Vergl. Lockyer, Studien . . . p. 134 u. ff.

desselben Metalls eine gewisse Aehnlichkeit haben können, auch wenn sie noch nicht vollständig dissociirt sind: wir werden in allen dieselben längsten Linien des Metalls sehen. So zeigen z. B. die Tafeln von Kirchhoff und Bunsen in den Spektren der Alkalien und alkalischen Erden neben dem Bandenspektrum des Oxyds die längsten Metalllinien[1]).

Es giebt somit das Spektroskop durch das Hinzutreten der kürzeren Linien ein Mittel an die Hand, die zunehmende Dissociation zu beobachten.

§. 65. Erklärung der langen und kurzen Linien.

Es ist über die kurzen und langen Linien noch eins zu bemerken. Wie wir gesehen haben, sind die langen Linien im Wesentlichen die Linien niedriger Temperatur, im Gegensatz zu den kurzen Linien, die erst bei hoher Temperatur auftreten. Bei der hohen Temperatur aber nehmen die kurzen Linien auch sehr rasch zu an Helligkeit und Länge, sie wachsen viel schneller, als die alten langen Linien, so dass, wenn die Temperatur über einen gewissen Punkt hinausgeht, die kurzen Linien zu den langen werden, und umgekehrt, so dass hier die Methode unbrauchbar wird. Wenn die Temperatur noch weiter gesteigert wird, so findet sogar mitunter ein Verschwinden der früheren langen Linien statt; so ist im Calciumspektrum bei niedriger Temperatur im blauen Ende des Spektrums die Linie 422,6 allein vorhanden, steigt die Temperatur, so treten die Linien 396,8 und 393,3 hinzu, und bei der höchsten Temperatur ist die Linie 422,6 ganz verschwunden[2]). — In ähnlicher Weise, wie Erhöhung der Temperatur muss auch Erhöhung des Drucks wirken.

Was die Erklärung dieser Erscheinungen betrifft, so kann man annehmen, dass die langen Linien den Hauptschwingungen der Atome entsprechen, welche schon bei niedriger Temperatur, also schwachen Molekularstössen eintreten; die kurzen Linien würden den Schwingungen entsprechen, zu deren Erzeugung stärkere Stösse erforderlich sind, wie sie erst bei höherer Temperatur und grösserer Dichtigkeit stattfinden. Schwer erklärlich ist dann aber, warum bei Anwesenheit fremder Dämpfe nur die längsten Linien erscheinen bei einer Temperatur und einem Druck, wo bei reinem Dampf schon die kurzen Linien vorhanden sind; man müsste annehmen, dass andere chemische Molekeln bei ihrem Stosse anders wirken als gleiche, dass sie erst bei höherer Temperatur die-

---

[1]) Lockyer, Studien . . . p. 169.

[2]) Lockyer, Studien . . . p. 172 u. ff.

selben Schwingungen erzeugen, wie die gleichen Molekeln bei niedriger Temperatur[1]).

Lockyer selbst nimmt Dissociation an; er betrachtet das Spektrum als bestehend aus zwei über einander liegenden Spektren, von denen das eine aus den langen, das andere aus den kurzen Linien besteht, die von verschieden gebauten Molekeln desselben Elementes herrühren; je nachdem in Folge der Aenderung von Temperatur und Druck die eine oder andere Art des Molekels in der Ueberzahl vorhanden ist, werden die einen oder andern Linien lange sein. Wir werden auf diese Ansichten von der Dissociirbarkeit der Elemente später noch zurückkommen.

Was aber auch die Ursache sein mag, die Thatsachen stehen fest, dass die langen Linien leichter und innerhalb weiterer Grenzen von Druck und Temperatur auftreten und daher vielfach allein zur Auffindung eines Metalles dienen können.

Auch noch in anderer Weise zeichnen sich die langen Linien aus, wie wir in dem zweiten Theile, bei Besprechung der Absorptionserscheinungen sehen werden: sie sind leichter umkehrbar, als die kurzen, und dieser Umstand ist von grosser Bedeutung für die Erkenntniss der chemischen Zusammensetzung der Sonne geworden[2]).

§. 66. Harmonische Beziehungen zwischen den Linien eines Spektrums.

Wir haben nun noch eine theoretische Frage zu betrachten, die aber noch weit davon entfernt ist, zu einem gewissen Abschluss gelangt zu sein. Dieselbe betrifft das Verhältniss der Wellenlängen eines und desselben Elementes und Beziehungen zwischen den Spektren chemisch verwandter Elemente.

Das Leuchten eines Moleküls ist an Schwingungen desselben oder seiner Atome gebunden, die Schwingungszahlen sind uns gegeben durch die Wellenlängen der Spektrallinien. Da das Spektrum eines Elementes aus vielen hellen Linien besteht, (das Eisenspektrum z. B., welches an Linien am reichsten ist, aus etwa 1000 Linien), so folgt, dass das Molekel oder die Atome gleichzeitig verschiedene Schwingungen aus-

---

[1]) Schuster, Rep. of the Brit. Ass. 1880 p. 291—293.

[2]) Es existiren schon einige ältere Beobachtungen über verschiedene Länge der Linien, so von Stokes, Phil. Trans. **152** p. 603. 1862, Miller, ibid. p. 877, Robinson, ibid. p. 947, Thalen, Mémoire sur la déterm. des longueurs d'onde des rais métalliques p. 12, Nowa Act. Ups. (3) **6**, 1868. Die Hauptabhandlung von Lockyer befindet sich: Phil. Trans. **163** p. 253—275 u. p. 639—658 (1873); vieles findet sich in: Studien zur Spektralanalyse, deutsche Uebers. Lpz. 1879.

führen müssen. Wir kennen ähnliche Verhältnisse bei akustischen Vorgängen; es ist bekannt, dass, wenn wir eine gespannte Saite zum Tönen bringen, dieselbe nicht nur einen Ton giebt, sondern einen Klang, der aus dem Grundton und harmonischen Obertönen besteht, dass sie also ausser der Grundschwingung mit n Schwingungen gleichzeitig 2n, 3n, 4n u. s. w. Schwingungen in Unterabtheilungen ausführt. Es liegt nahe, zu untersuchen, ob nicht bei den Molekularschwingungen ähnliche Verhältnisse stattfinden, ob wir nicht für jedes Spektrum eine solche Schwingungszahl auffinden können, dass die Schwingungszahlen sämmtlicher vorhandenen Linien sich als Vielfache derselben darstellen. Dieser Versuch ist wohl zuerst von Stoney[1]) gemacht worden, der das im sichtbaren Theile so einfache Spektrum des Wasserstoffs untersuchte. Stoney nahm die drei Linien $H_\alpha = 656{,}39$, $H_\beta = 486{,}21$, $H_\delta = 410{,}24$ und fand, dass dieselben der 20ste, 27ste und 32ste Oberton einer Schwingung seien, deren Wellenlänge = 0,013 127 714 mm beträgt. Aber die vierte sichtbare Linie $H_\gamma = 434{,}1$ passt schon nicht mehr, und noch viel weniger die neuerdings von H. W. Vogel[2]) nachgewiesenen Linien im Ultraviolett.

Ebenso finden sich im sichtbaren Spektrum des Magnesium dreimal Gruppen von 3 Linien, welche merkwürdig ähnlich aussehen. Soret[3]) hat berechnet, dass sie sich als der 20ste, 27ste und 31ste Oberton darstellen lassen, im ultravioletten Theil wiederholt sich die Gruppe noch mehrere Male; ebenso finden sich im Kadmiumspektrum Linien, die als Oberton 20, 23, 27 und 31 eines Grundtones gelten können. Auch beim Strontium kommen nach Schuster viele harmonische Verhältnisse vor. Aehnliches gilt vom Wismuth, Calcium, Thallium, Cadmium, Gold. Nach Mascart hat Natrium 5 Doppellinien, welche der 132ste, 138ste, 143ste, 158ste und 163ste Oberton sind. Das Chromoxychlorid zeigt in seinem Absorptionsspektrum 108 Linien, von denen 31 nach Stoney und Reynolds[4]) Obertöne sind, deren Ordnungszahl aber zwischen 628 und 733 liegt.

Wie man sieht, sind wirklich eine ganze Anzahl solcher harmonischer Verhältnisse aufgefunden worden. Aber es ist doch zu bemerken, dass es immer nur wenige Linien des ganzen Spektrums sind, die sich der Regel fügen; ausserdem sind die Ordnungszahlen zum Theil so hoch, dass diese Uebereinstimmung gar nichts mehr besagen will; denn wenn man damit unbegrenzt hoch gehen kann, so werden sich alle

---

[1]) Stoney, Phil. Mag. (4) **41** p. 291—296 (1871).
[2]) Vogel, Berl. Monatsber. p. 192—198 (1880).
[3]) Soret, Phil. Mag. (4) **52** p. 464—465 (1871).
[4]) Stoney u. Reynolds, Phil. Mag. (4) **42** p. 41—52 (1871).

beliebigen Schwingungszahlen als harmonische Obertöne mit genügender Genauigkeit darstellen lassen.

Neuerdings hat dann Schuster[1]) mit Hülfe der Wahrscheinlichkeitsrechnung berechnet, wie viel harmonische Verhältnisse sich in einem linienreichen Spektrum finden müssen, wenn man eine gesetzlose Vertheilung der Linien annimmt. Es findet sich, dass diese Zahl mit der beobachteten im Allgemeinen übereinstimmt, so dass wir den Schluss ziehen müssen, dass ein Molekel nicht nach demselben Gesetze schwingt, wie eine Saite, so dass die einzelnen Schwingungen nicht im Verhältnisse ganzer Zahlen zu einander stehen. Wir müssen daher entweder annehmen, dass die Molekeln etwa wie eine an einzelnen Punkten belastete Saite oder wie eine Platte schwingen, deren mögliche Schwingungs-Formen ja auch nicht harmonisch sind, oder wir müssen die verschiedenen Linien den Schwingungen verschiedener Atome oder Atomgruppen zuweisen. Das letztere scheint am wahrscheinlichsten, und es würde auch die mitunter auffallenden harmonischen Verhältnisse einzelner Linien eines Spektrums erklären, indem man diese Linien demselben Atome, die anderen den übrigen Atomen zuschriebe. Dass aber derartige Beziehungen bestehen, ist nicht zu bezweifeln, da in einzelnen Spektren die regelmässige Wiederholung von Gruppen sehr auffallend ist, so namentlich bei Natrium und Magnesium. Liveing und Dewar haben in neuester Zeit auf eine andere häufig erscheinende Gesetzmässigkeit aufmerksam gemacht, dass nämlich die Liniengruppen abwechselnd scharf und unscharf sind.

§. 67. Beziehungen zwischen den Spektren verschiedener Elemente.

Etwas erfolgreicher, als diese Vergleichung der Linien desselben Spektrums, scheint die Vergleichung der verschiedenen Spektren auszufallen. Lecoq de Boisbaudran[2]) war der erste, der in dieser Richtung eine Gesetzmässigkeit nachweisen zu können glaubte, indem er angab, dass in den Spektren der Alkalien mit zunehmendem Atomgewicht die Linien immer mehr nach dem rothen Ende hinrücken. Das würde sich so erklären, dass die schwereren Atome langsamere Schwingungen vollführen und daher Licht von grösserer Wellenlänge aussenden müssen.

In neuerer Zeit ist dann diese Frage von Ciamician[3]) sehr ein-

[1]) Schuster, Proc. Roy. Soc. **31** p. 337—347 (1881).

[2]) Lecoq de Boisbaudran, C. R. **69** p. 445—451, 606—615 u. 657—664 (1869).

[3]) Ciamician, Wien. Ber. **76**, 2 p. 499—517 (1877); **79**, 2 p. 8—10 (1879); **82**, 2 (1880).

gehend studirt worden. Die Chemiker theilen bekanntlich die Elemente in verschiedene Gruppen, so dass die Elemente jeder Gruppe sich durch viele ähnliche Eigenschaften in Bezug auf Bildung von Verbindungen, Reaktionen u. s. w. auszeichnen. Es liegt die Vermuthung nahe, dass die Molekeln der Elemente jeder solchen Gruppe ähnlich gebaut seien, und man könnte dann erwarten, dass auch in ihren Spektren Aehnlichkeiten hervortreten. Dass das so ist, suchte Ciamician nachzuweisen, und er glaubt zu finden, dass man in allen den Spektren dieselben Liniengruppen wieder findet, nur nach der einen oder anderen Seite verschoben, wobei sie zum Theil in's Ultraroth oder Ultraviolett fallen können. Solche Spektren nennt Ciamician homologe Spektren. Das Lecoq'sche Gesetz erklärt er für falsch, es soll vielmehr die Wellenlänge zunehmen mit der Intensität der chemischen lebendigen Kraft (vergl. Mohr, Mechanische Theorie der chemischen Affinität 1867 p. 77). Ciamician findet anf diese Weise z. B., dass C und Mg verwandt sind,

Fig. 43.

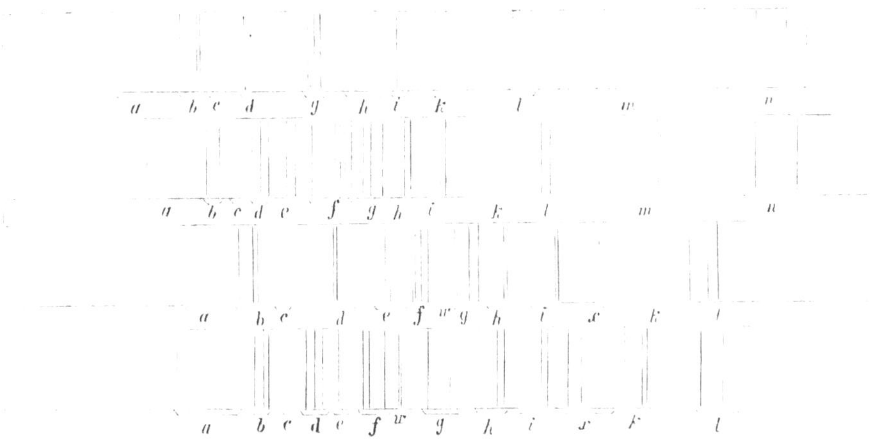

andererseits Mg mit Ca, Sr, Ba homologe Spektren giebt. Ebenso sind O, S, Se, Te homolog, und es mögen die Zeichnungen der Spektren dieser Elemente als Beispiel in Fig. 43 reproduzirt werden. Ebenso haben N, P, As, Sb, ferner Cl, Br, J, Fl, homologe Spektren. Diese Untersuchungen sind recht interessant, und geben zu vielfachen Spekulationen Veranlassung, führen aber auch sehr leicht zu subjektiver Auffassung, die dann Irrthümer veranlasst.

§. 68. Qualitative und quantitative Analyse.

Es sind damit die wesentlichsten Punkte erörtert, welche zur Kenntniss der Spektren und ihrer Beobachtungsweise nöthig sind. Einige besondere Erscheinungen, die bei einzelnen Elementen vorkommen, sollen bei der ausführlichen Besprechung der Spektren der Elemente im dritten Abschnitte des Buches angeführt werden. Diese eingehende Besprechung wollen wir aber erst vornehmen, wenn wir auch das Wesen der Absorption kennen gelernt haben, da sich die Emissionsspektren und die Absorptionsspektren vielfach ergänzen.

Zunächst haben wir noch einiges hinzuzufügen über die Ausführung der chemischen Analyse mittelst der Spektren.

Man unterscheidet zwei Arten der chemischen Analyse, die qualitative, welche nur entscheiden soll, welche Elemente in einem Gemisch oder einer Verbindung vertreten sind, und die quantitative, welche auch die Menge der vorhandenen Elemente angeben soll.

Ihrem ganzen Wesen nach soll die Spektralanalyse nur eine qualitative sein, und wie sie in dieser Richtung zu benutzen ist, haben wir schon mehrfach zu erörtern Gelegenheit gehabt: man hat die Substanzen in leuchtenden Dampf überzuführen, — je nach ihrer Beschaffenheit auf verschiedene Weise, — dann die im Spektrum vorhandenen Linien oder Banden festzustellen, und endlich aus Tafeln oder Tabellen die Zugehörigkeit der einzelnen Linien zu den verschiedenen Elementen zu bestimmen. In zweifelhaften Fällen verwendet man das Vergleichsprisma, um mit aller Sicherheit die Identität einzelner Linien zu kontrolliren. Es ist auch schon bemerkt worden, dass man sich vor Irrthümern in Acht zu nehmen hat, die durch eintretende Dissociation, und durch den allgemein verbreiteten Sauerstoff, endlich auch durch andere Verunreinigungen leicht herbeigeführt werden können. In jedem einzelnen Fall wird man besonders verfahren müssen, und lassen sich allgemeine Regeln nicht aufstellen. In chemischen Laboratorien wird der Spektralapparat gewöhnlich nur zur Aushülfe benutzt werden, um die Anwesenheit sehr kleiner Spuren solcher Elemente nachzuweisen, die besonders charakteristische Spektren geben, namentlich also für die Alkalien und alkalischen Erden, während für die Metalle die chemische Methode meist einfacher sein wird. Immerhin wird aber auch hier für geübte Beobachter das Spektroskop oft gute Dienste leisten.

Auf dem Gebiet der quantitativen Analyse sind nur Versuche zur Verwendung des Spektrums zu verzeichnen, und zwar Versuche die von zwei verschiedenen Gesichtspunkten ausgegangen sind.

Wenn man nur wenig von einem Salze in eine Flamme bringt, so wird dieselbe nur schwach gefärbt; je mehr Salz vorhanden, desto intensiver wird die Flamme und die entsprechenden Spektrallinien leuchten. Es liegt nahe, durch Intensitätsmessungen einen Schluss auf die Menge des Metalls ziehen zu wollen, und es sind in der That derartige Versuche gemacht worden. Aber sie scheitern an dem Umstande, dass die Verbindungen sehr verschieden flüchtig sind; haben wir z. B. zwei verschiedene Verbindungen desselben Metalls in solchen Mengen, dass gleichviel von dem Metall darin vorhanden, so kann die eine Menge die Flamme eine Minute lang sehr intensiv färben, die andere dagegen 10 Minuten lang, aber nur schwach. Die Intensität der Färbung allein giebt also noch keinen Aufschluss, wir müssen auch die Dauer berücksichtigen. Es eignet sich daher die Emission des Lichtes in dieser Benutzung nur wenig zu quantitativen Bestimmungen; dagegen ist die Absorption mit Erfolg gebraucht worden, und die Methode ist namentlich von Vierordt ausgebildet; wir werden darauf später zurückkommen.

Einen ganz anderen, wie es scheint erfolgreichen, wenn auch sehr mühsamen Weg hat Lockyer[1]) eingeschlagen, auf welchen ihn seine Methode der kurzen und langen Linien führte. Lockyer hatte gefunden, dass wenn man ein Gemisch zweier Metalle hat, in welchem das eine Metall nur in sehr geringer Menge vorhanden ist, nur die längsten Linien dieses Metalls im Spektrum sichtbar sind; je grösser aber die Menge des Metalls wird, um so kürzere Linien treten hinzu. Man kann nun Legirungen zweier Metalle herstellen, in welchen von dem ersten Metall z. B. 0,01; 0,1; 1; 10, u. s. w. Prozent enthalten sind, und feststellen, wie viele Linien desselben im Spektrum vorhanden sind. Danach lässt sich eine Kurve konstruiren, welche den Zusammenhang zwischen der Zahl der Linien und dem Prozentgehalt des Metalles ergiebt; hat man dann irgend eine unbekannte Mischung zu untersuchen, so braucht man nur die Anzahl der gesehenen Linien zu zählen, um aus der Kurve den Prozentgehalt zu ersehen.

Ausser der Zahl der Linien ändert sich auch ihre Länge und Helligkeit mit dem Prozentgehalt, und namentlich durch Berücksichtigung dieser Umstände gelang es Lockyer in Verbindung mit Roberts recht gute Resultate zu erzielen. Es wurden nun besonders Legirungen von Zink und Kadmium, Gold und Kupfer, Silber und Kupfer untersucht[2]). Es gelang so den Goldgehalt bis auf $^1/_{10\,000}$ zu bestimmen, also in wenigen Minuten eine genauere Bestimmung auszuführen, als dies mittelst der gewöhnlichen Analyse in einigen Stunden möglich ist. Indessen ist zu bemerken, dass die Methode ihre ungeheuren Schwierigkeiten hat; namentlich müssen alle Untersuchungen bei genau denselben

[1]) Proc. Roy. Soc. **21** p. 261, (1873); Phil. Trans. **164** p. 479—499 (1874).

[2]) Näheres siehe Lockyer, Studien . . . Cap. VIII.

Verhältnissen gemacht werden, bei welchen die Kurve gezeichnet wurde; denn die geringste Aenderung in Temperatur und Druck kann die Spektren vollständig ändern.

Wenn also auch einige interessante Anläufe zur Gewinnung einer quantitativen Spektralanalyse schon gemacht sind, so muss man doch sagen, dass vorläufig noch sehr wenig Aussicht zu ihrer erfolgreichen Anwendung vorhanden ist, und es wird wohl noch für lange Zeit auf dem Gebiete der quantitativen Analyse die Chemie Alleinherrscherin bleiben. —

§. 69. Blitz und Nordlicht.

Es seien nun zum Schluss noch einige Emissionsspektra erwähnt, welche uns die Natur darbietet. Unsere Hauptlichtquelle, die Sonne, zeigt ein Absorptionsspektrum, ebenso die meisten Fixsterne; ein Theil der letzteren dagegen, ebenso die Kometen und Nebelflecke haben Emissionsspektra; sie sollen indess nicht hier, sondern im Anschluss an das Sonnenspektrum besprochen werden. Zwei Lichtphänomene, die in unserer Atmosphäre auftreten, mögen dagegen hier ihren Platz finden, nämlich Blitz und Nordlicht.

Das Spektrum des Blitzes ist zuerst wohl von Kundt[1]) beobachtet worden. Kundt unterscheidet zwei Arten von Blitzen, den Funkenblitz und den Flächenblitz, welche im Wesentlichen der Funkenentladung und der Büschelentladung einer Elektrisirmaschine entsprechen. Demgemäss erhalten wir bei Funkenblitzen mit höherer Temperatur das Linienspektrum der Luft, bei Flächenblitzen das Bandenspektrum. Häufig treten beide Spektren gleichzeitig auf, indem die Entladung an verschiedenen Stellen eine verschiedene ist. Nach Kundt ist das Blitzspektrum noch häufig untersucht worden; es seien nur Herrschel[2]), H. C. Vogel[3]) und Schuster[4]) erwähnt. Diese Beobachter fanden ausser dem Linien- und Bandenspektrum unter Umständen auch ein kontinuirliches Spcktrum. — Die bisher in Wellenlängen bestimmten Linien und Banden des Blitzes sind folgende:

Schuster	Vogel	Element
568,1	—	N
559,2	—	O
533,4	534,1	O
526,0	—	O

[1]) A. Kundt, Pogg. Ann. **135** p. 315—326 (1868).
[2]) J. Herrschel, Proc. Roy. Soc. **17** p. 61 (1869).
[3]) H. C. Vogel, Pogg. Ann. **143** p. 653—654 (1871).
[4]) Schuster, Phil. Mag. (5) **7** p. 316—321 (1879).

Schuster	Vogel	Element
518,2	518,4	N (CO?)
500,2	500,2	N
	486,0	H
	467,3 bis 458,3	N

Das Spektrum setzt sich also im Ganzen zusammen aus dem Sauerstoffspektrum des negativen Pols und dem Linienspektrum des Stickstoffs.

Während sich die Erklärung des Blitzes und seiner Spektren also sehr einfach gestaltet, ist dies für das Nordlicht nicht der Fall. Bei schwachen Nordlichtern besteht das Spektrum nur aus einer einzigen gelbgrünen Linie, deren Wellenlänge $\lambda = 556,7$ ist. Bei helleren Nordlichtern dagegen erscheinen ausserdem noch eine Menge anderer Linien, deren Wellenlängen sind[1]):

629,7; 522,7; 518,9; 500,4; 469,4—462,9; 435,0; 428,2; 411,2.

Angström nimmt an, dass diese Linien Luftlinien bei schwacher elektrischer Entladung sind, während die gelbgrüne Linie dadurch entstehen soll, dass in Folge der Entladungen der Sauerstoff oder eine Verbindung desselben, z. B. Stickstoffoxydul phosphoreszirend wird. Hasselberg[2]) hat nachgewiesen, dass man durch sehr schwache Entladungen, bei welchen die Temperatur des Gases nur wenig gesteigert wird, ein Luftspektrum erhalten kann, welches im Wesentlichen nur aus den drei Hauptlinien des Nordlichts:

522,7; 470,7; 428,2

besteht. — Die Erklärung der meisten Linien als Luftlinien dürfte daher sicher erscheinen, während der Ursprung der gelbgrünen Linie noch nicht aufgeklärt ist.

---

1) Vergl. Rand Capron, Phil. Mag. (4) **49** p. 249—266 (1875); Angström, Pogg. Ann. Jubelb. p. 424—430 (1874); Vogel, Pogg. Ann. **146** p. 569—585 (1872); Rand Capron, Aurorae, their Characters and Spectra, London, E. u. F. Spon (1879).

2) Hasselberg, Mém. de l'acad. de St. Pétersb. (7) **27** No. 1 (1879).

Zweiter Abschnitt.

Die Absorption des Lichtes.

Capitel X.

Absorption durch feste und flüssige Körper.

§. 70. Allgemeine Absorption.

Wir haben bisher zur Erkennung der inneren Konstitution der Körper, d. h. zur Erkennung ihrer chemischen Natur, nur die Eigenschaft benutzt, dass sie bei hoher Temperatur in Dampfform Licht ausstrahlen, welches aus einzelnen Farben besteht, deren Schwingungszahlen den Schwingungen der Atome oder Atomgruppen entspricht. Aber es giebt noch eine zweite Eigenschaft, welche uns ähnliche Schlüsse zu ziehen erlaubt: das ist das Verhalten der Körper zu fremdem, auf sie fallendem Lichte.

Im gewöhnlichen Sprachgebrauch unterscheidet man die Körper als durchsichtige und als undurchsichtige; in dieser Bezeichnung spricht sich die Kenntniss der wichtigen Thatsache aus, dass einige Körper fremdes Licht fast ungeschwächt hindurchgehen lassen, durch andere dagegen das Licht nur unter grossem Verlust oder gar nicht hindurchdringen kann, sondern in ihnen zurückgehalten, absorbirt wird.

Zwischen den beiden Grenzen der vollständigen Durchsichtigkeit und Undurchsichtigkeit sind alle möglichen Zwischenstufen denkbar und auch vorhanden. Wenn nun eine Schicht irgend einer Substanz von auffallendem homogenen Lichte eine gewisse Menge absorbirt, und das austretende Licht auf eine zweite gleiche Platte fällt, so wird diese abermals etwas von dem Lichte absorbiren; dasselbe wird der Fall sein, wenn die zweite Platte die erste unmittelbar berührt, oder mit ihr verschmilzt, d. h. die Menge des absorbirten Lichtes wird von der Dicke der durchstrahlten Schicht abhängen. Ferner hängt die Menge des absorbirten Lichtes von der Intensität des auffallenden Lichtes ab.

§. 71. Absorptionsgesetz.

Es gelten für diese Absorption des Lichtes folgende zwei Gesetze, welche namentlich von Bunsen und Roscoe[1]) experimentell bewiesen wurden

1. Die Menge des absorbirten Lichtes ist proportional der Menge des auffallenden Lichtes; bezeichnen wir also letztere mit J, erstere mit J', so ist
$$\frac{J'}{J} = \text{Const.}$$
2. Gleich dicke Schichten eines Körpers absorbiren einen gleichen Bruchtheil des auf sie fallenden Lichtes.

Wir wollen annehmen, wir hätten einen Körper von der Dicke n cm, und es falle eine Menge L homogenen Lichtes auf; wir denken uns den Körper in n Schichten von 1 cm Dicke getheilt, und wollen annehmen, eine solche Schicht absorbire einen Bruchtheil y des auffallenden Lichtes. Dann tritt aus der ersten Schicht die Lichtmenge
$$L - yL = (1-y)\ L = xL$$
aus und fällt auf die zweite Schicht; diese absorbirt wieder den Bruchtheil y des auffallenden Lichtes, während (1—y) desselben, d. h.
$$(1-y)\ xL = x^2L$$
austritt.

Diese Lichtmenge fällt auf die dritte u. s. w. Schicht, bis endlich aus der nten Schicht die Lichtmenge
$$x^n\ L$$
austritt, während die Menge
$$(1 - x^n)\ L$$
absorbirt ist. Ein Körper, für welchen $x = 1$, also $y = 0$ wäre, würde für die betreffende Farbe vollkommen durchsichtig sein; wäre umgekehrt $x = 0$, also $y = 1$, so wäre der Körper vollkommen undurchsichtig. In Wahrheit giebt es solche Körper nicht, sondern sie liegen alle zwischen diesen Grenzen.

Die gewöhnliche Erfahrung lehrt uns weiter, dass wenn weisses Licht auf die Körper fällt, es sehr häufig nicht nur geschwächt, sondern auch gefärbt aus ihnen austritt. Als ein Beispiel mögen die gefärbten Gläser erwähnt sein. Fällt weisses Licht z. B. durch ein blaues Glas, so ist das durchgegangene Licht blau und die prismatische Untersuchung desselben zeigt, dass die rothen und gelben Strahlen ganz fehlen, die grünen und violetten stark geschwächt sind. Das Glas absorbirt also verschiedenfarbige Strahlen in verschiedenem Maasse,

---

[1]) Bunsen u. Roscoe, Pogg. Ann. **101** p. 235—263 (1857).

die Grösse y, und daher auch x, ist von der Farbe oder Wellenlänge abhängig. — Was für die stark gefärbten durchsichtigen Körper besonders auffallend hervortritt, gilt aber von allen Körpern mehr oder weniger: für alle ist y eine Funktion der Wellenlänge.

Fällt daher auf einen Körper von der Dicke n Licht, welches von den verschiedenen Farben die Mengen L_1, L_2, ... L_m enthält, auf, und versehen wir die entsprechenden Grössen x auch mit den Indices 1,2 ... m, so wird das austretende Licht dargestellt durch die Summe

$$x_1^n L_1 + x_2^n L_2 + \ldots + x_m^n L_m.$$

Wären die x alle gleich, so würde dies werden

$$x^n \Sigma L.$$

Dann würde das austretende Licht nur allgemein geschwächt, aber seine Farbe nicht geändert sein im Vergleich zum auffallenden Licht; diesem Falle nähern sich, wenn x nahe gleich 1 ist, unsere farblosen durchsichtigen Körper, z. B. weisses Glas oder destillirtes Wasser. Aber, wie schon gesagt, giebt es keinen Körper, für den sämmtliche x genau gleich wären; je grösser die Dicke der Schicht, je grösser n ist, desto grösser wird der Unterschied zwischen den x^n, und so erklärt es sich, dass z. B. auch destillirtes Wasser in genügend dicken Schichten einige Farben, nämlich Roth und Gelb, so viel stärker absorbirt, als die andern, dass das durchgegangene Licht blau erscheint.

Sind dagegen die x an Grösse sehr verschieden, so färben schon dünne Schichten das Licht merklich, und wir haben dann den Fall der gefärbten Flüssigkeiten und Gläser.

Wären die x alle gleich und gleich 0, so hätten wir einen Körper, der alles Licht absorbirt; diesem Falle nähern sich die Verhältnisse der Metalle, aber er wird auch von ihnen nicht erreicht. Das erkennt man, indem man die Schicht ausserordentlich dünn macht, denn dann erreicht x^n einen merklichen Werth; ist z. B. $x = 1/_{1\,000\,000}$, d. h. geht durch eine Schicht von der Einheit der Dicke nur der millionste Theil des Lichtes durch, so wird für $n = 1/_6$ schon $x^n = 1/_{10}$, d. h. es geht der zehnte Theil des auffallenden Lichtes durch. So zeigen sich in genügend dünnen Schichten die Metalle durchsichtig, und es treten dann auch die Unterschiede in der Grösse von x hervor, indem das durchgegangene Licht farbig ist; Gold z. B. lässt grünes Licht durch, Silber blaues.

§. 72. Durchsichtigkeit und Undurchsichtigkeit.

So zeigt die nähere Untersuchung, dass die Unterschiede zwischen den durchsichtigen und undurchsichtigen Körpern nur quantitativer Art sind; noch mehr aber werden die gewöhnlichen Anschauungen geändert, wenn wir das ganze Gebiet der Strahlen, also auch das ultrarothe und ultraviolette Licht berücksichtigen. Hier zeigt es sich oft genug, dass durchsichtige Körper undurchsichtig erscheinen und umgekehrt. Ein paar recht auffällige Beispiele seien angeführt: Ebonit oder Hartgummi ist ein schwarzer Körper, welcher für die sichtbaren Strahlen auch in dünnen Schichten in hohem Grade undurchsichtig ist; für das ultrarothe Licht dagegen erweist er sich so durchsichtig, dass Abney[1]) durch eine Ebonitplatte hindurch das ultrarothe Sonnenspektrum photographiren konnte. Alaunlösung scheint umgekehrt sehr durchsichtig, lässt aber die ultrarothen Strahlen gar nicht durch. Ebenso finden wir, dass unsere reinsten Glassorten für Licht von sehr kurzer Wellenlänge, für das äusserste Ultraviolett, vollkommen undurchsichtig sind.

§. 73. Anwendung auf Spektralapparate.

Diese Thatsache ist für die Konstruktion von Apparaten von grosser Wichtigkeit geworden; da Glas das ultraviolette Licht absorbirt, so musste man sich nach einem andern Material für die Prismen und Linsen umsehen, welches diesen Fehler nicht hat.

Solch ein Material wurde zuerst von Stokes[2]) im Quarz aufgefunden. Auch der Doppelspath schwächt das ultraviolette Licht sehr wenig. Für alle Untersuchungen kurzer Wellenlängen stellt man daher die Prismen aus diesen Materialien her, welche nur den Uebelstand haben, dass sie doppeltbrechend sind; man hilft sich so, dass man die Richtung der optischen Axe parallel den unter dem Minimum der Ablenkung durchgehenden Strahlen legt, wobei diese Strahlen dann keine Doppelbrechung erleiden; diese Stellung hat auch den Vortheil der grössten Lichtstärke; oder man giebt der Axe die zur vorigen grade senkrechte Stellung, — dann sind die beiden Bilder am weitesten getrennt, so dass sie sich weniger stören. — Schwieriger ist die Herstellung der Linsen des Fernrohres und Kollimators, welche achromatisch sein müssen. Man hat sie aus Quarz und Doppelspath geschliffen; eine noch bessere Konstruktion ist Cornu[3]) gelungen, indem er Quarz und Schweizer Flussspath benutzte.

Bei Untersuchungen des Sonnenlichtes darf auch der dasselbe reflektirende Spiegel des Heliostaten nicht aus Glas sein; man verwendet Spiegel aus Metall, am besten aus Silber; noch vorzüglicher bewährt sich ein grosses total reflektirendes Prisma aus Quarz.

---

[1]) Abney, Chem. News. **43** p. 176—177 (1881).
[2]) Stokes, Phil. Trans. **152** p. 599—619 (1862).
[3]) Cornu, D'Almeida J. **10** p. 425—431 (1881).

In dieser Absorption des Lichtes liegt ein Hauptnachtheil der Prismen gegenüber den Gittern, wenn dieselben als reflektirende Gitter benutzt werden. Namentlich bei der Einrichtung von Abney (vgl. p. 74) ist der Durchgang des Lichtes durch jedes Mittel vermieden, und es bleibt nur die Absorption in den Luftstrecken, welche zwar vorhanden, aber doch ausserordentlich klein ist.

§. 74. Das Spektrophon.

Zur Untersuchung der Absorptionsverhältnisse ist von Bell[1]) ein besonderer Apparat konstruirt worden, das Spektrophon, welches aus einem Spektroskop und einem Radiophon zusammengesetzt ist. Unter einem Radiophon versteht man bekanntlich eine kleine Kapsel, welche an ihrer vorderen Seite am besten durch eine Glimmerplatte verschlossen ist. So oft ein Lichtstrahl auf die Platte fallt, erwärmt sich die Luft der Kapsel und dehnt sich aus, um sich bei der folgenden Abkühlung wieder zusammenzuziehen. Finden die Belichtungen periodisch statt, etwa dadurch, dass ein Sonnenstrahl durch Löcher einer rasch rotirenden Scheibe auf die Kapsel fällt, so entsteht in dieser ein Ton, welcher vom Ohre vernommen wird, wenn es durch einen Schlauch mit der Kapsel verbunden ist. — Eine solche Kapsel bringt Bell an die Stelle des Okulars eines gewöhnlichen Spektrometers, und lässt auf den Spalt intermittirendes Licht fallen. Bringt man das Radiophon etwa in das rothe Licht, so hört man einen Ton; hält man aber vor den Spalt eine Schicht Alaunlösung, so verschwindet der Ton, da nun rothes Licht nicht mehr vorhanden ist; dreht man das Fernrohr so, dass blaues Licht auf die Kapsel fällt, so ist der Ton wieder hörbar, da die Lösung blau durchlässt. In dieser Weise kann man die Durchsichtigkeit der Substanzen für verschiedene Farben durch das Gehör erkennen. Der Vortheil des Spektrophons ist der, dass man nicht auf das sichtbare Spektrum beschränkt ist, sondern namentlich im Ultraroth, wo die Wärmewirkung eine erhebliche ist, Untersuchungen ausführen kann.

§. 75. Beobachtung der Absorptionsspektra.

Im Uebrigen sind natürlich die gewöhnlichen spektralanalytischen Apparate zur Untersuchung der Absorption verwendbar: man lässt von irgend einer möglichst hellen Lichtquelle Licht durch den Apparat gehen, welches auf seinem Wege irgend wo durch eine Schicht der zu unter-

[1]) Bell, Ann. de Chim. (5) **23** p. 428—432 (1881).

suchenden Substanz geht; es kann dies schon vor dem Eintritt in den Spalt geschehen, — und dies ist die gewöhnlichste Anordnung, — oder innerhalb des Kollimators, oder zwischen Kollimator und Prisma u. s. w. Feste Körper werden in Platten, Flüssigkeiten in Trögen aus planparallelen Glas- oder Quarzplatten verwandt.

§. 76. Darstellung der Absorptionsspektren.

Was die Darstellung der Absorptionsspektra der festen und flüssigen Körper betrifft, so ist dieselbe ebenso schwierig, wie die der Bandenspektra der Emission; das allmälige Ab- und Zunehmen des Lichtes lässt sich kaum getreu in der Zeichnung wiedergeben, und man hat daher einfachere Darstellungen gewählt. Am zweckmässigsten ist

Fig. 44.

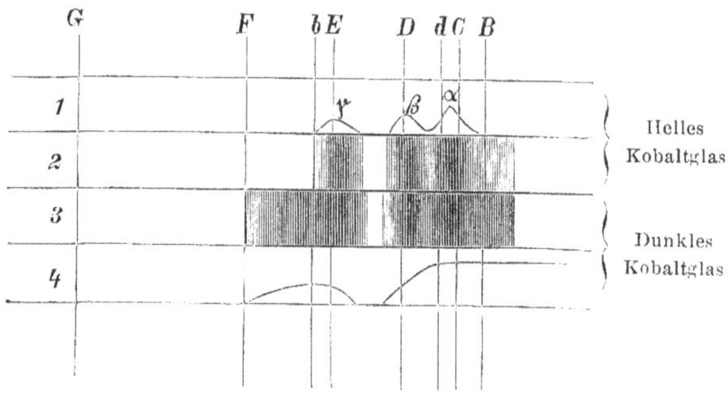

es, eine Kurve zu geben, deren Abscissenaxe die Wellenlängen anzeigt, während die Ordinaten die Grösse der Absorption an der betreffenden Stelle andeuten; es wird dies durch die beistehende Figur 44, welche die Absorptionsspektra von Kobaltglas darstellt, klarer werden. Häufig ändert sich das Spektrum mit der Dicke der Schicht oder der

Fig. 45.

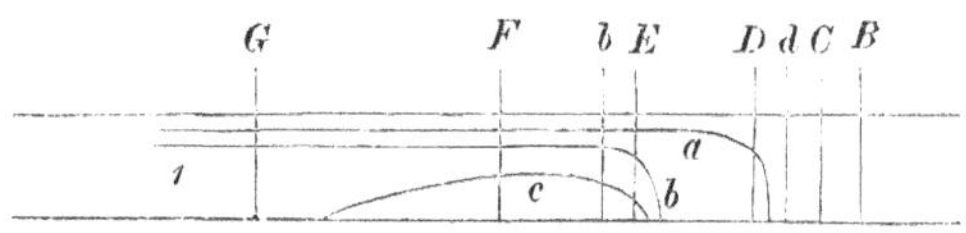

Konzentration einer Lösung; es ist dann zweckmässig diese Veränderung in der Zeichnung anzugeben; man kann dazu entweder mehrere Kurven über einander zeichnen, welche die abnehmende Absorption mit zunehmender Verdünnung zeigen, wie es die Fig. 45 für Sandelholzextrakt thut, oder besser benutzt man eine Darstellung, welche von J. Müller eingeführt und namentlich von Hartley und Huntington benutzt worden ist. Fig. 46 giebt nach dieser Darstellung das Absorptionsspektrum von Cymene im Ultravioletten. Zur Bestimmung der Wellenlängen finden wir oben das Kadmiumspektrum mit den von Mascart nummerirten Linien. Die nach unten gehenden Ordinaten geben die Verdünnung an, und zwar bedeutet z. B. 1000, dass 1 Theil des absorbirenden Mittels gelöst ist in 1000 Theilen des Lösungsmittels.

Fig. 46.

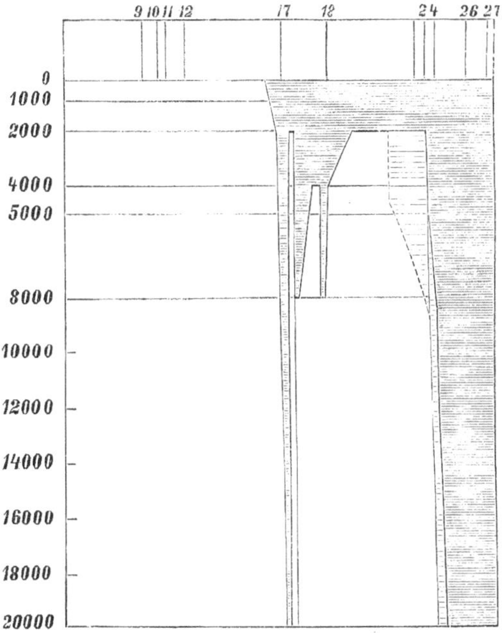

Die der Ordinate 1000 entsprechende Horizontallinie zeigt das Absorptionsspektrum bei dieser Verdünnung und einer Schicht von der Einheit der Dicke. So giebt eine Zeichnung die Absorptionserscheinungen bei allen Konzentrationsgraden, und gerade diese Zeichnungen sind sehr charakteristisch für verschiedene Substanzen, deren Absorption bei einer bestimmten Konzentration ähnlich sein kann, sich mit der Konzentration aber sehr verschieden ändert.

Aehnliche Figuren kann man unmittelbar im Spektroskop sehen durch einen kleinen Kunstgriff: bringt man die absorbirende Flüssigkeit nicht in ein Gefäss mit parallelen Wänden, sondern in ein prismatisches Gefäss, dessen Axe horizontal, wenn der Spalt vertikal steht, so hat das Licht, welches auf verschiedene Stellen des Spaltes trifft, verschieden dicke Schichten zu durchdringen und man erhält daher ähnliche Figuren, wie die obige. Ein so entstandenes Absorptionsspektrum von übermangansaurem Kali zeigt Fig. 47.

§. 77. Verschiedene Arten der Absorption.

Die Absorption des Lichtes durch die festen und flüssigen Körper kann von sehr verschiedener Art sein; man kann vier sich mehr unterscheidende Gruppen trennen, ohne dass indess eine Grenze zwischen ihnen existirte. Es giebt

1. Einseitige Absorption, d. h. das eine Ende des Spektrums wird vollständig absorbirt, und die Absorption nimmt von diesem Ende

Fig. 47.

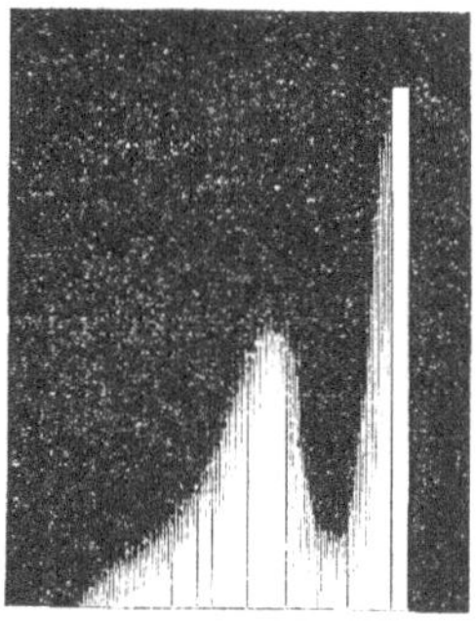

an allmälig bis fast zu 0 ab. Die einseitige Absorption ist sehr häufig bei den farblosen Körpern, und meist wird das blaue Ende absorbirt, seltener das rothe. Die Absorption kann sich dabei sowohl auf das Ultraroth wie auf das Ultraviolett beschränken — letzteres ist z. B. beim Glas der Fall, ersteres beim Alaun — dann erscheinen die Substanzen uns farblos durchsichtig.

Je konzentrirter die Lösung, oder je dicker die absorbirende Schicht ist, desto mehr erstreckt sich die Absorption nach dem nicht absorbirten Ende.

2. Zweiseitige Absorption tritt auf, wenn das Maximum der Absorption nicht auf ein Ende des Spektrums beschränkt ist, sondern beide Enden absorbirt werden. Hierher gehören die gefärbten Medien, welche nur einfarbiges Licht durchlassen, also auch z. B. die Metalle.

3. Schatten nennt man Absorptionsbanden, welche innerhalb des Spektrums sehr allmälig dunkler werden, um dann wieder abzunehmen; dieselben treten sehr häufig auf, namentlich in Verbindung mit ein- oder zweiseitiger Absorption.

4. Absorptionsstreifen erscheinen, wenn die Absorption sehr rasch ansteigt und wieder rasch abnimmt, wodurch schmale, dunkle, gut begrenzte Streifen im Spektrum entstehen.

Diese vierte Art der Absorption nähert sich der Absorption durch Gase und Dämpfe, wie wir sehen werden, und ist daher besonders auffallend; für Körper, welche sie zeigen, ist sie daher auch stets als ein charakteristisches Kennzeichen betrachtet und vielfach untersucht worden.

Eine vollständige Aufzählung dieser Körper und Beschreibung ihrer Absorptionsspektren kann nicht der Zweck dieses Buches sein; nur für die praktischen Zwecke der Analyse und der Technik ist dies Gebiet von grosser Wichtigkeit. Eine sehr ausführliche Behandlung des Gegenstandes findet man in dem trefflichen Werke von H. W. Vogel: Praktische Spektralanalyse irdischer Stoffe, Nördlingen bei Beck, 1877.

Hier sollen nur einige besonders interessante und auffallende Beispiele für derartige Absorptionen angeführt werden.

§. 78. Didym- und Erbium-Gruppe.

Einer der merkwürdigsten Körper für die Absorption ist das Didym. Alle Salze desselben, sowohl im festen wie im gelösten Zustande zeigen dasselbe sehr charakteristische Absorptionsspektrum, welches Fig. 48 nach der Zeichnung von Lecoq de Boisbaudran[1]) in konzentrirten und

Fig. 48.

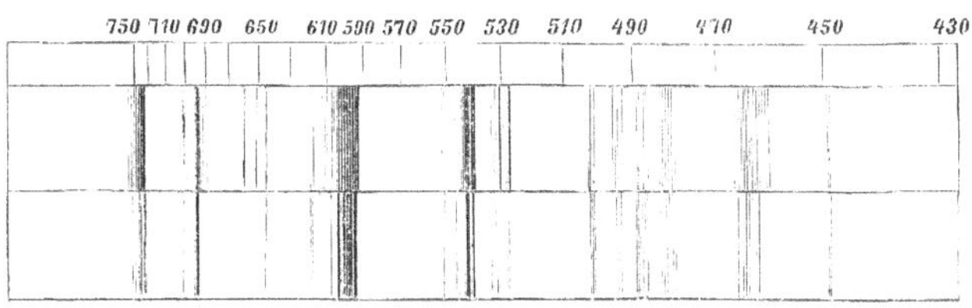

verdünnten Lösungen zeigt. Das Spektrum gehört offenbar dem Didymoxyd an. Das Didymoxyd ist auch in Bezug auf die Emission ein merkwürdiger Körper, indem es in festem Zustande glühend ein diskontinuirliches Spektrum zeigt, welches die Umkehrung dieses Absorptionsspektrums ist (vgl. Abschn. III Di). Das Emissionsspektrum des Didymdampfes ist ein ganz anderes, nämlich ein Linienspektrum. Man hat auch Gläser mit einem Zusatz von Didymoxyd hergestellt; dieselben zeigen dasselbe Absorptionsspektrum.

---

[1]) Lecoq de Boisbaudran, Spectres lumineux, Taf. XIII.

Das Didym gehört zu einer Gruppe von noch wenig bekannten Elementen, zu welcher auch Erbium, Terbium, Yttrium, Ytterbium, Phillipium, Scandium, Thulium u. s. w. gehören. Die meisten dieser Elemente zeigen auch besondere Absorptionsstreifen, durch deren Auftreten sie überhaupt entdeckt wurden; Näheres ist im dritten Abschnitte

Fig. 49.

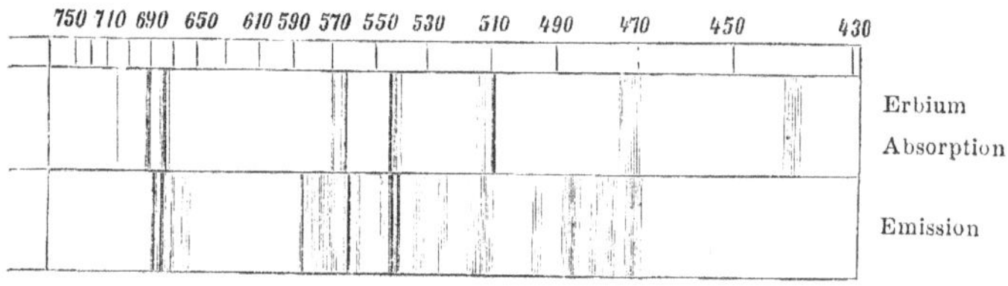

bei den einzelnen Elementen angegeben. Auch das Erbiumoxyd, die Erbinerde, zeigt ein sehr auffallendes Absorptionsspektrum, welches sie im festen Zustande glühend emittirt; Fig. 49 giebt das Emissions- und

Fig. 50.

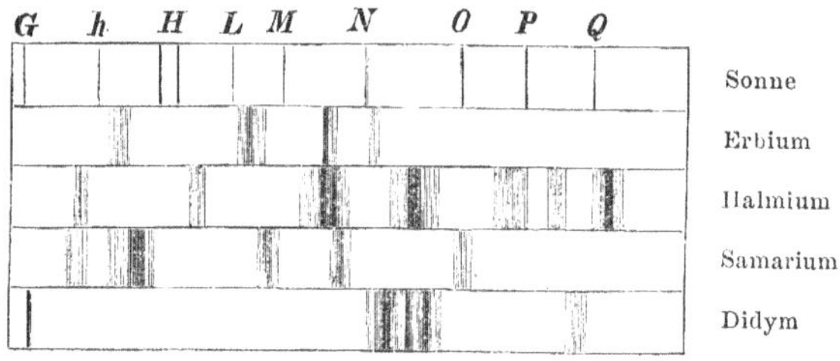

das Absorptionsspektrum des Erbin ebenfalls nach Lecoq de Boisbaudran's Atlas.

Namentlich zeichnen sich diese Elemente durch ihre verschiedenen Absorptionsstreifen im Ultravioletten aus; Fig. 50 giebt diesen Theil ihrer Spektra nach den neuesten Untersuchungen von Soret.

§. 79. Mangan.

Auffallende Absorptionen haben ferner die meisten Salze von Cobalt[1]) und von Chrom, auf die wir indess nicht näher eingehen wollen. Dagegen wollen wir beim Mangan etwas verweilen, da es uns ein Beispiel für die analytische Verwendung der Absorption bieten kann. Die Uebermangansäure bildet stark gefärbte Salze, welche ein ausge-

---

[1]) Siehe Russel, Proc. Roy. Soc. **32** p. 32 p. 258—272 (1881).

zeichnetes Absorptionsspektrum liefern; dasjenige des übermangansauren Kalis haben wir schon in Fig. 47 p. 126 abgebildet. Dies Spektrum kann man zur Auffindung sehr kleiner Mengen von Mangan verwenden; ist nämlich kein Chlor gegenwärtig, so braucht man die Substanz nur mit etwas Salpetersäure zu kochen und dann etwas Bleioxyd hinzu zu fügen. Dadurch wird vorhandenes Mangan in Mangansäure übergeführt, die sich durch das Absorptionsspektrum erkennen lässt.

§. 80. Farbstoffe.

Sehr schöne Absorptionsspektren zeigen ferner die meisten Farbstoffe, die sich vielfach nur durch diese Eigenschaft leicht unterscheiden lassen; daher ist das Spektroskop in dieser Beziehung für die Technik und das praktische Leben von grösster Wichtigkeit. — Es sei hier zunächst das Chlorophyll erwähnt, der grüne Farbstoff der Pflanzen, welcher sich durch Alkohol oder Aether aus frischen und ge-

Fig. 51.

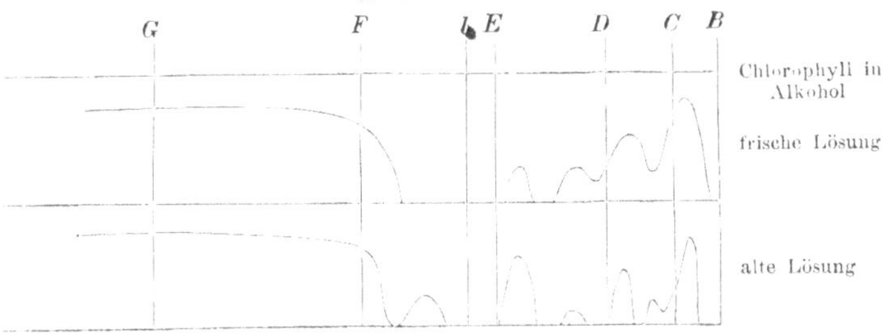

trockneten Pflanzen leicht ausziehen lässt. Das Absorptionsspektrum desselben, wenn er in Alkohol gelöst ist, zeigt Fig. 51. Im Lichte bei Gegenwart von Sauerstoff entfärbt sich die Lösung und das Spektrum verändert sich.

Unter den rothen Farbstoffen wollen wir zuerst das Purpurin nennen, da H. W Vogel[1]) gefunden hat, dass es sehr zweckmässig als Reagens für Thonerde und Magnesia zu verwenden ist. Purpurin in alkoholischer Lösung giebt ein Absorptionsspektrum, welches Fig. 52,1 für konzentrirte und verdünnte Lösung zeigt. In verdünnter wässriger Lösung tritt eine andere Absorptionskurve auf (Fig. 52,2), falls die Lösung alkalisch ist; bei Zusatz von Kalk oder Salmiak dagegen erscheint die Absorptionskurve 3. Fügt man zu einer solchen Lösung eine Spur von thonerdehaltigem Salz, z. B. Alaun, so färbt sich die gelbe Flüssigkeit roth, und das durch Fig. 52,4 gegebene Absorptionsspektrum wird

[1]) H. W. Vogel, Ber. d. deutsch. chem. Ges. 1876 p. 1641.

sichtbar. Am besten kann man diese Reaktion nach Vogel folgendermaassen beobachten: In ein Reagensglas mit etwa 2 cc Wasser giesst man 3 Tropfen alkoholischer gesättigter Purpurinlösung, 5 Tropfen Salmiaklösung (1:10) und 1 Tropfen vierfach verdünnten Ammoniak. Jetzt zeigt die Flüssigkeit das Absorptionsspektrum 3; bei Zusatz von 1 Tropfen Alaunlösung aber verwandelt es sich in das Spektrum 4. —

Fig. 52.

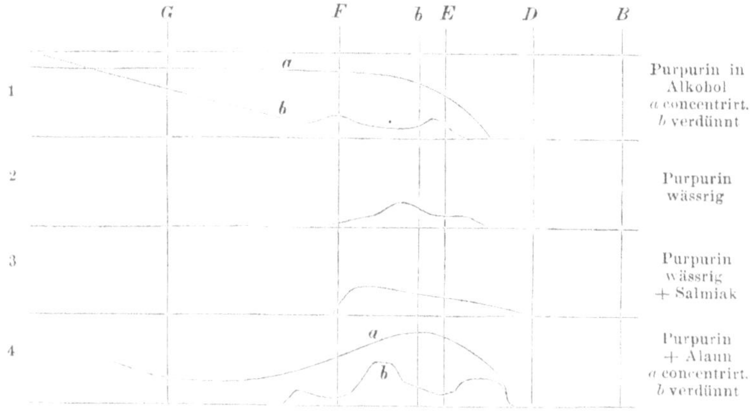

Ganz dieselben Erscheinungen treten auf, wenn man nicht Thonerde, sondern Magnesia zusetzt; aber beide Elemente sind dadurch leicht zu unterscheiden, dass bei nachträglicher Hinzufügung eines Tropfens Essigsäure das Absorptionsspektrum 4 bestehen bleibt, falls man es mit Thonerde zu thun hat, aber verschwindet, wenn Magnesia vorhanden ist.

Diese Reaktionen sind so empfindlich, dass 1 mg Alaun oder 0,1 mg Magnesiumchlorid in 1 cc Flüssigkeit sich leicht nachweisen lässt.

Die Absorptionsspektra anderer rother Farbstoffe, deren Anzahl ausserordentlich gross ist, sind deshalb wichtig, weil diese Farben häufig zu Fälschungen, z. B. zur Fabrikation von Rothwein, benutzt werden. Interessant ist, dass sogar das Alter des Weines mittelst der Absorption bestimmt werden kann, wie Sorby nachgewiesen hat. Der Farbstoff des frischen Rothweins wird nämlich durch schwefligsaures Natron stark gebleicht (lässt in Folge dessen mehr Licht durch), während dies immer weniger der Fall ist, je älter der Wein wird. Indem man den Wein bleicht, kann man die Dicke der Schicht finden, die zur Hervorbringung einer bestimmten Absorption nöthig ist, und dadurch das Alter bestimmen.

§. 81. Blut.

Für die Medizin ist das Absorptionsspektrum des Blutes von Bedeutung geworden. Die ersten genauen Untersuchungen darüber sind von Stokes[1]) gemacht, von dem auch Figur 53 gegeben ist; nach Vogel[2]) giebt dieselbe die Spektren indess nur ungenau wieder. Der Farbstoff des Blutes, das Oxyhämoglobin oder Cruorin zeigt ausser der Absorption des Blau zwei starke Streifen zwischen *D* und *E* (Figur 53,1). Bei Zusatz von alkalischen Reduktionsmitteln, z. B.

Fig. 53.

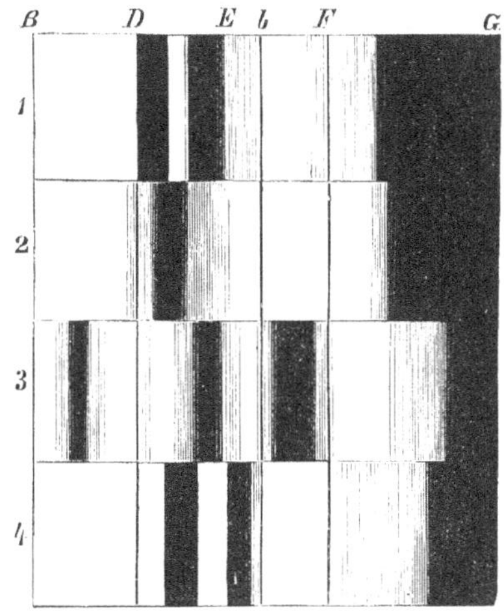

Schwefelammonium, verschwinden die beiden Streifen und es tritt dafür ein neuer auf (Fig. 53,2), welcher das Hämoglobin charakterisirt. Bei Zusatz von Säuren zerfällt das Cruorin, und es entsteht das Hämatin, dessen Absorptionsspektrum 3 Streifen (Fig. 53,3) enthält. Dasselbe erhält man am besten, wenn man Blut mit Aether und Essigsäure versetzt. Auch das Haematin kann reduzirt werden zu Haemochromogen, indem man z. B. Schwefelammonium zufügt; es tritt dann das Spektrum Fig. 53,4 auf. Diese Reaktion ist zur gerichtlichen Erkennung von Blut sehr wichtig: aus Blutflecken in Stoffen lässt sich das Hämatin durch Kochen in kohlensaurem Natron leicht ausziehen und man kann durch die Reaktion mit Schwefelammonium konstatiren, ob man es mit Hämatin, also mit Blutflecken zu thun hat.

Auch die Vergiftung durch Kohlenoxyd lässt sich im Blute leicht

[1]) Stokes, Proc. Roy. Soc. **13** p. 353.
[2]) H. W. Vogel, Spektralanalyse irdischer Stoffe p. 321—328.

nachweisen. Wenn CO in das Blut gelangt, so wird dasselbe dunkler und zeigt zwei Absorptionsstreifen, die im Vergleich zu Cruorin gegen Blau hin verschoben sind; solches Blut wird aber durch Schwefelammonium nicht mehr reduzirt, sondern bleibt unverändert, so dass es von gewöhnlichem Blute leicht unterschieden werden kann.

§. 82. Absorption im ultravioletten und ultrarothen Spektrum.

Zu wichtigen Resultaten für Flüssigkeiten hat die Untersuchung der Absorption im ultravioletten und ultrarothen Theile des Spektrums geführt. Aeltere Versuche über das Ultraviolette sind von Becquerel[1]) Stokes[2]) und A. Miller[3]) gemacht worden. In neuerer Zeit sind dieselben von Soret und von Hartley und Huntington[4]) fortgesetzt worden. Die Resultate werden von letzteren Autoren folgendermaassen zusammengefasst:

Die normalen Alkohole der Reihe $C_nH_{2n-1}OH$ zeichnen sich durch Durchsichtigkeit für die ultravioletten Strahlen aus, indem reiner Methylalkohol dem Wasser nahe kommt; die normalen fetten Säuren zeigen grössere Absorption, als die normalen Alkohole, welche ebenso viel Kohlenatome enthalten; die Absorption der brechbarsten Strahlen durch die Alkohole und Säuren nimmt zu bei jeder Vermehrung der Moleküle um CH_2; wie die Alkohole und Säuren, sind auch die durch sie gebildeten ätherischen Salze sehr durchsichtig für das ultraviolette Licht und zeigen keine Absorptionsstreifen.

Noch genauer untersuchten die Verfasser Flüssigkeiten, welche den Benzol-Kern enthalten; dabei fanden sie Folgendes:

Benzol und die daraus gebildeten Kohlenwasserstoffe, Alkohole, Säuren und Amine zeichnen sich aus: 1. Durch die starke Absorption der brechbarsten Strahlen; 2. durch die Absorptionsbanden, welche in Lösungen in Wasser oder Alkohol sichtbar werden; 3. durch die aussergewöhnliche Intensität dieser Banden selbst in sehr verdünnten Lösungen. — Isomere Körper, welche den Benzol-Kern enthalten, unterscheiden sich durch sehr verschiedene Spektra, indem ihre Absorptionsbanden nach Lage und Intensität variiren. — Die photographischen Absorptionsspektra sind geeignet, als ein Mittel zur Erkennung organischer Substanzen zu dienen und als eine sehr empfindliche Probe für

---

[1]) Becquerel, Ann. de chim. (3) **9** p. 257—322 (1843).

[2]) Stokes, Phil. Trans. **152** p. 599—619 (1862).

[3]) Allen Miller, Phil. Trans. **152** p. 861—887 (1862).

[4]) Hartley u. Huntington, Phil. Trans. **170** p. 257—274 (1879), Proc. Roy. Soc. **31** p. 1—26 (1880).

ihre Reinheit. Die Zeichnungen, welche man erhält, indem man die Verdünnung als Ordinaten benutzt, (vergl. Fig. 46 p. 125), bilden ein sehr bestimmtes und charakteristisches Kennzeichen zahlreicher Substanzen.

Aehnliche Untersuchungen sind von Abney und Festing[1]) im Ultrarothen ausgeführt worden und scheinen nicht weniger interessante und praktisch wichtige Resultate gegeben zu haben.

Es wurden Verbindungen von Kohlenstoff, Wasserstoff, Sauerstoff, Chlor, Brom und Jod untersucht; dabei zeigten sich scharfe und unscharfe Absorptionsbänder und Linien. Es zeigte sich, dass die Absorptionslinien durch Wasserstoff hervorgebracht wurden; sobald Sauerstoff in der Verbindung vorhanden war, treten Banden auf, welche je nach der Dicke der Schicht das Licht zwischen zwei, drei oder mehr Wasserstofflinien absorbirten, aber immer mit Wasserstofflinien endeten. Abney giebt folgende Tabelle für den Zusammenhang zwischen der chemischen Zusammensetzung und dem Absorptionsspektrum:

Kohlenstoff, Wasserstoff und Sauerstoff	giebt kannelirte Bänder, wenige Linien.
Kohlenstoff, Wasserstoff und Chlor „ „ „ Brom „ „ „ Jod	giebt Bänder mit scharfen Rändern und viele Linien
Kohlenstoff und Chlor Kohlenstoff und Stickstoff Kohlenstoff und Schwefel	giebt keine besondere Absorption
Wasserstoff und Sauerstoff	giebt Bänder und Linien
Wasserstoff und Chlor „ „ Stickstoff	giebt nur Linien.

Isomere Substanzen, z. B. Aldehyd und Paraldehyd zeigen ganz verschiedene Absorptionsspektra. Viele Absorptionslinien sind verschiedenen Substanzen gemeinsam.

Diese Benutzung des Spektroskops steht noch in ihren Anfängen, aber es scheint, als sollte sie berufen sein, uns sehr wichtige Aufschlüsse über den Bau organischer Körper zu liefern.

---

[1]) Abney u. Festing, Proc. Roy. Soc. **31** p. 416—417 (1881); Vergl. Nat. **25** p. 187—191 (1881).

Capitel XI.

Das Kirchhoff'sche Gesetz.

§. 83. Absorption durch Gase und Dämpfe.

Wir hatten bei Besprechung der Emissionserscheinungen gesehen, dass sich die festen und flüssigen Körper sehr wesentlich von den Dämpfen und Gasen unterscheiden; dasselbe gilt nun auch für die Absorption. Während die meisten festen und flüssigen Körper nur eine allgemeine Absorption hervorrufen, einzelne auch schmalere Banden, so zeigt sich, dass die Dämpfe und Gase ein Absorptionsspektrum geben, welches aus scharfen Banden oder Linien besteht. Die erste Beobachtung auf diesem Gebiete verdanken wir Brewster[1]), welcher fand, dass die salpetrige Säure ein Absorptionsspektrum hervorruft, welches aus etwa 200 dunklen Linien und Bändern besteht.

Es folgte dann Miller[2]), der die Absorptionspektren des Joddampfes und des Broms entdeckte, während er durch Chlor keine Absorption erhielt. Dies gelang dann Morren[3]), indem er den Lichtstrahl durch eine sehr dicke Schicht des Gases hindurchgehen liess, und starke Dispersion benutzte. Dann erhielt Gernez[4]) Absorptionsspektra durch Dampf von Schwefel, Selen, Tellur. Er musste dabei schon hohe Temperaturen anwenden und näherte sich so den Methoden, die heute gebraucht werden, um von fast allen Elementen die Absorptionsspektra zu erhalten.

Wie wir gesehen haben, senden glühende Dämpfe und Gase Licht aus, welches nur aus einzelnen wenigen aber fest bestimmten Farben besteht. Wir hatten daraus den Schluss ziehen können, dass die Gase in diesem Zustande so beschaffen seien, dass ihre Atome nur einzelne bestimmte Schwingungen ausführen, welche dem benachbarten Lichtäther mitgetheilt werden und dadurch das Linienspektrum veranlassen. Die Erfahrung hat nun gelehrt, dass solche glühende Gase, wenn man fremdes Licht durch sie hindurch gehen lässt, grade die Schwingungen absorbiren, welche sie selbst bei der gleichen Temperatur aussenden. So sendet z. B. glühender Natriumdampf namentlich eine sehr helle gelbe Doppellinie aus, welche mit der D-Linie der Sonne koinzidirt;

---

[1]) Brewster, Edinb. Trans. **12** (1834).
[2]) W. A. Miller, Phil. Mag. **27** p. 81—91 (1845).
[3]) Morren, C. R. **68** p. 376—377 (1869).
[4]) Gernez, C. R. **74** p. 465—468, 660—662, 803—805, 1190—1192 (1872).

lassen wir das Licht, welches Kalk im Knallgasgebläse zur Weissgluth erhitzt aussendet, und welches für sich ein kontinuirliches Spektrum giebt, durch eine Natriumflamme gehen, so finden wir im Spektrum die Natriumlinien, die aber jetzt dunkel erscheinen.

§. 84. Historisches über das Kirchhoff'sche Gesetz.

Dass diese Erscheinung eine gesetzmässige, auf die Natur des Lichts und der Atomschwingungen begründete sei, ist mehrfach als wahrscheinlich ausgesprochen worden, wenn auch das Gesetz nicht richtig erkannt worden ist. So hat z. B. Angström[1]) diesen Zusammenhang zwischen Emission und Absorption ausgesprochen, aber nicht berücksichtigt, dass die Temperatur in beiden Fällen die gleiche sein muss. Ferner wären als solche Vorahner des Gesetzes Foucault[2]) und Stokes[3]) zu nennen.

Aber der erste, der das Gesetz wirklich aussprach, und der ausserdem seine Gültigkeit einwurfsfrei bewies, war Kirchhoff[4]), welcher es 1859 entdeckte, und damit den Grundstein zum weiteren Ausbau der Spektralanalyse legte[5]).

Höchst interessant ist die von Kirchhoff beschriebene Art, wie er das Gesetz entdeckte. Kirchhoff und Bunsen waren mit der Feststellung des Emissionsspektrum beschäftigt; um eine genaue Skala für die emittirten Linien zu haben, hatte Kirchhoff eine genaue Zeichnung des Sonnenspektrums entworfen, welches, wie ja schon Wollaston und Frauenhofer bemerkt hatten, eine grosse Anzahl dunkler Linien zeigt, die an bestimmten Stellen liegend zur Definition dieser Stellen sehr geeignet sind. Schon von Frauenhofer und nach ihm von vielen anderen, war gefunden worden, dass die gelben Natriumlinien genau an derselben Stelle des Spektrums liegen, wo das Sonnenlicht eine dunkle Doppellinie zeigt, die Frauenhofer mit D bezeichnet hatte. Kirchhoff wollte sich von der Genauigkeit dieser Koinzidenz überzeugen, und stellte vor den Spalt, auf welchen geschwächtes Sonnenlicht fiel, eine Natriumflamme. Dabei zeigte sich, dass die dunkle D-Linie durch die hellen Na-Linien ersetzt wurde und absolutes Zusammen-

---

1) Angström, Pogg. Ann. **94** p. 141—165 (1853).

2) Foucault, Bull. de la Soc. philom. d. Paris (1849) u. Ann. d. Chim. (3) **58** p. 476—478 (1860).

3) Stokes, Phil. Mag. (4) **20** p. 20 (1860).

4) Kirchoff, Abh. der Berliner Akad. (1861).

5) Es haben sich nach der Veröffentlichung des Kirchhoff'schen Gesetzes viele gefunden, die es schon früher entdeckt haben wollen; vergl. darüber: Kirchhoff, Pogg. Ann. **118** p. 94—111 (1863).

fallen beider eintrat. Kirchhoff wollte nun sehen, wie weit die Intensität des Sonnenlichts sich steigern liesse, ohne dass die hellen D-Linien verschwänden; als er dazu die volle Sonne auf den Spalt scheinen liess, erwies sich zu seinem Erstaunen die D-Linie viel dunkler, als sie ohne Na-Flamme war; letztere konnte also zum Sonnenlicht kein Licht hinzugefügt haben, sondern musste im Gegentheil Licht von der Wellenlänge der D-Linien absorbirt haben. Die Erscheinung liess sich nur so erklären, dass man annahm, die Natriumflamme absorbire grade das Licht der D-Linien, welches sie selbst aussendet. Um diese Vermuthung zu prüfen, ersetzte Kirchhoff das Licht der Sonne durch Drummond'sches Kalklicht, und da auch jetzt die Natriumlinien auf kontinuirlichem hellen Grunde dunkel erschienen, war die Vermuthung bestätigt.

Was vom Natriumdampf gilt, gilt ebenso auch von den andern Dämpfen; so zeichnet sich z. B. der Lithiumdampf durch Emission einer sehr hellen rothen Linie von der Wellenlänge 670,4 $\mu\mu$ aus. Das Sonnenspektrum besitzt keine dieser Wellenlänge entsprechende dunkle Linie; lässt man aber die Sonnenstrahlen durch eine Li-Flamme gehen, bevor sie den Spalt des Kollimators treffen, so sehen wir nun im Spektrum eine dunkle Linie an der entsprechenden Stelle; die Lithiumflamme hat die Wellen, deren Länge $\lambda = 670,4\ \mu\mu$ ist, viel stärker absorbirt als die übrigen Wellen, so dass die betreffende Stelle des Spektrums dunkel erscheint.

§. 85. Das Kirchhoff'sche Gesetz.

Durch Beobachtung dieser Thatsachen wurde Kirchhoff veranlasst, theoretisch die Beziehung zwischen der Emission und Absorption des Lichtes zu prüfen, und er gelangte zu der wichtigen Formulirung derselben, welche unter dem Namen des Kirchhoff'schen Gesetzes zur Grundlage der ganzen Spektralanalyse geworden ist. Das Gesetz lässt sich folgendermaassen aussprechen: nennen wir die Intensität des auf einen Körper von gegebener Temperatur fallenden homogenen Lichtes J, und den Theil, welchen der Körper davon absorbirt J', so bezeichnet Kirchhoff den Quotienten

$$\frac{J}{J'} = A$$

als das Absorptionsvermögen des Körpers für die betreffende Farbe. Nennen wir ferner die Intensität des Lichtes von derselben Farbe, welches der Körper bei derselben Temperatur aussendet, E, das Emissionsvermögen, so ist das Verhältniss zwischen dem Emissionsvermögen und dem Absorptionsvermögen für alle Körper bei derselben

Temperatur das Gleiche, und die Grösse des Verhältnisses hängt also nur von der Temperatur und der Farbe, d. h. der Wellenlänge λ ab.

Ueber die Grösse des Verhältnisses kann man folgendermaassen Aufschluss erhalten:

Dunkle oder schwarze Körper nennen wir solche, welche von auffallendem Lichte nur sehr wenig reflektiren und hindurchlassen, sondern das Licht fast vollständig absorbiren; wir würden daher einen Körper absolut schwarz nennen können, wenn er alles auffallende Licht vollständig absorbirt. Für einen solchen Körper würde aber das Absorptionsvermögen einen besonders einfachen Werth annehmen, es würde nämlich für jede Farbe und Temperatur $J = J'$ also $\frac{J}{J'} = 1$ sein. Das Kirchhoff'sche Gesetz gilt für alle Körper, also auch für den Grenzfall, dass derselbe absolut schwarz ist; in diesem Falle wollen wir das Emissionsvermögen mit e bezeichnen; dann ist nach dem Kirchhoff'schen Gesetz

$$\frac{E}{A} = \frac{e}{1}$$

oder

$$\frac{E}{A} = e, \quad E = e A.$$

Bei dieser Gleichung ist nur zu berücksichtigen, dass die drei Grössen: E, A und e sich stets auf die gleiche Temperatur und gleiche Farbe beziehen.

Nach diesem Gesetz sind also Emission und Absorption einander proportional; ein Dampf, der bei bestimmter Temperatur Licht von einer Wellenlänge viel stärker emittirt, als solches von anderen Wellenlängen, muss bei derselben Temperatur gerade diese Farbe auch stärker absorbiren, als andere. Lassen wir durch solchen Dampf Licht gehen, welches alle Farben enthält, so wird dasselbe ein Spektrum geben müssen, welches auf hellem Grunde dunkle Linien zeigt, und zwar dieselben Linien, welche im Emissionsspektrum des Dampfes hell erscheinen; ein solches Spektrum nennt man ein umgekehrtes, und sagt: der Dampf kehrt die betreffenden Linien um.

§. 86. Bedingungen für die Umkehrung der Linien.

Bei der Umkehrung der Linien ist aber noch eins zu beachten: Bringt man vor den Spalt eines Spektralapparates, welcher durch helles, ein kontinuirliches Spektrum gebendes Licht erleuchtet ist, noch eine gefärbte Flamme, z. B. eine Lithiumflamme, so bringt dieselbe zweierlei Wirkungen hervor:

1. fügt sie zu der Intensität des kontinuirlichen Lichtes für die

Wellenlänge $\lambda = 670,4$ noch ihr eigenes Licht dieser Farbe hinzu, vermehrt also die Intensität der betreffenden Stelle des Spektrums;

2. absorbirt sie von dem kontinuirlichen Lichte für die Wellenlänge $\lambda = 670,4$ einen gewissen Bruchtheil, schwächt also diese Stelle des Spektrums.

Wenn die Flamme die Linie umkehren soll, so muss die zweite Wirkung überwiegen über die erste, die Flamme muss vom kontinuirlichen Licht mehr absorbiren, als sie selbst emittirt; im anderen Fall wird die Linie hell erscheinen, und dazwischen wird ein Fall existiren, wo die Flamme gar keine Veränderung im Spektrum hervorbringt, wenn sie nämlich ebensoviel durch ihre Emission zur Helligkeit hinzufügt, als sie durch Absorption fortnimmt.

Nehmen wir z. B. an, das Emissionsvermögen der Lithiumflamme für das genannte Licht sei gleich $\frac{1}{n}$ des Emissionsvermögens eines absolut schwarzen Körpers von gleicher Temperatur; dann haben wir: $E = \frac{e}{n}$, und unsere Gleichung $E = Ae$ giebt: $A = \frac{1}{n}$, d. h. die Flamme absorbirt auch $\frac{1}{n}$ des auffallendes Lichtes der betreffenden Wellenlänge.

Es habe jetzt das kontinuirliche Licht, welches durch die Flamme geht, gerade die n-fache Intensität der Flamme für $\lambda = 670,4$, so wird davon $\frac{1}{n}$ durch die Flamme absorbirt; gerade so viel sendet aber die Flamme selbst aus, so dass die Intensität mit und ohne die Flamme die gleiche bleibt. Wäre dagegen die hintere Lichtquelle 2n Mal so hell, als die Flamme, so würde diese auch davon $\frac{1}{n}$ absorbiren, also zwei Mal so viel, als sie selbst aussendet, das Licht würde also geschwächt werden und eine dunkle Linie erscheinen. Wäre umgekehrt die Intensität der hinteren Lichtquelle kleiner als das n-fache der Flamme, so würde diese weniger absorbiren, als sie emittirt, sie würde daher eine helle Linie hervorbringen.

Diese Ueberlegung zeigt, dass wenn dunkle Absorptionslinien durch einen leuchtenden Dampf erzeugt werden sollen, der emittirende Körper mehr von der betreffenden Lichtart aussenden muss, als ein absolut schwarzer Körper von der Temperatur des absorbirenden Dampfes, d. h. dass die Temperatur des emittirenden Körpers unter allen Umständen höher sein muss, als die des absorbirenden.

Eine Bestätigung für die mögliche verschiedene Wirkung eines glühenden Dampfes lässt sich experimentell sehr leicht geben: Lassen wir volles Sonnenlicht auf einen Spalt fallen, so erzeugt eine Lithiumflamme eine dunkle Absorptionslinie bei 670,4, da die Intensität der

Sonne erheblich grösser ist, als die der Flamme. Schwächen wir aber das Sonnenlicht stark, indem wir es durch gefärbte Scheiben gehen lassen, so bringt nun die Flamme eine helle Linie hervor; durch weniger starke Schwächung endlich können wir erreichen, dass die Flamme gar keine sichtbare Veränderung herbeiführt.

§. 87. Mechanische Erklärung der Absorption.

Bevor wir zum mathematischen Beweise des Kirchhoff'schen Gesetzes übergehen, wollen wir versuchen, eine mechanische Erklärung der Erscheinungen zu geben, welche auf unsere Anschauungen über das Leuchten begründet ist. Wir können uns dabei, wie so häufig, von einer bekannten akustischen Erscheinung leiten lassen. Wenn wir eine Reihe verschieden gestimmter Resonatoren oder Saiten haben, und wir geben auf einem Instrumente irgend einen Ton an, so ist es bekannt, dass die Resonatoren oder Saiten auch zu tönen anfangen, deren Tonhöhe mit der des angegebenen Tones genau oder beinahe übereinstimmt; man bezeichnet dies als Mitschwingen oder Resonanz. Damit aber die Saite in's Mitschwingen geräth, muss Arbeit geleistet werden, und zwar geschieht dies auf Kosten der lebendigen Kraft der Luftwellen; diese lebendige Kraft, d. h. die Intensität des Schalles, wird also vermindert durch Vorbeigang der Welle an der Saite. Würden wir ein Gemisch von Tönen durch eine zahllose Menge von Saiten gehen lassen, welche verschiedener Schwingungen fähig sind, und hätten wir passende Mittel zu Intensitätsmessungen des Schalles, so würden wir alle die Töne geschwächt finden, welche mit Saitentönen übereintimmen. Ganz dieselben Verhältnisse haben wir bei den Lichtschwingungen. Wie wir aus den Emissionserscheinungen wissen, sind die Molekeln und Atome bei jeder Temperatur ganz besonderer Schwingungen fähig; wenn nun ein Strahl mit allen möglichen Schwingungen durch den die Atome umgebenden Aether hindurchgeht, so werden dadurch die Atome in's Mitschwingen gerathen, oder vielmehr in lebhafteres Schwingen; die dazu nöthige lebendige Kraft wird aber dem ankommenden Lichtstrahle entzogen, und so entsteht eine Schwächung gerade der Wellenlängen, welche der absorbirende Körper bei der gleichen Temperatur emittiren kann, während die anderen Schwingungen, welche keine Resonanz hervorzurufen haben, ungeschwächt austreten.

Eine Folge der Absorption muss grössere Amplitüde der absorbirenden Molekeln sein; diese verstärkte geordnete Bewegung verwandelt sich aber rasch, in Folge der Zusammenstösse, in ungeordnete Molekularbewegung, d. h. Wärme; so haben wir einerseits Schwächung der Intensität, dafür andererseits als Aequivalent Erhöhung der Temperatur des absorbirenden Körpers, welche aber unmessbar klein ist.

§. 88. Beweis des Kirchhoff'schen Gesetzes.

Wir wollen nun dazu übergehen, das Kirchhoff'sche Gesetz in aller Strenge mathematisch zu beweisen, da es von der grössten Wichtigkeit ist, indem fast alle spektralen Erscheinungen sich aus ihm ableiten lassen. Das Gesetz gilt für leuchtende Strahlen und Wärmestrahlen, — welche ja beide dasselbe sind und sich nur durch die Wellenlänge unterscheiden, — ist aber für Wärmestrahlen ausgesprochen, da für die Wärme einige Thatsachen bekannter sind.

Zum Beweise des Gesetzes bedürfen wir der Annahmen:

1. dass es absolut schwarze Körper giebt, welche alle Licht- und Wärmestrahlen vollkommen absorbiren; dazu muss ihr Brechungsexponent gleich dem der Umgebung sein; als solche nehmen wir Luft an, also soll der Brechungsexponent gleich 1 sein;

2. dass es vollkommen diathermane Körper giebt, welche gar keine Licht- und Wärmestrahlen absorbiren;

3. dass es vollkommene Spiegel giebt, welche alle auf sie fallenden Licht- und Wärmestrahlen reflektiren, nichts absorbiren oder hindurchlassen. Körper mit diesen Eigenschaften giebt es in Wahrheit nicht, aber wir können Substanzen nennen, welche sich ihnen sehr nähern, so dass wir die idealen Grenzfälle als denkbar ansehen müssen.

Es soll nun also der Satz bewiesen werden, dass für alle Körper das Verhältniss zwischen dem Emissionsvermögen und dem Absorptionsvermögen bei derselben Temperatur für dieselben Strahlen das gleiche ist.

Es soll der Satz zuerst nur für absolut schwarze Körper bewiesen werden; für diese ist $J = J'$, also das Absorptionsvermögen $a = 1$; daher nimmt der Satz die Form an, dass für jede Wellenlänge das Emissionsvermögen aller absolut schwarzen Körper bei gleicher Temperatur das gleiche ist.

Wir denken uns zum Beweise einen vollkommen schwarzen Körper C in eine ebensolche Hülle *abcd* (Fig. 54) eingeschlossen, welche nach aussen Wärme weder abgiebt noch aufnimmt. Vor der Seite *ab* sei noch eine zweite ebensolche Hülle *abef* angebracht, und das ganze System habe dieselbe Temperatur. Nun denken wir uns in der Fläche *ab* eine Oeffnung 1 gemacht, etwa eine Klappe geöffnet; dadurch kann das Temperatur-Gleichgewicht des ganzen Systems nicht gestört werden, es muss vielmehr bestehen bleiben. Es sendet aber jetzt C durch Oeffnung 1 Strahlen nach der Stelle 2 in Fläche *ef*, wogegen Stelle 2 durch 1

Strahlen nach C sendet. Die Intensitäten dieser beiden Strahlenmengen müssen also gleich sein. Jetzt denken wir uns das Stück 2 entfernt und ersetzt durch einen vollkommenen Hohlspiegel, dessen Mittelpunkt mit dem Mittelpunkt der Oeffnung 1 zusammenfällt. Auch dadurch kann das Temperatur-Gleichgewicht nicht gestört sein, und da C in diesem Falle Strahlen von derselben Intensität aussendet, wie im vorigen,

Fig. 54.

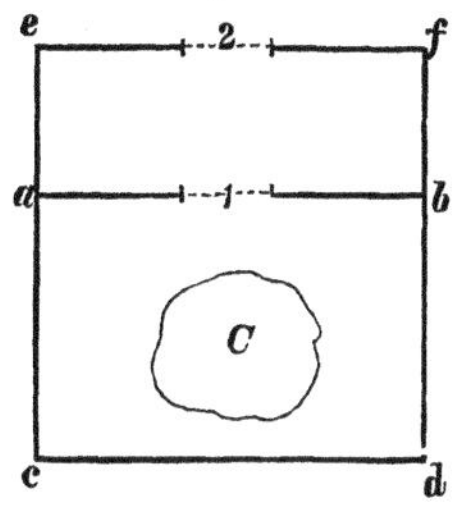

so muss es in beiden Fällen auch Strahlen von der gleichen Intensität absorbiren (da ja sonst seine Temperatur eine andere werden würde); d. h. die Strahlen, die der Spiegel durch 1 nach C sendet, haben die gleiche Intensität, wie die Strahlen, welche vorher 2 durch 1 nach C sandte. Nun haben wir aber den Spiegel so orientirt, dass er nur die Strahlen nach C sendet, welche C selbst durch 1 emittirt; diese sind also gleich den Strahlen von 2 aus, und da letztere unabhängig von der Beschaffenheit von C sind, so sind erstere, d. h. die Strahlen von C, es auch, d. h. welchen schwarzen Körper wir auch für C nehmen, alle emittiren gleichviel.

Für die Summen der ausgesandten Wärmemengen ist damit die Gleichheit bewiesen, aber noch nicht für die einzelnen Strahlen von bestimmter Wellenlänge, worauf es bei uns gerade ankommt. Wir wollen also nun beweisen, dass absolut schwarze Körper Licht- oder Wärmestrahlen von gegebener Wellenlänge in gleicher Intensität entsenden, wenn sie gleiche Temperatur haben.

Wir betrachten Strahlen, deren Wellenlänge zwischen λ und $\lambda + d\lambda$ liegt, und nennen die Intensität des emittirten Lichtes: $e\,d\lambda$, wo e abhängt von λ, von Zustand und Natur des Körpers, endlich von der Lage der Oeffnungen 1 und 2.

Die gesammte Wärmemenge, welche der Körper entsendet, ist dann

$$\int_0^\infty e\,d\lambda.$$

Wir denken uns den schwarzen Körper C wieder im Doppelkasten, Oeffnung 1 offen, 2 durch eine schwarze Fläche geschlossen und das ganze System im Temperatur-Gleichgewicht. Es sendet dann C Strahlen durch 1 nach 2 und umgekehrt, ohne dass die Temperatur geändert würde. Es geht von C sowohl, wie von 2 die Menge $\int_0^\infty e\,d\lambda$ aus.

In den Weg der Strahlen von C durch 1 nach 2 denken wir uns nun eine diathermane Platte p gestellt, so dünn, dass sie die Farben dünner Blättchen zeigt (Fig. 55); eine solche Platte reflektirt bekanntlich von auffallendem Lichte verschieden viel je nach der Wellenlänge,

Fig. 55.

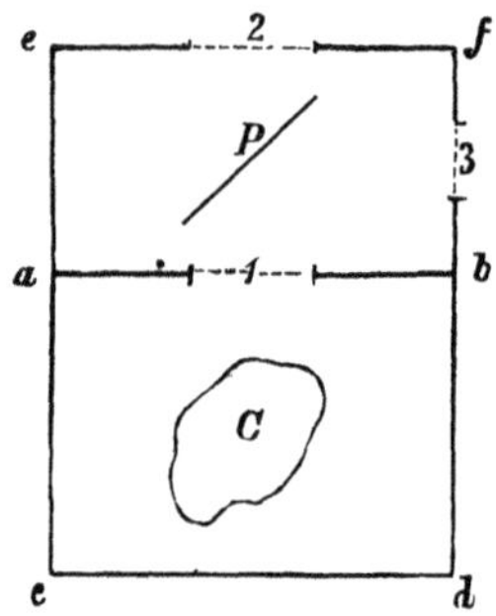

wir können daher durch eine solche Platte die verschiedenen Farben trennen und besonders behandeln. Die Platte p sei so gestellt, dass sie ein Bild von 1 auf bf entwirft, welches wir 3 nennen. Durch Einschieben der Platte von gleicher Temperatur mit dem ganzen System kann das Temperaturgleichgewicht nicht geändert werden. Da der Körper C noch ebensoviel emittirt, wie vorher, so muss er auch ebensoviel Wärmestrahlen durch die Oeffnung 1 empfangen, wie ohne Platte. Von der früher von 2 zu C kommenden Menge wird aber nun ein Theil an p reflektirt, und nur der Rest, den wir S nennen, geht durch p durch und gelangt zu C; dafür gelangt ein neuer Theil Q von der Stelle 3 durch Reflexion in p zu C; diese beiden Theile müssen gleich den von C emittirten Strahlen sein, also

$$S + Q = \int_0^\infty e\,d\lambda. \quad . \quad . \quad . \quad . \quad . \quad . \quad . \quad . \quad (1)$$

Nun ersetzen wir Stelle 3 durch einen Hohlspiegel, dessen Mittelpunkt mit der Mitte des durch p erzeugten virtuellen Bildes von 1 zusammenfällt. Durch Wegnahme der Fläche 3 ist der Theil Q fortgefallen, er muss ersetzt werden durch die Menge, welche am Spiegel gespiegelt wird und durch Reflexion an p nach 1 und zu C gelangt. Diese Menge besteht aus zwei Theilen: 1. gehen von der Wand ae

Strahlen durch p, werden an 3 gespiegelt, ein Theil wird auf dem Rückwege an p reflektirt und gelangt durch 1 zu C; diese Menge heisse R; 2. von C geht $\int_0^\infty e\, d\lambda$ aus, wovon ein Theil an p nach 3 reflektirt wird. Für gegebene Wellenlänge und Plattendicke sei der Reflexionskoeffizient r, so wird $\int_0^\infty e\, d\lambda \,.\, r$ nach 3 reflektirt; dort wird dies ohne Verlust gespiegelt und gelangt wieder zu p, wo abermals ein Theil r nach 1 und C reflektirt wird, so dass zu C zurückgelangt: $\int_0^\infty e\, d\lambda \,.\, r^2$.

Also haben wir:

$$Q = R + \int_0^\infty e\, d\lambda \,.\, r^2 \quad \ldots\ldots\ldots \quad (2)$$

Wir können auch Q bestimmen; Q ersetzte ja den Theil der von 2 ausgehenden Strahlen, welcher durch Einschieben der Platte nicht mehr zu C gelangt, sondern nach ae reflektirt wird; dieser Theil ist aber $= \int_0^\infty e\, d\lambda\, r$, also ist

$$Q = \int_0^\infty e\, d\lambda\, r \quad \ldots\ldots\ldots \quad (3)$$

und folglich nach (2)

$$\int_0^\infty e\, d\lambda\, r = R + \int_0^\infty e\, d\lambda\, r^2$$

oder

$$R = \int_0^\infty e\, d\lambda\, r\,(1-r). \quad \ldots\ldots\ldots \quad (4)$$

Nun werde der Körper C durch einen anderen absolut schwarzen Körper C' von gleicher Temperatur ersetzt; für denselben sei die Intensität $e'\, d\lambda$; für ihn erhalten wir durch die gleichen Betrachtungen die Gleichung

$$Q = R + \int_0^\infty e'\, d\lambda\, r^2. \quad \ldots\ldots\ldots \quad (5)$$

wo Q und R die gleichen Werthe haben, wie vorhin, da sie von der Emission der unverändert gebliebenen Wände herrühren.

Durch Subtraktion der Gleichungen (2) und (5) erhalten wir

$$\int_0^\infty e\, d\lambda\, r^2 - \int_0^\infty e'\, d\lambda\, r^2 = 0$$

oder

$$\int_0^\infty (e - e')\, d\lambda\, r^2 = 0. \quad . \quad . \quad . \quad . \quad . \quad . \quad . \quad . \quad (6)$$

Nach der Theorie der Farben dünner Blättchen ist der Reflexionskoeffizient r abhängig von der Dicke Δ der Platte und von der Wellenlänge λ; wir können schreiben

$$r = \varrho \sin^2 \frac{a\Delta}{\lambda},$$

wo ϱ unabhängig von Δ ist. Also wird (6)

$$\int_0^\infty (e - e')\, d\lambda\, \varrho^2 \sin^4 \frac{a\Delta}{\lambda} = 0. \quad . \quad . \quad . \quad . \quad . \quad . \quad . \quad (7)$$

Diese Gleichung gilt für jede Dicke der Platte *p*, für jeden Werth von Δ, und daraus wird sich ergeben, dass $e = e'$ ist.

Wir erhalten durch einfache trigonometrische Umformungen:

$$\sin^4 \frac{a\Delta}{\lambda} = \frac{1}{8}\left(\cos 4 \frac{a\Delta}{\lambda} - 4 \cos 2 \frac{a\Delta}{\lambda} + 3\right).$$

Zur Abkürzung setzen wir $a\Delta = p$, und erhalten nach (7)

$$\frac{1}{8}\int_0^\infty (e - e')\, d\lambda\, \varrho^2 \left[\cos 4 \frac{p}{\lambda} - 4 \cos 2 \frac{p}{\lambda} + 3\right] = 0.$$

Diese Gleichung differenziren wir zweimal nach p, was erlaubt ist, da sie unabhängig vom Werthe von p gelten soll. Die erste Differentiation giebt

$$\int_0^\infty (e - e')\, d\lambda\, \varrho^2 \left[\frac{4}{\lambda} \sin 4 \frac{p}{\lambda} - \frac{8}{\lambda} \sin 2 \frac{p}{\lambda}\right] =$$

$$= \int_0^\infty (e - e') \frac{d\lambda}{\lambda}\, \varrho^2 \left[\sin 4 \frac{p}{\lambda} - 2 \sin 2 \frac{p}{\lambda}\right] = 0.$$

Dies nochmal differenzirt, wird

$$\int_0^\infty (e - e') \frac{d\lambda}{\lambda}\, \varrho^2 \left[- \frac{4}{\lambda} \cos 4 \frac{p}{\lambda} + \frac{4}{\lambda} \cos 2 \frac{p}{\lambda}\right] =$$

$$= \int_0^\infty (e - e') \frac{d\lambda}{\lambda^2}\, \varrho^2 \left[\cos 4 \frac{p}{\lambda} - \cos 2 \frac{p}{\lambda}\right] = 0.$$

Nun setzen wir $\frac{2}{\lambda} = \alpha$, woraus folgt: $-\frac{2\,d\lambda}{\lambda^2} = d\alpha$, und wir setzen weiter $(e - e')\,\varrho^2 = f(\alpha)$, dann wird die letzte Gleichung:

$$\int_0^\infty f(\alpha)\,d\alpha\,(\cos 2p\alpha - \cos p\alpha) = 0$$

oder

$$\int_0^\infty f(\alpha)\,d\alpha \cos 2p\alpha - \int_0^\infty f(\alpha)\,d\alpha \cos p\alpha = 0. \quad . \quad . \quad . \quad (8)$$

Nun ist:

$$\int_0^\infty f(\alpha)\,d\alpha \cos 2p\alpha = \frac{1}{2}\int_0^\infty f\left(\frac{\alpha}{2}\right) d\alpha \cos p\alpha$$

(was man erkennt, indem man $\alpha = \frac{\beta}{2}$ einsetzt und dann für β wieder α schreibt), also ist (8)

$$\int_0^\infty d\alpha \left[f\left(\frac{\alpha}{2}\right) - 2f(\alpha)\right] \cos p\alpha = 0.$$

Diese Gleichung multipliziren wir mit $dp \cos px$ und integriren vom $p = 0$ bis $p = \infty$; wir erhalten

$$\int_0^\infty dp \cos px \int_0^\infty d\alpha \left[f\left(\frac{\alpha}{2}\right) - 2f(\alpha)\right] \cos p\alpha = 0. \quad . \quad . \quad (9)$$

Nun ist nach dem Fourier'schen Satze:

$$\int_0^\infty dp \cos px \int_0^\infty d\alpha\,\varphi(\alpha) \cos p\alpha = \frac{\pi}{2}\varphi(x),$$

also ist (9)

$$\int_0^\infty dp \cos px \int_0^\infty d\alpha \left[f\left(\frac{\alpha}{2}\right) - 2f(\alpha)\right] \cos p\alpha = \frac{\pi}{2}\left[f\left(\frac{\alpha}{2}\right) - 2f(\alpha)\right] = 0,$$

also

$$f\left(\frac{\alpha}{2}\right) = 2f(\alpha). \quad . \quad . \quad . \quad . \quad . \quad . \quad . \quad . \quad . \quad (10)$$

Es sind nun 2 Fälle möglich:

1. Diese Gleichung ist erfüllt, wenn $f(\alpha)$, also auch $f\left(\frac{\alpha}{2}\right)$ für jeden Werth von α Null sind, denn dann lautet die Gleichung: $0 = 0$.

2. Ist aber $f(\alpha)$ nicht immer $= 0$, so sagt Gleichung (10) aus, dass für jede Halbirung des Argumentes die Funktion doppelt so gross

wird, d. h. dass die Funktion ∞ gross wird, wenn α sich der 0 nähert. Es ist aber gesetzt $\alpha = \frac{2}{\lambda}$, also α wird 0, wenn $\lambda = \infty$ wird; für sehr grosse Wellenlängen soll also $f(\alpha) = (e - e')\varrho^2 = \infty$ werden; da ϱ^2, der Reflexionskoeffizient, nicht ∞ werden kann, so müsste $(e - e') = \infty$ werden; da aber weder e noch e' (beide bedeuten das Emissionsvermögen) ∞ werden können, so kann es auch $(e - e')$ nicht werden; folglich hat der Fall 2. für uns keine Bedeutung, es bleibt nur Fall 1. übrig, d. h.

$$f(\alpha) = (e - e')\varrho^2 = 0,$$

also, da ϱ nicht für jedes λ gleich 0 ist,

$$e = e'$$

für jedes λ.

Es ist somit bewiesen, dass das Emissionsvermögen zweier beliebiger, — und somit aller, — absolut schwarzen Körper von gleicher Temperatur für jede Wellenlänge das gleiche ist.

Nachdem wir so den Spezialfall der absolut schwarzen Körper erledigt haben, können wir zu dem allgemeinen Falle übergehen; wir haben also nun zu beweisen, dass für alle Körper das Verhältniss $\frac{E}{A}$ für gleiche Temperatur und gleiche Wellenlänge dasselbe ist, nämlich gleich e, dem Emissionsvermögen eines absolut schwarzen Körpers von gleicher Temperatur für diese Wellenlänge.

Wir denken uns den Körper K im schwarzen Doppelkasten eingeschlossen und das ganze System in gleicher Temperatur befindlich. Wir öffnen 1; wie vorher emittirt Stelle 2: $\int_0^\infty e\,d\lambda$; davon absorbirt K: $\int_0^\infty e\,d\lambda\,A$, während der Rest, $\int_0^\infty e\,d\lambda\,(1 - A)$, hindurchgeht und von den schwarzen Wänden absorbirt wird. Dafür kommen nach 2 die folgenden Wärmemengen: 1. der Körper K emittirt: $\int_0^\infty E\,d\lambda$; 2. die Wärmemengen, welche sämmtliche Wände nach K senden, werden von diesem nicht vollständig absorbirt, sondern ein Theil durchgelassen oder reflektirt; diejenige Menge dieser Wärme, welche von K nach 2 gelangt, heisse $\int_0^\infty M\,d\lambda$. Da sich 2 nicht abkühlen kann, so muss folglich sein:

$$\int_0^\infty e\,d\lambda\,A + \int_0^\infty e\,d\lambda\,(1 - A) = \int_0^\infty E\,d\lambda + \int_0^\infty M\,d\lambda.$$

Da auch K ebensoviel von 2 absorbiren muss, wie es dorthin emittirt, so muss sein:

$$\int_0^\infty e\,d\lambda\,A = \int_0^\infty E\,d\lambda,$$

also auch

$$\int_0^\infty e\,d\lambda\,(1-A) = \int_0^\infty M\,d\lambda.$$

Schieben wir nun wieder die Platte p ein, so kommt, wie im früheren Falle der absolut schwarzen Körper, von 2 durch 1 zu K die Menge S, und durch Reflexion an p von 3 aus die Menge $Q = \int_0^\infty e\,d\lambda\,.\,r.$

Von letzterer absorbirt K den Theil: $\int_0^\infty e\,d\lambda\,.\,r\,A = Q\,A.$

Setzen wir dann an Stelle von 3 den Hohlspiegel, so fällt Q fort. Dafür gelangen 3 neue Mengen zu K, und die von ihnen durch K absorbirten Theile müssen also gleich Q A sein, da das Temperatur-Gleichgewicht durch den Spiegel nicht gestört werden kann. Diese 3 Theile sind folgende:

1. Von K geht aus: $\int_0^\infty E\,d\lambda$; davon wird $\int_0^\infty E\,d\lambda\,.\,r$ an p nach 3 reflektirt; hier wird es ungeschwächt nach der Platte zurückgeworfen, welche davon den Theil $\int_0^\infty E\,d\lambda\,.\,r\,.\,r$ nach K reflektirt; K endlich absorbirt davon den Bruchtheil A, also

$$\int_0^\infty E\,d\lambda\,r^2\,A.$$

2. Von der Menge $\int_0^\infty M\,d\lambda = \int_0^\infty e\,d\lambda\,(1-A)$, welche vorher aus 1 nach 2 austrat, wird nun $\int_0^\infty e\,d\lambda\,(1-A)\,r$ nach 3 reflektirt, wovon nach Spiegelung und zweiter Reflexion an p $\int_0^\infty e\,d\lambda\,(1-A)\,r^2$ zu K

zurückkehrt; *K* absorbirt davon den Bruchtheil A, also

$$\int_0^\infty e\,d\lambda\,(1-A)\,r^2 A.$$

3. Wie früher gehen von der Wand *a e* Strahlen durch *p*, werden gespiegelt und theilweise nach *K* hin reflektirt; dieser Theil war

$R = \int_0^\infty e\,d\lambda\,(1-r)\,r$; *K* absorbirt davon den Bruchtheil A, also

$$\int_0^\infty e\,d\lambda\,(1-r)\,r\,A.$$

Diese 3 Mengen müssen nun gleich Q A sein, also haben wir die Gleichung

$$\int_0^\infty E\,d\lambda\,r^2 A + \int_0^\infty e\,d\lambda\,(1-A)\,r^2 A + \int_0^\infty e\,d\lambda\,(1-r)\,r\,A = \int_0^\infty e\,d\lambda\,r\,A$$

oder

$$\int_0^\infty d\lambda\,(E - e\,A)\,r^2 A = 0.$$

Genau ebenso, wie wir es im Falle der absolut schwarzen Körper bewiesen haben, lässt sich aus dieser Gleichung folgern, dass

$$E - e\,A = 0$$

ist, oder dass

$$\frac{E}{A} = e$$

für jede Wellenlänge.

Damit ist das Kirchhoff'sche Gesetz ganz allgemein bewiesen.

§. 89. Die Funktion e.

Das Verhältniss zwischen dem Emissionsvermögen und dem Absorptionsvermögen ist also gleich e, wo e eine Funktion der Temperatur und der Wellenlänge bedeutet. Leider kennen wir diese Funktion nicht genauer, aber einige fundamentale Eigenschaften derselben lassen sich doch angeben. e bezeichnet die Intensität des Lichtes von bestimmter Wellenlänge, welches ein absolut schwarzer Körper bei der betreffenden Temperatur ausstrahlt. Den absolut schwarzen Körpern wird sich eine Substanz wie Kohle in dieser Beziehung sehr nähern. Bei niedriger Temperatur emittirt Kohle überhaupt kein Licht, sondern nur die sehr langen Wärmewellen; für kürzere Wellen ist daher bei niedriger Temperatur e = 0 zu setzen. Je höher die Temperatur steigt, für desto kürzere Wellen erhält e einen angebbaren Werth; bei etwa 525° C z. B. beginnt die Kohle dunkelrothes Licht auszusenden. Mit steigender Temperatur treten dazu die orangefarbigen, gelben, grünen u. s. w. Strahlen, während die schon vorhandenen an Intensität zunehmen. Das Auftreten der kürzeren Wellen, sowie die Intensitätszunahme der längeren findet aber ganz kontinuirlich statt, nirgends zeigen sich plötzliche Aenderungen und Sprünge. Wir können daher für die Grösse e als Funktion von Wellenlängen und Temperatur Folgendes aussagen: e ist sowohl als Funktion von t, wie auch als Funktion von λ eine kontinuirliche Funktion, die weder Sprünge macht, noch hervorragende Maxima oder Minima haben kann. Für jedes λ ist e bei niedrigen Temperaturen sehr wenig von 0 verschieden, erhält bei einer bestimmten Temperatur einen bemerkbaren Werth und nimmt von da an langsam zu mit der Temperatur. Je kleiner λ ist, desto höher muss t sein, damit e einen bemerkbaren Werth erreiche.

Diese Eigenschaften von e genügen, um viele Erscheinungen zu erklären.

Für alle Körper, welche wir kennen, ist A nie gleich 0. Aus der Gleichung

$$E = e A$$

folgt dann, dass E = 0, so lange e = 0; sobald aber die Temperatur vorhanden, für welche e von Null verschieden ist, ist auch für alle Körper E von Null verschieden, d. h. alle Körper beginnen bei derselben Temperatur Licht zu emittiren; dies ist das Draper'sche Gesetz (vergl. p. 6).

Ferner folgt aus dem Umstande, dass e keine Sprünge macht, dass E und A gleichzeitig Maxima und Minima haben müssen, d. h., dass bei jeder Temperatur ein Körper das Licht am stärksten emittiren muss, welches er bei derselben Temperatur am stärksten absorbirt, und dass Farben, welche er gar nicht emittirt, von ihm auch gar nicht absorbirt werden. Dies erklärt die Umkehrung der Spektra durch glühende Dämpfe.

§. 90. Folgerungen aus dem Kirchhoff'schen Gesetz.

Als wir den Einfluss von Temperatur, Druck und Dichte des leuchtenden Dampfes auf die Emissionsspektra besprachen, suchten wir die Veränderungen des Spektrums durch Aenderungen des molekularen Baues und der Schwingungsverhältnisse der Atome zu erklären. Ich bemerkte damals, dass diese Ansichten nicht von allen Spektroskopisten getheilt werden, sondern dass Einige, unter welchen namentlich Wüllner zu nennen ist, alle Erscheinungen aus Folgerungen aus dem Kirchhoff'schen Gesetze ableiten zu können meinen. Wir wollen diese Folgerungen nun besprechen und zunächst untersuchen, welchen Einfluss veränderte Dicke und Dichte der ausstrahlenden Schicht auf das Emissionsspektrum üben muss[1]).

Eine Dampfschicht von der Einheit der Dicke emittire von einer bestimmten Farbe ε, absorbire davon α, während für einen schwarzen Körper das Emissionsvermögen für dieselbe Temperatur und Wellenlänge e sei; dann ist

$$\varepsilon = \alpha \, e.$$

Wir wollen annehmen, die Dampfmasse habe n solcher Schichten. Die vorderste Schicht emittirt:

$$\varepsilon_1 = \alpha \, e.$$

Die zweite emittirt ebenso viel; davon absorbirt aber die erste den Bruchtheil α, so dass heraustritt:

$$\varepsilon_2 = \varepsilon_1 (1 - \alpha) = \alpha (1 - \alpha) \, e.$$

Von der dritten Schicht wird wieder αe emittirt, aber davon durch die zweite α absorbirt, so dass auf die erste Schicht fällt $\alpha e (1 - \alpha)$; davon absorbirt die erste wieder α, so dass heraustritt:

$$\varepsilon_3 = \alpha \, e (1 - \alpha)(1 - \alpha) = \alpha (1 - \alpha)^2 \, e.$$

In derselben Weise gestaltet es sich für die folgenden Schichten, so dass von dem durch die nte Schicht emittirten Lichte αe heraustritt:

$$\varepsilon_n = \alpha (1 - \alpha)^{n-1} \, e.$$

Die gesammte emittirte Lichtmenge ist daher

$$E = \alpha \, e \left\{1 + (1 - \alpha) + (1 - \alpha)^2 + \ldots + (1 - \alpha)^{n-1}\right\}.$$

Die Klammer ist eine geometrische Reihe, deren Summe ist: $\frac{1 - (1 - \alpha)^n}{\alpha}$, so dass wird:

$$\varepsilon = \left[1 - (1 - \alpha)^n\right] e.$$

Nun ist α ein positiver echter Bruch, $(1-\alpha)$ also auch, folglich nähert sich $(1-\alpha)^n$ der 0 mit wachsendem n, d. h. zunehmender Dicke der Schicht; E nähert sich also e, d. h. mit wachsender Dicke der Schicht nähert sich die Lichtemission jeder Substanz derjenigen eines absolut schwarzen Körpers; **mit wachsender Schicht muss also jedes Spektrum kontinuirlich werden.** Die Annäherung von E an e wird desto eher eintreten, je kleiner $(1-\alpha)$, je grösser α, oder auch ε ist. ε, die Emission des Dampfes, hat aber ihren grössten

---

1) Vergl. dazu: Zöllner, Pogg. Ann. **142** p. 88—111 (1871); Wüllner, Wied. Ann. **8** p. 590—623 (1879); Schuster, Rep. Brit. Ass. p. 275—277 (1880).

Werth für die Wellenlängen, welche der Dampf in seinem Emissionsspektrum als Linien zeigt, und für die unmittelbar benachbarten Stellen; das Kontinuirlichwerden muss sich daher so äussern, dass das Licht sich von den hellen Linien aus über das ganze Spektrum erstreckt, d. h., es werden zuerst die hellen Linien sich verbreitern.

Ebenso wie Vermehrung der Dicke der Schicht wird auch Vermehrung der Dichte des Dampfes wirken müssen, da es sowohl bei der Absorption wie bei der Emission nur auf die Anzahl der dabei wirksamen Molekeln ankommt; es wird daher einerlei sein, ob wir die Dicke der Schicht verdoppeln, ihre Dichte ungeändert lassen, oder ob wir bei ungeänderter Dicke die Dichte verdoppeln. Bezeichnet daher d die Dichte, $\mathfrak{a}$ das Absorptionsvermögen für Einheit der Dichte, so ist auch

$$\varepsilon = \left[1 - (1 - \mathfrak{a})^{d}\right] e.$$

Aus dieser Gleichung ergiebt sich ebenso, wie aus der früheren, dass mit zunehmender Dichte das Spektrum sich dem eines absolut schwarzen Körpers nähern muss, d. h., dass es kontinuirlich werden muss durch Verbreiterung der Linien. — Dass das in der That der Fall ist, haben wir früher gesehen; bei 10 Atmosphären Druck zeigt Wasserstoff ein vollkommen kontinuirliches Spektrum.

Aus der Gleichung folgt auch die Thatsache, dass die festen Körper ein kontinuirliches Spektrum geben müssen; denn erstlich ist für sie d relativ sehr gross; weiter aber ist auch für die meisten festen Körper $\mathfrak{a}$ sehr gross im Vergleich zu den Gasen, also $(1-\mathfrak{a})$ sehr klein, so dass schon bei geringerer Dichte, als sie bei den Gasen nöthig wäre, das Spektrum nahezu kontinuirlich sein muss.

Theoretisch scheint also das Kirchhoff'sche Gesetz alle Erscheinungen sehr leicht zu erklären; in Wahrheit gestaltet sich aber die Sache doch etwas anders; vor allen Dingen ist der Einfluss der Dicke der Schicht ein nur unbedeutender für die Gase, weil für sie α einen ausserordentlich kleinen Werth hat. Das beweist uns das Sonnenspektrum. Wir werden gleich näher besprechen, dass die dunklen Linien desselben dadurch entstehen, dass das vom Kern der Sonne ausgehende Licht eine dicke Schicht glühender Gase zu durchdringen hat. Diese Schicht ist viele tausend Kilometer dick, und doch sind die dunklen Linien nicht breiter, als wir sie durch Absorption mittelst einer Schicht von wenigen Millimetern Dicke erzeugen können. Bei flüssigen und festen Körpern, sowie bei einigen Dämpfen, wie z. B. Jod und Untersalpetersäure, bei welchen α einen grossen Werth hat, da macht sich freilich der Einfluss der Dicke der Schicht, oder der Dichte resp. Konzentration in vollem Maasse der Theorie entsprechend geltend.

Auch über die Veränderlichkeit der Spektren giebt das Kirchhoff'sche Gesetz einigen Aufschluss: wir betrachten zwei Stellen des Spektrums mit den Wellenlängen λ_1 und λ_2. Der leuchtende Dampf sende von diesen Farben die Mengen E_1 und E_2 aus, während sein Absorptionsvermögen für sie sei $\mathfrak{a}_1$ und $\mathfrak{a}_2$; für einen schwarzen Körper sei das Emissionsvermögen der beiden Farben e_1 und e_2. Dann haben wir die Gleichung

$$\frac{\varepsilon_1}{\varepsilon_2} = \frac{\left[1-(1-\mathfrak{a}_1)^d\right] e_1}{\left[1-(1-\mathfrak{a}_2)^d\right] e_2}.$$

Nehmen wir nun mit Zöllner an, es sei $\mathfrak{a}_1 = 0{,}100$; $\mathfrak{a}_2 = 0{,}005$; $e_1 = 0{,}25\ e_2$ (womit angenommen ist, dass e_1 zu einer kleineren Wellenlänge gehört, als e_2), so ergiebt sich folgende Tabelle:

Für	$d = 1$	ist	$\frac{\varepsilon_1}{\varepsilon_2} = 5{,}00$
„	$d = 10$	„	„ $= 3{,}33$
„	$d = 40$	„	„ $= 1{,}33$
„	$d = 60$	„	„ $= 0{,}95$
„	$d = 100$	„	„ $= 0{,}63$
„	$d = 1000$	„	„ $= 0{,}25$.

Wenn also die Dichte der Schicht unter 50 liegt, so ist die Linie λ_1 heller als λ_2, für grössere Dichten dagegen wird λ_2 heller; es kann daher bei einer bestimmten Dichte λ_1 allein sichtbar sein, bei einer anderen λ_1 und λ_2, bei einer dritten endlich kann λ_2 sehr viel heller sein. Es sieht dann so aus, als ob eine neue Linie aufgetreten wäre, während in Wahrheit sich nur die Intensitätsverhältnisse geändert haben. Aber nach diesem Gesetz kann sich niemals das Spektrum vollständig ändern, Linien die einmal bestehen, müssen auch bei allen höheren Drucken und Temperaturen bestehen bleiben, es kann ihre absolute Intensität nie abnehmen, sondern nur die relative. Solche absolute Aenderungen kommen aber unendlich häufig vor, Linien die bei einer Temperatur sehr hell sind, verschwinden bei einer andern, während an den Stellen eines Lichtminimums nun ein Lichtmaximum auftritt; es ist daher ein vergebliches Bemühen, alle Veränderungen durch dies Gesetz erklären zu wollen, und wir haben deshalb die Veränderlichkeit der molekularen Zusammensetzung in den Vordergrund gestellt. Solange das Molekel unverändert schwingt, so lange wird diese Folgerung aus dem Kirchhoff'schen Gesetze gültig sein, aber über diese Grenzen hinaus nicht, und diese Genzen scheinen bei vielen Substanzen sehr enge gezogen zu sein. In einzelnen Fällen ist allerdings nachgewiesen, dass Temperaturänderungen von 50.000° und mehr das Spektrum noch nicht wesentlich ändern, so dass das Molekel innerhalb so bedeutender Grenzen seinen Bau beibehalten kann.

Capitel XII.

Absorption durch Gase und Dämpfe.

§. 91. Bedeutung der Absorptionsspektra.

Für die Spektralanalyse ergiebt sich aus dem Kirchhoff'schen Gesetz eine Folgerung von der aller weitgehendsten Bedeutung, nämlich dass bei jeder Temperatur das Emissionsspektrum und das Absorptionsspektrum einander entsprechen müssen. Wenn wir daher das eine der beiden Spektra kennen, so ist unmittelbar damit auch das andere gegeben. Diese Thatsache ist deshalb so wichtig, weil dadurch das Gebiet der Untersuchung ausserordentlich erweitert wird; es werden die Substanzen auch bei den Temperaturen zugänglich, bei welchen sie noch nicht leuchten. Wir können so mit Hülfe des Spektroskops die Aenderungen in den Atomschwingungen der Substanzen von den niedrigsten Temperaturen bis zu den höchsten ununterbrochen verfolgen, bei den niedrigen durch Absorption, bei den hohen durch Emission.

Wir hatten früher das Gesetz aufgestellt, dass jede Verbindung ihr eigenes Spektrum haben müsse; wir hatten gesehen, dass dies Gesetz erst allmälig erkannt wurde, aus dem Grunde, dass bei den zur Emission nöthigen hohen Temperaturen die Salze meist dissociirt sind, so dass sie nur das Spektrum des Metalls geben. Dieser Schwierigkeit können wir nun leicht entgehen; die Absorptionsspektra durch Salzlösungen sind ja ganz gleichwerthig mit den Emissionsspektren, und wir können uns leicht überzeugen, dass jedes Salz sein besonderes Absorptionsspektrum hat, wenn die Absorption überhaupt stark genug ist, um sichtbar zu werden.

§. 92. Aeltere Umkehrungsversuche.

Die älteren Versuche über die Absorptionsspektra, welche durch gefärbte Gase bei niedriger Temperatur hervorgebracht werden, haben wir schon früher besprochen; es bleiben uns nur die neueren Versuche bei hohen Temperaturen. Dass dabei die Dämpfe wirklich die Linien umkehren, welche sie selbst emittiren, ist durch zahllose Versuche bestätigt. Die erste Beobachtung dieser Art hat wohl Foucault[1]) gemacht, welcher zufällig fand, dass im Sonnenlicht, welches durch den Kohlenbogen hindurchgegangen war, die D-Linien ausserordentlich

[1]) Foucault, L'Institut (1849).

dunkel erschienen. Die ersten absichtlich angestellten Versuche waren die beschriebenen von Kirchhoff. Die Umkehrung der D-Linien kann man sehr leicht zeigen, indem man durch eine elektrische Lampe ein Spektrum auf einem Schirme entwirft; bringt man in den Gang der Strahlen einen Bunsen'schen Brenner, in welchem auf einem Metallblech etwas Na verdampft, so treten sofort die beiden schwarzen Na-Linien auf, welche bei dichtem Dampf so verbreitert sind, dass sie zu einem mächtigen schwarzen Streifen zusammenfliessen. Oft genug erhält man die Umkehrung der D-Linien wider Willen, wenn man das Na-Emissionsspektrum projiziren will; man bringt dazu ein Stückchen Na auf die Kohlen der Lampe; nimmt man zuviel Na, so ist der Kohlenbogen von Na-Dampf umgeben, welcher kühler ist, als in der Mitte des Bogens, und daher die Linien umkehrt, so dass man das Absorptionsspektrum erhält.

Auf ähnliche Weise ist es zuerst Cornu[1]) gelungen, von verschiedenen Metalldämpfen Absorptionsspektra zu erhalten, z. B. von Mg, Ag, Cd, Pb, Cu, Jn und anderen.

§. 93. Versuche von Lockyer.

Die ersten systematischen Untersuchungen über die Absorption durch Metalldämpfe von verschiedenen Temperaturen sind von Lockyer[2]) ausgeführt worden. Seinen ersten Apparat zeigt Fig. 56. In der Mitte der Zeichnung sieht man einen Ofen, in welchem horizontal ein eisernes Rohr liegt, welches in der Mitte ein seitliches, aus dem Ofen herausragendes Rohr besitzt, durch welches Stückchen des Metalles eingeführt werden. Die Enden des Rohres sind durch Glasplatten geschlossen, ausserdem befinden sich hier Zuleitungen, um Wasserstoff durch das Rohr strömen lassen zu können; vor dem einen Ende sieht man eine elektrische Lampe, welche das nöthige Licht giebt, vor dem anderen Ende den Spektralapparat; ganz rechts in der Zeichnung befindet sich der Wasserstoff-Entwickelungsapparat. Der Ofen wurde mit Koaks oder Holzkohlen geheizt. Um noch höhere Temperaturen zu erzielen, liess Lockyer in einem Kalkblock eine Bohrung herstellen; durch eine Seitenöffnung wurde eine Knallgasgebläse-Flamme eingeführt, welche das zu untersuchende Metall schmolz und verdampfte. Die Enden der Bohrung waren auch hier durch Glasplatten verschlossen, um den Dampf zu-

---

1) Cornu, C. R. **73** p. 332—337 (1871).

2) Lockyer, C. R. **78** p. 1790—1793 (1874); Lockyer u. Roberts, Proc. Roy. Soc. **23** p. 344—349 (1875); Lockyer, Studien zur Spektralanalyse p. 62—69.

sammenzuhalten. Ebenso war es auch hier möglich, Wasserstoff durchzuleiten, um die Oxydation zu verhindern.

Mit diesen Apparaten hat Lockyer einen grossen Theil der Metalle untersucht. Die speziellen Resultate sind im dritten Abschnitte bei den einzelnen Elementen angegeben; hier sollen nur einige allgemeinere Ergebnisse mitgetheilt werden.

Fig. 56.

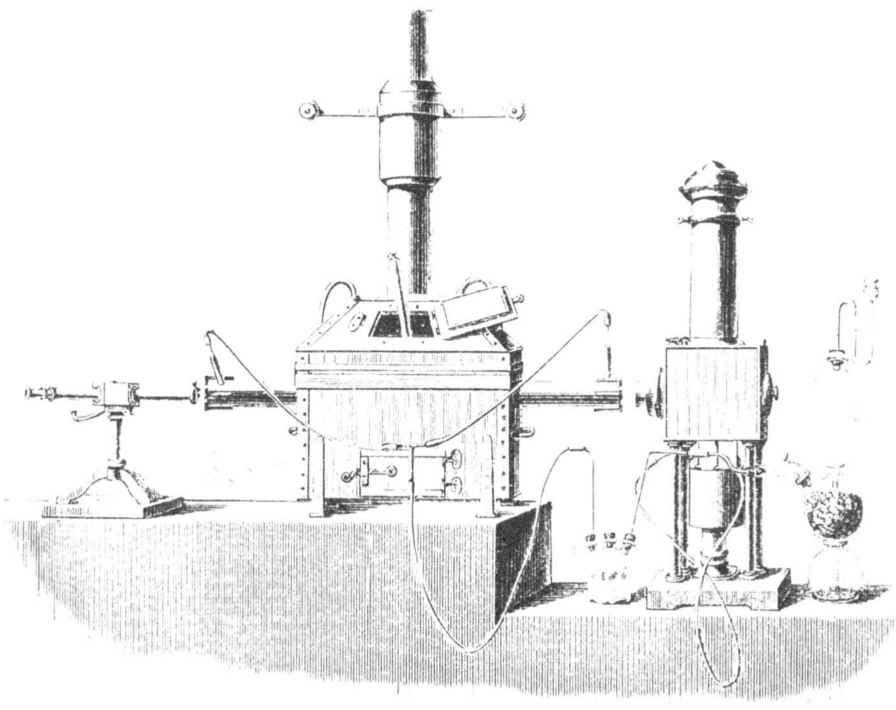

Lockyer fand, dass bei niedriger Temperatur gewöhnlich kontinuirliche Absorption am blauen oder rothen Ende des Spektrum's auftrat. Bei gesteigerter Temperatur erscheint dann ein kannelirtes Spektrum, welches bei höchster Temperatur, welche aber nicht für alle Metalle erreicht werden konnte, in ein Linienspektrum überging. Dasselbe zeigt zuerst nur einzelne Linien, zu welchen bei steigender Temperatur und Dichte immer mehr Linien hinzukommen. Die zuerst umgekehrten Linien sind die langen Linien des Metalls; es bestätigt sich also auch hier, dass dies die Hauptlinien sind, d. h. diejenigen, welche den am leichtesten hervorzubringenden und kräftigsten Schwingungen der Atome entsprechen; erst bei höherer Temperatur erscheinen die kurzen Linien; wir haben also ganz dieselben Erscheinungen, wie bei der Emission des Lichtes.

Wir hatten zwei grosse, ganz verschiedenen Molekularanordnungen entsprechende Stufen unter den Spektren unterschieden, nämlich das Linienspektrum bei einfachstem Molekularbau und das Bandenspektrum. Auf Grund seiner Absorptionsversuche glaubt Lockyer 5 solcher Stufen der molekularen Zusammensetzung unterscheiden zu müssen, die er folgendermaassen charakterisirt:

Erste Stufe	Linienspektrum;
Zweite Stufe . . .	Kannelirtes Spektrum;
Dritte Stufe	Kontin. Absorption am blauen Ende, die nicht das rothe Ende erreicht (kann in ein kannelirtes Spektrum übergehen);
Vierte Stufe	Kontin. Absorption am rothen Ende, die nicht das blaue Ende erreicht (kann in ein kannelirtes Spektrum übergehen);
Fünfte Stufe . . .	Kontin. Absorption durch das ganze Spektrum.

§. 94. Versuche von Liveing und Dewar.

Noch viel umfangreichere Untersuchungen über die Absorption sind in den letzten 5 Jahren durch zwei andere englische Physiker, Liveing und Dewar, ausgeführt worden. Dieselben haben sehr sinnreiche, einfache, aber doch wirksamere Apparate konstruirt, in denen sie die hohe Temperatur des elektrischen Bogens zur Verdampfung der Metalle benutzen. Verschiedene Formen der Apparate zeigt Fig. 57. In Fig. 57, I stellt *a* einen massiven Block von Kohle dar, in welchen von oben und von der Seite je eine Bohrung gemacht ist, welche zusammentreffen. Durch die seitliche Bohrung wird ein Kohlenstab *b* eingeschoben, der mittelst eines Kalkpfropfens *c* von *a* isolirt ist; verbindet man *a* und *b* mit den Dräthen einer dynamoelektrischen Maschine, so erhält man zwischen *a* und der Spitze von *b* ein Bogenlicht, in welchem Metalle, welche durch die obere Oeffnung eingeführt werden, verdampfen. Der glühende Boden des Blockes giebt das kontinuirliche Licht, die Absorption durch die Metalldämpfe wird durch die obere Bohrung beobachtet. — Eine andere Form zeigt Fig. II. Hier ist *a* ein Kalkblock, welcher ausser der Bohrung von oben zwei seitliche Löcher hat, in welche zwei Kohlenstäbe *b* zur Erzeugung des Kohlenbogens eingeführt werden. In Fig. III ist *a* ein dicker Kalkcylinder. Von unten wird ein massives Kohlestück *c* eingeschoben, von oben aber ein der Länge nach durchbohrtes *b*. *b* und *c* sind mit der Lichtmaschine verbunden; die Bohrung in *b* dient dazu, sowohl Metallstückchen in den Kohlenbogen hineinwerfen zu können, als auch das Licht zur Untersuchung austreten zu lassen.

Häufig ist es wünschenswerth, Wasserstoff oder ein anderes Gas durch die Lichtbogen leiten zu können, um die Metalle vor Oxydation zu schützen. Dazu verwenden Liveing und Dewar Apparate, von deren einem Fig. 57, IV eine Skizze giebt.

a ist wieder ein Kalkblock mit einer T-förmigen Bohrung; durch die beiden seitlichen Löcher sind ein massiver Kohlenstab *c* und ein

Eig. 57.

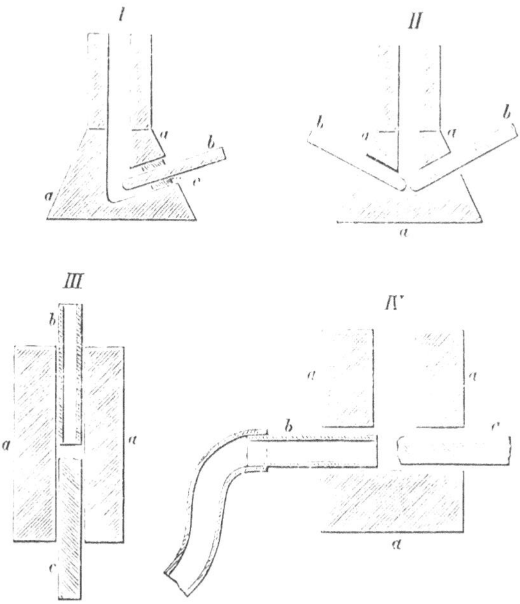

der Länge nach durchbohrter *b* eingeschoben. Durch die Bohrung des letzteren wird ein langsamer Strom des gewünschten Gases geleitet; die Bohrung nach oben lässt das Licht austreten.

Die Formen des Apparates sind von den genannten Forschern sehr mannigfach variirt worden, aber immer nach ähnlichem Prinzip konstruirt. Es haben in diesen Apparaten auch die schwerst schmelzbaren Metalle in Bezug auf die Absorption ihrer Dämpfe untersucht werden können, und Liveing und Dewar fahren noch in diesen Untersuchungen fort[1]).

[1]) Die zahlreichen Abhandlungen von Liveing u. Dewar finden sich sämmtlich in den Proc. Roy. Soc. vom **28.** Bande (1879) an.

Bei der hohen Temperatur des Kohlenbogens sind Absorptionsspektren natürlich Linienspektren, die mit denen ganz genau übereinstimmen, welche wir sonst als Emissionsspektren kennen, so dass das Kirchhoff'sche Gesetz hier seine ausgiebigste Bestätigung findet.

Es haben sich auch bei der Absorption alle die Erscheinungen gezeigt, welche wir von der Emission her kennen, also z. B. die grosse Veränderlichkeit der Spektra mit Druck und Temperatur in Bezug auf Zahl und Intensitätsverhältnisse der Linien; oder die Verbreiterung der Linien bei zunehmender Dichte des Gases u. s. w.; da Emission und Absorption durch dieselben Atomschwingungen geregelt werden, so zeigen sie unter den verschiedensten Bedingungen ganz denselben Verlauf.

Capitel XIII.

Das Sonnenspektrum.

§. 95. Ursprung der Sonnenlinien.

Die Frauenhofer'schen Linien hatten den Anstoss zur Entdeckung des Kirchhoff'schen Gesetzes gegeben; andrerseits verdanken sie ihm nun auch ihre Erklärung. Wir wissen ja jetzt, dass solche umgekehrte Linien zu Stande kommen, wenn sehr helles Licht eine Schicht kühlerer aber auch noch glühender Dämpfe zu passiren hat. Da z. B. die Natriumlinien zweifellos unter den Frauenhofer'schen Linien vorhanden sind, so muss sich auf dem Wege der Sonnenstrahlen zu uns eine Schicht leuchtenden Na-Dampfes befinden, welche die Umkehrung der Linien bewirkt.

Es kann zunächst zweifelhaft erscheinen, wo diese absorbirenden Dampfmassen zu suchen sind, ob etwa unsere Erdatmosphäre die Linien umkehrt, oder ob die Sonne selbst von einer Dampfschicht umgeben ist. Die Entscheidung ist leicht zu treffen: wie wir wissen, nimmt die Absorption sehr zu, wenn die Dicke der absorbirenden Schicht wächst; Mittags hat das Sonnenlicht eine viel dünnere Schicht der Erd-Atmosphäre zu durchdringen, als Morgens und Abends; falls also die Erdatmosphäre die Linien hervorbringt, so müssten sie Mittags am hellsten sein. Es giebt in der That solche Linien, deren Intensität vom Stande der Sonne abhängt, sie müssen also von der Erdatmosphäre hervorgebracht sein, — man nennt sie atmosphärische oder terrestrische Linien, und wir werden uns später ausführlicher mit ihnen beschäftigen, — aber die grosse Mehrzahl der Frauenhofer'schen Linien ist unveränderlich, muss also durch Absorption auf der Sonne selbst entstanden sein.

Dagegen ist eingewendet worden, dass für die Sonnen-Atmosphäre dasselbe gelten müsste, dass also die Strahlen, welche vom Rande der Sonne kommen, die Linien dunkler zeigen müssten, als die Strahlen aus der Mitte. Der Unterschied in der Länge der Wege die ein Strahl durch die Atmosphäre zurückzulegen hat, wenn er vom Sonnenrande radial oder tangential ausgeht, wird aber um so kleiner, je dicker die Atmosphäre im Vergleich zum Radius des Kernes ist; wie wir sehen werden ist bei der Sonne die Atmosphäre sehr dick, so dass der Unterschied in der Dunkelheit der Frauenhofer'schen Linien nur gering sein kann. Angström hat dies untersucht, und es schien ihm, als ob in der That in dem vom Rande kommenden Lichte die Linien ein wenig dunkler seien.

Ein zweiter Beweis dafür, dass nicht die Erdatmosphäre die Linien hervorbringt, liegt in Folgendem: Wenn die Absorption erst an der Erde statt fände, so müssten dieselben Linien auch in dem Lichte aller Fixsterne sichtbar werden; das ist aber durchaus nicht der Fall, es zeigen sich hier vielmehr die grössten Unterschiede, viele Spektra zeigen überhaupt keine dunklen, sondern helle Linien. Es ist dadurch jeder Zweifel darüber beseitigt, dass die absorbirende Schicht sich auf der Sonne selbst, nicht aber auf der Erde, befindet.

Daraus ergiebt sich nun eine Folgerung von aller höchstem Interesse: da wir durch unsere spektralanalytischen Untersuchungen wissen, zu welchen Elementen die verschiedenen Linien gehören, so sind wir in den Stand gesetzt, durch Vergleichung der Frauenhofer'schen Linien mit den Linien der bekannten Elemente zu entscheiden, aus dem Dampfe welcher Elemente sich die Hülle der Sonne zusammensetzt, d. h. wir können die chemische Zusammensetzung der Sonne erkennen. So gelangen wir durch die Spektralanalyse zu einer Kenntniss, deren Möglichkeit wenige Jahre vor der Entdeckung der Spektralanalyse einfach in das Gebiet einer überhitzten Phantasie verwiesen worden wäre. Dieser Fall ist eines der schönsten Beispiele dafür, dass man auf dem Gebiete der Wissenschaft nie vorhersehen kann, was wir eines Tages wissen werden, und was wir nie wissen werden.

Kirchhoff gelangte durch diese Erkenntniss des Ursprungs der Frauenhofer'schen Linien dazu, die damals geltenden Anschauungen über die Beschaffenheit der Sonne, — dieselbe wurde nach Herrschel's

Vorgang von vielen für kalt, sogar für bewohnbar gehalten, — als falsch zu erklären; er gelangte zu der Annahme, dass die Sonne aus einem Kerne von sehr hoher Temperatur bestehen müsse, der deshalb wahrscheinlich feurigflüssig sei, und aus einer ihn umgebenden dicken Schicht von Dämpfen der Substanzen, die im Kern flüssig vorhanden sind. Der Kern strahlt kontinuirliches Licht aus, in welchem die Dampfhülle die dunklen Linien hervorbringt.

§. 96. Der sichtbare Theil des Sonnenspektrums.

Wir wollen uns nun genauer mit dem Sonnenspektrum und den Zeichnungen, welche wir von ihm besitzen, beschäftigen. Die älteste Zeichnung ist die schon oft erwähnte von Frauenhofer aus dem Jahre 1814; sie enthält nur einige hundert Linien und ist in kleinem Maassstabe, so wie man das Spektrum durch ein Prisma erhält.

Die erste grosse Zeichnung rührt von Kirchhoff[1]) her, welcher einen Apparat mit 4 Flintglasprismen gebrauchte; sie ist von so musterhafter Genauigkeit, dass sie seitdem nur von wenigen Beobachtern erreicht oder gar übertroffen worden ist, obgleich wir heute ganz andere technische Hülfsmittel besitzen, als sie damals Kirchhoff zur Verfügung standen. Das Sonnenspektrum reicht von der Linie A bis zur Linie G, und zeigt auf dieser Strecke etwa 700 Linien. Leider sind dieselben nach einer willkürlichen Skala aufgetragen.

Die nächste grosse Untersuchung über den sichtbaren Theil des Sonnenspektrums ist das Spectre Normal von Angström[2]), welches auch heute nòch als die fundamentale Arbeit gilt, auf deren Angaben man sich am sichersten verlassen kann. Der grosse Vorzug der Angström'schen Zeichnung vor der Kirchhoff'schen liegt darin, dass sie ein normales Sonnenspektrum darstellt, d. h. ein solches, in welchem die Linien nach ihren Wellenlängen aufgetragen sind; es ist also ein Beugungsspektrum. Das Angström'sche Spektrum reicht von A bis H und enthält etwa 1000 Linien. Angström hat mit grosser Sorgfalt die Wellenlängen der Linien mittelst Gitter bestimmt; direkt gemessen wurden die Wellenlängen von 150 der stärksten Linien, die über das ganze Spektrum gleichmässig vertheilt sind; für die übrigen Linien wurde die Wellenlänge festgestellt, indem mikrometrisch ihr Abstand von den benachbarten Fundamentallinien gemessen wurde. —

---

[1]) Kirchhoff, Untersuchungen über das Sonnenspektrum, Abh. der Berl. Akad. (1861).

[2]) Angström, Recherches sur le spectre solaire, Upsala, bei Schulz (1868).

Die folgende Tabelle enthält die Wellenlängen der wichtigsten Frauenhofer'schen Linien nach Angström:

A	760,40	E	526,913	h	410,12
B	686,71	b_1	518,310	H	396,81
C	656,21	b_4	516,688	H_1	393,30.
D_2	589,513	F	486,074		
D_1	588,912	G	430,725		

Es waren schon vor Angström zahlreiche Bestimmungen der Wellenlängen einzelner Linien ausgeführt, — ausser Frauenhofer wären namentlich Ditscheiner, van der Willigen und Mascart zu nennen, — aber keiner hat eine so grosse Genauigkeit erreicht, wie Angström. Um die Kirchhoff'sche Zeichnung besser ausnutzen zu können, sind später Kirchhoff's Angaben auf Wellenlängen umgerechnet worden von Gibbs[1]) und von Watts[2]).

In neuester Zeit ist das Sonnenspektrum noch mehrfach gezeichnet worden unter Benutzung viel grösserer Dispersion, wobei man sehr viel mehr Linien erhält; es sei hier nur das vom astrophysikalischen Observatorium zu Potsdam erhaltene Spektrum[3]) und eine Zeichnung von Fievez[4]) erwähnt[5]). —

In fast allen Fällen wird das Angström'sche Spektrum ausreichen, und wegen seiner ausserordentlichen Genauigkeit wird es fast stets als Skala benutzt; es ist deshalb auf den Tafeln I—VI diesem Werke eine photographisch hergestellte Reproduktion des Angström-schen Atlas in verkleinertem Maassstabe beigegeben. Ueber jedem Streifen befindet sich eine Theilung, welche die Wellenlängen der Linien abzulesen gestattet; ein Theilstrich entspricht einem Zehnmilliontel mm, so dass man durch Schätzung die Wellenlängen bis auf ein Hundertmilliontel mm erhält. Unter dem Spektrum ist der chemische Ursprung vieler Linien nach den Untersuchungen von Angström und Thalen angegeben. Man wird in dem Spektrum einzelne Linien und Banden finden, welche nicht durch das ganze Spektrum gehen, sondern nur am oberen Rande gezeichnet sind, z. B. bei den D-Linien; dieselben stellen

1) Gibbs, Sillim. J. **45** (1867) und 47 (1869).

2) Watts, Index of Spectra, London, Gillmann, (1872).

3) H. C. Vogel, Publikat. d. Astrophys. Obs. z. Potsdam **1** (1879).

4) Fievez, Ann. de l'observ. de Bruxelles (2) **11** (1882).

5) Einzelne besonders interessante Liniengruppen sind von P. Smyth (Madeira Spectroscopic, 1881—1882 bei Johnston, Edinbg.) gegeben; derselbe hat nur leider die Liebhaberei, alles in eigener Art machen zu wollen; so giebt er die Wellenlängen in engl. Zollen an, während in der ganzen übrigen Welt nach mm gerechnet wird; wenn man daher nicht Zeit zu langweiligen Umrechnungen hat, bleiben seine Arbeiten unbenutzbar.

die terrestrischen Linien dar, die Länge derselben entspricht ihrer Intensität. Der letzte Streif, auf Taf. VI, giebt ein Gesammtbild der terrestrischen Linien.

Unter den chemischen Nachweisen findet man noch einen schmalen Streifen, welcher das Funkenspektrum der Luft darstellt, welches mitunter vortheilhaft als Vergleichsspektrum benutzt werden kann, falls die Sonne fehlt, oder ihr Spektrum zu lichtstark ist.

§. 97. Der ultraviolette Theil des Sonnenspektrums.

Für den ultravioletten Theil des Sonnenspektrums sind wir erst in den letzten Jahren in den Besitz einer Tafel von ähnlicher Vortrefflichkeit gelangt, wie der Angström'sche Atlas ist. Es sind schon früh Versuche gemacht, mittelst der Photographie diesen Theil zu fixiren; namentlich sind die Resultate von Becquerel[1]), Müller[2]), I. W. Draper[3]) und Rutherford zu erwähnen. Die erste wirklich gute Photographie wurde von H. Draper[4]) hergestellt; das Spektrum wurde durch ein von Rutherford auf Spiegelmetall getheiltes Gitter erzeugt; die Photographie reicht von G (λ = 430,7) bis O (λ = 344,0). Dann hat sich Mascart viel mit der Photographie des Ultravioletten beschäftigt[5]); seine Untersuchungen wurden von Cornu[6]) fortgeführt, der denn auch einen ausgezeichneten Atlas des normalen ultravioletten Sonnenspektrums herstellte. Der Cornu'sche Atlas ist in demselben Maassstab ausgeführt, wie der Angström'sche und umfasst die Linien zwischen h (λ = 410,1) und U (λ = 294,77). Folgendes sind die Wellenlängen der hauptsächlichsten, mit Buchstaben bezeichneten Frauenhofer'schen Linien nach Cornu:

h	410,05	O	344,10	S_2	309,97
H	396,81	P	336,00	s	304,65
K	393,33	Q	328,63	T	301,96
L	381,96	R	317,98	t	299,44
M	372,62	r	314,47	U	294,77.
N	358,18	S_1	310,08		

Die Cornu'schen Tafeln sind ebenfalls in photolithographischer Reproduktion (Taf. VII. und VIII.) diesem Werke beigefügt. Ihre

[1]) Becquerel, Bibl. Univ. de Geneve **40** (1842).
[2]) Müller, Pogg. Ann. **109** p. 151—157 (1860).
[3]) J. W. Draper, Phil. Trans. (1859).
[4]) H. Draper, Sill. J. (1873), auch Pogg. Ann. **151** p. 337—350 (1874).
[5]) Mascart, Ann. de l'école norm. sup. (1864).
[6]) Cornu, Spectre Normal du soleil, Paris bei Gauthier-Villars 1881.

Einrichtung ist nach dem über Angström's Tafeln Gesagten ohne weiteres verständlich.

Zur Herstellung dieses Spektrums benutzte Cornu natürlich einen Apparat, bei welchem alles Glas vermieden war; für die Hauptlinien wurden die Wellenlängen mittelst eines auf einer Quarzplatte getheilten Gitters bestimmt, für die andere Linien dienten Prismen; diese und die Linsen waren aus Quarz und isländischem Spath hergestellt. Aber auch mit einem solchen Apparat ist das Sonnenspektrum nur selten so weit sichtbar, wie es Cornu hat zeichnen können. Cornu hat nämlich gefunden, dass die sehr kurzen Wellenlängen von der Luft sehr stark absorbirt werden. Daher hängt die Länge des Spektrums von der Tages- und Jahreszeit, ausserdem von der Höhe, in welcher der Beobachter sich befindet, ab. So fand Cornu[1]) am elften September in Courtenay das Ende des Spektrums

um	$10^h\,30^m$	bei	295,5
„	12^h	„	295,0
„	2^h	„	297,0
„	$4^h\,17^m$	„	304,5
„	$5^h\,14^m$	„	315,0.

Um den Einfluss der Höhe zu finden, machte Cornu[2]) Spektralphotographien in der Schweiz, und zwar in Viège (Höhe 660 m), auf dem Rigi (Höhe 1650 m), endlich am Riffelhaus bei Zermatt (Höhe 2570m). Dabei erreichte er zu Mittag folgende Wellenlängen

in Viège:	295,4
Rigi:	294,8
Riffelhaus:	293,2.

Aus diesen Zahlen würde folgen, dass man etwa um 900 m steigen muss, damit die Wellenlänge der nicht absorbirten Linien um 1 $\mu\mu$ abnimmt. Jedenfalls sind wir durch die Cornu'sche Arbeit der Grenze sehr nahe gekommen, welche wir in unserer Kenntniss über das Sonnenspektrum erreichen können, obgleich anzunehmen ist, dass die Sonne viel kürzere Wellen aussendet, als etwa die elektrische Lampe, da ihre Temperatur viel höher ist. Cornu[3]) glaubt, dass zur Absorption sehr kurzer Wellen schon Luftschichten von sehr geringer Dicke genügen; so soll zur Absorption der

	Wellenlänge	211,84	schon	10 m	Luft	genügen,
für	„	184,21	„	1 m	„	„
„	„	156,58	„	0,1 m	„	„

---

1) Cornu, C. R. **88** p. 1101—1108 (1879).
2) Cornu, D'Almeida J. **10** p. 5—17 (1881).
3) Cornu, C. R. **88** p. 1285—1290 (1879).

Diesen grossen Einfluss der Luft auf kurze Wellenlängen hat Cornu auch experimentell nachweisen können.

§. 98. Der ultrarothe Theil des Sonnenspektrums.

Für den ultrarothen Theil des Sonnenspektrums ist unsere Kentniss noch lange nicht so weit gediehen, wie für die beiden anderen Theile. Die Existenz der ultrarothen Strahlen wurde durch Herrschel im Jahre 1800 entdeckt durch ihre Wärmewirkung; er sowohl, wie später Draper, Lamansky und Andere fanden in diesem Theile des Spektrums Stellen, wo die Wärmewirkung geringer war, als an den benachbarten Stellen, und man schloss daraus, dass auch hier Frauenhofer'sche Linien liegen müssten.

Dann wurde das ultrarothe Spektrum mittelst der Phosphoreszenz und Photographie auf Daguerre'schen Platten[1]) untersucht, ohne dass dabei viel mehr zu Tage gekommen wäre, als die Existenz dreier breiter Absorptionsbanden, welche mit den genannten Mitteln aber nicht in Linien aufgelöst werden konnten.

Dies ist erst Abney[2]) gelungen, der nach vielen Versuchen photographische Trockenplatten herstellen konnte, welche für die langen Lichtwellen ebenso empfindlich sind, wie für die kurzen. Die Abney'schen Platten sind mit einer Emulsion von Bromsilber in Kollodium hergestellt; durch die Zubereitung der Emulsion wird das Bromsilber in einer sehr grobkörnigen Modifikation erhalten, deren Molekeln offenbar durch die rothen Strahlen von grosser Wellenlänge in stärkeres Mitschwingen gerathen, als das bei den feinkörnigen Modifikationen des Bromsilbers der Fall ist. Es ist mit diesen Platten Abney gelungen, Strahlen zu photographiren, welche von einem Körper ausgesandt wurden, dessen Temperatur noch nicht 100^0 C. betrug.

Abney hat zuerst durch Prismen das Sonnenspektrum photographirt, und scheint dabei bis zu einer Wellenlänge von $\lambda = 2700$ $\mu\mu$ einen photographischen Eindruck auf der Platte erzielt zu haben. Weiter hat Abney, um auch die Wellenlängen genauer zu erhalten und die im prismatischen Spektrum gar zu eng zusammengedrängten Linien besser zu trennen, mittelst eines Rutherford'schen Gitters Beugungsspektren photographirt, welche aber nicht weiter, als bis zur Wellenlänge $\lambda = 1050$ $\mu\mu$ reichen, jedenfalls wegen zu geringer Lichtstärke. Dabei machte die Uebereinander-Lagerung der Spektren verschiedener Ordnung grosse Schwierigkeit; es gelang Abney, die blauen

---

[1]) Das Nähere ist schon angegeben im §. 46 p. 72 u. ff.

[2]) Abney, Phil. Trans. 1880, II p. 653—667.

Strahlen der Spektren höherer Ordnung dadurch zu beseitigen, dass er vor den Spalt ein diese Strahlen absorbirendes Medium stellte. Am zweckmässigsten erwies sich dazu eine Lösnng von chromsaurem Kali, doch waren auch Rubinglas und dünne Ebonitplatten brauchbar. Abney's Apparat, welcher alles Glas vermeidet, ist schon früher beschrieben und abgebildet worden (vergl. Fig. 28 p. 74). Das ultrarothe Spektrum, von welchem Taf. IX. eine Kopie giebt, enthält nach Abney etwa 500 Linien. Sein Charakter ist indess ein ganz anderer, als der der beiden anderen Theile des Sonnenspektrums, namentlich des ultravioletten; es besteht aus lauter einzelnen, z. Theil sehr dicken Linien, während die zahlreichen Gruppen eng zusammen gedrängter Linien, welche namentlich das Ultraviolett charakterisiren, ganz fehlen. Ueberhaupt zeigt eine Vergleichung des ganzen Sonnenspektrums, dass dasselbe mit abnehmender Wellenlänge immer komplizirter wird, das Liniengewirr immer mehr zunimmt; die Erklärung dafür werden wir finden, wenn wir die chemische Zusammensetzung der Sonne betrachten. Abney hat die Hauptgruppen von Linien im Ultrarothen mit griechischen Buchstaben benannt. Folgendes sind ihre Namen und ungefähren Wellenlängen:

A 760,
Z Gruppe von 4 Linien um 820 und einer Linie bei 824.
X Zwei starke Linien bei 854 und 866.
π Linie bei 900.
ϱ Zwei starke Linien bei 943.
ς Viele Linien zwischen 950 und 965.
τ Linien zwischen 975 und 983.
Φ_1 deren Mitte etwa bei 1200.
Φ_2 deren Mitte etwa bei 1240.
$\left.\begin{matrix}\psi_1\\ \psi_2\end{matrix}\right\}$ Die Mitte zwischen diesen beiden Banden liegt etwa bei 2700.
bei ψ_2 beginnt kontinuirliche Absorption.

In der Abney'schen Tafel ist über dem Spektrum eine willkürliche Theilung angebracht, unter demselben sind die Wellenlängen in Zehntel $\mu\mu$ angegeben.

Im Ganzen hat man über 10,000 Frauenhofer'sche Linien im Sonnenspektrum gezählt, doch würde diese Zahl sich wohl noch verdoppeln, wenn noch stärker dispergirende Instrumente benutzt würden, da sich dann sehr häufig zeigt, dass die scheinbar einfachen Linien sich in zwei, drei, oder noch mehr sehr feine, ausserordentlich nahe zusammen liegende Linien auflösen lassen.

Es ist beim Sonnenspektrum noch ein Punkt zu erwähnen, der noch nicht genügend aufgeklärt ist. Während das Spektrum im Allgemeinen ein kontinuirliches, von zahllosen Absorptionslinien durchfurchtes Spektrum ist, treten einige wenige Linien hervor, die deutlich heller, als der kontinuirliche Grund sind. Solche Linien werden z. B. von Cornu im Ultravioletten angegeben bei $\lambda = 388{,}5$; $388{,}1$; $319{,}0$; mehrere Linien zwischen 317 und 316; auf andere helle Linien im sichtbaren Theile hat Hennessey[1]) aufmerksam gemacht. Zu ihrer Erklärung müsste man annehmen, dass sie von Dämpfen ausgesandt werden, die ausserhalb der absorbirenden Schicht der Sonne liegen und eine sehr hohe Temperatur besitzen; indess scheint eine solche Erklärung doch ganz unhaltbar.

Es sei hier noch hervorgehoben, dass das Sonnenspektrum nur Linien zeigt, keine Banden; da wir wissen, dass die Linien einer hohen Temperatur angehören, so können wir schliessen, dass in Folge der

Fig. 58.

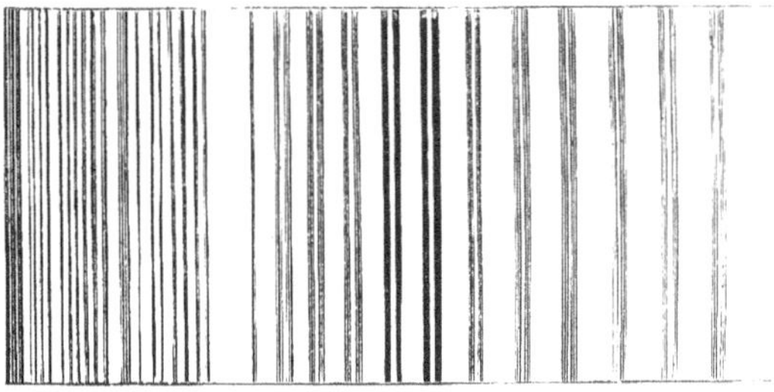

Gruppe A.

Gruppe B.

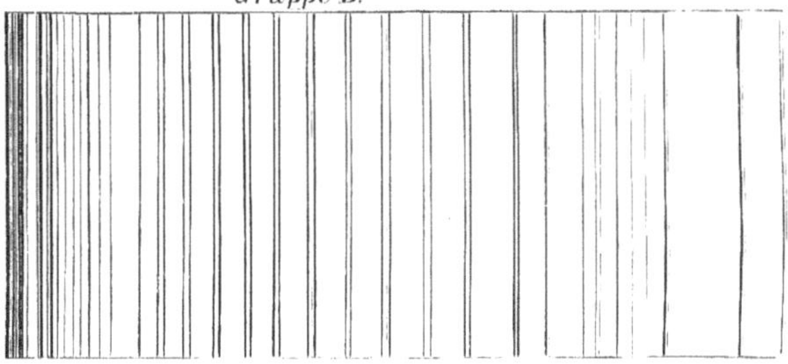

hohen Sonnentemperatur die Molekeln aller Substanzen so weit dissociirt sind, dass sie Linienspektra hervorbringen; jedenfalls kann keine Verbindung auf der Sonne existiren, da diese nur Bandenspektra zeigen. Einen ganz besonderen Charakter haben nur die beiden mit A und B bezeichneten Liniengruppen, die man fast für eine kannelirte Bande anzusprechen geneigt ist. Diese interessanten Gruppen, welche man nur unter günstigsten Verhältnissen mit dem Auge deutlich sieht, sind in

[1]) Hennessey, Proc. Roy. Soc. **19** p. 1—9 (1870).

Fig. 58 nach der Zeichnung von Langley[1]) wiedergegeben. Auf die Schlüsse, welche an sie in Bezug auf die Konstitution der Sonne geknüpft worden sind, werden wir gleich zurückkommen.

§. 99. Die chemische Zusammensetzung der Sonne.

Nachdem Kirchhoff eine genaue Zeichnung des Sonnenspektrums angefertigt und gleichzeitig den Ursprung der Frauenhofer'schen Linien erkannt hatte, lag es nahe, die Zeichnung durch Vergleichung mit den Linienspektren der irdischen Substanzen zu verwerthen, um die chemische Natur der die Sonne umhüllenden Dämpfe zu erkennen.

Die Anwesenheit von Natrium war schon durch die D-Linien bewiesen; Kirchhoff fand noch eine ganze Anzahl anderer Substanzen, deren Linien mit Frauenhofer'schen Linien koinzidirten. Namentlich ist hier das Eisen zu nennen, welches das linienreichste aller Spektren besitzt; Kirchhoff fand, dass 60 Linien desselben sich in der Sonne umgekehrt finden, dass wir also das Vorhandensein von Eisendämpfen um die Sonne annehmen müssen. Kirchhoff stellt bei dieser Gelegenheit folgende interessante Betrachtung an: es könnte der Einwand gemacht werden, dass die Frauenhofer'schen Linien durch irgend eine unbekannte Ursache entstehen, nicht aber durch Absorption in der Dampfhülle, und dass die Koinzidenz z. B. der 60 Eisenlinien eine rein zufällige ist. Man kann die Wahrscheinlichkeit für eine solche zufällige Uebereinstimmung leicht berechnen; nach der Vertheilung der Linien auf der Kirchhoff'schen Zeichnung des Sonnenspektrums ergiebt sich diese Wahrscheinlichkeit zu $\frac{1}{2^{60}} = \frac{1}{\text{Trillion}}$; nach physikalischen Begriffen können wir also vollkommen sicher sein, dass die Uebereinstimmung keine zufällige, sondern eine gesetzmässige ist. Diese Sicherheit wird noch unendlich viel grösser, wenn man berücksichtigt, dass die Linien nicht nur in Bezug auf die Lage, sondern auch in Bezug auf ihr Aussehen, Breite, Intensität u. s. w. meist ganz genau übereinstimmen. Heute kennen wir ausserdem über 500 Eisenlinien in der Sonne. Auch Calcium, Magnesium und Chrom fand Kirchhoff unter den Frauenhofer'schen Linien vertreten, ferner Nickel, während Kobalt zweifelhaft erschien. Von Barium, Kupfer und Zink fanden sich die hellsten Linien, die schwächeren nicht.

Angström stellte bei Gelegenheit seiner Zeichnung des Spektrums ähnliche Untersuchungen im Verein mit Thalén an; sie meinten die

---

[1]) Langley, Proc. of the Amer. Acad. 1878.

Anwesenheit folgender Elemente in der Sonne annehmen zu können auf Grund der beigefügten Anzahl von Koinzidenzen:

Natrium	9 (alle)	Magnesium	4
Eisen	450	Chrom	18
Calcium	75	Nickel	33
Kobalt	19	Wasserstoff	4 (alle)
Mangan	57	Titan	118
Barium	11		

Aluminium und Zink schienen ihnen zweifelhaft. Sehr gefördert wurde unsere Kenntniss in dieser Richtung durch Lockyer, dessen Prinzip der langen und kurzen Linien sich hier äusserst fruchtbar erwies.

Wie wir wissen, können in einem Spektrum nie alle Linien auftreten, da besondere Bedingungen der Temperatur, des Druckes und der Reinheit erforderlich sind, um die kürzeren Linien zum Vorschein zu bringen. Für gewöhnlich sind nur die längsten Linien des Elementes sichtbar, und aus ihrer Anwesenheit in einem Spektrum kann man mit aller Sicherheit auf die Anwesenheit des betreffenden Elementes im Dampfe schliessen. Dasselbe gilt, wie wir gesehen haben, von den umgekehrten Spektren.

In der Sonnenhülle haben wir nun ein Gemisch aller Dämpfe; wir dürfen also überhaupt nichts anderes erwarten, als die längsten Linien umgekehrt zu finden; namentlich von den Elementen, deren Dampf in nur geringer Menge vorhanden ist, werden alle kürzeren Linien fehlen, während von anderen Elementen, die sehr reichlich vorhanden sind, sich viele Linien unter den Frauenhofer'schen wiederfinden werden. Jedenfalls können wir die Existenz eines Elementes in der Sonne als bewiesen annehmen, wenn wir seine längsten Linien unter den Frauenhofer'schen Linien aufgefunden haben.

Auf Grund dieser Ueberlegung konnte Lockyer[1]) folgende Tabelle aufstellen:

1) Elemente, die in der Sonne sicher vorhanden sind:

Natrium (Umkehrung aller Linien)
Eisen (Umkehrung von 450 Linien)
Calcium (Umkehrung von 4 Linien)
Chrom (Umkehrung von 18 Linien)
Nickel (Umkehrung von 33 Linien)
Barium (Umkehrung von 11 Linien)
Zink (Umkehrung von 2 Linien)
Kobalt (Umkehrung von 19 Linien)
Wasserstoff (Umkehrung aller Linien)

---

[1]) Vgl. Lockyer, Studien zur Spektralanalyse, Cap. X.

Mangan (Umkehrung von 57 Linien)
Titan (Umkehrung von 118 Linien)
Aluminium (Umkehrung von 2 Linien)
Strontium (Umkehrung von 4 Linien)
Blei (Umkehrung von 3 Linien)
Cadmium (Umkehrung von 2 Linien)
Cer (Umkehrung von 2 Linien)
Uran (Umkehrung von 3 Linien)
Kalium (Umkehrung von 2 Linien)
Vanadium (Umkehrung von 4 Linien)
Palladium (Umkehrung von 5 Linien)
Molybden (Umkehrung von 4 Linien)

2) Elemente, die in der Sonne wahrscheinlich vorhanden sind:

Indium (Umkehrung von Linien 410,1 (?) und vielleicht 450,9)
Lithium (Umkehrung von Linien 460,3)
Rubidium (Umkehrung von 420,2)
Cäsium (Umkehrung von 455,49 und 459,2 wahrscheinlich)
Wismuth (Umkehrung von 472,2)
Zinn (Umkehrung von 452,4)
Silber (zweifelhaft)
Beryll (Umkehrung von 390,48; 313,04 und 313,0)
Lanthan (Umkehrung von 394,82; 398,8; 399,5)
Yttrium oder Erbium (Umkehrung von 398,19 und 394,96)

§. 100. Metalloide in der Sonne.

Es sind somit etwa 30 unserer irdischen Elemente auch in der Sonne vertreten, und namentlich die Substanzen, die auf der Erde häufig sind, finden sich auch in der Sonne; nur eine grosse Klasse von Elementen fehlt ganz, das sind die Metalloide. Einzig der Wasserstoff, der ja aber auch seiner übrigen Eigenschaften wegen eher zu den Metallen zu rechnen ist, ist reichlich vorhanden, von den wirklichen Metalloiden zeigt sich kein einziges.

Allerdings ist in den letzten Jahren mehrfach die Vermuthung ausgesprochen worden, dass doch einzelne Metalloide vorhanden seien, ihre Spektra aber sich in anderer Form zeigen. So hat Lockyer[1]) gefunden, dass von dem Bandenspektrum des Kohlenstoffs im Violett und Ultraviolett eine Reihe von Linien mit Sonnenlinien übereinstimmen; Liveing und Dewar[2]) finden dasselbe, nur gehört nach ihnen das

[1]) Lockyer, Proc. Roy. Soc. **27** p. 308—309 (1878).
[2]) Liveing u. Dewar, Proc. Roy. Soc. **30** p. 490—494 (1880).

Spektrum nicht zu C, sondern zu einer Verbindung von C und N. Die Erscheinung, dass wir in der Sonne eine Verbindung haben sollen, und dass dieselbe uns ein Bandenspektrum zeigt, steht so einzig da, und entspricht so wenig unsren übrigen Kenntnissen, dass es schwer ist, diese Anschauung für richtig zu halten. Lockyer nahm an, dass der Kohlendampf in den äussersten Schichten der Sonnenatmosphäre vorhanden sei, und dass hier die Temperatur niedrig genug sein könne, um ein Bandenspektrum zu erzeugen. Auch Abney[1]) glaubt nach den Ergebnissen seiner Untersuchung über Absorptionsspektra im Ultraroth eine kohlenstoffhaltige Schicht um die Sonne annehmen zu sollen; nach ihm wäre es Acetylen oder Benzin. Abney hat nämlich gefunden, dass mehrere Frauenhofer'sche Linien im Ultraroth mit den Absorptionsstreifen dieser Flüssigkeit übereinstimmen; gleichzeitig findet er, dass die Intensität dieser Frauenhofer'schen Linien in Strahlen, welche vom Rande der Sonne kommen, viel grösser ist, als in Strahlen aus der Mitte; daher schliesst er, die Sonne müsse von einer Schicht kohlenhaltiger Dämpfe umgeben sein. Abney macht auch auf die grosse Aehnlichkeit zwischen der A-Linie und der Absorptionserscheinung aufmerksam, welche Benzin giebt, allerdings viel weiter im Ultraroth; aber er meint, die Aehnlichkeit könne keine zufällige sein, und die A-Linie müsse mit Benzin zusammenhängen. Auf die merkwürdige Beschaffenheit der Liniengruppen A und B, welche ganz abweichend von allen übrigen Frauenhofer'schen Linien aussehen, haben wir schon früher aufmerksam gemacht.

Es finden sich also eine ganze Menge gewichtiger Stimmen, welche für die Anwesenheit von Kohle, zwar nicht in der eigentlichen Sonnenhülle, in welcher die Metalldämpfe sind, aber doch weiter ausserhalb rund um die Sonne, sprechen. Trotzdem werden wir gut thun, die Frage als eine noch offene zu betrachten.

Auch die Anwesenheit von Sauerstoff ist in der Sonne vermuthet worden. Nach Schuster[2]) sind drei von den Linien des zusammengesetzten Linienspektrums des Sauerstoffs unter den Frauenhofer'schen Linien vertreten; Nach P. Smyth[3]) sind diese 3 Linien, sowohl im Sauerstoffspektrum, wie im Sonnenspektrum dreifach; er vermuthet, dass der Sauerstoff in der Sonne sich bei noch niedrigerer Temperatur befindet, als sie dem zusammengesetzten Spektrum entspricht; auch dies scheint befremdlich und passt wenig zu unserer Kenntniss von der Temperatur der Sonne; wir müssten denn auch für den Sauerstoff annehmen, dass

---

1) Abney, Nat. **25** p. 162—166, 187—191, 252—257 (1881).
2) Schuster, Phil. Trans. **170** p. 37—54 (1879).
3) P. Smyth, Trans. Edinb. Roy. Soc. **30** (1882).

er sich in den äussersten Schichten befände. — Eine ganz andere und merkwürdigere Hypothese ist von H. Draper[1]) aufgestellt worden. Er glaubt die Sauerstofflinien als helle Linien im Sonnenspektrum aufgefunden zu haben. Indessen sind seinen Beobachtungen, — wie es scheint, nicht mit Unrecht, — grosse Ungenauigkeiten vorgeworfen worden, so dass die Resultate mindestens sehr zweifelhaft sind. J. Ch. Draper[2]) hat auch Sauerstofflinien bemerkt, aber als dunkle Linien.

Auch Stickstoff (Schuster) und Schwefel (Joung) ist in der Sonne vermuthet worden.

Jedenfalls zeigen diese verschiedenen, sich widersprechenden Angaben, wie zweifelhaft die ganze Sache noch ist, und wir müssen vorläufig noch sagen, dass die Anwesenheit eines Metalloids in der Sonne nicht sicher nachgewiesen ist.

Betrachten wir die Gesammtheit der Frauenhofer'schen Linien, die auf irdische Elemente zurückgeführt worden sind, so finden wir, dass bei weitem der grösste Theil der Linien erklärt ist. Aber es bleiben doch noch mehrere übrig, die wir auf der Erde nicht haben hervorbringen können. Es fragt sich nun, wie wir diese Linien aufzufassen haben; zunächst kann man annehmen, dass sie zu Elementen gehören, welche auf der Erde überhaupt nicht vorkommen, sondern nur auf der Sonne, oder zu solchen, die im Erdinnern versteckt noch nicht zu unserer Kenntniss gekommen sind; aber eine solche Annahme ist nicht einmal nöthig; wir wissen ja, dass bei Temperatursteigerung neue Linien auftreten, und da die Temperatur der Sonne jedenfalls höher ist, als wir sie auf der Erde erreichen können, so ist die Annahme nicht unwahrscheinlich, dass bekannte Elemente auf der Sonne uns unbekannte neue Linien geben. Wahrscheinlich werden beide Erklärungen für verschiedene Linien die zutreffenden sein.

Auf die ungleichmässige Vertheilung der Linien im Sonnenspektrum ist schon aufmerksam gemacht; sie erklärt sich daraus, dass dieselben im wesentlichen Metalllinien sind. Sehen wir uns nun die Metallspektren an, so finden wir, dass sie wenige Linien von grosser Wellenlänge besitzen, dass ihre Linienzahl aber immer mehr zunimmt, je weiter wir zum ultravioletten Ende kommen. Eine Superposition der Metallspektren wie die Sonne sie uns bietet, muss daher in noch grösserem Grade vom Ultraroth zum Ultraviolett an Komplizirtheit zunehmen.

---

[1]) H. Draper, Sill. J. **14** p. 89—96 (1877).

[2]) J. Ch. Draper, Sill. J. **16** p. 256—265 (1878).

§. 101. Terrestrische Linien.

Während die Mehrzahl der Frauenhofer'schen Linien sich vom Stande der Sonne unabhängig zeigt, finden sich doch, wie schon bemerkt, Liniengruppen, welche bei tiefem Stande der Sonne sehr dunkel sind, bei hohem Stande schwächer werden oder ganz verschwinden. Daraus ergiebt sich, dass dieselben durch Absorption in der Erdatmosphäre erzeugt werden; sie werden daher atmosphärische oder terrestrische, auch tellurische Linien genannt. Auf dieselben wurde zuerst Brewster[1]) aufmerksam, welcher sie später[2]) in Gemeinschaft mit Gladstone näher untersuchte und zeichnete. Sie sind seitdem vielfach[3]) Gegenstand der Beobachtung geworden, und namentlich hat Janssen zu ihrer Erklärung beigetragen.

Die Linien treten namentlich im rothen und gelben Theile des Spektrums auf, in der Gegend der Linien C und D. Zeichnungen sind vielfach angefertigt worden, so von Brewster, Hennessey, Secchi, Angström und Anderen; die Zeichnung von Angström ist auf Taf. VI wiedergegeben. Janssen[4]) bemühte sich hauptsächlich darum, den Ursprung dieser Linien festzustellen. Es müssen natürlich die Bestandtheile der Luft sein, welche die Absorption hervorbringen, also wäre zu denken an Sauerstoff, Stickstoff, Kohlensäure, Wasserdampf und Ozon. Janssen fand nun, dass ein grosser Theil der Linien auf Rechnung des Wasserdampfs komme. Er liess am Genfersee ein grosses Feuer anzünden und beobachtete es über den See fort mittelst des Spektroskops; da zeigten sich viele Banden, welche mit den terrestrischen Linien überein stimmten; dasselbe fand Janssen, als er eine mehrere hundert Meter lange Röhre mit Wasserdampf füllte und hindurchgegangenes Licht analysirte. Dass indessen nicht alle Linien vom Wasserdampf herrühren können, hat schon Angström bemerkt, der fand, dass selbst bei sehr grosser Kälte, — 27 ⁰ C, wo nur sehr wenig Wasser in der Luft sein kann, einzelne Linien unverändert dunkel

---

1) Brewster, Edinb. Phil. Trans. 1833.

2) Brewster u. Gladstone, Phil. Trans. **150** p. 149 (1860).

3) Hennessey, Proc. Roy. Soc. **19** p. 1—9 (1870) und Phil. Trans. **165** p. 157—160 (1875); Secchi, C. R. **60** p. 379—383 (1865); Angström, Recherches sur le spectre solaire, p. 39—41 (1868); Egoroff, C. R. **93** p. 385—387 u. 788—790; C. R. **95** p. 447—459 (1882); Cooke, Phil. Mag. (4) **31** p. 337—343 (1866) und Andere.

4) Janssen, C. R. **56** p. 538—540 (1863); C. R. **60** p. 213—216 (1864); C. R. **63** p. 289—294 (1866), Ann. d. Chim. (4) **23** p. 274—298 (1871); C. R. **78** p. 995—998 (1874).

bleiben. Es ist kürzlich Chappuis[1]) gelungen, das Absorptionsspektrum des Ozon zu erhalten, und es sollen mehrere Streifen desselben mit terrestrischen Linien übereinstimmen.

In neuester Zeit hat sich Egoroff[2]) mit der Absorption durch die Atmosphäre beschäftigt; er findet, dass, wenn man ein helles Licht, z. B. eine elektrisehe Lampe, aus grosser Entfernung betrachtet, ausser vielen Linien, welche als terrestrische bekannt sind, auch die Gruppen A und B zum Vorschein kommen, so dass auch sie keine Sonnenlinien, sondern terrestrische wären; dies scheint nicht ganz wahrscheinlich; auch findet Abney[3]), dass diese Linien, ebenso wie die im Ultraroth in einer Höhe von 8500 Fuss ebenso dunkel erscheinen, wie im Meeresniveau, was einen ausserirdischen Ursprung derselben beweisen würde.

Capitel XIV.

Konstitution der Sonne.

§. 102. Analysirende Beobachtungsmethode.

Wir haben bisher die Sonne nur als Ganzes betrachtet, als ein Gemenge glühender Dämpfe, und haben demgemäss auch nur gefunden, welche Elemente in der Sonne vorhanden sind. Aber das Spektroskop, anders angewandt, ist im Stande, uns noch viel mehr zu lehren, nämlich auch, wo und wie die Elemente auf der Sonne existiren und wie die Sonne gebaut ist.

Bei der Beobachtung der Metallspektra hatten wir gesehen, dass Lockyer eine neue Methode einführte, welche den Unterschied zwischen langen und kurzen Linien ergab. Die Methode bestand darin, dass er nicht das gesammte ausgestrahlte Licht direkt auf den Spalt fallen liess, sondern eine Linse vor den Spalt stellte, welche auf ihm ein Bild des leuchtenden Objektes entwarf. Dann sind an jeder Stelle des Spaltes nur Strahlen vorhanden, welche von einem Punkte der Lichtquelle ausgehen, und man kann somit verschiedene Punkte der Lichtquelle getrennt von den übrigen untersuchen. Man hat diese Methode

---

1) Chappuis, C. R. **91** p. 985—986 (1880).
2) Egoroff, C. R. **95** p. 447—459 (1882).
3) Abney, Nat. **26** p. 586—589 (1882).

die analysirende genannt, im Gegensatz zu der gewöhnlichen, integrirenden.

Die Anwendung dieser Methode auf die Untersuchung der Sonne hat sich als sehr fruchtbar erwiesen. Man verfährt dabei so, dass man eines der grossen astronomischen Fernrohre benutzt, um ein Sonnenbild von einigen Centimetern Durchmesser zu entwerfen; an die Stelle,

Fig. [illegible]

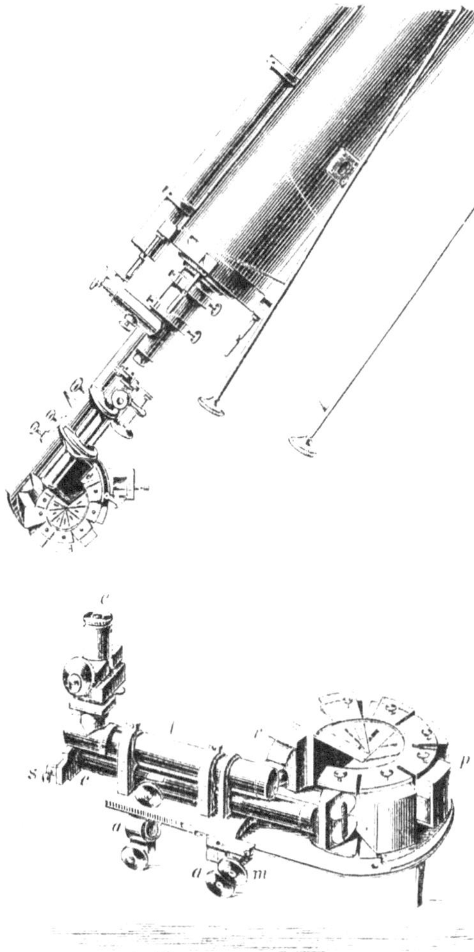

wo sonst das vergrössernde Okular des Fernrohrs sitzt, bringt man den Spektralapparat, dessen Spalt in der Bildebene des Okulars liegt und in ihr verschoben werden kann, so dass man jeden beliebigen Punkt des Sonnenbildes auf den Spalt bringen und sein Spektrum untersuchen kann. Eine solche Einrichtung, welche man Telespektroskop nennt, zeigt z. B. Fig. 59, in welcher man ein Spektroskop mit vielen Prismen am unteren Ende eines Fernrohrs angebracht sieht. Daneben ist das Spektroskop besonders gezeichnet. Einen ähnlichen Apparat, der von Secchi benutzt wurde, haben wir in Fig. 21 gegeben. Beides sind Apparate mit vielen Prismen und mehrfachem Durchgang des Lichtes durch dieselben, so dass man sehr grosse Dispersion erhält; natürlich ist für automatische Erhaltung des Minimums der Ablenkung gesorgt.

Fig. 60.

Bei allen totalen Sonnenfinsternissen war es den Beobachtern aufgefallen, dass um die verdeckte Sonnenscheibe ein röthlicher Rand sichtbar war, aus dem regellos geformte, wolkenartige Gebilde hervorragten, die entstanden und verschwanden, und fortwährend ihre Form änderten. Die röthliche Schicht nennt man die Chromosphäre, die Hervorragungen Protuberanzen. Um diese Schicht zeigte sich dann noch eine sehr viel dickere leuchtende Hülle, auch von unregelmässiger Form, aus welcher strahlenförmige Lichtbüschel hervorgingen; diese Schicht wird Corona genannt. Fig. 60 zeigt das Bild der Sonnenfinsterniss vom Jahre 1860 nach der Zeichnung von Secchi; man erkennt auf derselben in der Mitte die die Sonne verdeckende Mondscheibe, umgeben von einem unregelmässigen gezackten Ringe, der Chromosphäre mit den Protuberanzen, endlich die ausgedehnte strahlige Corona. Für gewöhnlich sind die Protuberanzen und die Corona nicht sichtbar, weil das helle Sonnenlicht ihr schwaches Licht überstrahlt.

Wir wollen uns zunächst mit der spektroskopischen Untersuchung dieser Theile der Sonne beschäftigen.

§. 103. Chromosphäre und Protuberanzen.

Bei einer totalen Sonnenfinsterniss (1868) richtete man den Spektralapparat auf eine Protuberanz und da zeigte sich, dass dieselbe nicht ein umgekehrtes, sondern ein Emissionsspektrum gab, und zwar ein solches mit nur wenigen Linien, unter denen sich die Wasserstofflinien und eine mit D_3 bezeichnete gelbe Linie besonders auszeichnen.

Diese Erscheinung gab gleichzeitig zwei Forschern, Lockyer[1]) und Janssen[2]) die Idee ein, dass es möglich sein müsse, die Protuberanzen auch ohne Sonnenfinsterniss zu untersuchen, und zwar aus folgenden Gründen: wenn wir einen leuchtenden Körper haben, der ein kontinuirliches Spektrum giebt, so werden wir dasselbe in einem Spektroskop mit einem Prisma in bestimmter Helligkeit sehen. Nehmen wir 2 oder 3 Prismen, so wird die Dispersion die doppelte oder dreifache, die Helligkeit jeder Stelle also nur die Hälfte oder ein Drittel der früheren sein; durch viele Prismen können wir also die Helligkeit beliebig schwächen. Ganz anders ist es mit einem Körper, der monochromatisches Licht aussendet; derselbe würde nur eine helle Linie von der Breite des Spaltes geben, einerlei, wie viel Prismen man hat; sein Spektrum wird also durch starke Dispersion nicht geschwächt, (abgesehen von der Reflexion an den Prismen und der Absorption in denselben). Haben wir daher vor oder neben einem lichtstarken, ein kontinuirliches Spektrum gebenden Körper einen zweiten lichtschwächeren mit einfarbigem Licht, so wird bei geringer Dispersion die Linie des zweiten Körpers nicht sichtbar sein; je weiter wir aber die Dispersion treiben, desto dunkler wird der kontinuirliche Grund werden, und die monochromatische Linie wird hervortreten. — Das eben Gesagte trifft nun zu für die Protuberanzen neben der Sonne resp. deren umkehrender Schicht, welche man die Photosphäre nennt. Das Licht der Protuberanzen ist zwar nicht monochromatisch, aber zerlegt sich doch nur in einige wenige Linien, so dass wir nur die Dispersion sehr stark zu machen brauchen,

---

[1]) Lockyer, Proc. Roy. Soc. **17** p. 350—356 (1868).

[2]) Janssen, C. R. **68** p. 93—95 (1868).

um die Linien der Protuberanzen neben dem Sonnenspektrum zu erhalten.

Wird ein Sonnenbild auf dem Spalt des Spektroskopes entworfen, so dass der Spalt radial zur Sonne steht, und ein Theil der Sonnenfläche, die Chromosphäre und eine Protuberanz auf den Spalt fallen, wie es Fig. 61 andeutet, so werden wir ein Bild sehen, wie es in Fig. 61 dargestellt ist. Der unterste Theil des Spaltes entwirft das gewöhnliche, stark dispergirte Sonnenspektrum; darüber ist das Spektrum der Chromosphäre und Protuberanz, welches auf dem Grunde des sehr schwachen Sonnenspektrums, welches von diffusem Licht herrührt, einige helle Linien zeigt, die dem Wasserstoff und einer unbekannten Substanz, dem Helium, angehören. Darüber folgt abermals ein sehr schwaches Sonnenspektrum, erzeugt durch das Licht des Himmels. Die hellen Linien sind von der Länge, welche das Bild der Protuberanz auf dem Spalte hat. Bewegen wir den Spalt langsam über die Protuberanz fort, so ändert sich die Länge der Protuberanzlinien, und wir können auf diese Weise die Gestalt der Protuberanz erkennen.

Fig. 61.

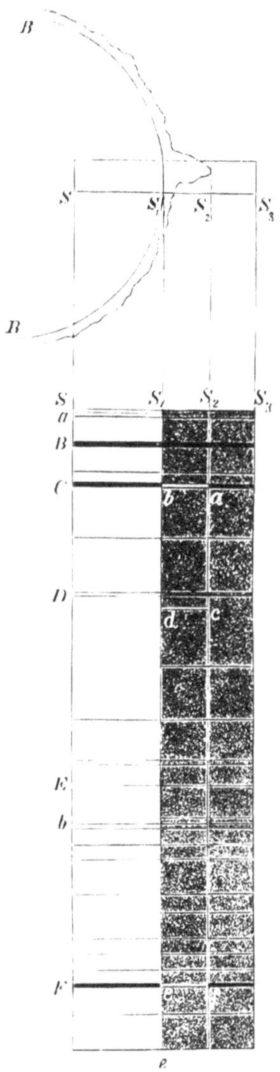

Der Spalt kann auch tangential zur Sonne gestellt werden; so lange das Bild der Sonne selbst auf dem Spalte liegt, zeigt sich das Sonnenspektrum; sobald aber die Protuberanz darauf fällt, erscheinen die hellen Protuberanzlinien. Auch hier kann man durch Fortbewegung des Spaltes über die Protuberanz ihre Gestalt erkennen. Indess ist diese Methode unbequem, ebenso das von Zöllner[1]) vorgeschlagene Hülfsmittel, den Spalt rasch oscilliren zu lassen, wobei in Folge der Dauer des Lichteindrucks jede Protuberanzlinie in der Ge-

[1]) Zöllner, Pogg. Ann. **138** p. 32—44 (1869).

stalt der Protuberanz erscheinen würde. Ein sehr viel einfacheres Hülfsmittel hat Huggins gefunden.

Wenn man eine monochromatische Lichtquelle durch ein Prisma ohne Spalt betrachtet, so sieht man dieselbe ohne irgend eine Veränderung in ihrer wahren Form; sendet die Lichtquelle zwei Farben aus, z. B. Roth und Grün, so sieht man durch das Prisma zwei Bilder, ein rothes und ein grünes, die getrennt sind, wenn die Dispersion gross genug ist. Man kann sich leicht durch den Versuch davon überzeugen, indem man in eine Bunsen'sche Flamme eine Lithiumperle und eine Thalliumperle hält, und die Flamme durch ein Prismensystem à vision directe betrachtet: man sieht dann zwei getrennte Flammen, eine rothe und eine grüne. Wenn man daher den Spalt des Telespektroskops so weit öffnet, dass das ganze Bild der Protuberanz hineinfällt, und die Protuberanz zeigte z. B. nur die 4 Wasserstofflinien, so würde man an der Stelle jeder Wasserstofflinie das Bild der Protuberanz in der be-

Fig. 62.

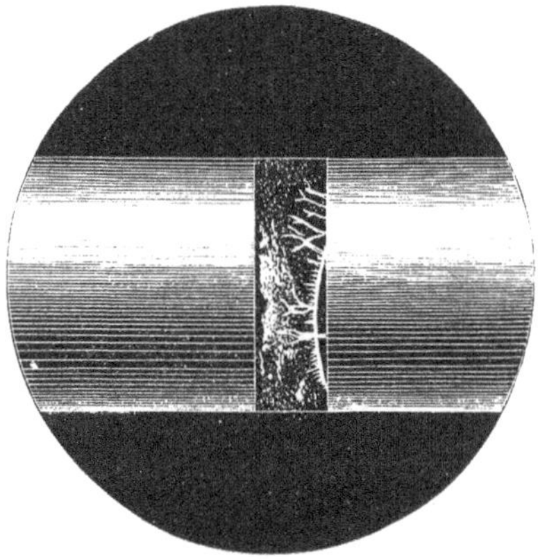

treffenden Farbe erhalten, wie es etwa Fig. 62 für tangentialen Spalt zeigt. Das ist in der That der Weg, den Huggins zuerst einschlug, und der heute stets befolgt wird. Durch die Verbreiterung des Spaltes wird allerdings der kontinuirliche Grund, der durch die Dispersion geschwächt war, sehr viel heller gemacht, so dass bei zu grosser Spaltbreite die Protuberanz nicht mehr sichtbar ist; man muss daher Dispersion und Spaltbreite passend reguliren.

Es giebt also zwei Beobachtungsweisen der Protuberanzen und Chromosphäre: bei der einen, mit engem Spalt, erhalten wir das Spektrum derselben, also ihre chemische Zusammensetzung und, wie wir gleich sehen werden, die Bewegungen in ihnen; bei der zweiten, mit weitem Spalt sehen wir die Formen; beide Methoden sind in den letzten Jahren vielfach angewandt worden und haben höchst interessante und wichtige Resultate ergeben.

§. 104. Chemische Zusammensetzung von Chromosphäre und Protuberanzen.

Das Spektrum der Chromosphäre erscheint häufig sehr komplizirt, aus vielen hundert Linien bestehend; aber die meisten Linien erscheinen nur auf kurze Zeit, um wieder zu verschwinden und andern Platz zu machen. Einzelne Linien sind immer sichtbar, es sind nach Joung[1]) folgende:

$\lambda = 705{,}5$ (Unbekanntes Element); 656,18 (C, Wasserstoff); 587,49 (D_3, Helium); 531,59 (Unbek. Element); 486,06 (F, Wasserstoff); 447,12 (Cerium?); 434,01 (Wasserstoff); 410,12 (h, Wasserstoff); 396,9 (Unbek. Element); 396,79 (H, Wasserstoff); 393,28 (K, Wasserstoff).

Die übrigen, seltener erscheinenden Linien gehören zu Eisen, Barium, Magnesium, Natrium, Mangan, Nickel, Titan, Calcium und

Fig. 63.

F

Strontium, und zu unbekannten Elementen. Es ist sehr merkwürdig, dass bei allen diesen Theilen der Sonne, Chromosphäre, Protuberanzen, ebenso Sonnenflecken, die zu unbekannten Elementen gehörenden

[1]) Die folgenden Angaben ebenso wie die Zeichnungen sind zum grossen Theile dem trefflichen Buche von Joung entnommen: The Sun, London bei Kegan Paul, French & Co. (1882).

Linien einen grossen Bruchtheil aller bilden, während das beim Sonnenspektrum selbst durchaus nicht der Fall ist. Die Linien der Chromosphäre zeigen noch eine andere Eigenthümlichkeit, welche Fig. 63 darstellt; wir sehen hier die Wasserstofflinie in F in der Sonne und in der Chromosphäre; in letzterer ist sie unten breit, um oben in eine Spitze auszulaufen; die Erklärung der Erscheinung ist einfach: wir wissen, dass die Linien sich mit dem Druck verbreitern; also zeigt uns die Linie, dass dicht an der Sonne der Druck des Gases am grössten ist, um nach oben allmälig abzunehmen, — wie es ja auch nicht anders sein kann.

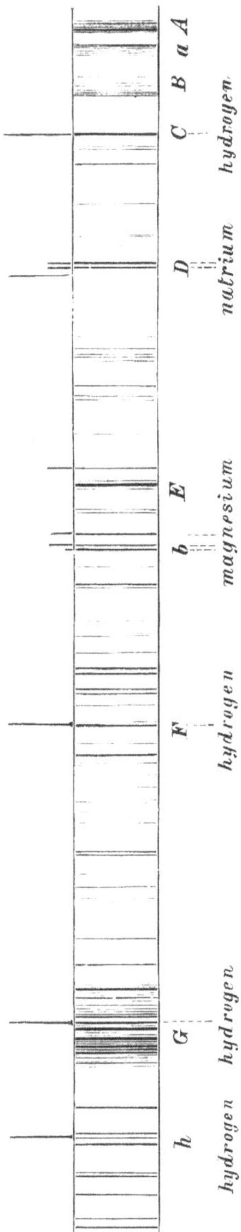

Fig. 64.

Weiter finden wir, dass die Linien nicht alle gleich lang sind; am längsten sind die Wasserstofflinien, dann kommen meist die Magnesiumlinien, dann die Natriumlinien, dann die Eisenlinien und die übrigen; Fig. 64 zeigt diese Erscheinung nach einer Zeichnung von Lockyer. Wir können daraus schliessen, dass die Dämpfe der verschiedenen Elemente nicht gleich hoch in die Chromosphäre hinaufreichen, sondern dass wir unten so zu sagen eine Schicht von Eisendämpfen haben, darüber Natriumdampf, bis ganz oben reichend endlich Wasserstoff.

Dem Spektrum der Chromosphäre sehr ähnlich ist dasjenige der Protuberanzen. Man unterscheidet unter den Protuberanzen ihrer Form nach zwei Arten, die ruhenden, wolkigen oder Wasserstoffprotuberanzen, und die eruptiven oder metallischen. Das Spektrum der ersten besteht meist aus den Linien des Wasserstoffs und D_3, mitunter auch von Natrium und Magnesium; die eruptiven Protuberanzen haben dagegen ein viel komplizirteres Spektrum, in welchem neben Wasserstoff die Linien von Natrium, Magnesium, Eisen, Barium, Titan, Calcium, Chrom, Mangan sichtbar werden, — also derselben Elemente, die auch in der Chromosphäre vorhanden sind.

§. 105. Verschiebung der Linien, Doppler'sches Prinzip.

Wir kommen nun zu der interessantesten Erscheinung, welche sich bei Beobachtung mit engem Spalte zeigt. Unsere Spektralapparate sind so eingerichtet, dass ein Bild des Spaltes durch die Linsen und Prismen entworfen wird, wobei die verschiedenfarbigen Bilder neben einander fallen. Die hellen Linien eines Spektrums sind also nichts weiter, als

Fig. 65.

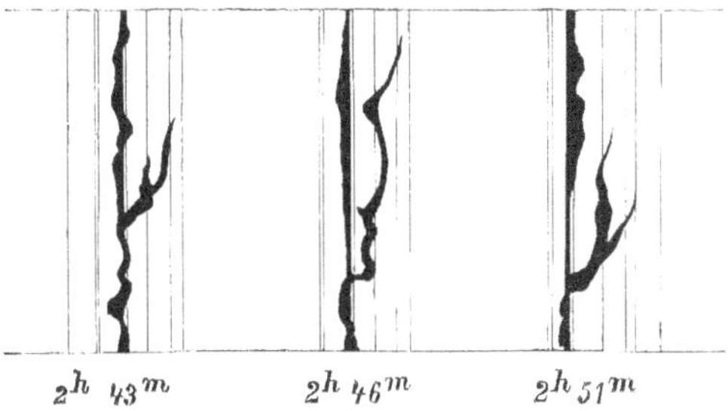

Bilder des Spaltes und müssen grade sein, wenn der Spalt grade ist. Das trifft aber bei der Chromosphäre und den Protuberanzen durchaus nicht immer zu; im Gegentheil zeigen die Linien oft die wunderlichsten Formen, welche fortwährend ihre Gestalt ändern. Die Figur 65 zeigt z. B. die C Linie in Zwischenräumen von wenigen Minuten; Figur 66

Fig. 66.

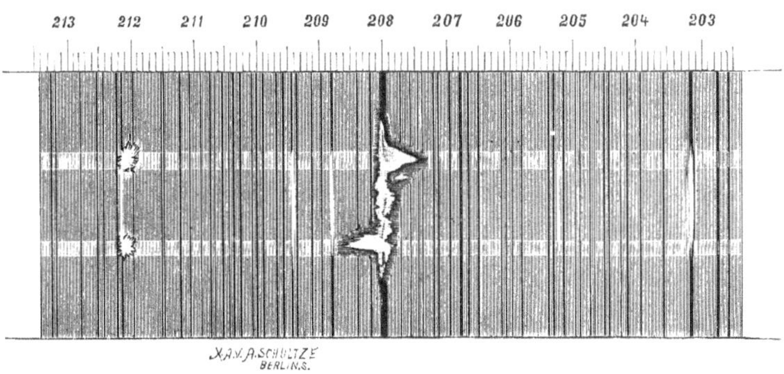

giebt ein Stück des Chromosphärenspektrums mit der Linie F; Fig. 67 giebt ein Bild derselben Linie in einer Protuberanz, wenn ihr rechter Rand, ihre Mitte und ihr linker Rand auf den Spalt fiel. Wir sehen, dass die Linien vielfach abgelenkt, verzerrt, getheilt sind, obgleich sie Bilder des graden Spaltes sein sollen.

Die Erklärung dieser merkwürdigen, zuerst von Lockyer entdeckten Erscheinung ist folgende: Wir haben gesehen, dass die verschiedenfarbigen Strahlen sich nur durch ihre Wellenlänge, oder Schwingungszahl unterscheiden; treffen in der Sekunde n Schwingungen unser Auge, so sehen wir eine Farbe, treffen es n + m Schwingungen, so sehen wir eine andere Farbe. Wir wollen annehmen es befinde sich in grosser Entfernung von uns eine monochromatische Lichtquelle, von

Fig. 67.

der ausgehend eine bestimmte Anzahl von Wellen unser Auge in der Sekunde trifft. Wir werden dann den Körper mit einer bestimmten Farbe sehen. Wir wollen zusehen, was sich ereignen muss, wenn die Lichtquelle sich mit grosser Geschwindigkeit von uns entfernt oder sich nähert; sie möge sich also in der Entfernung a befinden, und mit der Geschwindigkeit y von uns entfernen. Wir wollen ferner die Lichtgeschwindigkeit mit u, die Wellenlänge und Schwingungsdauer des betreffenden Lichtes mit λ und τ bezeichnen.

Die erste Welle, welche vom Körper ausgeht, wird nach der Zeit $t = \frac{a}{u}$ zu uns kommen. Bis die zweite Welle abgeht, wird die Zeit τ verflossen sein, und der Körper wird sich nicht mehr in der Entfernung a, sondern in der Entfernung $a' = a + \tau v$ von uns befinden; die zweite Welle wird also, um zu uns zu gelangen, die Zeit $t' = \frac{a'}{u} = \frac{a + \tau v}{u}$ gebrauchen. Während bei ruhendem Körper die Zwischenzeit zwischen zwei uns treffenden Wellen τ ist, wird sie jetzt sein: $\tau' = \tau + t' - t$, oder

$$\tau' = \tau + \frac{a + \tau v}{u} - \frac{a}{u} = \tau\left(\frac{u + v}{a}\right).$$

Da wir für die Wellenlänge haben: $\lambda = \tau u$ und $\lambda' = \tau' u$, so sehen wir, dass dadurch, dass der Körper sich mit der Geschwindigkeit v von uns entfernt, die Wellenlänge sich verändert von λ zu $\lambda\left(\frac{u + v}{u}\right)$; nähert sich umgekehrt die Lichtquelle, so ändert sich die Wellenlänge seines Lichtes von λ auf $\lambda\left(\frac{u-v}{u}\right)$. Die Lichtgeschwindigkeit u ist nun sehr gross, etwa 300 000 $\frac{\text{Kilom}}{\text{sec}}$, so dass für kleine Werthe von v $\frac{u+v}{u}$ nicht von 1 zu unterscheiden ist; sobald aber v einen erheblichen Werth bekommt, d. h. sobald die Lichtquelle sich mit grosser Geschwindigkeit nähert oder entfernt, so ändert sich die Farbe, sie rückt mehr nach Blau oder nach Roth hin.

Dies Gesetz wurde zuerst von Doppler ausgesprochen, und wird nach ihm das Doppler'sche Prinzip genannt; es gilt für alle Wellenbewegungen, und hat sich namentlich auf akustischem Gebiet leicht bestätigen lassen.

Da von der Schwingungszahl eines Lichtstrahles nicht nur der Eindruck auf unser Auge, sondern auch die Brechung durch das Prisma abhängt, so ergiebt sich, dass wenn z. B. eine glühende Wasserstoffmasse sich mit grosser Geschwindigkeit bewegt, das Spektroskop die Wasserstofflinien nicht an ihrer gewöhnlichen Stelle, sondern nach Roth oder Blau hin verschoben zeigen muss. Die Verschiebung der Protuberanzlinien beweist uns also, dass sich die Wasserstoffmassen auf der Sonne mit enormer Geschwindigkeit bewegen. Fig. 67 lehrt uns z. B., dass der rechte Rand der Protuberanz sich von uns entfernte, der linke näherte; die Gasmasse war daher in heftiger Wirbelbewegung begriffen, und die Mitte der Protuberanz zeigt die Wasserstofflinien nach beiden Seiten gespalten. Die Zerreissung der Linie wie in Fig. 65 beweist, dass Strahlen von verschiedenen Gasmassen, die theils ruhen, theils sich bewegen, auf dieselbe Stelle des Spaltes fallen.

Wir können also durch das Spektroskop auch Bewegungen in Richtung der Sehlinie erkennen, wir können sogar die Geschwindigkeit dieser Bewegung messen. In Fig. 65 fallen die abgelenkten Theile der C-Linie mit anderen Frauenhofer'schen Linien zusammen, deren Wellenlänge wir kennen; wir haben somit λ und λ^1 und können daher aus der eben gegebenen Formel v berechnen. So findet man, dass die in Fig. 65 sich zeigende Geschwindigkeit des Wasserstoffes bis zu 510 $\frac{\text{Kilom}}{\text{sec}}$ betrug, eine der grössten je beobachteten Geschwindigkeiten. In Fig. 66 ist die erreichte Geschwindigkeit eine solche von 400 $\frac{\text{Kilom}}{\text{sec}}$; sehr häufig findet man Geschwindigkeiten von etwa 200 $\frac{\text{Kilom}}{\text{sec}}$.

Auf eine eigenthümliche Erscheinung, welche Fig. 66 zeigt, will ich gleich hier aufmerksam machen. Wir sehen ausser der F-Linie noch mehrere helle Linien, so bei 204,8, bei 209,2, bei 210,6, bei 213,9 (es

Fig. 68.

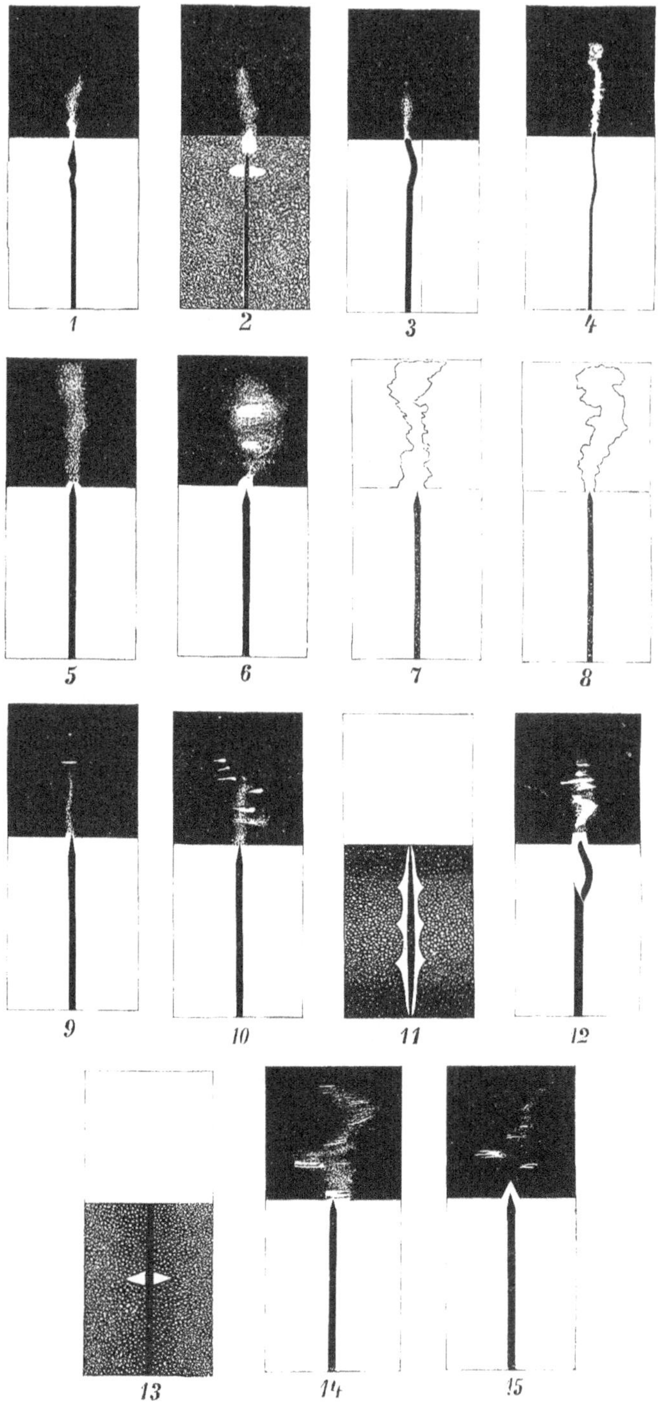

ist Kirchhoff's Skala benutzt), aber nur die Linie bei 213,9 zeigt ebenfalls Bewegung an, während die übrigen Linien ganz gerade sind. Wir erkennen daraus, dass nicht alle Dämpfe, welche die Protuberanz, oder die betreffende Stelle der Chromosphäre bilden, die gleiche Bewegung zu haben brauchen, sondern einzelne Dämpfe ruhen, während andere sich mit enormer Geschwindigkeit bewegen. Wir werden darauf noch zurückkommen.

Die Formen, welche die Linien in Folge von Bewegung annehmen können, sind höchst verschiedene und merkwürdige. Fig. 68 giebt eine ganze Reihe solcher verzerrten Linien nach Lockyer's Zeichnung; Lockyer hat für dieselben einen besonderen Namen eingeführt, er nennt sie Bewegungsformen (motion-forms). Dieselben geben also durchaus nicht die Gestalt der Protuberanz an, sie haben mit deren Form gar nichts gemein, sondern sie zeigen nur die verschiedene Geschwindigkeit der Dämpfe an verschiedenen Stellen.

Unsere Figur zeigt solche Bewegungsformen theils in Protuberanzen, theils in der Chromosphäre oder in Sonnenflecken.

§. 106. Formen der Protuberanzen.

Wir wenden uns nun zur Beobachtung mit breitem Spalt, welche uns die Formen der Protuberanzen kennen lehrt.

Wie schon bemerkt, unterscheidet man zwei Arten von Protuberanzen, welche ihrem Aussehen nach ebenso verschieden sind, wie in ihrer Zusammensetzung. Die am häufigsten sichtbaren, welche fast nie auf der Sonne fehlen, sind die wolkigen, ruhenden oder Wasserstoff-Protuberanzen. Ihr Aussehen wird durch den ersten Namen angegeben, denn sie können alle die Formen annehmen, welche die Wolken in unserer Atmosphäre zeigen. Noch genauer vielleicht wird ihre Gestalt verglichen mit der der Flammen und Rauchmassen, welche bei einer Feuersbrunst in die Höhe steigen und in der Luft schweben. Wie diese Rauchmassen lösen sie sich oft ganz ab und schweben über der Chromosphäre, um allmälig zu verschwinden. Fig. 69 bis 72 giebt einige der häufigsten Formen nach Zeichnungen von Joung. Diese Art von Protuberanzen sind lange nicht so veränderlich in ihrem Aussehen, wie die zweite Art, die eruptiven oder metallischen Protuberanzen. Formen derselben sind ebenfalls nach Joung in den Fig. 73 bis 76 dargestellt. Es sind diese Protuberanzen, welche die starken Verschiebungen und Verzerrungen der Linien zeigen; es müssen also wirkliche Eruptionen der Chromosphäre, oder der darunter liegenden Photosphäre sein, und damit stimmt auch das Aussehen der Protuberanzen überein; sie erinnern vielfach an grosse Flammen und brennende Gasstrahlen, wie

Fig. 69.

Fig. 70.

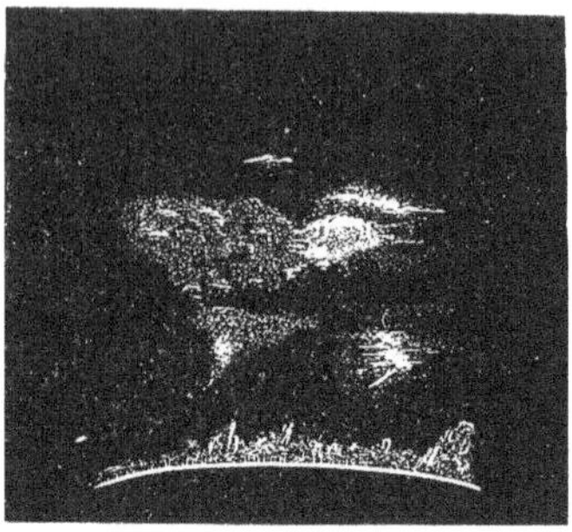

Fig. 71.

Fig. 72.

Fig. 73.

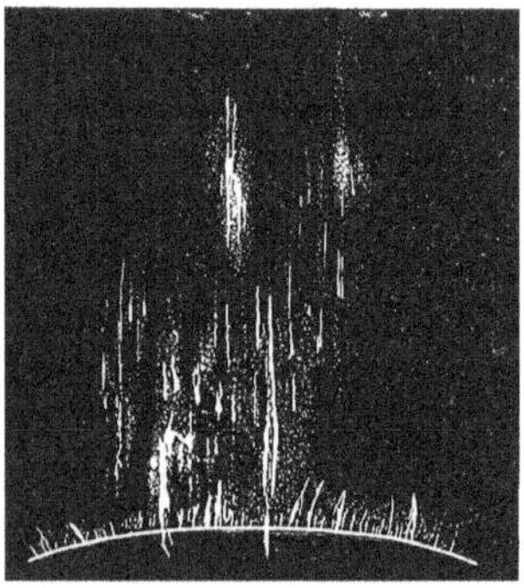

Fig. 74.

Fig. 75.

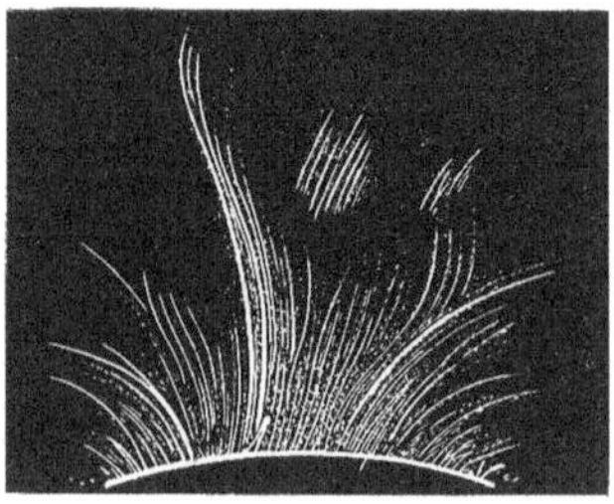

Fig. 76

Fig. 76; oft zeigen sie Wirbelbewegung, wie z. B. Fig. 74. (Die Bewegungsform eines solchen Wirbels ist in Fig. 67 gegeben.)

Was die Höhe betrifft, bis zu der die Protuberanzen sich erheben, so sind solche von 50 000 Kilometer durchaus nicht selten; die grösste Höhe erreichen die eruptiven Protuberanzen, und unter ihnen hat Joung eine von 560 000 Kilometer beobachtet. Es müssen ganz kolossale Druck- und Temperaturdifferenzen sein, welche derartige Gasmassen bis zu einer solchen Höhe mit der Geschwindigkeit von 100 Kilometern und mehr emporschleudern, und schon diese Erscheinung lässt uns mit Sicherheit schliessen, dass die Temperatur auf der Sonne eine ausserordentlich hohe sein muss.

§. 107. Sonnenflecke.

Neue Kenntnisse über die Sonne können wir durch Beobachtung der Sonnenflecke erhalten. Nur dem blossen Auge erscheint die Sonne als eine gleichmässig helle Scheibe, während man durch ein Fernrohr

Fig. 77.

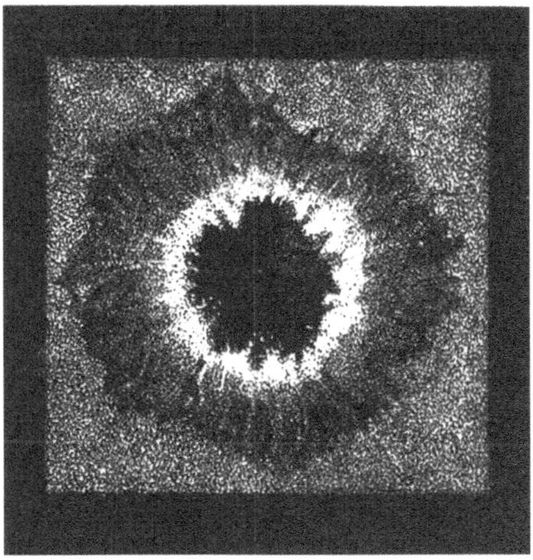

auf ihr dunkle Flecken sieht, welche bei genügender Vergrösserung sich etwa wie Fig. 77 darstellen. Man erkennt an dem Fleck einen mittleren dunkelsten Theil, die umbra, welcher durch einen Rand von mittlerer Helligkeit, der penumbra, von der Sonnenscheibe getrennt ist. Die Messungen haben ergeben, dass die Sonnenflecken Vertiefungen in der Sonne sind, dass sie an der Rotation der Sonne theil nehmen, dass ihre Gestalt sich verändert, sie entstehen und auch schneller oder langsamer wieder vergehen. Sehr häufig zeigen sich dicht neben den Sonnenflecken hellere Stellen, sogenannte Fackeln.

Man hat viel darüber gestritten, was diese Sonnenflecken sind; wir wollen sehen, was uns das Spektroskop für Auskunft über sie giebt. Lassen wir das Bild eines Sonnenfleckes auf den Spalt des Telespektroskopes fallen, so finden wir zunächst, dass das Spektrum in dem dem Flecke entsprechenden Theile erheblich dunkler ist, als in den benachbarten Theilen, wie es Fig. 78 zeigt, welche einen Theil des

Fig. 78.

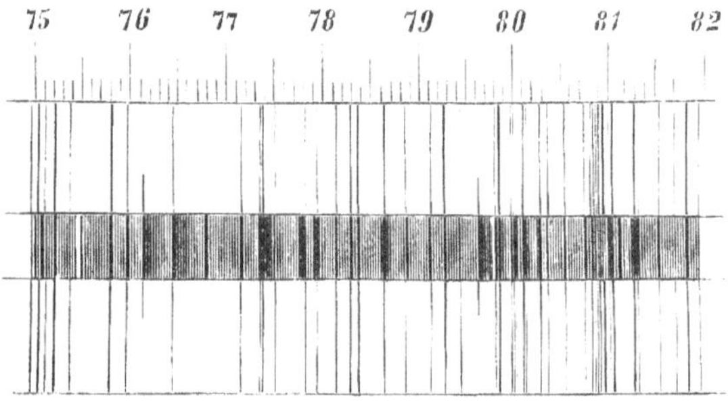

Spektrums zwischen C und D wiedergiebt. Diese Verdunkelung kann nur bedeuten, dass in einem Fleck stärkere allgemeine Absorption eintritt. Ausserdem finden wir, dass viele von den Frauenhofer'schen Linien in den Flecken erheblich dunkler und breiter sind, als im Sonnenspektrum und dass eine Anzahl neuer dunkler Linien auftritt; daraus können wir schliessen, dass manche von den absorbirenden Dämpfen

Fig. 79.

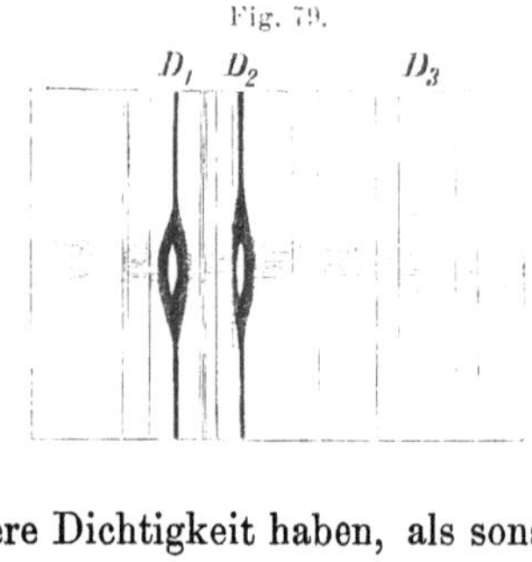

in den Flecken grössere Dichtigkeit haben, als sonst in der Photosphäre. Dafür finden sich andere Frauenhofer'sche Linien, welche in den Flecken schwächer sind oder ganz fehlen, ja es treten sogar einige helle Linien auf. Besonders stark erweitert werden häufig die D-Linien, wobei auch ihre Mitte hell sein kann. Fig. 79 zeigt solche D-Linien; gleichzeitig sieht man die Heliumlinie D_3 stark hervortreten.

Das Spektrum der Fackeln unterscheidet sich nicht von dem der

Protuberanzen, und wir werden daher beide für ein und dasselbe Gebilde erklären können, so dass Protuberanzen Fackeln am Sonnenrande sind.

Ein sehr interessantes Spektrum eines Sonnenflecks hat Joung beobachtet; es ist in Fig. 80 reproduzirt. Wir sehen in der Mitte den Streifen mit stärkster Absorption, welcher der Umbra entspricht, zu beiden Seiten zwei halbdunkle Streifen, von der Penumbra herrührend,

Fig. 80.

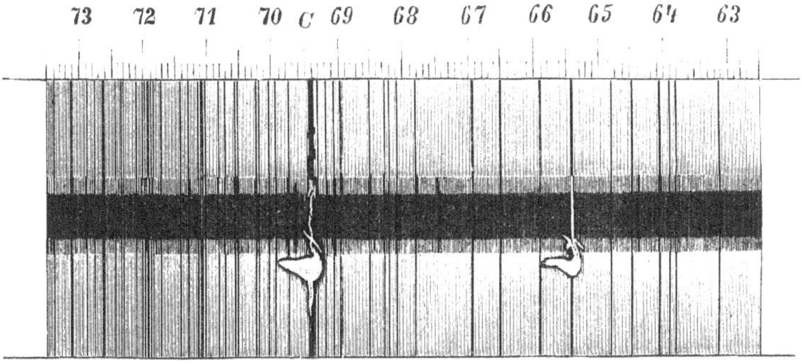

daneben das Spektrum der Sonne selbst. Wir sehen auch hier die verstärkte Absorption vieler Frauenhofer'scher Linien, ausserdem zwei helle Linien, von denen die linke die C-Linie ist. Dieselbe zeigt eine sehr charakteristische Bewegungsform, welche von der Penumbra ausgeht und jedenfalls einer hier liegenden Fackel angehört; die Verschiebung der C-Linie beweist, dass der Wasserstoff mit einer Geschwindigkeit von etwa 160 Kilometer in den Sonnenfleck hineinstürzte.

Das Charakteristische an den Sonnenfleckspektren ist die verstärkte Absorption; sie giebt uns Aufschluss über das Wesen der Flecke. Es muss in den Flecken sehr stark verdichteter Dampf vorhanden sein, der in Folge einer lokalen Abkühlung sich kondensirt hat, und sich nach der Mitte der Sonne hin bewegt. Die Entstehung eines Sonnenflecks werden wir uns also wohl so zu denken haben, dass an einzelnen Stellen der Photosphäre plötzliche Abkühlungen eintreten; der Dampf verdichtet sich und sinkt unter; dafür schiessen an seinen Rändern heissere Gasmassen aus der Tiefe empor, welche uns als Fackel oder Protuberanzen sichtbar werden. Jedenfalls bezeichnet jeder Sonnenfleck eine starke Gleichgewichtsstörung in der Sonnenatmosphäre, was durch die Verzerrung der Linien in den Flecken und Fackeln bewiesen wird.

§. 108. Die Korona.

Wir haben nun noch einige Worte über die Korona zu sagen, die äusserste Hülle der Sonne, welche bei den totalen Sonnenfinsternissen sichtbar wird, und durch ihre wechselnde Gestalt wesentlich zu dem merkwürdigen Aussehen des Phänomens beiträgt. Eine Abbildung derselben ist schon in Fig. 80 gegeben, hier möge eine zweite, Fig. 81 nach einer Zeichnung der Sonnenfinsterniss vom Jahre 1871 von Tupman folgen. Wir sehen, dass die Sonne von einem hellen Ringe umgeben

Fig. 81.

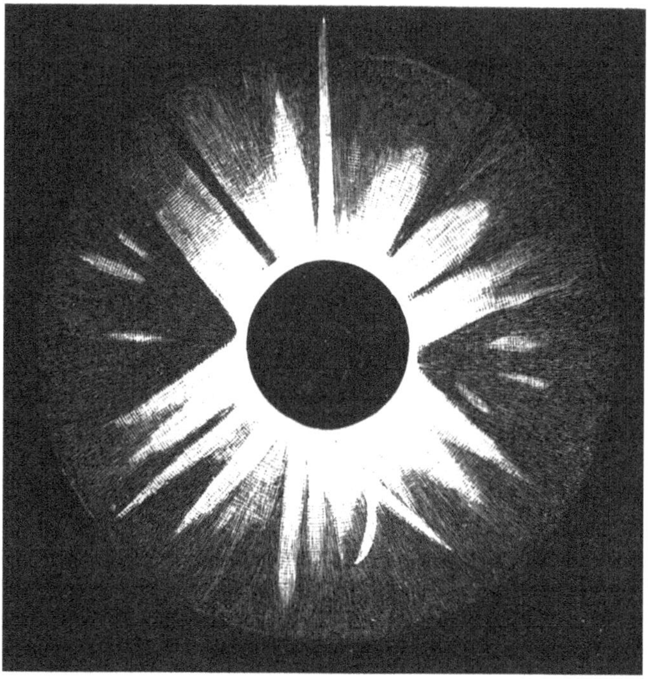

ist, aus welchem Strahlenbüschel nach verschiedenen Richtungen theilweise bis zu enormen Entfernungen, welche den Sonnendurchmesser an Länge weit übertreffen, ausgehen, ohne dass irgend eine gesetzmässige Vertheilung nachweisbar wäre; die Strahlen sind nicht einmal immer radial, sondern häufig tangential oder sogar gekrümmt, wie es Fig. 81 zeigt.

Das Wesen der Korona ist noch ein ungelöstes Räthsel, und die Ergebnisse ihrer spektroskopischen Untersuchung haben dies Räthsel nur schwieriger gemacht. Das Spektrum zeigt nämlich vor Allem eine helle grüne Linie, deren Wellenlänge $\lambda = 531{,}6$ ist; nach der Kirchhoff'schen Skala wird die Linie mit 1474 bezeichnet, und so nennt man sie gewöhnlich die Linie 1474, oder die Korona-Linie. Fast an dieselbe Stelle des Spektrums fällt eine schwache Eisenlinie, so dass man die Korona-Linie früher für eine Eisenlinie ansah; in Wahrheit ist aber die Wellenlänge der Eisenlinie etwas kleiner, so dass die Linie 1474 keinem bekannten irdischen Elemente entspricht; es muss jedenfalls das Element mit kleinstem Atomgewicht sein, da es sich so hoch über die Sonnenatmosphäre erheben kann. Neben der Koronalinie sieht man hell die Wasserstofflinien in den hellen Strahlen, während die Koronalinie auch in den dunklen Zwischenräumen sichtbar ist. Ausserdem erkennt man ein schwaches kontinuirliches Spektrum, in welchem die stärksten Frauenhofer'schen Linien sichtbar sind; dies Licht muss also reflektirtes Sonnenlicht sein, womit auch der Umstand übereinstimmt, dass das Licht polarisirt ist in Ebenen, die radial zur Sonne stehen, wie es reflektirtes Licht sein muss. Neben dem Dampf von der Koronasubstanz und Wasserstoff muss daher die Korona aus festen Theilchen, etwa Dunstbläschen, gebildet sein; wie sie aber an diese Stelle gelangen und woraus sie gebildet sind, das hat noch nicht gefunden werden können.

§. 109. Konstitution der Sonne.

Fassen wir das zusammen, was das Spektroskop uns über die Sonne gelehrt hat, so werden wir uns ein ziemlich richtiges Bild von ihrer Konstitution machen können. Wir haben innen einen Kern, der die höchste Temperatur besitzt, und Licht aussendet, welches ein kontinuirliches Spektrum geben müsste. Wir nehmen an, dass unter Einwirkung der hohen Temperatur und des enormen Druckes, der in der Mitte der Sonne herrschen muss, der Kern aus einem Gemisch von allen Elementen in feurig-flüssigem Zustande besteht[1]). Von diesem Kern aus findet fortdauernde lebhafte Verdampfung statt; die Dämpfe steigen bis zu einer gewissen Höhe, wobei sie sich abkühlen und dichter werden; sie umgeben die ganze Sonne, und bilden die Photosphäre, welche auf das Licht des Kerns absorbirend wirkt und das kontinuirliche Spektrum desselben mit den Frauenhofer'schen Linien durchfurcht. Diese Photosphäre ist derjenige Theil der Sonne, welchen wir sehen. Ueber ihr befinden sich noch Schichten einiger Dämpfe, welche besonders

---

1) Vielleicht wird bei der enormen Temperatur der Druck nicht genügen, die Elemente flüssig zu machen, da sie über der kritischen Temperatur liegen. Das ändert jedoch nichts an den Erscheinungen.

leicht sein müssen und in grosser Menge auf der Sonne vorhanden sind; sie bilden die Chromosphäre, die ausserhalb der umkehrenden Schicht liegt und daher in ihrem Spektrum helle Linien zeigt. In der Photosphäre finden zahlreiche Gleichgewichtsstörungen statt, die Dämpfe kühlen sich ab, um als feuriger Regen auf den Kern niederzustürzen, wofür neue heissere Dämpfe in die Höhe steigen; diese Störungen werden uns in den Flecken und Protuberanzen sichtbar. Um diesen ganzen Riesenball ist dann noch eine Hülle der leichtesten Gase ausgebreitet, nämlich von glühendem Wasserstoff und der unbekannten Koronasubstanz: sie bilden, vermischt mit kleinen festen Theilchen die Korona.

§. 110. Temperatur der Sonne.

Wir haben gesehen, von welcher Wichtigkeit für die Spektren die Temperatur ist, und so werden wir uns auch über die Temperatur der Sonne einen Begriff zu verschaffen suchen müssen, um das Sonnenspektrum richtig beurtheilen zu können.

Zunächst giebt uns das Spektroskop schon einige Auskunft. Das Spektrum, welches wir sehen, entsteht durch die Photosphäre und die übrige äussere Hülle der Sonne, also nicht durch den heissesten Theil der Sonne, als welchen wir den Kern betrachten müssen. Es zeigen sich nirgends im Sonnenspektrum Banden, sondern durchweg Linien, es muss daher die Temperatur in der Photosphäre noch so hoch sein, dass Verbindungen nicht existiren können und dass auch von den Elementen nicht die Bandenspektra, sondern stets die Linienspektra auftreten. Einzelne Elemente, deren Spektra sehr variabel mit der Temperatur sind, können zur Vergleichung der Temperatur der Sonne mit der der irdischen Wärmequellen benutzt werden. So ist das Ca-Spektrum von Lockyer verwerthet worden, und es zeigt sich, dass, je höher wir die Temperatur steigern, um so mehr wird das Spektrum dem Ca-Spektrum der Sonne ähnlich. Aus dieser und verwandten Erscheinungen können wir schliessen, dass die Temperatur der Sonne der unserer stärksten Funkenentladungen näher stehen muss, als etwa der des Kohlenbogens, sie muss also, um eine bestimmte Zahl zu nennen, über 100,000^0 C betragen.

Es sind zahlreiche Versuche gemacht worden, um die Temperatur der Sonne direkt zu bestimmen; es geschieht auf die Art, dass man misst, wie viel Wärme durch die Sonnenstrahlen in bestimmter Zeit einer bestimmten Fläche zugeführt werden; daraus kann man berechnen, wie viel Wärme die Sonne überhaupt nach allen Seiten ausstrahlt. Diese Zahl lässt sich mit genügender Genauigkeit experimentell bestimmen; sehr schwer aber ist es, aus ihr die Temperatur der Sonne abzuleiten; dazu müsste man nämlich wissen, 1. wie die Strahlung von der Temperatur abhängt, und 2. wie viel Wärme auf dem Wege der Strahlen absorbirt wird. Das erstere kennt man zwar für mässige Temperaturen durch das Dulong-Petit'sche Gesetz, aber für sehr hohe Temperaturen gilt dasselbe offenbar nicht mehr; für den zweiten Punkt ist man nur auf Annahmen angewiesen. So erklärt es sich, dass verschiedene Forscher die verschiedensten Resultate erhalten haben; es seien z. B. folgende genannt:

Herschel:	4 Millionen Grad Celsius
Secchi:	133 000 „ „
Zöllner:	20 000 bis 40 000° „
Violle: Pouillet: Vicaire: Deville:	1 500 bis 5 000° „
Rossetti:	10 000 bis 20 000° „

Sehr zweckmässig scheint eine Untersuchungsweise von Langley[1]) zu sein; er verglich direkt die Wärme, welche von dem flüssigen Metall der Bessemerbirne ausgestrahlt wird, mit der Sonnenwärme, und fand, dass letztere mindestens 87 mal grösser ist, als erstere, wahrscheinlich noch viel grösser. Ausserdem verglich er auch die Helligkeit der Sonne mit der des Bessemerstahls und fand, dass erstere mindestens 5300 Mal so gross sei als letztere. Aus diesen beiden Bestimmungen kann man schliessen, dass die Temperatur der Sonne mindestens 150 000 ° C betragen wird, ein Resultat, was mit den spektroskopischen Beobachtungen recht gut übereinstimmt.

Capitel XV.

Die Himmelskörper.

§. 111. Die Planeten.

Ebenso wie für die Kenntniss der Sonne, so hat auch für die Kenntniss der übrigen Himmelskörper das Spektroskop die grössten Dienste geleistet. Es sollen in diesem Capitel in möglichster Kürze die wichtigsten Resultate zusammengestellt werden; Ausführlicheres müssen wir den astronomischen Lehrbüchern überlassen. Zunächst wären die

[1]) Langley, Proc. of the Amer. Acad. 1878.

Spektren der Planeten zu erwähnen. Es ist schon lange angenommen worden, dass die Planeten nicht selbstleuchtend sind, sondern nur das Licht der Sonne reflektiren. Dann müsste das Spektrum von allen das gleiche, und zwar das Sonnenspektrum sein. In der That bestätigt sich das, man kann in den Planetenspektren alle die wichtigsten Fraunhofer'schen Linien wieder erkennen.

Etwas kann indessen das Spektrum doch modifizirt werden, indem das Licht von den Planeten reflektirt wird. Wie wir wissen, zeigen sich im Sonnenlichte, wenn es durch dicke Schichten der Erdatmosphäre hindurchgegangen ist, Absorptionslinien, die dem Lichte selbst fremd sind. Licht, welches von der Erde reflektirt ist, würde diese terrestrischen Linien also eigenthümlich haben. Dieselben Verhältnisse treten bei den Planeten auf; wenn diese von einer Atmosphäre umgeben sind, so wird sie zu den Fraunhofer'schen Linien Absorptionsstreifen hinzufügen, die jedem Planeten eigenthümlich sein können.

Man unterscheidet unter den Planeten bekanntlich die kleinen, — Merkur, Venus, Erde, Mars, — welche der Sonne am nächsten liegen, und die grossen Planeten: Jupiter, Saturn, Uranus und Neptun. Sie sind in mehreren Beziehungen erheblich von einander verschieden; so ist die Dichtigkeit der kleinen Planeten im Wesentlichen dieselbe, wie die der Erde, nämlich 4 bis 7 (Wasser = 1); für die grossen Planeten dagegen ist die Dichtigkeit ausserordentlich gering, kleiner als 1, so dass wir annehmen können, dass sie von einer sehr dicken Atmosphäre umgeben sind, deren geringe Dichtigkeit die mittlere Dichtigkeit des ganzen Planeten so weit herunter drückt. Dies wird durch die Spektralanalyse[1]) vollkommen bestätigt. Während nämlich die kleinen Planeten das Sonnenspektrum ziemlich unverändert zeigen, — nur einige Banden, die auch die Erdatmosphäre hervorbringt, deuten darauf hin, dass die kleinen Planeten von einer der Erde ähnlichen Atmosphäre umgeben sind, — fügt die starke Hülle der grossen Planeten charakteristische Absorptionsstreifen hinzu, und zwar zeigt sich für die einzelnen Planeten Folgendes:

Jupiter: Das Spektrum zeigt ausser den Fraunhofer'schen Linien eine grosse Anzahl der terrestrischen Linien, und ausserdem eine unter diesen nicht vorkommende Bande im Roth, deren Wellenlänge $\lambda = 617{,}85$ ist. Der blaue und violette Theil ist durch gleichförmige Absorption stärker geschwächt. — Auf dem Jupiter zeigen sich dunkle Streifen; deren Spektrum zeichnet sich durch starke gleichmässige Absorption und durch Verbreiterung der Absorptionsstreifen aus.

---

[1]) Vergl. namentlich H. C. Vogel, Spektra der Planeten, Lpz. bei Engelmann (1874).

Saturn: Derselbe zeigt ein Spektrum, welches dem des Jupiter sehr ähnlich ist, indem es eine Anzahl der terrestrischen Linien und die Bande im Roth besitzt. Abweichend ist das Spektrum des Saturnringes, welchem die charakteristische rothe Bande fehlt.

Uranus: Der Uranus zeigt ein sehr lichtschwaches komplizirteres Spektrum, als die beiden vorigen Planeten. Wegen der grossen Lichtschwäche ist von den Frauenhofer'schen Linien nur die F-Linie zu erkennen. Ausserdem sind 7 Banden, im Roth, Blau und Violett vorhanden, von denen eine mit der Bande des Jupiter und Saturn übereinstimmt. Die Wellenlängen derselben sind etwa:

628; 618; 596; 574; 543; 457; 427.

Neptun: Wegen der grossen Lichtschwäche ist es nicht möglich im Spektrum die Frauenhofer'schen Linien zu erkennen; auch die übrigen Banden lassen sich nur ungenau messen, doch scheint das Spektrum mit dem des Uranus identisch zu sein.

§. 112. Die Fixsterne.

Die Untersuchung der Planetenspektren bietet keine besonderen Schwierigkeiten; sie wird mit dem Telespektroskop ausgeführt, indem man ein Bild des Planeten auf dem Spalt entwirft.

Schwieriger ist die Untersuchung der Fixsterne, da die Fernröhre von denselben nur ein punktförmiges Bild geben. Das Spektrum desselben wird daher nur eine Linie, in welcher wegen der ungenügenden Breite Linien nicht zu erkennen sind. Man hat diesem Uebelstande durch Einschalten einer Cylinderlinse abzuhelfen gesucht; dieselbe wird vor den Spalt gesetzt, und entwirft ein linienförmiges Bild auf dem Spalte; man kann dann den Spalt auch ganz fortlassen, und diese Lichtlinie direkt als beleuchteten Spalt benutzen. Durch diese Ausbreitung des Bildes wird aber die so schon sehr geringe Lichtstärke noch weiter vermindert, so dass man nur mit sehr geringer Dispersion arbeiten kann, wodurch nahe liegende Linien zusammenfallen und die Bestimmung der Wellenlängen ungenau wird. Einen anderen Kunstgriff hat Huggins bei der photographischen Fixirung des ultravioletten Theiles der Spektra angewandt: er lässt das Bild auf den Spalt fallen; nach genügender Exposition verschiebt er es um seine eigene Breite dem Spalte entlang, und macht eine zweite Aufnahme, eventuell ebenso eine dritte; dadurch erhält das Spektrum, welches also eigentlich aus zwei oder drei Spektren zusammengesetzt ist, genügende Breite.

Um die Untersuchung der Fixsterne haben sich namentlich Secchi, H. C. Vogel und vor Allen Huggins verdient gemacht. Es hat sich aus ihren Beobachtungen herausgestellt, dass wir im

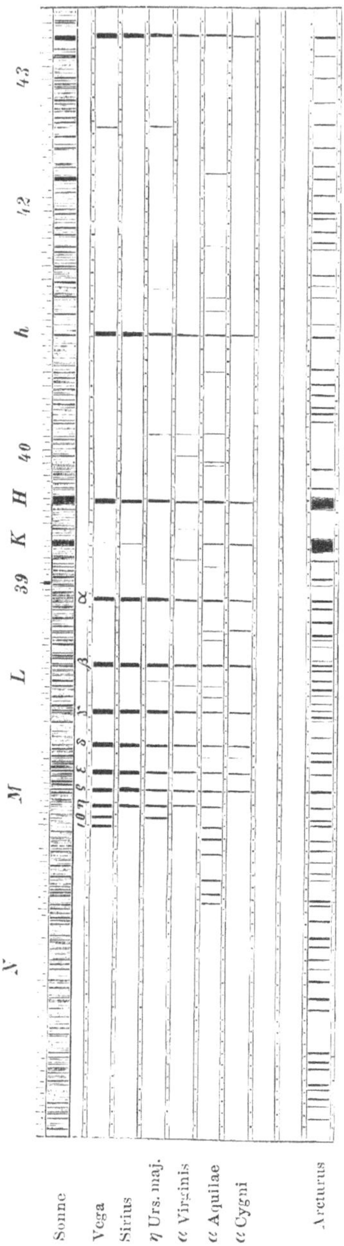

Fig. 82.

Wesentlichen 4 verschiedene Arten von Sternen unterscheiden können, und zwar:

1. Die weissen Sterne, die etwa die Hälfte aller existirenden Fixsterne bilden, darunter die hellsten Sterne, wie Sirius, Vega, Altair, die Sterne des grossen Bären u. s. w. Sie zeigen ein kontinuirliches Spektrum mit wenigen breiten Absorptionslinien, welche namentlich im brechbaren Theile charakteristisch sind. Die Linien scheinen zum grössten Theil dem Wasserstoff anzugehören. Fig. 82 giebt ein Bild der Spektra verschiedener dieser Sterne nach den Photographien von Huggins[1]). Die Linien rücken immer näher zusammen, je kürzer die Wellenlängen werden, so dass das Spektrum in hohem Grade rythmisch ist. Die Wellenlängen der Hauptlinien für die Vega z. B. sind mit der Bezeichnung von Huggins:

$H\gamma$	434,0 $\mu\mu$	β	383,4 $\mu\mu$
h	410,1	γ	379,5
H_1	396,8	δ	376,75
K	393,3	ε	374,55
α	388,75	ζ	373,0
		η	371,75 $\mu\mu$
		Θ	370,75
		ι	369,9.

Diese Linien sind nicht sämmtlich in allen Sternen vorhanden, auch unterschieden sich die verschiedenen Spektra durch Aenderung der relativen Intensität der Linien, namentlich der Linien H_1 und H_2 oder K. Früher hielt man diese beiden Linien für Calciumlinien, in neuester Zeit ist aber nachgewie-

1) Huggins, Phil. Trans. **171** p. 669—690 (1880).

sen, dass mit H_1 auch eine Wasserstofflinie zusammenfällt; überhaupt scheinen diese Linien sämmtlich Wasserstofflinien zu sein. — Neben diesen Hauptlinien treten dann in einzelnen Spektren noch einige andere schwächere Linien auf.

2. *Die gelben Sterne* bilden etwa zwei Drittel der noch übrigen Fixsterne, darunter sind Pollux, Arkturus, Aldebaran u. s. w. Ihr Spektrum ist im Wesentlichen dasselbe, wie das Sonnenspektrum, nur dass viele Sonnenlinien fehlen, dafür aber andere vorhanden sind. In Fig. 82 ist das unterste Spektrum das des Arkturus, wobei aber nur die Hauptlinien gezeichnet sind; eine Vergleichung mit dem Sonnenspektrum zeigt, dass namentlich im sichtbaren Theile viele Linien beiden Spektren gemeinsam sind, während jenseits H die Unterschiede grösser werden. Diese Sterne werden wahrscheinlich einer niedrigeren Temperaturstufe angehören, als die weissen Sterne.

3. *Die rothen oder orangefarbigen Sterne*, zu welchen z. B. α Herculis, Orionis, β Pegasi u. s. w. gehört. Ihr Spektrum ist noch komplizirter und deutet auf noch niedrigere Temperatur, indem es aus Absorptions-Linien und *Banden* zusammengesetzt ist.

4 *Blutrothe Sterne*, deren Anzahl sehr gering ist; ihr Spektrum besteht im Allgemeinen aus einem rothen, einem grünen und einem blauen Theile, in welchen aber auch noch einzelne Absorptionslinien und Banden sichtbar sind; daneben zeigen sich andrerseits auch helle Emissionslinien.

Endlich ist noch zu erwähnen, dass es einige Male seit Entdeckung der Spektralanalyse vorgekommen ist, dass neue Sterne am Himmel erschienen sind, oder sehr schwache Sterne an Helligkeit ausserordentlich zugenommen haben, um nachher wieder abzunehmen oder ganz zu verschwinden. Dieselben zeigten dann das Emissionsspektrum des Wasserstoffs, mitunter auch mit einigen anderen Metalllinien, z. B. von Magnesium, so dass auf diesen Weltkörpern kolossale Feuersbrünste von Wasserstoff stattgefunden haben müssen, welche die Leuchtkraft so stark erhöht haben, dass die vorher nicht sichtbaren Sterne sichtbar wurden.

Ueber die Fixsterne hat das Spektroskop noch in anderer Richtung interessante Auskunft gegeben. Der Name der Fixsterne ist angenähert richtig, da dieselben ihre Stellung am Himmel nur sehr wenig verändern. Aber ganz fest stehen sie doch nicht, und die Astronomen haben schon lange die Bewegungen *senkrecht zur Sehlinie* beobachtet und gemessen. Die wahre Bewegung war aber unbekannt, da die zweite Komponente derselben, die Bewegung *in Richtung der Sehlinien*, zu uns oder von uns fort, sich nicht beobachten liess. Grade eine solche Bewegung zeigt uns nun das Spektroskop durch Verschiebung der Linien, wie wir schon bei Besprechung der Protuberanzen gesehen haben. Wir hatten dort gefunden, dass wenn die Lichtquelle sich mit der Geschwindigkeit $\pm$ v bewegt, und u die Lichtgeschwindigkeit bedeutet, die Wellenlänge λ sich verwandelt in die Wellenlänge $\lambda' = \lambda\left(\frac{u \pm v}{u}\right)$. Wenn daher ein Stern z. B. die Wasserstofflinien zeigt, aber etwas verschoben, so dass z. B. eine Linie nicht die Wellenlänge λ, sondern die λ' hat, so finden wir

$$\pm v = u\left(\frac{\lambda' - \lambda}{\lambda}\right).$$

woraus wir v, die Geschwindigkeit des Sterns in Richtung der Sehlinie, berechnen können. Huggins[1]) hat zuerst versucht, derartige Bestimmungen auszuführen; sie erfordern ein Instrument von starker Dispersion und grosser Lichtstärke, damit der Unterschied zwischen λ und λ^1 sehr genau bestimmt werden kann. Nach neueren Bestimmungen von Airy[2]) haben sich z. B. für die folgenden Sterne folgende Geschwindigkeiten ergeben, wobei + eine Annäherung, — eine Entfernung bezeichnet:

Aldebaran	+ 32	$\frac{km}{sec}$	α Ursae	majoris	— 43	$\frac{km}{sec}$
Capella	+ 43	„	β	„	+ 45	„
Sirius	+ 32	„	γ	„	+ 27	„
Pollux	— 42	„	δ	„	+ 16	„
Arcturus	— 53	„	ε	„	+ 26	„
			ζ	„	+ 29	„
			η	„	— 13	„

Es ist ein höchst interessantes Faktum, dass so die Spektralanalyse die wahre Bewegung der Gestirne kennen lehrt, welche für immer verborgen bleiben zu sollen schien.

§. 113. Die Nebelflecke.

Schliesslich wollen wir noch einiges Wenige über die Nebelflecke und Kometen bemerken.

Es ist zuerst Huggins gelungen, das Spektrum der Nebelflecke zu sehen, und dabei fand er, dass dasselbe aus einzelnen hellen Linien besteht, welche dem Wasserstoff, Stickstoff, vielleicht auch dem Sauerstoff, angehören. Fig. 83 zeigt nach Huggins' Zeichnung auf den beiden untersten Streifen das Spektrum elektrischer Entladung und das Spektrum der Nebelflecke.

---

[1]) Huggins, Phil. Mag. (4) **45** p. 133—147.
[2]) Airy, Monthl. Notic. **41** p. 109—121 (1881).

Es geht daraus hervor, dass wir uns die Nebelflecke als Haufen glühender Gase zu denken haben, welche sich noch nicht zu einem festen Kerne verdichtet haben; damit stimmen auch die vielfach abenteuerlichen Formen der Nebelflecke überein.

§. 114. Die Kometen.

Weniger hat uns die Spektralanalyse zur Aufklärung der Räthsel verholfen, welche noch in Bezug auf die Kometen herrschen. Dieselben bestehen bekanntlich aus einem stärker leuchtenden Kopf, in welchem man häufig noch einen hellsten Theil, den Kern unterscheidet, und aus dem lichtschwächeren Schweif. Derselbe bildet sich erst bei Annäherung des Kometen an die Sonne, oft mit ungeheurer Geschwindigkeit, um nachher wieder zu verschwinden. Die Dichtigkeit des Schweifes ist ausserordentlich gering, der Raum welchen er einnimmt, kolossal gross; der Schweif des Kometen von 1861 war 32 Millionen Kilometer lang, der von 1843 sogar 180 Millionen Kilometer, und doch entstehen und vergehen diese Schweife, welche stets von der Sonne abgewendet sind, in wenigen Tagen.

Das Spektrum des Kernes ist meist ein kontinuirliches Spektrum, ein Beweis dafür, dass der Kern aus fester Substanz bestehen muss; das Spektrum der Kopfhülle dagegen ist dasselbe, welches sich zeigt, wenn elektrische Entladungen durch Olivenöl oder Elayl schlagen. Fig. 83 giebt diese beiden Spektra, darunter die zweier Kometen; in dem einen sind die drei Banden ziemlich stark verschoben. Ob dies Spektrum der Kohle selbst angehört, oder einem Kohlenwasserstoff, ist nicht sicher; jedenfalls aber haben wir die Sicherheit, dass der Kometenkopf wesentlich aus Kohle besteht. Daneben zeigt der Kopf mitunter auch Metalllinien, so von Magnesium und Natrium. Der Komet vom Juni 1882 zeigte z. B. die D-Linien sehr deutlich, als er in der Sonnennähe war; mit seiner Entfernung von der Sonne traten diese Linien immer mehr zurück. Beim zweiten Kometen des Jahres 1882 waren die Na-Linien etwas verschoben, so dass sie Bewegung des Kometen zeigten: Thollon und Gouy[1]) schätzten die Verschiebung von D_1 nach D_2 auf $^1/_4$ bis $^1/_5$ des Abstandes der beiden D-Linien; daraus folgt, dass der Komet sich mit einer Geschwindigkeit von 76—61 Kilometer in der Sekunde von der Erde entfernte. Diese spektroskopische Berechnung hat eine interessante Bestätigung erfahren[2]): es ist seitdem die Bahn des Kometen bestimmt worden, und aus derselben ergiebt

[1]) Thollon u. Gouy, C. R. **95** p. 555—557 (1882).
[2]) Thollon u. Gouy, C. R. **96** p. 371—372 (1883).

sich, dass die Geschwindigkeit 73 Kilometer von der Erde fort betrug.

Ganz anders, als der Kopf, verhält sich der Schweif; er zeigt auf kontinuirlichem Grunde die wichtigsten Frauenhofer'schen Linien. Dass sein Licht nur reflektirtes Sonnenlicht ist, wird dadurch bewiesen, dass es polarisirt ist in der Ebene, welche man durch den Be-

Fig. 83.

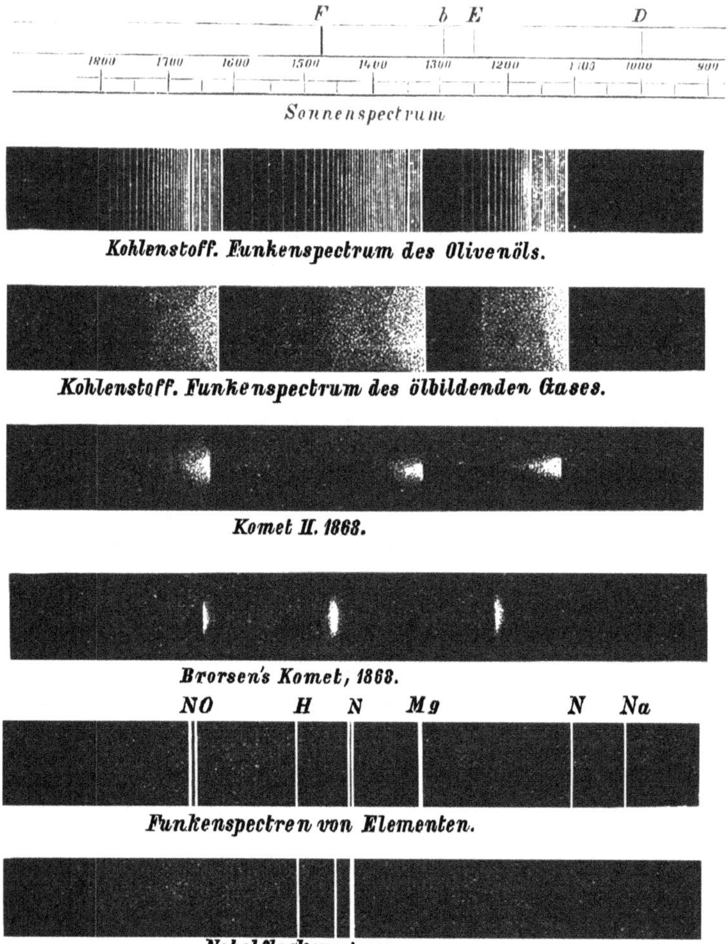

obachter, die Sonne und den Schweif legen kann, also in der Reflexionsebene. Wir müssen also im Schweif kleinste feste Theilchen voraussetzen, ebenso wie wir dazu bei der Korona der Sonne gezwungen waren.

Wie man sieht, sind die Aufschlüsse des Spektroskops über die Kometen nicht geeignet, den Schleier, der über der Entstehung und dem Wesen der Kometen noch liegt, zu lüften, sie machen im Gegentheil die ganze Erscheinung nur räthselhafter.

Wir haben damit die hauptsächlichsten Anwendungen der Spektralanalyse auf die Himmelskörper besprochen und wollen dies Kapitel mit der Bemerkung beschliessen, dass die Resultate vollständig mit der Kant-Laplaceschen Hypothese über die Bildung des Weltalls übereinstimmen. Nach dieser Theorie haben bekanntlich sämmtliche Himmelskörper im Anfang eine grosse Masse von Dämpfen gebildet, welche in Rotation begriffen war. Durch die Centrifugalkraft ist diese Kugel zerrissen, die einzelnen Theile haben sich wieder zu Kugeln geballt, welche in der Rotation um die ursprüngliche Axe, aber auch zugleich um ihre eigene Axe fortfahren; je nach der Grösse der einzelnen Körper haben sie sich schneller oder langsamer abgekühlt, wobei sich die Dämpfe verdichteten zu Flüssigkeiteu oder festen Massen. So finden wir unter den Himmelskörpern alle Stufen vertreten: einzelne sind noch glühende Gasmassen, andere besitzen schon einen kleinen feurig-flüssigen Kern mit einer noch sehr ausgedehnten Atmosphäre, bei wieder anderen ist die Abkühlung schon soweit vorgeschritten, dass der Kern fest geworden und die Hülle nur noch aus den permanenten Gasen zusammengesetzt ist.

Capitel XVI.

Lockyer's Anschauungen über Dissociation der Elemente.

§. 115. Lockyers Sonnenspektrum.

Wir haben bei jeder Gelegenheit hervorgehoben, dass das Spektrum einer Substanz nur von dem Bau des Moleküls abhängen kann. Von demselben Umstande hängt aber auch die chemische Natur der Substanz ab, was am klarsten wird, wenn wir isomere Substanzen betrachten, d. h. solche, die chemisch gleich zusammengesetzt sind, und sich nur dadurch unterscheiden, dass in dem Molekül der einen etwa doppelt oder drei Mal so viele Atome vereinigt sind, wie in dem Molekül der anderen. So erklärt es sich, dass die Spektralanalyse nicht nur zur

Erkennung der chemischen Natur der Molekeln geführt hat, sondern dass sie auch neue Ideen über diese Natur hervorgerufen hat.

Es ist namentlich Lockyer gewesen, der sich in den letzten Jahren viel mit dieser Frage beschäftigt hat und dabei zu dem Schlusse gekommen ist, dass unsere chemischen Elemente in Wahrheit keine Elemente sind, sondern bei höherer Temperatur noch weiter zerlegt werden können. Wenn auch diese Ansichten keineswegs sicher bewiesen sind, oder auch nur allgemeine Anerkennung gefunden haben, sondern im Gegentheil von den verschiedensten Seiten lebhaft bekämpft werden, so scheinen sie doch so wichtig und interessant, dass wir näher darauf eingehen wollen, zumal dabei einige Erscheinungen genauer besprochen werden können, die wir bisher nur kurz berührt haben.

Lockyer hatte vor ungefähr 10 Jahren die Arbeit unternommen, das Sonnenspektrum mit Hülfe photographischer Aufnahmen in viel grösserem Maassstabe und viel genauer herzustellen, als dies von Kirchhoff und Angström gemacht worden war. Gleichzeitig sollte der Ursprung der Frauenhofer'schen Linien festgestellt werden, es mussten also auch Photographien der Linienspektra aller bekannten Elemente angefertigt werden. Dabei wurde denn Lockyer sehr bald gewahr, einen wie grossen Einfluss die Temperatur auf die Beschaffenheit des Spektrums ausübt, und so untersuchte er die Elemente unter den verschiedensten Bedingungen: im Kohlenbogen, im Induktionsfunken mit grossen, kleinen und gar keinen Leidner Flaschen, wobei die Induktionsapparate auch noch verschieden waren, nämlich entweder mit sehr langem dünnen, oder kurzem aber dickem Draht; im ersten Fall erhält man Funken von grosser Intensität, im zweiten von grosser Quantität. Bei Vergleichung dieser Photographien stellte sich nun heraus, dass eine grosse Zahl von Linien vielen Elementen gemeinsam war. Das konnte daher rühren, dass die Substanzen nicht rein gewesen, und es mussten also die zu Verunreinigungen gehörenden Linien ausgeschieden werden. Dazu benutzte Lockyer seine Methode der kurzen und langen Linien. Die Verunreinigungen konnten jedenfalls nur in kleiner Menge vorhanden gewesen sein, es konnten also nur ihre längsten Linien als kurze Linien sichtbar sein. Wenn z. B. dieselbe Linie sich lang im Calciumspektrum, kurz im Eisenspektrum zeigte, so konnte man annehmen, dass die Linie zum Ca gehört, und dass das Eisen mit Ca verunreinigt war.

So gelang es in der That, eine grosse Anzahl von Linien den Verunreinigungen zuzuschreiben und zu beseitigen. Aber schliesslich fand es sich doch, dass noch eine Unzahl von Linien verschiedenen Elementen gemeinsam blieb, welche auf diese Art nicht erklärt werden konnte; so scheiterte Lockyer an der Feststellung der Elementenspektra und war gezwungen seine ganze Arbeit aufzugeben.

§. 116. Die basischen Linien.

Er suchte nun nach einer Erklärung für diese gemeinsamen Linien, die auch schon von Kirchhoff und Angström bemerkt worden waren, wenn auch nicht in dem Maasse, wie von Lockyer. Die einfachste Erklärung wäre wohl gewesen, dass die Linien nur scheinbar gemeinsam sind, dass in Wahrheit die Linien der verschiedenen Elemente etwas verschiedene Wellenlänge haben, aber wegen ungenügender Dispersion scheinbar an dieselbe Stelle des Spektrums fallen. Dass das in der That für viele Linien der Fall ist, ist später von Liveing und Dewar, Young und Fievez nachgewiesen worden; aber für alle Linien haben auch sie es nicht nachweisen können.

Lockyer stellte eine ganz andere Hypothese auf; er nahm an, dass unsere sogenannten Elemente zusammengesetzt sind und sich noch weiter dissociiren können; verschiedene Elemente können dabei ein gemeinsames Dissociations-Produkt ergeben, welchem die Linien angehören, die sich bei verschiedenen Elementen zeigen. Diese Linien nennt Lockyer basische Linien. Ein uns bekanntes Beispiel wird diese Anschauung klarer machen: wir wissen, dass wir unter geeigneten Vorsichtsmaassregeln, vor allen Dingen bei niedriger Temperatur, z. B. von Chlorbarium, Brombarium und Jodbarium drei verschiedene Spektra erhalten können. Sobald wir aber die Temperatur steigern, so tritt Dissociation ein, und es zeigen sich in den drei Spektren gemeinsame Linien, nämlich die Linien des Baryum. Aus den den verschiedenen Spektren gemeinsamen Linien schliessen wir, dass die drei Substanzen alle ein Element enthalten, welches durch die höhere Temperatur dissociirt worden ist; es sind hier die gemeinsamen, basischen Linien in der That deshalb aufgetreten, weil die drei Substanzen einen gemeinsamen Bestandtheil enthielten. Denselben Schluss glaubt Lockyer auch für die gemeinsamen Linien der chemischen Elemente ziehen zu müssen.

§. 117. Intensitätsänderungen in den Spektren.

Auch die Veränderlichkeit in der relativen Intensität der Linien erklärt Lockyer durch Dissociation. Er führt folgenden Vergleich ein: Wir nehmen 4 Oefen A bis D an, von denen A der heisseste ist. Wir nehmen weiter an, dass es in A eine Substanz α giebt, welche bei niedrigerer Temperatur eine andere Substanz β bilden kann, durch Vereinigung mit sich selbst oder mit einer anderen Substanz; die Temperatur des Ofen B sei so hoch, dass darin nur diese Substanz β existiren kann. Bei der niedrigeren Temperatur des Ofens C dagegen möge eine dritte Substanz γ, die aus β und α, oder β und β, oder aus β und einem fremden Körper zusammengesetzt sei, existiren, in dem Ofen D endlich wieder eine andere Verbindung δ.

In jedem Ofen wird dann das Spektrum der betreffenden Substanz stark vorhanden sein (Fig. 84); da aber einzelne Molekeln auch in den

Fig. 84.

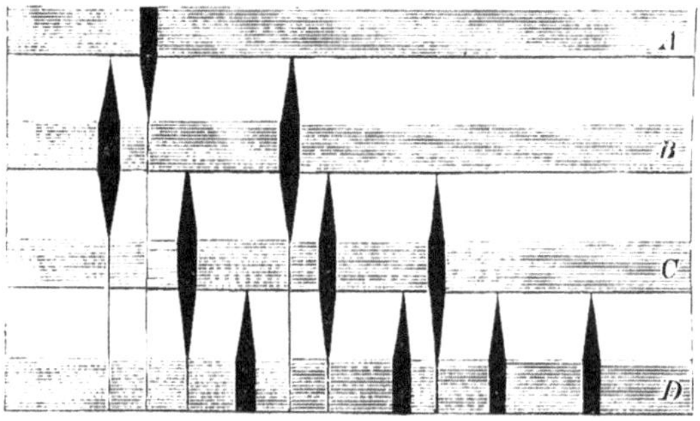

kälteren Oefen schon dissociirt werden können, so werden in ihnen die Linien der einfacheren Substanzen als schwache kurze Linien vorhanden sein. Diese schwachen Linien, die also einfacheren Substanzen angehören, und erst bei höherer Temperatur zu starken Linien werden,

Fig. 85.

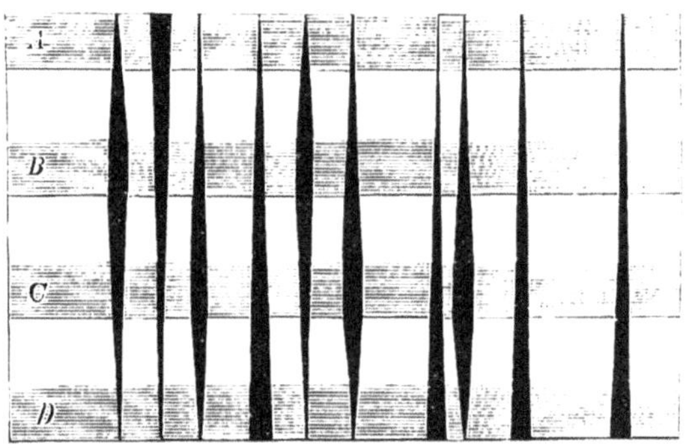

sind die basischen Linien. Lockyer hat noch eine andere Zeichnung hergestellt, welche den Fall darstellt, dass die heisseren Oefen nicht heiss genug sind, um die zusammengesetzteren Substanzen vollständig zu dissociiren (Fig. 85). Dann haben wir in allen Oefen dieselben Linien, nur mit sehr verschiedenen Intensitäten. Wie man sieht, ist diese Anschauungsweise in der That sehr geeignet die Intensitätsveränderungen, das Entstehen und Verschwinden von Linien bei verschiedenen Temperaturen zu erklären.

Eigentlich ist die Erklärung auch identisch mit der, welche wir früher für diese Erscheinungen gaben. Wir nahmen auch an, dass in Folge der höheren Temperatur und der gesteigerten Molekularbewegung die Molekeln immer mehr in ihre Atome zerfallen, und dadurch die Schwingungen sich ändern. Ein zerfallenes Molekel ist aber in Wahrheit nichts anderes, als ein dissociirtes, auch wenn die Atome dieselben sind. So können wir das Molekül des Ozon dissociiren oder theilen, und erhalten Sauerstoff; in diesem Falle würden auch wir von Dissociation sprechen; ebenso wenn wir irgend ein anderes Element z. B. Schwefel oder Phosphor in eine allotrope Modifikation überführen. Also die Dissociirbarkeit der Molekeln der Elemente ist durchaus nichts neues, was auch Lockyer stets hervorhebt; das Neue ist nur, dass er die Möglichkeit der Dissociation für alle Elemente gelten lassen will, und dass er annimmt, einzelne der Dissociationsprodukte könnten verschiedenen Elementen gemeinsam sein. Die Elemente erscheinen uns dann als solche nur bei unserer Beschränktheit in Betreff der Temperatur; könnten wir diese um 50000° steigern, so würden viele Elemente sich als zusammengesetzt erweisen.

Es ist anzunehmen, dass dabei die Anzahl der vorhandenen Elemente sehr abnehmen würde; wie wir die vielen Tausende von bekannten chemischen Verbindungen mittelst der uns zugänglichen Temperaturen in 70—80 sogenannte Elemente haben zerlegen können, so würden diese sich auf eine viel kleinere Zahl reduziren, vielleicht sogar auf ein einziges Element; in der That scheint es am naturgemässesten anzunehmen, dass es nur einerlei Art Materie giebt, nur ein einziges Atom, und dass nur durch verschiedene Anzahl und verschiedene Gruppirung solcher Grundatome unsere sogenannten Elementenatome erzeugt werden. Dann würde bei den höchsten für uns erreichbaren Temperaturen schon eine Dissociation eintreten, und die basischen Linien fänden eine einfache Erklärung.

§. 118. Lockyer's Beweise.

Es trat nun an Lockyer die Aufgabe heran, diese Hypothesen auf ihre Richtigkeit hin zu untersuchen und mit unermüdlichem Eifer und grossem Scharfsinn hat er sich dieser Aufgabe unterzogen.

Lockyer konnte Beweise für seine Ansicht auf zwei Wegen erhalten: einmal indem er nachwies, dass sich die basischen Linien anders verhalten, als die übrigen Linien, und zweitens indem er direkt die Dissociation der Elemente zeigte; eine solche würde sich natürlich nur spektralanalytisch durch sehr hohe Temperaturen hervorbringen lassen, sie wäre aber nahezu erwiesen, wenn wir dieselbe Substanz so behandeln könnten, dass sie einmal das eine, ein ander Mal ein anderes Spektrum bei derselben Temperaturstufe zeigte.

Wir wollen nun der Reihe nach die Erscheinungen besprechen, welche Lockyer für seine Anschauungen ins Feld führt[1]).

Zunächst wären einige Laboratoriumsversuche zu erwähnen. Lockyer[2]) fand, dass wenn man Kalium im Vakuum bei niedriger Temperatur destillirt, Funken durch die Dämpfe grün erscheinen und ein bestimmtes Spektrum geben. Destillirt man dann bei höherer Temperatur, so sehen die Funken blutroth aus und geben ein ganz anderes Spektrum. Daraus schliesst er, dass bei verschiedenen Temperaturen andere Bestandtheile des Kaliums destilliren, Kalium also ein zusammengesetzter Körper, kein Element ist. Aehnliches hat Lockyer für andere Elemente gefunden, für Natrium[3]) für Phosphor[4]) für Calcium[5]), für Eisen und andere.

Die Hauptstützen konnte indess Lockyer natürlich nur bei sehr hohen Temperaturen erhalten, und da wir diese im Laboratorium nicht herstellen können, sie dafür aber auf der Sonne und den Sternen finden so war eine genauere Untersuchung ihrer Spektra geboten.

Bei der Sonne haben wir drei verschiedene Spektra zu unterscheiden, das allgemeine Sonnenspektrum, das Spektrum der Flecken und das der Protuberanzen. Man kann wohl annehmen, dass diese drei Spektren verschiedenen Temperaturen entsprechen werden. Das allgemeine Sonnenspektrum wird erzeugt durch die Absorption der gesammten Sonnenatmosphäre, die sich zum Theil in sehr grosser Entfernung von der Sonne und daher auf niedriger Temperatur befindet. Dies Spektrum repräsentirt die niedrigste Temperatur. Das Fleckenspektrum kommt von einer sehr heissen Stelle, der Photosphäre, wird aber durch die kältesten Theile derselben erzeugt; es stellt die zweite Temperaturstufe dar. Die Protuberanzen endlich sind Eruptionen besonders heisser Dämpfe, ihr Spektrum wird der höchsten Temperatur entsprechen.

Sehen wir zunächst zu, was ein Vergleich der irdischen Spektren mit den verschiedenen Sonnenspektren ergiebt, dann wollen wir letztere unter einander vergleichen.

---

[1]) Lockyer hat eine ganze Anzahl dieser Beweise in einer Reihe von Vorträgen zusammengefasst, welche erschienen sind in: Nat. **24** p. 267—274, 296—301, 315—324, 365—370, 391—399 (1881).

[2]) Lockyer, Nat., loc. cit.

[3]) Lockyer, Proc. Roy. Soc. **29** p. 266—272 (1879).

[4]) Lockyer, C. R. **89** p. 514—515 (1879).

[5]) Lockyer, C. R. **88** p. 148—154 (1879).

§. 119. Metalloide in der Sonne.

Es fällt sehr auf, dass das allgemeine Sonnenspektrum die Anwesenheit fast aller unserer Elemente in der Sonne beweist, mit Ausnahme der Metalloide. Nur der Wasserstoff, der ja aber durch fast alle Eigenschaften den Metallen ähnlicher ist, als den Metalloiden, ist in grosser Menge vorhanden. Die Annahme, dass durch einen Zufall wirklich keins der Metalloide in der Sonne vertreten sei, hat keine Erklärung und ist daher zu verwerfen, sobald man eine plausiblere Annahme findet. Eine solche ist die, dass in der hohen Temperatur der Sonne unsere Metalloide dissociirt sind, dass keins von ihnen in der uns bekannten Weise dort existirt und daher auch nicht die bekannten Linien zeigt. Daraus würde sich also ein Unterschied zwischen den Metallen und Metalloiden ergeben, nämlich dass letztere leichter dissociirbar sind, als erstere.

Das wird nun vollauf durch unsere übrigen Kenntnisse über die Metalloide, durch ihr Verhalten bei den Laboratoriumstemperaturen bestätigt. Die Elemente, die wir in allotropen Modifikationen kennen, d. h. deren Molekeln wir in verschiedenen Stadien der Zusammengesetztheit, oder besser des Zerfalls, herstellen können, sind sämmtlich Metalloide. So haben wir Sauerstoff und seine Modifikation als Ozon, Kohlenstoff als Kohle, Graphit und Diamant, Schwefel krystallinisch und amorph, Phosphor als rothen und gelben Phosphor.[1]) Von anderen Metalloiden kennen wir zwar keine allotrope Modifikationen, aber ein Zerfall der Molekeln bei mässig hoher Temperatur ist durch plötzliche Veränderung der Dampfdichte theils wahrscheinlich, theils bewiesen; hier wären zu nennen Chlor, Brom, Jod[2]), Schwefel. Ferner sind die Elemente, welche fast allein vom Dulong'schen Gesetze abweichen, nach welchem alle Elemente gleiche Atomwärme haben sollen, drei Metalloide: Silicium, Bor, Kohlenstoff. Nach den Untersuchungen von Fr. Weber haben diese Elemente veränderliche Atomwärme, sie nähert sich mit steigender Temperatur der gesetzmässigen. Das deutet auch zweifellos darauf hin, dass bei steigender Temperatur ein Zerfall des vorher anomalen Molekularbaus eintritt.

Also wir sehen, dass in der That die Molekeln der Metalloide schon bei unseren niedrigen Temperaturen zerfallen; da sie in der Sonne gar nicht vorhanden sind, hat der Schluss grosse Wahrscheinlichkeit für sich, dass sie bei der enormen Temperatur der Sonne weiter dissociirt sind.

---

[1]) Auch Arsen ist wahrscheinlich hier zu nennen.

[2]) Vergl. V. Meyer, Ber. Berl. Chem. Ges. **14** p. 1453 (1881).

§. 120. Basische Linien in der Sonne.

Weiter ist es auffallend, wie viele von den Linien unserer Elemente im Sonnenspektrum fehlen; wenn sich das auch theilweise durch die kurzen und langen Linien erklären lässt, so genügt diese Erklärung nicht vollständig, da sehr häufig lange Linien fehlen, gleich lange oder gar kürzere aber vorhanden sind. Dann sind auch die grossen Unterschiede in der relativen Intensität wohl zu beachten. Sehr leicht würden diese beiden Erscheinungen sich aus der Lockyer'schen Theorie und dem Beispiel der 4 Oefen erklären lassen.

Wenden wir uns jetzt zur Vergleichung unserer irdischen Spektren mit den Flecken- und Protuberanzspektren, so fällt die Rolle auf, welche die basischen Linien spielen, die nach Lockyers Ansicht mehreren Elementen gemeinsam, also unbekannten Ursprungs sind. Als Beispiel nehmen wir das Eisenspektrum; dasselbe zeigt zwischen den Wellenlängen 486 und 548 $\mu\mu$ 163 Linien, von welchen 32 basisch sind. In den Flecken und Fackeln zeigen sich auf der gleichen Strecke des Spektrums nur 79 dieser Linien, worunter sich aber 29 der basischen Linien befinden. Während also bei der höheren Temperatur von den nicht basischen Linien 81 verloren gegangen sind, d. h. etwa 60 % derselben, fehlen von den basichen Linien nur 3. Daraus zieht eben Lockyer den Schluss, dass die basischen Linien nicht unseren Elementen angehören, sondern den Zerfallsprodukten derselben, so dass bei der hohen Temperatur der Flecken und Fackeln unsere bekannten Linien allmälig verschwinden, nur die basischen Linien übrig bleiben. Während also mit steigender Temperatur das Spektrum immer einfacher wird, immer weniger Linien enthält, so wird es für uns doch immer unerklärlicher, und wir wissen gar nicht mehr, welchen Elementen es eigentlich angehört.

§. 121. Ungleiche Verschiebung der Linien.

Wir haben gesehen, dass in den Protuberanzen und Flecken sehr häufig Verschiebungen und Verzerrungen der Linien auftreten, welche auf gewaltige Bewegungen deuten. Dabei tritt oft die merkwürdige Erscheinung auf, dass nicht die Linien aller Elemente an der Verschiebung Theil nehmen, sondern z. B. die Eisenlinien auf stürmische Bewegung schliessen lassen, während die Magnesiumlinien ganz ruhig bleiben; ein solches Beispiel zeigt z. B. das Spektrum der Chromosphäre Fig. 66, wo die Wasserstofflinie stark verzerrt ist, die andern hellen Linien fast ganz oder ganz grade sind. Wir können dies nur so erklären, dass nicht alle Dämpfe an der Bewegung Theil nehmen, sondern der eine Dampf in der Fig. der Wasserstoff, die Chromosphäre mit grosser Gewalt durchbricht, während die in derselben ruhenden Dämpfe dabei nahezu ruhig bleiben. Aber es erscheint selbstverständlich, dass, wenn wir z. B. in einer Protuberanz 50 Eisenlinien sehen, diese alle gleichzeitig ruhend oder verschoben sein müssen, da sie alle von demselben Dampfe herrühren, der nicht gleichzeitig bewegt und ruhig sein kann.

Dem widersprechen aber die Thatsachen; es ist durchaus nicht selten, dass einzelne Eisenlinien verschoben sind, andere nicht. Wie ausserordentlich veränderlich hier die Verhältnisse sein können, zeigt Fig. 86, welche eine Stelle des Eisenspektrums in verschiedenen Sonnen-

Fig. 86.

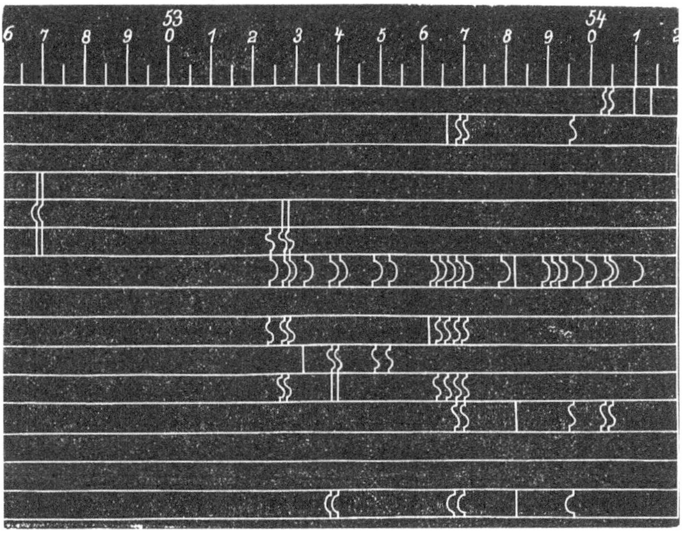

flecken darstellt. Jeder Streif entspricht einem anderen Fleck; die gekrümmten Linien stellen Verschiebungen dar, die graden Linien zeigen Ruhe. Die Fig. zeigt erstlich, wie verschieden das Eisenspektrum in den Flecken sein kann: bald sind nur wenige Linien sichtbar, bald sehr viele, bald gar keine. Weiter sehen wir, dass die verschiedensten Linien Ruhe des Dampfes anzeigen können, wenn andere Bewegung zeigen: von einem Fleck zum andern wechseln die graden und gekrümmten Linien.

Diese Erscheinung gehört zu den allerräthselhaftesten, wenn wir keine Dissociation annehmen; von Lockyer's Standpunkt aus dagegen ist die Erklärung sehr einfach: die Linien gehören eben gar nicht einem Dampfe an, sondern verschiedenen Dissociationsprodukten des Eisens. Wir können mit den irdischen Temperaturen die Theile nicht sondern, und sehen die Linien stets zusammen; in der Sonne aber sind sie getrennt, und der eine Dampf kann dann bewegt sein, der andere nicht, gerade wie es vorhin für Wasserstoff und die anderen Elemente der Fall war.

Nehmen wir an, das Eisenmolekel bestehe aus 5000 Atomen, sei es von derselben Art, oder von verschiedenen. Nehmen wir weiter an, bei der Temperatur des elektrischen Funkens zerfalle es schon in zwei Theile, von denen der eine 2000, der andere 3000 Atome enthält. Beide Theile geben ihr besonderes Spektrum mit langen und kurzen Linien; aber wir sehen immer beide Spektra gleichzeitig, können sie nicht trennen und halten die gesammten Linien für Eisenlinien. In der hohen Sonnentemperatur können die beiden Theile völlig getrennt sein, so dass wir an einigen Stellen nur die Linien des einen Theils sehen; dann können manche von den längsten Linien unseres Eisenspektrums fehlen, weil sie eben dem anderen Theile angehören; dann können auch die einen Linien Verschiebung zeigen, die anderen nicht. — Wir brauchen nicht mal eine räumliche Trennung der beiden Theile anzunehmen, um das Fehlen so vieler Linien zu erklären; wir können uns denken, dass die Sonnentemperatur hoch genug ist, um den einen Bestandtheil noch weiter zu zerlegen, wobei alle seine uns bekannten Linien verschwinden können.

Wie man sieht, giebt die Lockyer'sche Hypothese von allen diesen Erscheinungen ungezwungene Erklärungen. Dass das Eisen, welches Lockyer in dieser Beziehung am genauesten studirt hat, wirklich dissociirbar ist, glaubt Lockyer durch die grossen Intensitätsänderungen seiner Linien bei verschiedenen Temperaturen nachweisen zu können. Fig. 87 zeigt z. B. das Verhalten dreier Eisenlinien bei verschiedenen Gelegenheiten. 1 giebt die Linien in der Sonne, 2 im Kohlenbogen; 3 tritt ein bei Funkenentladung eines Induktoriums mit kurzem dickem Drath und Leydner Flasche, 4 bei derselben Entladung ohne Flasche; 5 und 6 entsprechen der Entladung eines Induktionsapparates mit langem dünnem Drath mit und ohne Leydner Flasche; 7 stammt von einem Fleckenspektrum, 8 und 9 von Protuberanzen; 10 ist in der Penumbra eines Fleckens von Joung beobachtet; 11 endlich zeigt zwei von den Linien verschoben, die dritte nicht.

§. 122. Die verschiedenen Sonnenspektren.

Noch wahrscheinlicher wird die Trennung der Elemente, wenn wir zur Vergleichung der verschiedenen Sonnenspektra übergehen. Da zeigt es sich, dass das allgemeine Sonnenspektrum ziemlich unseren irdischen

Verhältnissen entspricht; in den Flecken und Protuberanzen dagegen fehlen sehr viele von den Linien, und dabei tritt der sehr charakteristische Umstand ein, dass die Linien, die in den Flecken übrig bleiben, meist andere sind, als die, welche in den Protuberanzen sichtbar werden. Lockyer erklärt das so, dass entsprechend der verschiedenen Temperatur der beiden Stellen das eine oder andere Dissociationsprodukt des Eisens vorhanden ist.

Fig. 87.

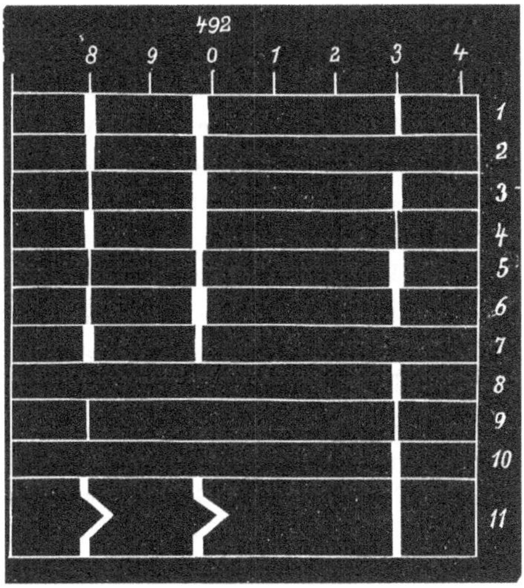

Weiter zeigt sich, dass je höherer Temperatur das Spektrum entspricht, um so einfacher wird es, d. h. um so weniger Linien enthält es; für uns wird es aber immer unerklärlicher, theils weil die basischen Linien übrig bleiben, deren Ursprung wir nicht kennen, theils weil viele neuen Linien auftreten. In einer einigermaassen komplizirten Protuberanz sind uns wohl die Hälfte der Linien unbekannt. Mitunter sieht man, wie eine bekannte Linie plötzlich verschwindet, und dafür unbekannte Linien auftreten; man kann dann annehmen, dass z. B. wegen geringer Bewegung der Dämpfe die Temperatur so hoch gestiegen ist, dass ein weiterer Zerfall des die bekannte Linie gebenden Molekels statt findet.

§. 123. Einwendungen gegen Lockyer.

Wir haben damit die wichtigsten Thatsachen besprochen, welche Lockyer zur Stütze seiner Ansichten anführt. Die leichte Erklärung vieler sonst nur sehr schwer oder gar nicht verständlicher Erscheinungen lässt die Lockyer'sche Hypothese sehr anziehend erscheinen. Andrerseits ist aber auch nicht zu verkennen, dass durch eine Hypothese, welche so alle alten Anschauungen über den Haufen wirft, und so radikal ist, sich schliesslich fast alles erklären lassen wird. So kann man sich nicht wundern, wenn von verschiedenen Seiten Lockyer's Ansichten bekämpft und viele Gegengründe herbeigebracht worden sind.

Zuerst wandte man sich gegen den Begriff der basischen Linien, und, wie schon früher gesagt wurde, ist es Joung, Liveing und Dewar[1]) und Fievez[2]) gelungen, unter Anwendung kolossaler Dispersion nachzuweisen, dass die meisten dieser Linien nicht einfach sind, sondern aus mehreren, sehr eng neben einander liegenden Linien gebildet sind. Dadurch wird aber die besondere Rolle, welche diese Linien in der Sonne spielen, desto auffallender und ganz unerklärlich.

Auch die Verschiebung einzelner Linien, während andere desselben Elementes an ihrer Stelle bleiben, hat Vogel[3]) ohne Dissociation zu erklären versucht. Von der Thatsache ausgehend, dass die Absorptionsspektren zwischen Substanzen sich je nach dem Lösungsmittel derselben ändern, die Absorptionsstreifen etwas verschiedene Lage haben können, meint Vogel, dass die Anwesenheit gewisser Dämpfe auf einzelne Linien eines Spektrums ähnlich wirken könne, dass die Verschiebungen dieser Linien dann also nicht Bewegungen andeuten, sondern dass das Spektrum sich ändere. Diese Erklärung scheint indess kaum haltbar: bei der Lösung einer Substanz in verschiedenen Lösungsmitteln haben wir es jedenfalls mit chemischen Wirkungen zu thun, es treten Verbindungen mit dem Lösungsmittel ein, und dann kann sich das Spektrum natürlich ändern. Bei den Dämpfen in der Sonne sind aber Verbindungen unmöglich wegen der hohen Temperatur, und eine Verschiebung der Linien ohne molekulare Aenderung lässt sich mit dem Kirchhoff'schen Gesetz nicht vereinigen. Endlich würden sich unter keinen Umständen Verzerrungen einzelner Linien, während andere gerade bleiben, auf diese Weise erklären lassen.

Jedenfalls kann man nicht sagen, dass Lockyer's Ansichten irgendwie endgültig widerlegt wären; wenn auch einzelne der Punkte, die Lockyer im Laufe der Jahre angeführt hat, sich als nicht stichhaltig erwiesen haben, so sind doch viele andere Thatsachen noch auf keine bessere Art erklärt, und wir müssen die Frage nach der Dissociirbarkeit der Elemente bei den hohen Temperaturen der Himmelskörper mindestens als eine noch offene betrachten.

---

1) Liveing u. Dewar, Proc. Roy. Soc. **32** p. 225—231 (1881).
2) Fievez, Ann. Obs. de Bruxelles (2) **11** (1882).
3) H. W. Vogel, Phil. Mag. (5) **15** p. 28—30 (1883).

Capitel XVII.

Quantitative Spektralanalyse.

§. 124. Prinzip der quantitativen Analyse durch Absorption.

Bei Besprechung der Emissionserscheinungen haben wir gesehen, dass es zwar Lockyer gelungen ist, durch die Spektralanalyse nicht nur qualitative Aufschlüsse über die Elemente zu erhalten, sondern unter Umständen auch quantitative Bestimmungen zu machen; aber seine Methoden waren ungemein schwierig auszuführen, und alle anderen Versuche einer quantitativen Emissionsanalyse haben praktisch brauchbare Resultate nicht zu Tage gefördert. Der Grund dafür liegt darin, dass die Helligkeit des emittirten Lichtes nicht nur von der Menge der verdampfenden Substanz, sondern auch von ihrer Flüchtigkeit bedingt ist, die Messung der momentanen Intensität also nicht ausreicht, sondern eigentlich ein Zeitintegral derselben gebildet werden müsste.

Dieser Hinderungsgrund für quantitative Analyse fällt aber fort, wenn wir uns an die Absorption des Lichtes wenden, welche von des Zeit unabhängig, immer die gleiche ist, und nur abhängt von der Beschaffenheit des absorbirenden Mediums.

Es kann sich hier nur um qantitative Bestimmungen in Flüssigkeiten handeln, da Gase für die Praxis in dieser Beziehung überhaupt nicht in Rechnung kommen, und feste Körper gelöst werden können. Die Gesetze für die Absorption durch Flüssigkeitsschichten haben wir besprochen: wir haben gesehen, dass dieselbe der Intensität des auffallenden Lichtes proportional ist, und dass gleich dicke Schichten von dem auffallenden Lichte einen gleichen Bruchtheil absorbiren. Wir haben weiter gesehen, dass Dicke der Schicht gleichbedeutend ist mit der Konzentration derselben, — falls nämlich das Lösungsmittel selbst unwirksam ist; es ist also z. B. für die Absorption gleichgültig, ob wir 1 mg Chromalaun in 2 cc Wasser lösen und eine absorbirende Schicht von 2 cm Dicke benutzen, oder 1 mg in 1 cc lösen und die absorbirende Schicht nur 1 cm dick machen. Daraus ergiebt sich sofort die Möglichkeit einer quantitativen Analyse: haben wir z. B. eine Lösung einer unbekannten Menge Chromalaun in Wasser, so stellen wir eine absorbirende Schicht dieser Lösung von der Dicke her, dass die Absorption gleich derjenigen ist, welche eine Schicht von 1 cm einer Lösung von 1 mg in 1 cc Wasser hervorbringt; brauchen wir dazu etwa eine Schicht von 10 cm, so enthält die unbekannte Lösung 0,1 mg Chromalaun auf 1 cc Wasser.

Bei dieser Methode, die übrigens schon vielfach praktisch angewandt worden ist, gebraucht man also eine Normallösung der betreffenden Substanz von bekannter Konzentration zur Vergleichung, und hat dann Gleichheit der Intensität des durchgelassenen Lichtes herzustellen. Die Genauigkeit der Bestimmung wird um so grösser werden, je geringere Unterschiede in der Dicke oder Konzentration der Schicht einen erheblichen Intensitätsunterschied hervorbringt, d. h. je grösser die Absorption der betreffenden Substanz ist. Nun wissen wir, dass die Körper nicht von allen Farben gleich viel absorbiren, namentlich die Körper nicht, deren Absorptionsspektrum dunkle Streifen zeigt. Die Messung wird also am genauesten ausfallen, wenn wir zur Intensitätsvergleichung die Farbe wählen, welche der Körper am stärksten absorbirt, wenn wir also in den Absorptionsstreifen die Intensität vergleichen. Wir werden also das von einer Lichtquelle ausgehende Licht in zwei Bündeln durch die beiden Flüssigkeiten gehen lassen, beide Bündel durch denselben Spektralapparat zerlegen, so dass wir zwei neben einander liegende Spektren erhalten, und dann Gleichheit der Intensität in einem der Absorptionsstreifen herstellen.

Die Anwendung der Normallösung bei jedem einzigen Versuch ist zeitraubend und umständlich; man kann daher so verfahren, dass man die Helligkeit in einem Theile derselben ein für alle Mal durch Vergleichung mit einem dritten Spektrum bestimmt, und dann die zu untersuchende Substanz mit diesem dritten Spektrum vergleicht. Aber auch diese Methode lässt sich noch vereinfachen; wir brauchen die Intensitäten der betreffenden Stellen nicht durch Veränderung der Dicke wirklich gleich gross zu machen; wir brauchen vielmehr nur die Intensität in beiden Fällen zu messen, und können dann mittelst des Absorptionsgesetzes die Konzentration der Flüssigkeit oder ihren Gehalt an absorbirender Substanz berechnen. Nach diesem Prinzip gestaltet sich die Ausführung folgendermaassen: wir vergleichen die Helligkeit der verschiedenen Theile eines Spektrums, welches durch Licht gebildet ist, das von einem Normallicht ausgestrahlt ist und durch eine Normallösung hindurchgegangen ist, mit der Helligkeit derselben Stellen in dem Spektrum des Normallichtes. Haben wir dann eine Lösung von unbekanntem Prozentgehalt zu untersuchen, so bestimmen wir die Helligkeit irgend einer Stelle des Spektrums, welches nach Durchstrahlung einer Schicht unserer Lösung von demselben Normallichte gebildet wird; durch Vergleichung der beiden Helligkeiten, resp. der absorbirten Lichtmengen lässt sich dann der Prozentgehalt leicht berechnen.

Es kommt hierbei also auf Intensitätsmessungen an, die im Allgemeinen schwierig auszuführen sind, während für die Bestimmung, ob die Intensitäten zweier Stellen gleich sind, das Auge sehr empfindlich ist. Es handelt sich also darum, eine Methode zu finden, welche die Messung der Helligkeit an verschiedenen Stellen des Spektrums ersetzt durch die Aufgabe, die entsprechenden Stellen zweier Spektren gleich hell zu machen. Das ist nun Vierordt durch seine Einrichtung des Spektralapparates in hohem Grade gelungen, so dass er die Anwendung des Spektroskops zur quantitativen Analyse sehr leicht und in vielen Fällen empfehlenswerth gemacht hat. Wir wollen daher die Vierordt'sche Methode genauer besprechen, dagegen die übrigen Versuche, die zu praktischer Verwerthung sich nicht durchgearbeitet haben, bei Seite lassen.

§. 125. Vierordt's Methode.

Das Prinzip, auf welchem Vierordt's Messungen beruhen, ist folgendes: wie wir wissen ist die Helligkeit eines Spektrums und jeder Stelle desselben proportional zur Breite des Spaltes; ist der Spalt in einem Falle doppelt so breit, wie in einem andern, so gelangt auch doppelt so viel Licht in den Apparat. Wenn wir daher durch zwei getrennte Spalte Strahlen, welche verschiedene Helligkeit haben, zu zwei über einander liegenden Spektren ausbreiten, so werden wir durch Erweiterung oder Verengerung des einen Spaltes doch stets bewirken können, dass zwei gleichliegende Stellen der Spektren dieselbe Helligkeit zeigen. Aus dem Verhältniss der Spaltbreiten wird sich dann unmittelbar das Verhältniss der Helligkeiten ergeben. Gehen beide Strahlen von derselben Lichtquelle aus, so dass sie an und für sich gleich helle Spektren liefern würden, und wir schalten in den Gang des neuen Strahles etwa ein gefärbtes Glas ein, so werden wir den zu diesem Strahle gehörenden Spalt breiter machen müssen, damit z. B. der gelbe Theil der beiden Spektren wieder gleich hell ist; wäre der Spalt dazu etwa um die Hälfte zu verbreitern, so wüssten wir, dass die Helligkeiten sich wie 3 : 2 verhalten, die Platte also $^1/_3$ des gelben Lichtes absorbirt hat.

Der auf dieses Prinzip gegründete Spektralapparat Vierordt's[1]) besitzt folgende Einrichtung: Der Spalt besitzt eine feststehende Seite, während die zweite bewegliche Seite in zwei Theile zerschnitten ist, die einzeln durch Mikrometerschrauben eingestellt werden können. Das aus diesem Doppelspalt kommende Licht geht wie gewöhnlich durch ein oder zwei Prismen, um in das Beobachtungsfernrohr zu gelangen. In demselben ist an Stelle des Fadenkreuzes ein Diaphragma angebracht, welches nur einen schmalen Streifen der beiden über einander liegenden

---

[1]) Vierordt, Anwendung des Spektralapparates zur Photometrie der Absorptionsspektren, Tübingen bei Laupp (1873).

Spektren übersehen lässt, die anderen Farben aber abblendet. Wie mit diesem Apparat beobachtet wird, wird sich am einfachsten an einem Beispiel, z. B. Chromalaun, ausführen lassen. Zunächst werden beide Spalte auf die gleiche Weite eingestellt und als Lichtquelle eine Petroleumlampe mit Flachbrenner benutzt. Man bringt darauf vor die untere Spalthälfte einen Glastrog von etwa 1 cm Weite, mit einer bekannten Chromalaunlösung gefüllt. Das der unteren Spalthälfte entsprechende Spektrum, — wir wollen es das untere nennen, obgleich es durch Umkehrung im Fernrohr oben liegt — ist dann viel lichtschwächer, als das obere, von dem direkten Lampenlicht herrührende. Ist im Gesichtsfeld des Fernrohres zunächst das rothe Licht, so können wir durch Verbreiterung des unteren Spaltes die rothen Partieen beider Spektra gleich hell machen, und aus der dazu nöthigen Spaltbreite die Menge des absorbirten Lichtes berechnen. Wir drehen das Fernrohr dann so weit, dass der an den ersten anstossende Streif des Spektrums sichtbar wird, also das orangefarbige Licht, und führen hier die gleiche Bestimmung aus; so fahren wir für das ganze Spektrum fort und können aus den Messungen eine Kurve konstruiren, welche für jede Stelle des Spektrums die von der Lösung absorbirte Lichtmenge anzeigt. Haben wir dann eine unbekannte Lösung zu untersuchen, so brauchen wir nur für irgend eine Stelle des Spektrums die absorbirte Lichtmenge zu bestimmen, um aus unserer Kurve die Konzentration zu entnehmen. Führt man die Bestimmungen für verschiedene Stellen des Spektrums aus, so hat man dadurch gleich eine Kontrole.

Die Wichtigkeit dieser Methode beruht darauf, dass die einmalige Feststellung der Kurve für alle späteren Untersuchungen der betreffenden Substanz gültig bleibt, so dass diese sich mit ausserordentlicher Schnelligkeit ausführen lassen. Sehr wesentlich ist es ferner, dass man von der Bedingung eines Normallichtes frei wird, welches sehr schwer, oder gar nicht herstellbar ist. Da das zu untersuchende Spektrum und das Vergleichsspektrum von derselben Lichtquelle ausgehen, so ist die Intensität derselben und Intensitäts*schwankungen* gleichgültig nach dem Gesetze, dass die Absorption der Intensität des auffallenden Lichtes proportional ist.

Es ist aber noch ein Punkt zu beachten. Wie wir gesehen haben, werden die Bestimmungen am genauesten an solchen Stellen des Spektrums, für welche die Absorption möglichst gross ist. Für solche Stellen kann aber die Intensität auf ein Zehntel, ein Zwanzigstel und noch weniger von der des Vergleichsspektrums fallen; wir mussten also den unteren Spalt 10 oder 20 Mal so breit machen wie den oberen. Das geht aber nicht ohne Weiteres, und zwar aus folgendem Grunde. Wenn wir den Spalt weiter machen, so tritt neben der Vermehrung der Intensität noch eine andere Veränderung der beobachteten Stelle des Spektrums ein; das Spektrum besteht aus neben einander liegenden Bildern des Spaltes in den verschiedenen Farben; je breiter der Spalt wird, desto mehr solcher Bilder fallen an einem Punkte zusammen, das Spektrum wird unreiner. Wenn wir den Spalt nach einer Seite verbreitern, so fallen an die beobachtete Stelle des Spektrums neue Farben, und zwar solche die nach dem rothen oder nach dem blauen Ende des Spektrums hin liegen, je nach der Stellung des Prismas; es wird also durch Verbreiterung des Spaltes der Farbenton verändert, und dadurch wird eine Vergleichung der Intensitäten viel ungenauer. Daraus folgt, dass der eine Spalt niemals viel breiter sein darf als der andere, und die Methode wäre nur für schwach absorbirende Medien, bei denen eine geringe Spaltverbreiterung genügt, brauchbar, wenn nicht Vierordt auch hier ein Hülfsmittel gefunden hätte.

Das Hülfsmittel besteht darin, dass er bei sehr starker Absorption dass Licht des oberen Spaltes durch vorgesetzte Gläser schwächt. Er benutzt dazu das graue und schwarze Glas, welches unter dem Namen Rauchglas bekannt ist. Aus diesem Glase werden planparallele Platten hergestellt und ihre Absorption für die verschiedenen Spektralbezirke — so nennt Vierordt einen durch das Diaphragma ausgeschnittenen Streif des Spektrums — bestimmt. Durch Vorsetzen von einem oder mehreren solcher Gläser vor den oberen Spalt wird das obere Spektrum in bekanntem Maasse so weit geschwächt, dass dann eine geringe Veränderung der Breite des unteren Spaltes genügt, um völlige Gleichheit der Helligkeit in den beiden Spektren herbeizuführen; wenn z. B. die Flüssigkeit $^{19}/_{20}$ des Lichtes absorbirt, nur $^{1}/_{20}$ durchlässt, so können wir ein Rauchglas vor den oberen Spalt setzen, welches $^{9}/_{10}$ absorbirt; dann brauchen wir dem unteren Spalt nur noch die doppelte Breite zu geben.

Mit diesem Apparat hat Vierordt zahlreiche Untersuchungen, namentlich auf physiologischem Gebiete, ausgeführt, welche die Brauchbarkeit und grosse Genauigkeit desselben aufs Deutlichste beweisen. Es ist indessen gegen denselben von verschiedenen Seiten eingewendet worden, dass der Fehler, der durch sehr grosse Verschiedenheit der Spaltbreiten herbeigeführt wird, nämlich Veränderung des Farbentones, auch bei ganz geringen Verschiedenheiten vorhanden ist. Darauf hat Vierordt[1]) erwiedert, dass dieser Mangel in der That vorhanden ist, aber in den lichtstarken Theilen des Spektrums ohne praktische Bedeutung ist, dass man aber auch den Fehler leicht berechnen und so die Resultate korrigiren kann. Endlich aber ist es auch leicht, durch eine

---

1) Wied. Ann. **3** p. 357—376 (1878).

kleine Modifikation des Spaltes den Fehler ganz zu vermeiden. Zu dem Zweck hat Vierordt den Apparat in neuerer Zeit so eingerichtet, dass bei beiden Spalten beide Backen mikrometrisch verschiebbar sind, und zwar entweder jede Backe einzeln, oder beide zusammen nach verschiedenen Seiten; dadurch wird der Spalt gleichzeitig nach beiden Seiten verbreitert, und der Spektralbezirk wird in der Art unreiner, dass gleichzeitig kürzere und längere Wellenlängen in ihm sichtbar werden. Vierordt beweist experimentell, dass dadurch der Fehler vollständig aufgehoben wird.

Es ist damit das Prinzip des Apparates und der Messungen genügend klar gemacht: wegen der weiteren Details in Betreff der zweckmässigsten Verwendung, der Empfindlichkeit, der erreichbaren Genauigkeit, u. s. w., muss auf die Vierordt'schen Schriften verwiesen werden. Es sei nur noch erwähnt, dass es gelungen ist, sogar in Gemischen von absorbirenden Substanzen, z. B. übermangansaurem Kali und chromsaurem Kali, sobald dieselben nicht chemisch auf einander wirken, den Gehalt an den beiden Substanzen zu bestimmen, indem die Messungen in zwei Spektralbezirken ausgeführt werden.

Dritter Abschnitt.

Die Spektren der chemischen Elemente und ihrer wichtigsten Verbindungen.

Einleitung.

Der dritte Abschnitt dieses Buches enthält die praktischen Resultate der spektralanalytischen Untersuchung in Bezug auf die chemischen Elemente. Dieser Theil ist daher hauptsächlich für den Gebrauch des experimentirenden Forschers bestimmt, der daraus ersehen soll, was bisher über jedes Element bekannt ist. Mein hauptsächlichstes Bestreben war dabei, möglichste Vollständigkeit der Litteraturangaben zu erreichen, und hoffe ich, eine solche auch annähernd erreicht zu haben, obwohl bei dem grossen Umfang der Litteratur, und der Vertheilung unter zahllose Zeitschriften ein Uebersehen selbst wichtiger Arbeiten nicht unmöglich ist.

Im Jahre 1872 ist von Watts ein Buch erschienen, welches einen ähnlichen Zweck verfolgte; es ist der Index of Spektra, London bei Gillman (1872). Aber seit jener Zeit ist unsere Kenntniss ganz wesentlich vermehrt worden, namentlich für die Metalloide und den ultravioletten Theil der Spektra; ausserdem enthält das Watts'sche Buch fast gar keine Litteraturangaben, und endlich berücksichtigt es nur die Linienspektra der Elemente. Aus diesen drei Gründen erschien mir eine Wiederholung und Vervollständigung der Watts'schen Arbeit dringend wünschenswerth.

Die ersten genauen Messungen, welche wir über die Lage der Linien in den Spektren besitzen, sind die Messungen, welche Kirchhoff zur Zeichnung des Sonnenspektrums ausführte, welche in seiner Abhandlung: Untersuchungen über das Sonnenspektrum und die Spektren der chemischen Elemente, Berlin bei Dümmler 1861 mitgetheilt sind. Kirchhoff liess Funken eines grossen Ruhmkorff'schen Induktionsapparates zwischen Elektroden des zu untersuchenden Metalles oder dem Chlorsalz desselben überschlagen, und bestimmte nach einer willkürlichen Skala die Lage der Hauptlinien, unter Vernachlässigung der schwächeren; der aus 4 Prismen bestehende Apparat Kirchhoff's ist schon früher erwähnt.

Um die Kirchhoff'schen sehr genauen Messungen allgemein brauchbar zu machen, kam es darauf an, sie auf Wellenlängen zu reduziren. Das geschah zuerst durch Airy[1]), aber in sehr unvollkommener Weise. Sehr genau wurden die Rechnungen von Gibbs[2]) durchgeführt, leider legte er aber nicht die definitiven Werthe Angström's für die wichtigsten Frauenhofer'schen Linien zu Grunde. Die Reduktion ist dann endlich noch von Watts[3]) gemacht, und es sind seine Zahlenangaben, die hier als Kirchhoff's Messungen reproduzirt sind. Kirchhoff hat 32 Elemente untersucht, nämlich: Ag, Al, As, Au, Ba, Bi, Ca, Cd, Ce, Co, Cr, Cu, Di, Fe, Hg, Ir, K, La, Li, Mg, Na, Ni, Pb, Pd, Pt, Rb, Ru, Sb, Si, Sn, Sr, Zn. Im Ganzen hat Kirchhoff die Lage von 463 Linien gemessen.

Zwei sehr ausführliche Untersuchungen über die Emissionsspektren der Metalle, die sich der Zeit nach zunächst an die Kirchhoff'sche Arbeit anschliessen, sind leider ziemlich unbenutzbar, weil sie sich nicht auf Wellenlängen reduziren lassen. Es ist dies eine Untersuchung von W. A. Miller, welcher die ultravioletten Theile der Spektren durch einen Quarzapparat photographirt hat, und zwar von folgenden Elementen: Pt, Pd, Au, Ag, Hg, Pb, Cu, Sn, Bi, Sb, As, Te, Wo, Mo, Cr, Mn, Fe, Co, Ni, Cd, Zn, Mg, Al, Ir, Tl, K, Na, Li; die Abhandlung befindet sich in den Phil. Trans. **152** p. 861—887 (1862).

Die zweite Arbeit ist die von Robinson (Phil. Trans. **152** p. 939—986 (1862)), welcher die Linien der Spektren von Al, Pt, Ag, Cu, Ni, Pd, Fe, Co, Pb, Zn, Cd, Bi, Sn, Sb, Mg, Te, As, K, Na, Hg, Graphit nach einer willkürlichen Skala gemessen hat.

Es folgt nun eine sehr wichtige Abhandlung von Huggins: On the Spectra of some of the Chemical Elements, Phil. Trans. **154** p. 139—160 (1864). Huggins benutzte einen Spektralapparat mit 6 Prismen, so dass er eine sehr starke Dispersion hatte. Seine Messungen sind auf Wellenlängen reduzirt von Gibbs und Watts an den angegebenen Orten; wir haben die Watts'schen Zahlen aus dem schon besprochenen Grunde benutzt.

Huggins hat die Elemente durchweg in metallischem Zustande, nicht in Verbindung benutzt und auch die schwachen Linien, soweit sie überhaupt sichtbar waren, gemessen; seine Tabellen sind daher im Allgemeinen sehr vollständig. Die von ihm untersuchten Elemente sind: N, H, O, K, Na, Tl, Li, Ag, Au, As, Sb, Bi, Ca, Ba, Sr, Fe, Mn, Co, Cr, Cd, Zn, Pb, Hg, Te, Pd, Sn, Os, Pt; die Anzahl der von diesen Elementen zusammen gemessenen Linien beträgt 960.

Einen sehr wichtigen Fortschritt, nämlich die Einführung der

---

[1]) Airy, Phil. Trans. **158** p. 29—55 (1868) und **162** p. 89—109 (1872).

[2]) Gibbs, Sillim. J. **45** (1867) und 47 (1869).

[3]) Watts, Index of Spectra (1872).

Geissler'schen Röhren, verdanken wir der im folgenden Jahre erschienenen Untersuchung von Plücker und Hittorf: On the Spectra of ignited Gases and Vapours, with especial regard to the different Spectra of the same elementary gaseous substance; Phil. Trans. **155** p. 1—29 (1865).

Plücker hatte schon früher die Geissler'schen Röhren verwandt, aber erst durch diese Abhandlung wurde ihre Zweckmässigkeit allgemein bekannt. Noch wichtiger war der Beweis, den diese Untersuchung für die Existenz mehrerer Spektra lieferte. Plücker und Hittorf untersuchten: N, S, Se, C, H, O, P, Cl, Br, J, As, Hg und noch mehrere andere Elemente. Der benutzte Apparat hatte 4 Prismen. Die Verf. geben leider die Messungen nur nach einer schwer reduzirbaren willkürlichen Skala. Watts hat auch diese Messungen in seinem Index of Spectra auf Wellenlängen reduzirt.

Das nächste grössere Werk war von Angström das: Spectre normal du Soleil, Upsala bei Schultz (1868), auf welchem viele Metalllinien welche mit Frauenhofer'schen Linien koinzidiren, eingetragen sind. Von Angström sind 792 Linien gegeben, und zwar direkt in Wellenlängen, da die Messungen mit Gittern ausgeführt wurden.

Diese Untersuchungen waren in Gemeinschaft mit Thalén ausgeführt, welcher dann in seiner vortrefflichen Abhandlung: Mémoire sur la détermination des longeurs d'onde des raies métalliques, Nova acta Regiae Societ. Scient. Upsaliensis (3) **6** (1868), die Spektra der Metalle ausführlich behandelte. Thalén hat theils metallische Elektroden benutzt, nämlich für: K, Na, Mg, Al, Fe, Co, Ni, Zn, Cd, Tb, Tl, Bi, Cu, Hg, Ag, Au, Sn, Pt, Pd, Os, Sb, Te, In, theils Platinelektroden, welche mit dem Chlorür des Elementes bedeckt waren, nämlich für: Li, Cs, Rb, Ba, Sr, Ca, Be, Ir, Er, Yt, Th, Mn, Cr, Ce, Di, La, Ur, Ti, W, Mo, Va, As. Zwischen diesen Elektroden sprangen die Funken von einem grossen Ruhmkorff'schen Induktionsapparat über. Das Spektrum wurde durch ein oder zwei Schwefelkohlenstoffprismen oder durch 6 Flintglasprismen erhalten und durch Vergleichung mit dem Sonnenspektrum die Wellenlängen der Linien festgestellt. Thalén hat von den angegebenen 45 Elementen im Ganzen 1405 Linien gemessen und dabei eine ganz ausserordentliche Genauigkeit erreicht, so dass man im Allgemeinen die Zehntel $\mu\mu$ noch als richtig ansehen kann. Die schwächeren Linien hat indessen Thalén meist nicht gemessen.

Für die nähere Kenntniss der Metalloide und ihrer mehrfachen Spektra sind wir namentlich Salet verpflichtet, welcher seine Untersuchungen auf diesem Gebiet zusammengestellt hat in: Annales de Chimie et de Physique (4) **28** p. 7—71 (1873). Salet führt dabei auch zwei neue experimentelle Methoden ein, nämlich erstens die Geissler'schen

Röhren ohne innere Elektroden, und zweitens die Abkühlung von Flammen. Salet verdampft vielfach die Substanzen in einem Rohre, durch welches Wasserstoff strömt; derselbe wird an der Mündung angezündet und zeigt das Spektrum des Dampfes; sehr viel heller wird dasselbe aber in vielen Fällen, wenn man die Flamme abkühlt, indem man sie gegen eine kalt gehaltene Glas- oder Metallplatte brennen lässt, oder die Flamme mit einem Mantel von kalter Luft umgiebt. Durch diese Hülfsmittel hat Salet mancherlei interessante Resultate erhalten. Die Dispersion war bei ihm gering, die in Wellenlängen angegebenen Messungen daher auch nicht übermässig genau.

Für das Jahr 1874 haben wir wieder eine wichtige Arbeit zu nennen, nämlich: Lecoq de Boisbaudran, Spectres Lumineux, Paris bei Gauthier-Villars 1874. Lecoq hat die zu untersuchenden Substanzen meist in flüssiger Form angewandt, indem er Funken nach der Lösung eines Salzes überspringen liess. Er hat untersucht: Luft, Cl, C, Cs, Rb, K, Na, Li, Ba, Sr, Ca, Mg, Di, Er, Al, Cr, Mn, Fe, Co, Ni, Zn, Cd, Tl, In, Sn, Bi, Pb, Sb, Cu, Ag, Hg, Au, Pt, Pd, P, Bo. Die Messungen sind in Wellenlängen angegeben und zeichnen sich durch sehr grosse Vollständigkeit aus. Besonders ausgezeichnet ist das Werk durch die meist vortrefflichen Zeichnungen, welche jedes Spektrum begleiten.

In diesen und den folgenden Jahren sind dann die wichtigen Untersuchungen Lockyer's erschienen, meist in den Phil. Transactions und den Proceedings der Royal Society zu London. Besonders zu erwähnen wäre die Untersuchung über die Länge der Linien (Phil. Trans. **163** p. 253—275 [1873]), über die Spektren von Salzen (Phil. Trans. **163** p. 639—658 [1873]), über Absorptionsspektra (Proc. Roy. Soc. **23** p. 344 bis 349 [1875]) und über die Dissociation der Elemente (Proc. Roy. Soc. **28** p. 157—180 [1878]).

Vom Jahre 1878 beginnen die Untersuchungen von Liveing und Dewar über Absorption durch Dämpfe bei hohen Temperaturen, die sämmtlich in den Proc. Roy. Soc. erschienen sind und von dem 27sten Bande dieser Zeitschrift an in keinem fehlen. Diese Arbeiten sind von hoher Wichtigkeit, einmal weil sie die Richtigkeit des Kirchhoff'schen Gesetzes an zahllosen Beispielen beweisen, dann aber auch, weil dadurch viele neue Linien der Elemente, namentlich im ultravioletten Theile des Spektrums, bekannt geworden sind.

Für diesen ultravioletten Theil giebt dann noch die Abhandlung von Cornu: Sur le Spectre Normal du Soleil, partie ultraviolette, Paris bei Gauthier-Villars (1881), welche Messungen von tadelloser Genauigkeit nach photographischen Aufnahmen enthält, reiches Material. Im Uebrigen ist für die Kenntniss des ultravioletten Theiles der Emissionsspektra noch wenig geschehen. Es existirt ein Werk von

Rand Capron, Photographed Spectra, London bei E. & F. Spon (1877), welches Photographien des ultravioletten Spektrums folgender Elemente enthält: Ag, Al, Au, Ba, Be, Bi, Bo, C, Ca, Cd, Cl, Co, Cr, Cu, Di, Er, Fe, H, Hg, J, Jn, Jr, Mg, Mn, Mo, N, Nb, Ni, O, Pb, Pd, Pt, R, S, Sb, Se, Si, Sn, Sr, Ti, Tl, Ur, Va, Wo, Y, Zn, Zr. Indessen haben diese Photographien sehr wenig Werth, denn erstens sind sie in so kleinem Maassstabe ausgeführt, dass sich Bestimmungen von Wellenlängen nach ihnen überhaupt nicht genau machen lassen, selbst wenn die genügenden Hülfsmittel zur Messung vom Autor gegeben wären, was aber auch nicht der Fall ist; dann sind die angewandten Substanzen so unrein gewesen, dass mitunter sämmtliche vorhandene Linien Verunreinigungen angehören.

In allerneuster Zeit ist eine ähnliche Arbeit von Hartley erschienen: Photographs of the Spark Spectra of 21 Elementary Substances, Trans. of the Roy. Dublin Soc. (2) 1 (1882). Hier ist ein grösserer Maassstab angewandt, auch sind die Substanzen rein gewesen, aber Bestimmungen der Wellenlängen bis auf die 4. Stelle sind auch aus diesen Abbildungen nicht zu machen, und eine geringere Genauigkeit scheint jetzt für den weiteren Fortschritt ganz ungenügend; immerhin aber ist diese Abhandlung, welche die Spektra von Mg, Zn, Cd, Al, Jn, Tl, Cu, Ag, Hg, C, Sn, Pb, Te, As, Sb, Bi, Fe, Ni, Co, Pd, Au enthält, als ein Anfang auf diesem Gebiete zu begrüssen.

Endlich wären noch die Untersuchungen von Ciamician über die Homologie der Spektren, welche in den Sitzungsberichten der Wiener Akademien in den Jahren 1877—1880 erschienen sind, zu erwähnen; leider bezieht der Verfasser alle Messungen auf eine willkürliche Skala, welche auf Wellenlängen zu reduziren mir nicht gelungen ist, so dass diese Untersuchungen, welche zahlreiche neue Linien enthalten, nur wenig zu verwerthen sind.

Es sind noch zwei Litteraturzusammenstellungen zu nennen. Die erste ist von Fievez gegeben unter dem Titel: Bibliographie des ouvrages, mémoires et notices de spectroscopie, welche in dem Annuaire de l'observatoire de Bruxelles 1879 erschienen ist, sich zwar durch Vollständigkeit nicht auszeichnet, dafür aber das ganze Jahrhundert berücksichtigt. Die zweite Arbeit giebt sehr vollständig die Abhandlungen seit 1870, sie ist von Watts, und ist erschienen in dem Report of the Brit. Assoc. für 1881.

Damit wären die wichtigsten Abhandlungen allgemeineren Inhalts besprochen. Die zahllosen Untersuchungen über einzelne Elemente, die vielfach mit hervorragender Sorgfalt und Genauigkeit angestellt sind, findet man unter den einzelnen Elementen angegeben.

Was nun die Einrichtung der folgenden Znsammenstellung betrifft, so sind die Elemente nach ihren chemischen Zeichen alphabetisch geordnet. Bei jedem Element ist die vorhandene Litteratur, soweit sie mir bekannt geworden und von einiger Bedeutung schien, angegeben. Es sind ferner alle vorhandenen Messungen der Spektra des Elementes zusammengestellt, wobei die hellsten Linien durch fetteren Druck gekennzeichnet sind. Von einer Angabe der Intensität bei jeder Linie habe ich abgesehen, da die Angaben der verschiedenen Beobachter zu verschieden sind, was seine Erklärung darin findet, dass eben mit verschiedenem Druck und Temperatur die Spektren sehr variiren, so dass die Intensitätsangaben sich nur auf die speziellen Versuchsverhältnisse beziehen. Es sind im Allgemeinen nur die Messungen für die Spektren der Elemente selbst gegeben; für die Spektren von Verbindungen nur dann, wenn diese aus irgend einem Grunde von besonderem Interesse schienen; sonst ist es bei einem Hinweis auf die betreffende Abhandlung geblieben.

Die Messungen sind in 4 Stellen, also in Zehntel *uu*[1]) angegeben, sofern sie von den Verfassern so weit gegeben sind. Wenn dagegen die Verfasser 5 oder 6 Stellen gegeben haben, so sind die Zahlen auf 4 Stellen abgekürzt, indem die Zahlen 0 bis 4 der fünften Stelle fortgelassen, die Zahlen 5 bis 9 dagegen als eine Einheit der vierten Stelle zugefügt wurden. Nur in einzelnen Fällen sind 5 Stellen gegeben worden, nämlich wenn nahe liegende Linien sich erst in der fünften Stelle unterschieden, oder wenn in der That die erreichte Genauigkeit der Messung so gross schien, dass eine Angabe der fünften Stelle noch Sinn hat.

Bei dem Verzeichniss der Linien ist zur leichteren Orientirung die Farbe angegeben, wobei die von Listing[2]) gegebenen Grenzen benutzt sind, nämlich Roth von 7234—6472, Orange von 6472—5856, Gelb von 5856 bis 5347, Grün von 5347 bis 4919, Blau von 4919 bis 4555, Indigo von 4555 bis 4241, Violett von 4241 bis 3967.

---

1) Die Engländer bezeichnen diese Grösse als tenthmeter, weil sie gleich ein Meter multiplizirt mit 10^{-10} ist.

2) Listing, Pogg. Ann. **131** p. 564—577 (1868).

1. Luft.

Litteratur.

Masson, Ann. de chim. (3) **31** p. 295—326 (1851).
Angström, Pogg. Ann. **94** p. 141—165 (1855).
V. der Willigen, Pogg. Ann. **106** p. 610—632 (1859).
Huggins, Phil. Trans. **154** p. 139—160 (1864).
Plücker u. Hittorf, Phil. Trans. **155** p. 1—29 (1865).
Angström, Spectre normal du soleil (1868).
Thalén, Mém. sur la déterm. des longueurs d'ondes... (1868).
Wüllner, Pogg. Ann. **147** p. 321—353 (1872).
H. C. Vogel, Pogg. Ann. **146** p. 569—585 (1872).
Lecoq de Boisbaudran, Spectres lumineux p. 30—37 (1874).
Bunsen, Pogg. Ann. **155** p. 366—384 (1875).
Hartley, Trans. Dubl. Soc. (2) **1** (1882).

Wenn Funken zwischen Metallelektroden in Luft überspringen, so zeigen die Spektra Linien, welche bei allen Metallen dieselben sind; dies beobachtete zuerst Masson. Angström gab die Erklärung, dass diese Linien der Luft angehören. V. d. Willigen untersuchte zuerst die Entladungen in verdünnter Luft, und fand, dass das Spektrum des negativen Pols ein anderes sei, als das des positiven. — Seitdem ist das Spektrum der Luft vielfach untersucht worden. Es zeigen sich in demselben natürlich die Spektra der Bestandtheile der Luft vereinigt, also vor allem das Spektrum des Stickstoff; daneben treten Linien des Sauerstoff, Wasserstoff, (von dissociirtem Wasserdampf herrührend) mitunter von Kohlensäure und Natrium, auf. Bei starken Entladungen ist das Linienspektrum des N vorherrschend, bei schwachen die beiden Bandenspektra des positiven und negativen Pols. Bei Angström findet sich unter der Zeichnung des Sonnenspektrums diejenige des Linienspektrums der Luft. Lecoq giebt Zeichnungen und Messungen für alle drei Spektra. In Hartley's Photographien der ultravioletten Metallspektra sind viele Luftlinien vorhanden. Die folgende Tabelle giebt die Wellenlängen des Linienspektrums; die zu N gehörenden Linien sind durch ein dahintergesetztes N bezeichnet.

Linienspektrum der Luft.

	Thalén	Huggins	Plücker	Vogel	Lecoq	
	6602	6602	6602	—	6604	N
R	**6562**	6562	6562	6562	6560	
	6480	6482	6480	—	6482	N
	—	—	6450	—	—	
	—	—	6376	—	—	N
	—	—	6358	—	—	N
	—	—	6341	—	—	N
	—	—	6288	—	—	N
	—	—	6249	—	—	N
	6171	6171	6170	—	6171	N
O	—	—	6165 }	—	6161	N
	—	—	6152 }	—		
	—	—	6118	—	—	
	5950	5950	5949	—	—	N
	5942	5942	5942	—	5943	N
	5932	5930	5932	—	**5935**	N
	5930	5925	5929	—	—	N
	—	5768	5767	—	—	N
	5745	5746	5754	—	—	N
	—	5726	—	—	—	N
	5711	5709	5711	—	5711	N
	5686	5686	5686	—	—	N
	5678	5680	5681	**5680**	**5677**	N
	5675	5675	5676	—	—	N
	5666	5668	5666	—	—	N
	—	—	5560	—	—	N
G	5549	5550	5549	5550	—	N
	5541	5541	5541	—	—	N
	5534	5534	—	—	5534	N
	5530	5528	5530	—	—	N
	—	5524	5524	—	—	N
	5495	5495	5495	—	5492	N
	5479	5479	5479	—	—	N
	5462	5462	5462	5461	—	N
	5453	5453	5453	—	5454	N
	5351	5350	—	—	—	N
	—	—	5341	—	—	N
	5340	5338	**5340**	—	—	
	—	—	5330	—	—	N
	5320	5319	5315	—	—	N
	—	—	5309	—	—	N
	—	5205	—	—	—	
	5190	5190	5190	5187	—	
Gr	5185	5179	5178	5180	**5177**	N
	5178	5176	—	—	—	N
	5172	5172	—	—	—	N
	—	5163	**5164**	—	—	N
	—	—	5161	—	—	
	—	—	5160 }	—	—	
	—	—	5152 }	—	—	N
	—	—	5144	—	—	N
	—	—	5120	—	—	N

	Thalén	Huggins	Plücker	Vogel	Lecoq	
	—	—	5098	—	—	
	—	5071	5071	—	—	N
	5045	5045	5045	—	5044	N
	5025	5024	5025	—	—	N
	5016	5016	5016	—	—	N
	5010	5010	5010	—	—	N
	5007	5007	—	—	—	N
Gr	**5005**	5003	5005	—	—	N
	5002	4999	5003	**5002**	**5003**	N
	4994	4993	4992	—	—	N
	4987	4986	4986	—	—	N
	—	4953	4954	—	—	
	4941	4943	4941	—	4941	
	—	4931	—	—	—	N
	4924	4925	4925	—	—	
	4906	4907	4900	—	—	
	4896	4895	4894	—	—	N
	—	4892	—	—	—	
	—	4880	4884	—	—	
	—	4872	4876	—	—	N
	—	4866	4866	—	—	N
	—	—	4862	—	—	N
	—	4858	4859	4859	—	
	—	—	4856	—	—	
	—	4853	4850	—	—	
	—	4849	4848	—	—	N
	—	—	4846	—	—	N
	4803	4804	4804	4808	4805	N
	4788	4788	—	—	4788	N
	4779	4781	—	—	—	N
	—	—	4754	—	—	
	—	—	4744	—	—	
	—	—	4743	—	—	N
Bl	—	—	4732	—	—	N
	4712	—	4711	—	—	
	4707	4705	4706	4709	4706	
	—	4699	4698	—		
	—	—	4690	—		
	4675	4677	4675	—		
	4662	4662	4662	—		
	4649	4648	4649	4651	**4648**	
	4642	—	4644	4644	4644	N
	4640	4640	4640	—	—	N
	—	—	4639	—	—	
	4631	4629	4630	—	**4633**	N
	4621	4621	4621	—	—	N
	4613	4613	4613	4612	—	N
	4607	4608	4609	—	4605	N
	4601	4600	4601	—	—	N
	4596	4596	4600	—	—	
	4591	4588	4593	4585	—	

	Thalén	Huggins	Plücker	Vogel	Lecoq	
J	—	4553	4551	—	—	N
	—	—	4544	—	—	
	—	4533	4532	—	—	N
	—		4523	—	—	
	—	4506	4506	—	—	N
	—	—	4500	—	—	
	—	4496	—	—	—	N
	—	4490	—	—	—	N
	—	4477	**4474**	—	—	N
	—	—	**4468**	—	—	
	—	—	4457	—	—	
	—	—	4450	—	—	
	4447	4448	4447	4453	4449	
	—	—	4443	—	—	N
	4432	4437	4438	—	4434	N
		4422	4421	—		
	4418	4416	4418	—	4417	
	4415	4414	4414	—	**4414**	
	—	4398	4398	—	—	N
	4368	4364	4367	—	—	
	4351	—	—	—	—	
	4348	4347	**4348**	4344	**4347**	N
	4346	—	**4347**	—	—	
	—	—	4341	4341	—	
	4333	—	4334	—	—	
	—	—	4327	—	—	
	4319	—	4320	—	—	
	4317	4318	4317	—	4318	
	—	4278	—	—	—	
	—	—	**4262**	—	—	
	—	—	4243	—	4240	

	Thalén	Huggins	Plücker	Vogel	Lecoq	
V	4230	4238	4247	—	**4233**	N
	—	—	4227	—		
	—	4206	4214	—	**4200**	N
	—	—	4199	—		
	—	—	**4196**	—	—	
	4190	4190	4190	—	—	
	4185	4183	4184	—	—	N
	—	—	4170	—	—	
	—	4170	4171	—	—	N
	4155	—	4158	—	—	
	4149	4149	4147	—	—	
	—	—	4151	—	—	N
	—	—	4147	—	—	
	4137	4142	4141	—	—	N
	—	4130	4130	—	4139	
	—	—	4136	—	—	
	4123	—	4126	—	—	
	—	4117	4117	—	—	
	—	4101	4104	—	—	N
	—	4094	4094	—	4093	N
	—	—	4097	—	—	N
	—	—	4080	—	—	
	—	—	4086	—	—	
	4076	—	—	—	—	
	4074	4073	4072	—	—	
	4072	—	—	—	—	
	4070	4069	4069	—	4062	
	4040	4038	—	—	—	N
	3995	4000	—	—	4000	N

2. Ag (Silber).

Litteratur.

Angström, Pogg. Ann. **94** p. 141—165 (1855).
Kirchhoff, Untersuchungen über das Sonnenspektrum (1861).
W. A. Miller, Phil. Trans. **152** p. 861—887 (1872).
Robinson, Phil. Trans. **152** p. 939—986 (1862).
Huggins, Phil. Trans. **154** p. 139—160 (1864).
Mascart, Ann. de l'école Norm. **4** p. 7—31 (1866).
Brassak, Abh. d. naturf. Ges. zu Halle **9** p. 3—16 (1866).
Thalén, Mém. sur la détermination . . . (1868).
Cornu, C. R. **73** p. 332—337 (1871).
Lecoq de Boisbaudran, Spectres lumineux (1874).
Lockyer u. Roberts, Proc. Roy. Soc. **23** p. 344—349 (1875).
Ciamician, Wien. Ber. **76**, II p. 499—517 (1877).
Lockyer, C. R. **86** p. 317—332 (1878).

Liveing u. Dewar, Proc. Roy. Soc. **28** p. 352—358 (1879).
Liveing u. Dewar, Proc. Roy. Soc. **29** p. 402—406 (1879).
Hartley, Trans. Dubl. Soc. (2) **1** (1882).

Lockyer und Roberts haben bei niedrigster Temperatur der Silberdämpfe kontinuirliche Absorption in Blau und Grün erhalten. Bei höherer Temperatur erschien als Absorptionsspektrum ein kannelirtes Spektrum. Endlich ist mittelst Funken, die zwischen festen Elektroden überspringen, ein Linienspektrum in Emission erhalten und gemessen worden von Kirchhoff, Huggins, Thalen, Mascart, Lockyer; Hartley giebt die Photographie des Ultraviolett. Die Umkehrung von Linien ist beobachtet von Cornu ($\lambda = 546$, 521, 424) und von Liveing und Dewar ($\lambda = 5464$, 5209, 42113, 4053). Lecoq hat Funken von einer Lösung von salpetersaurem Silberoxyd überspringen lassen, und neben den Banden der Verbindung einige Metalllinien erhalten. Die Wellenlängen des Linienspektrums sind:

	Huggins	Thalén	Kirchhoff	Mose	Lecoq	Lockyer	Liv. u. Dew.
O	6371	—	—			—	
	6249	—	—			—	
	6034	6036	—			—	
	5973	—	—			—	
	5854	—	—				
G	5644	5645	—				
	5626	5626	—				
	5622	5623	—				
	5607	5910	—				
	5590	5590	—				
	5570	5568	—				
	5558	5557	—				
	—	5552	—				
	—	5522	—				
	—	5487	—		—		
	5471	5470	5470	—	—		
	5463	**5464**	5465	5464	5464		5464
	5426	5424	—	—	—		—
	5412	5411	—	—	—		—
	5401	5402	—	—	—		—
	—	5299	—	—	—		—
Gr	5207	**5209**	5208	5207	5208	—	5209
K	—	4874	—	—	—	—	—
	—	4667	—	—	4669	—	—
J	—	4475	—	—	4475	—	—
V					4208	4212	42113
						—	4053
						4018	

3. Al (Aluminium).

Litteratur.

Kirchhoff, Untersuchungen über das Sonnenspektrum (1861).
W. A. Miller, Phil. Trans. **152** p. 861—887 (1862).
Robinson, Phil. Trans. **152** p. 939—986 (1862).
Stokes, Pogg. Ann. **122** p. 30—49 u. 472—489 (1864).
Brassak, Abh. d. naturf. Ges. zu Halle **9** p. 3—16 (1866).
Thalén, Mém. sur la déterm. .. (1868).
Wüllner, Festschr. d. niederrh. Ges. f. Nat.- u. Heilk. Bonn bei Markus (1868).
Wüllner, Pogg. Ann. **135** p. 512—513 (1868).
Cornu, C. R. **73** p. 332—337 (1871).
Lockyer, Phil. Trans. **163** p. 253—275 (1873).
Lockyer, Phil. Trans. **163** p. 639—658 (1873).
Lecoq de Boisbaudran, Spectres lumineux p. 102—106 (1874).
Lockyer, Proc. Roy. Soc. **23** p. 152—154 (1875).
Lockyer u. Roberts, Proc. Roy. Soc. **23** p. 344—349 (1875).
Cornu, Arch. de Genève (3) **2** p. 119—120 (1879).
Liveing u. Dewar, Proc. Roy. Soc. **28** p. 352—358 (1879).
Schönn, Wied. Ann. **9** p. 483—492 (1880).
Ciamician, Wien. Ber. **82**, 2 p. 425—457 (1880).
Liveing u. Dewar, Proc. Roy. Soc. **32** p. 402—405 (1881).
Crookes, Ann. de Chim. (5) **23** p. 555—565 (1881).
Cornu, Spectre Normal... (1881).
Cornu, D'Almeida J. **10** p. 425—431 (1881).
Hartley, Trans. Dubl. Soc. (2) **1** (1882).

1. Linienspektrum.

Wenn man zwischen Aluminiumelektroden Funken von ziemlicher Länge überspringen lässt, so erhält man das Linienspektrum. Lecoq bemerkt, dass nur die positive Elektrode das Spektrum liefert; nach ihm erhält man es auch von $Al_2\ Cl_6$. Das Spektrum ist gemessen von Kirchhoff, Thalén, Lecoq, die ultravioletten Linien von Cornu. Lockyer hat die Länge der Linien bestimmt. Cornu, später Liveing u. Dewar haben die Umkehr einiger Linien beobachtet. Die Wellenlängen sind:

	Thalén	Kirchhoff	Lecoq	Cornu		Thalén	Kirchhoff	Lecoq	Cornu
O	6371	—	—		J	4530	—	—	
O	6345	—	—		J	4511	—	—	
O	6244	6245, 6243	6244		V	4479	—	—	
O	6234	6235, 6233	6233		UV	3961	—	3962	3961
O	**5723**	**5723**	—		UV	3942	—	3943	3943
G	**5696**	**5695**	—		UV				3092
G	5593	—	5591		UV				3081
Gr	**5057**	—	—		UV				1988
Bl	**4662**	4662, 4661	—, 4663		UV				1934, 1929
					UV				1860, 1852

Die Linien lassen sich nach abnehmender Länge folgendermaassen ordnen:

3961, 3942, 3478, 6234, 6244, 5056 u. s. w.

Von Cornu sind umgekehrt worden: 3961 und 3942, von Liveing und Dewar: 3961, 3942, 3092, 3081.

Es werden also die längsten Linien zuerst umgekehrt, nicht die dicksten.

2. Kontinuirliches Spektrum.

Lockyer und Roberts erhielten von Aluminiumdämpfen bei niedriger Temperatur ein kontinuirliches Absorptionsspektrum im Violett.

Verbindungen.

Wüllner fand, dass wenn kurze Funken zwischen Al-Elektroden überschlagen, ein Bandenspektrum entsteht, welches er dem Al selbst zuschreibt; Lockyer erklärt es wohl mit Recht für das Spektrum von Aluminiumoxyd. Dasselbe Spektrum, mit den längsten Metalllinien giebt Lecoq, der es auch durch Funken von einer Lösung von Aluminiumchlorür erhielt. Lecoq macht darauf aufmerksam, dass die Elektroden sich fortwährend mit Oxyd bedecken, was sehr für die Lockyer'sche Erklärung des Spektrum's zu sprechen scheint. Wüllner (in der Festschrift) und Lecoq geben Zeichnungen, Lockyer und Lecoq Messungen. Ciamician hat neuerdings das Spektrum von Aluminiumelektroden in einer H Atmosphäre erhalten und erklärt es daher für ein Bandenspektrum des Al selbst. Die Wellenlängen der Banden sind (die Messungen Wüllners habe ich angenähert reduzirt):

Lockyer	Lecoq	Wüllner
545—540	546—533	550—530
520—508	528—508	520—510
501—490	497—485	490—480
476—465	478—465	470—465.
	463—448	

Crookes hat gefunden, dass Thonerde im Vakuum durch elektrische Entladungen zur Fluoreszenz angeregt wird und dabei ein diskontinuirliches Spektrum giebt; so zeigt z. B. Rubin namentlich eine rothe Linie, $\lambda = 6895$; andere Krystalle, aber nur wenige, zeigen grünes Licht.

4. As (Arsen).

Litteratur.

Angström, Pogg. Ann. **94** p. 141—165 (1855).
Kirchhoff, Untersuchungen über das Sonnenspektrum (1861).
W. A. Miller, Phil. Trans. **152** p. 861—887 (1862).

Robinson, Phil. Trans. **152** p. 939—986 (1862).
Huggins, Phil. Trans. **154** p. 139—160 (1864).
Brassak, Abh. d. naturf. Ges. zu Halle **9** p. 3—16 (1866).
Plücker u. Hittorf, Phil. Trans. **155** p. 1—29 (1865).
Thalén, Mém. sur la déterm. ... (1868).
Ditte, C. R. **73** p. 738—742 (1871).
Lockyer, C. R. **78** p. 1790—1793 (1874).
Ciamician, Wien. Ber. **76, 2** p. 499—517 (1877).
Ciamician, Wien. Ber. **78, 2** p. 867—890 (1878).
Ciamician, Wien. Ber. **82, 2** p. 425—457 (1880).
Huntington, Sill. J. **22** p. 214—217 (1881).
Hartley, Trans. Dubl. Soc. (2) **1** (1882).

1. Linienspektrum.

Das Linienspektrum des Arsen tritt auf, wenn man Funken von der Chlorverbindung desselben überspringen lässt (Thalén), oder im Geissler'schen Rohr Dämpfe derselben entwickelt (Ditte). Plücker und Hittorf erhitzten zum gleichen Zweck Arsen selbst im Geissler'schen Rohr, ebenso Ciamician in einem Rohr mit Eisenelektroden. Huggins endlich, und ähnlich Huntington, hat Elektroden aus Arsen benutzt. Ciamician findet, dass die Linien des Spektrums durch Druck nicht verbreitert werden. Die Wellenlängen des Spektrums sind:

	Huggins	Thalén	Kirchhoff	Huntington		Huggins	Thalén	Kirchhoff	Huntington
O	6404	—	—	—	Gr	5324	5332	5333 / 5330	— / 5323
O	6342	—	—	—	Gr	5287			5245
O	6352	—	—	—	Gr	5229			5230
O	**6164**	6170	6171 / 6167	—	Gr				5195
O	6131	—	—	—	Gr	5162			5163
O	**6108**	6110	6112 / 6109	—	Gr	5104			**5103**
O	6078	—	—	**6023**	Gr	4983			4941
O	6020	6022	6022	**6013**	Bl	4888			**4623**
G	5839	—	—	5853	Bl	4732			**4593**
G	5781	—	—	5833	Bl	4551			
G	**5647**	5651	5652 / 5650	**5813**	J	4537			
G	5616	—		5743	J	4497			4493
G	5590	—	—	**5653**	J	4464			4463
G	**5554**	5558	5558 / 5556	5563	J	4369			—
G	5495	5498	5498 / 5496	5498	J	4335			—
G	5404	—		—	J	—			4313
G	5384	—	—	—					

2. Bandenspektrum.

Lockyer hat gefunden, dass Arsendampf mittelst Absorption ein kannelirtes Spektrum giebt; Ciamician hat auch ein Emissionsspektrum beobachtet, welches auf kontinuirlichem Grund einige hellere Banden in Roth und Grün zeigt.

5. Au (Gold).

Litteratur.

Angström, Pogg. Ann. **94** p. 141—165 (1855).
Kirchhoff, Untersuchungen über das Sonnenspektrum (1861).
W. A. Miller, Phil. Trans. **152** p. 861—887 (1862).
Robinson, Phil. Trans. **152** p. 939—986 (1862).
Mitscherlich, Pogg. Ann. **121** p. 459—488 (1863).
Huggins, Phil. Trans. **154** p. 139—160 (1864).
Brassak, Abh. d. naturf. Ges. zu Halle **9** p. 3—16 (1866).
Thalén, Mém. sur la déterm. . . . (1868).
Lecoq de Boisbaudran, Spectres lumineux p. 172—181 (1874).
Lockyer u. Roberts, Proc. Roy. Soc. **23** p. 344—349 (1875).
Ciamician, Wien. Ber. **76,2** p. 499—517 (1877).
Hartley, Trans. Dubl. Soc. (2) **1** (1882).

1. Linienspektrum.

Dasselbe wird am einfachsten durch feste Elektroden erhalten; Mitscherlich benutzte Goldchloridlösung. Ebenso hat es Lecoq hergestellt, welcher es auch mit Au Cl_3 in der Flamme des Bunsen'schen Brenners erhielt. Mit Goldchlorid erhält man natürlich nur die Hauptlinien neben den Banden der Verbindung. Hartley's Photographie zeigt die Linien im Ultraviolett.

Die Wellenlängen sind:

	Huggins	Thalén	Kirchhoff	Lecoq		Huggins	Thalén	Kirchhoff	Lecoq
	6710	—	—	—		**5835**	5836	5838	**5836**
R	6670	—	—	—		5790	—	—	—
	6660	—	—	—	G	5758	—	—	**5725**
	6457	—	—	—		5653	—	—	**5658**
	6428	—	—	—		5580	—	—	5458
	6304	—	—	—	Gr	**5231**	5230	5230	**5230**
	6291	—	—	—		5067	—	—	**5063**
O	6276	6277	6275	**6278**		4811	—	—	4812
	5961	5960	5961	—	Bl	4793	4792	4792	**4793**
	5954	5955	5956	6957		—	—	—	4608
	5920	—	—	5925		4489	—	—	4490
	5880	—	—	—	J	—	—	—	4437
	5862	—	—	5862		—	—	—	4338
						—	—	—	4314
					V	—	—	—	4064

2. Kontin.-Spektrum.

Nach Lockyer und Roberts zeigt Golddampf kontinuirliche Absorption in Roth und Blau.

Verbindungen.

Lecoq giebt Zeichnung und Messung des Au Cl_3-Spektrums, wie es sich in der Flamme des Bunsen'schen Brenners zeigt; von den Linien sind nur 5063 und 4430 im Spektrum vorhanden; diese müssten also die längsten Linien des Goldes sein.

6. Ba (Baryum).

Litteratur.

W. A. Miller, Phil. Mag. **27** p. 81—91 (1851).
Kirchhoff u. Bunsen, Pogg. Ann. **110** p. 161—189 (1860).
Kirchhoff, Untersuchungen über das Sonnenspektrum (1861).
Mitscherlich, Pogg. Ann. **116** p. 499—507 (1862).
Mitscherlich, Pogg. Ann. **121** p. 459—488 (1863).
Christofle u. Beilstein, Ann. de Chim. (4) **3** p. 280—283 (1864).
Huggins, Phil. Trans. **154** p. 139—160 (1864).
Plücker u. Hittorf, Phil. Trans. **155** p. 1—29 (1865).
Thalén, Mém. sur la déterm. .. (1868).
Lockyer, Phil. Trans. **163** p. 253—275 (1873).
Lockyer, Phil. Trans. **164** p. 805—813 (1874).
Lecoq de Boisbaudran, Spectres lumineux p. 57—68 (1874).
Bunsen, Pogg. Ann. **155** p. 366—384 (1875).
Lockyer, Proc. Roy. Soc. **23** p. 152—154 (1875).
Ciamician, Wien. Ber. **76, 2** p. 499—517 (1877).
Liveing u. Dewar, Proc. Roy. Soc. **28** p. 352—358 (1879).
Lockyer, Studien zur Spektralanalyse p. 142—143 u. 146—147 (1879).
Ciamician, Wien. Ber. **82, 2** p. 425—457 (1880).

Linienspektrum.

Das Linienspektrum des Baryum erhält man am einfachsten durch Funken zwischen Ba-Elektroden. Huggins hat statt dessen ein Baryumamalgam benutzt. Indessen erhält man auch von den Salzen, namentlich dem Chlorid, bei hoher Temperatur, welche zur Dissociation ausreicht, also mit dem elektrischen Funken, das Linienspektrum; auf diese Weise hat Thalén es gemessen, auch Bunsen. Einige der Linien erhält man auch durch die Salze in Flammen, die meisten von ihnen durch Funken von Salzlösungen (Lecoq). Liveing und Dewar haben einige Ba-Linien umkehren können. Messungen existiren von Kirchhoff, Huggins, Thalén, Lecoq, Lockyer, von letzterem namentlich die Linien zwischen $\lambda = 390$ und $\lambda = 450$. Die Wellenlängen des Spektrums sind folgende:

	Huggins	Thalén	Kirchhoff	Lecoq	Lockyer		Huggins	Thalén	Kirchhoff	Lecoq	Lockyer
	6889	—	—	—			4898	4899	4899	4901	
	6780	—	—	—		Bl	4724	—	—	—	
	6697	—	—	—			4690	—	—	—	
R	6677	—	—	—			4553	4553	4554 / 4553	4556	
	6589	—	—	—							
	6523	6526	—	6524			4524	4524	4524	4529	
	6499	**6496**	**6497**	6497			—	—	—	4493	4493
	—	6483	—	—			—	—	—	—	4488
	6452	6449	—	6450			—	—	—	—	4433
	6344	6343	—	6343			—	—	—	—	4402
	—	**6141**	**6141**	6140		J	—	—	—	—	4351
	6113	6110	6110	6108			—	—	—	—	4332
O	6064	6062	6063	6060			—	—	—	—	4325
	6021	6018	6018	6019			—	—	—	—	4323
	5998	5992	—	5994			—	—	—	—	4291
	5973	5971	5971	5970			—	—	—	—	4283
	5904	5905	—	—			—	—	—	—	4264
	5889	—	—	5881			—	—	—	—	4242
	5850	**5853**	**5853**	5853			—	—	—	—	4239
	5823	5827	5827	5826			—	—	—	—	4224
	—	5809	—	—			4174	4166	—	—	4166
	—	5804	—	5804			—	—	—	4133	4132
G	5774	5780	5780	5779			4130	4131	—	—	4131
	5744	—	—	—							4087
	5538	**5535**	**5534**	5535		V					4084
	5518	5518	5518	—							4081
	5490	—	—	5492							3996
	—	5425	5424	—							3995
Gr	**4934**	**4933**	**4933**	4932							3937
											3934

Lockyer hat die Länge der Linien gemessen; er findet, dass sie, von der längsten anfangend, sich folgender Maassen ordnen lassen:

5534, 4933, 6141, 4553, 6496, 5853, 4133 u. s. w.

Bei den letzten, von ihm gemessenen Linien, sind die längsten:

4131, 4283, 4351, 3995, 4166 u. s. w.

Von Liveing und Dewar sind folgende Linien umgekehrt gesehen:

5534, 4553, 5492, 4933, 5518, 6496.

Verbindungen.

Die Verbindungen des Ba geben in der Flamme des Bunsen'schen Brenners alle das gleiche Spektrum, ein Bandenspektrum, und zwar das des Ba O, daneben die längste Metalllinie: $\lambda = 5534$ (Lockyer).

Im Funken geben das Chlorid, Bromid und Jodid 25 Metalllinien, das Fluorid 4 (Lockyer).

Sättigt man das Gas des Brenners mit resp. Chlor-, Brom-, Jod-Dämpfen, so tritt die Dissociation nicht ein, sondern man erhält die Spektra der Verbindungen; sie sind in dieser Weise namentlich von Mitscherlich und Lecoq untersucht und gezeichnet worden.

Liveing und Dewar haben auch einige Linien der Verbindung mit Chlor umkehren können.

7. Be (Beryllium).

Litteratur.

Kirchhoff, Untersuchungen über das Sonnenspektrum (1861).
Thalén, Mém. sur la déterm. .. (1868).
Lockyer, Studien zur Spektralanalyse p. 225 (1879).
Ciamician, Wien. Ber. **82**, 2 p. 425—457 (1880).
Crookes, Ann. de Chim. (5) **23** p. 555—565 (1881).
Cornu, Spectre Normal (1881).

Ueber das Beryllium existiren nur sehr wenig Messungen: Kirchhoff und Thalén geben zwei Linien an, Cornu noch zwei weitere im Ultraviolett; Lockyer giebt eine Linie an, welche im Sonnenspektrum umgekehrt sein soll. Ciamician hat Funken zwischen Beryllelektroden in H überspringen lassen.

Die Wellenlängen sind:

Kirchhoff	Thalén	Cornu	Lockyer	Ciamician
—	—	—	—	4981
—	—	—	—	4966
—	—	—	—	4964
4572	4572	—	—	—
4488	4489	—	—	—
—	—	—	3905	—
—	—	—	—	3596
—	—	31303		
—	—	31300		

Crookes hat beobachtet, dass Beryll im Vakuum durch elektrische Entladungen zur Fluoreszenz angeregt wird; er giebt dabei ein kontinuirliches blaues Spektrum.

8. Bi (Wismuth).

Litteratur.

Angström, Pogg. Ann. **94** p. 141—165 (1855).
W. A. Miller, Phil. Trans. **152** p. 861—887 (1862).
Robinson, Phil. Trans. **152** p. 939—986 (1862).
Mitscherlich, Pogg. Ann. **121** p. 459—488 (1863).

Huggins, Phil. Trans. **154** p. 139—160 (1864).
Mascart, Ann. de l'école normale (1) **4** p. 7—31 (1866).
Brassak, Abh. d. naturf. Ges. zu Halle **9** p. 3—16 (1866).
Thalén, Mém. sur la déterm. ... (1868).
Lockyer, C. R. **74** p. 1790—1793 (1874).
Lecoq de Boisbaudran, Spectres lumineux p. 145—147 (1874).
Lockyer u. Roberts, Proc. Roy. Soc. **23** p. 344—349 (1875).
Ciamician, Wien. Ber. **76**, **2** p. 499—517 (1877).
Hartley, Trans. Dubl. Soc. (2) **1** (1882).

1. Linienspektrum.

Das Linienspektrum des Wismuth erhält man durch Funken von festen Elektroden, die Hauptlinien auch durch Funken von der Lösung eines Salzes (Lecoq). Mitscherlich hat das Spektrum erhalten durch Verdampfen von Bi in Wasserstoff, welcher dann angezündet wurde. Messungen liegen vor von Huggins, Thalén, Mascart, Lecoq; Hartley giebt eine Photographie der ultravioletten Linien. Die Wellenlängen des Spektrums sind:

	Huggins	Thalén	Lecoq		Huggins	Thalén	Lecoq		Huggins	Thalén	Lecoq
R	6808	—	—	G	5538	—	—	Bl	4798	4797	—
	6590	6599	—		5449	5450	—		4752	4753	—
	6571	—	—		5394	5397	—		4729	4730	—
	6499	6493	—		5357	—	—		**4723**	**4722**	**4724**
O	6125	6129	6130	Gr	**5271**	**5270**	5268		4705	4705	—
	6057	6057	—		**5208**	**5208**	**5209**		—	4692	
	6055	6050	6048		5199	5201	—		4560	4560	—
	6034	6039	—		**5144**	**5144**	5144	J	4476	—	—
	5980	—	—		**5124**	**5124**	5123		4389	—	—
	5972	—	—		5089	5090	—		4338	4340	—
	5862	5862	—		5078	5078	—		4329	4328	—
G	5819	5816	—		4991	4993	—		4301	4302	4303
	5717	5717	5719		4970	4970	—		4259	4260	4259
	5656	5655	—	Bl	4915	—	—	V	4120	4119	**4118**
	5552	5553	**5552**		4907	4905	—		4080	4085	—

2. Bandenspektrum.

Lockyer und Roberts haben bei hoher Temperatur mittelst Absorption ein kannelirtes Spektrum beobachtet: die Absorption ist kontinuirlich in Blau, von da ab kannelirt bis zum Gelb.

Verbindungen.

Mitscherlich hat die Verbindungen mit O, Cl, Br, J untersucht; im oxydirenden Theil der Flamme zeigen alle Salze das Spektrum von

Wismuthoxyd, in einer Wasserstoffflamme, welche die entsprechenden Gase enthält, dagegen die Verbindungsspektra. Mitscherlich giebt Zeichnungen von ihnen.

9. Bo (Bor).

Litteratur.

W. A. Miller, Phil. Mag. **27** p. 81—91 (1845).
Simmler, Pogg. Ann. **115** p. 242—265 u. 425—451 (1862).
Mitscherlich, Pogg. Ann. **121** p. 476 (1863).
Thalen, Om Spectralanalys.
Troost u. Hautefeuille, CR. **73** p. 620—622 (1871).
Lecoq de Boisbaudran, CR. **76** p. 833—835 (1873).
Salet, Ann. de Chim. (4) **28** p. 59—60 (1873).
Lecoq de Boisbaudran, Spectres lumineux p. 191—194 (1874).
Ciamician, Wien. Ber. **82**, **2** p. 425—457 (1880).

1. Linienspektrum.

Troost und Hautefeuille haben Funken durch Dämpfe vom Chlorür und Fluorür von Bor schlagen lassen und ein Spektrum erhalten, welches aus vielen Linien besteht, von denen die hellsten zwei Doppellinien im Grün und eine Doppellinie im Blau ist; im Ultraviolett sieht das Spektrum kannelirt aus. Messungen sind nicht gegeben. Nach Salet sind die Linien sehr unscharf. Ciamician hat das Spektrum aus Borfluorid erhalten, auch aus Funken (ohne Flasche) zwischen Krystallen von graphitischem Bor in Wasserstoff. Es besteht hauptsächlich aus einer dreifachen grünen Linie und einer ultravioletten. Die Wellenlängen sind:

$$\text{Gr}\begin{cases}5103\\4981\\4966\\4964\end{cases}$$

UV 3596

2. Bandenspektrum.

Ciamician hat von Borfluorid mit schwachen Funken ein Bandenspektrum erhalten, welches hauptsächlich aus zwei Banden besteht. Seine Abhandlung giebt eine Zeichnung. Die Wellenlängen sind:

$$\text{Gr}\left\{\begin{matrix}4985\\4962\\4943\end{matrix}\right\} \qquad \text{V}\left\{\begin{matrix}4243\\4192\\4166\\4122\end{matrix}\right\}$$

Verbindungen.

Das Spektrum der Borsäure ist oft untersucht worden. Es wurde zuerst von Miller, dann von Simmler in der Flamme des Bunsenbrenner gefunden; auf dieselbe Art hat es Lecoq gemessen und gezeichnet. Mitscherlich erhielt das Spektrum indem er zu Wasserstoff Dämpfe von Borsäure mischte und durch das Gemisch Funken überspringen liess, oder die Borsäure als flüssige Elektrode benutzte. Nach letzterer Methode wird nach Lecoq das Spektrum ganz besonders schön, wenn man der Lösung von Borsäure in Wasser einige Tropfen Salzsäure zufügt. Salet fand, dass wenn man Dämpfe vom Chlorür oder Fluorür zu Wasserstoff mischt, die Flamme das Bandenspektrum der Borsäure zeigt.

Die Wellenlängen des Spektrums sind:

	Salet	Lecoq		Salet	Lecoq
O	640	6397	Gr	—	5439
	620	6210		**520**	**5192**
	603	6041		491	**4941**
G	580	5807	Bl	470	4721
	548	**5480**		450	4529

10. Br (Brom).

Litteratur.

W. H. Miller, Phil. Mag. **2** p. 381 (1833).
W. A. Miller, Phil. Mag. **27** p. 81—91 (1855).
Plücker, Pogg. Ann. **105** p. 527 (1858).
Plücker, Pogg. Ann. **107** p. 87 (1859).
Plücker u. Hittorf, Phil. Trans. **155** p. 1—29 (1865).
Salet, Ann. de Chin. (4) **28** p. 26—29 (1873).
Roscoe u. Thorpe, Phil. Trans. **167** p. 207—212 (1877).
Moser, Pogg. Ann. **160** p. 177—199 (1877).
Ciamician, Wien. Ber. **76, 2** p. 499—517 (1877).
Ciamician, Wien. Ber. **77, 2** p. 839—841 (1878).
Ciamician, Wien. Ber. **78, 2** p. 867—890 (1878).
Hasselberg, Mém. de St. Pétersb. **26, 4** (1878).

1. Linienspektrum.

Dasselbe erscheint, sobald Entladungen durch Bromdampf gehen; es ist von Plücker und Hittorf und von Salet gemessen und gezeichnet worden. Der Einfluss von Druck und Temperatur, der ebenso wie bei Chlor und Jod sehr erheblich ist, ist von Ciamician untersucht worden. Die Wellenlängen des Spektrums sind:

	Pl. u. Hitt	Salet		Pl. u. Hitt	Salet		Pl. u. Hitt	Salet
R	6862	699	G	5422	—	Bl	4868	—
	6628	663		5391	—		4852	—
	6576	658		5383	—		4847	—
	6555	6555	Gr	**5326**	5335		4818	4815
O	**6357**	6356		5299	531		4807	—
	6158	6165		**5292**	5275		**4787**	4785
	6151	—		5263	5265		4778	—
	6131	—		5250	524		4771	—
	6128	—		**5225**	—		4746	—
	5868	588		5220	—		4736	—
G	**5827**	584		5216	—		4730	—
	5824	—		5187	5185		4721	472
	5792	—		5180	—		**4706**	4705
	5739	—		**5168**	5165		4695	—
	5722	572		5150	—		**4680**	4675
	5712	—		5122	—		4676	—
	5696	—		5106	—		4644	—
	5662	—		5092	—		**4625**	462
	5626	—		5054	506	J	**4543**	4542
	2622	—		5035	—		—	4485
	5598	560		5010	—		**4363**	4367
	5566	—		4990	—		4288	4287
	5552	—		4982	—		4241	—
	5515	5515 }		4960	—	V	4228	423
	5502	550 }		4945	—		4198	—
	5492	5495 }		4932	493		4181	418
	5446	545 }		4924	—		4142	—
	5436	}					—	398
	5428	5425 }						

2. Bandenspektrum.

Das Bandenspektrum ist nur als Absorptionsspektrum des Brom's bekannt, und wurde von W. H. Miller aufgefunden. Genaue Messungen und Zeichnungen sind von Roscoe und Thorpe, Moser und Hasselberg gemacht worden; die gefundenen Wellenlängen sind: (Die Striche zwischen den Hasselberg'schen Zahlen bedeuten die Grenzen zwischen Banden. S. Tabelle S. 024.)

3. Kontinuirliches Spektrum.

Erhitzt man Bromdampf in einer Röhre von schwer schmelzbarem Glase, so wird er nach Salet leuchtend und zeigt ein kontinuirliches Spektrum; dasselbe fand Salet auch im Glimmlicht der negativen Elektrode bei starken Entladungen. Ebenso tritt es auf, wenn man Br mit Wasserstoff verbrennt. Das Br zeigt daher die auffallende Erscheinung, dass es bei niedrigster Temperatur ein Bandenspektrum, bei höherer ein kontinuirliches, bei der höchsten ein Linienspektrum giebt.

	Hasselb.	Moser	R. u. Th.
R	—	—	6801
	—	—	6777
	—	—	6724
	—	—	6649
	—	—	6527
O	—	—	6469
	—	—	6455
	—	—	6413
	—	—	6401
	—	—	6373
	—	—	6351
	—	—	6337
	—	—	6312
	—	—	6293
	—	—	6275
	—	6256	6264
	—	6242	6240
	—	—	6223
	6189	6178	6191
	—	6163	6170
	—	—	6144
	6120 6116	6117	6119
	6099	6100	6101
	6067	6068	6072
	6047	6051	6053
	6024	6026	6027
	6002	6002	6006
	5982	5988	5988
	5957	5954	5957
	5942	5941	5945
	5911	5914 5908	5914 5906
	5869	5875	5876
			5871
G	5845	—	
	5829 5827	5835	5835
	5803	—	
	5801	5801	5798
	5791		
	5756 5755	5765	5763
	5747 5726 5721	5730	5728
	5687	5691	5694
	5667	5658	5660
	5657		

	Hasselb.	Moser	R. u. Th.
G	5653 5651		
	5648		
	5641 5626		5635
	5623 5618	5622	5624
	5587		5592
	5578 5574	5588	5581
	5557	5555	5561
	5550		5557
	5545		
	5540	5528	5534
	5529		
	5522		
	5519		
	5516		5510
	5505	5504	
	5503		5501
	5496		
	5494		
	5481		5484
	5478		5477
	5474	5476	
	5469		
	5460		5460
	5457		
	5454		
	5452	5452	
	5451		
	5449		
	5443 5436		5440
	5435 5432	5430	
	5421		
	5420		
	5418		5418
	5412		
	5410	5410	
	5408		
	5401		5403
	5397 5393	5394	
	5391		
	5288		
	5386 5383		
	5380		5280

	Hasselb.	Moser	R. u. Th.
G	5377		
	5376 5374 5370		
	5368 5361 5358		5366
	5357		
	5356 5349 5347	5358	5348
Gr	5346 5343 5339		
	5336	5338	5337
	5331 5327 5319	5332	
	5361		
	5314 5311		
	5309 5307		
	5306 5301		5301 5299
	5289	5292	5292
	5288 5282		
	5280		
	5276	5278	5275
	5272		
	5266		
	5259		5259
	5256		
	5249		
	5247		
	5243 5242 5240 5237 5230		5244
	5224		
	5223		
	5221		
	5219		
	5211		
	5208		

11. C (Kohle).

Litteratur.

Angström, Pogg. Ann. **94** p. 141—165 (1855).
Swan, Edinb. Phil. Trans. **21** p. 411 (1856), auch Pogg. Ann. **100** p. 306 bis 335 (1857).
Plücker, Pogg. Ann. **105** p. 67—84 (1858).
v. d. Willigen, Pogg. Ann. **107** p. 473—479 (1859).
Plücker, Pogg. Ann. **107** p. 497—539 (1859).
Attfield, Phil. Trans. **152** p. 221—227 (1862).
Mitscherlich, Pogg. Ann. **121** p. 459—488 (1863).
Dibbits, De Spektraal Analyse, Rotterdam 1863.
Dibbits, Pogg. Ann. **122** p. 497—545 (1864).
Morren, Ann. de Chim. (4) **4** p. 305—319 (1865).
Plücker u. Hittorf, Phil. Trans. **155** p. 1—29 (1865).
Huggins, Phil. Trans. **157** p. 555—564 (1868).
Lielegg, Wien. Ber. **57, 2** p. 593 (1868) auch
Lielegg, Phil. Mag. (4) **37** p. 208—216 (1869).
Watts, Phil. Mag. (4) **38** p. 249—263 (1869).
Berthelot u. Richard, C. R. **68** p. 1546—1550 (1869).
Berthelot u. Richard, Ann. de Chim. (4) **18** p. 191—196 (1869).
Piazzi Smyth, Astr. Obs. Edinb. **13** (R) p. 58 (1871).
Troost u. Hautefeuille, C. R. **73** p. 620—622 (1871).
Watts, Phil. Mag. (4) **41** p. 12—15 (1871).
Wüllner, Pogg. Ann. **144** p. 481—525 (1872).
Salet, Ann. de Chim. (4) **28** p. 60—65 (1873).
Secchi, C. R. **77** p. 173—177 (1873).
Watts, Phil. Mag. (4) **48** p. 369—370 u. 456—457 (1874).
Lecoq de Boisbaudran, Spectres lumineux p. 44—45 (1874).
Piazzi Smyth, Phil. Mag. (4) **49** p. 24—33 (1875).
Watts, Phil. Mag. (4) **49** p. 104—106 (1875).
Attfield, Phil. Mag. **49** p. 106—108 (1875).
Angström u. Thalén, Nov. Act. Reg. Soc. Ups. (3) **9** (1875).
Lockyer, Proc. Roy. Soc. **27** p. 308 (1878).
Piazzi Smyth, Phil. Mag. (5) **8** p. 107—119 (1879).
Schuster u. Roscoe, Manch. Proc. **19** p. 46—48 (1879).
Ciamician, Wien. Ber. **79, 2** p. 8—10 (1879).
Liveing u. Dewar, Proc. Roy. Soc. **30** p. 152—162 u. 494—509 (1880).
Lockyer Proc. Roy. Soc. **30**, p. 335—343 (1880).
Schuster, Rep. Brit. Ass. p. 264—269 (1880).
Ciamician Wien. Ber. **822** p. 425—457 (1880).
Watts Nat. **23** p. 197 u. p. 266 (1880 u. 1881).
Liveing, Nat. **23** p. 266 (1881).
Wüllner, Wied. Ann. **14** p. 355—362 (1881).
Crookes, Ann. de Chim. (5) **23** p. 555—565 (1881).
Thollon, C. R. **93** p. 260 (1881).

Liveing u. Dewar, Proc. Roy. Soc. **33** p. 3—4 (1882).
Wesendonk, Wied. Ann. **17** p. 427—467 (1882).
Liveing u. Dewar, Proc. Roy. Soc. **33** p. 403 (1882).
Hartley, Trans. Dubl. Soc. (2) **1** (1882).

Die spektroskopischen Erscheinungen, welche die Kohle und ihre Verbinduugen bietet, sind die verwickeltsten und am meisten streitigen unter sämmtlichen Spektren der Elemente, da wegen der fast unvermeidlichen Verunreinigungen sehr leicht die Spektren der Verbindungen der Kohle mit H, C, O, auftreten, und im Laufe der Zeit alle diese Verbindungsspektra als Kohlenspektra beschrieben worden sind, während umgekehrt die wirklichen Kohlenspektra durch verunreinigende Verbindungen erklärt worden sind. Es ist sogar überhaupt die Möglichkeit bestritten worden, irgend ein Kohlenspektrum zu erhalten, da wir die Temperatur nicht so hoch steigern könnten, um die Kohle in glühenden Dampf zu verwandeln; dem gegenüber bemerkt Dibbits, dass wenn wir einen Kohlenwasserstoff verbrennen, die C anfangs mit H, nach der Verbrennung aber mit O verbunden ist, dass sie also in der Zwischenzeit einmal frei gewesen ist, und uns dabei ihr Spektrum geben kann. Ausserdem genügt auch die Temperatur des elektrischen Funkens zur Verflüchtigung der Kohle.

Unbestritten wird jetzt der Kohle ein Linienspektrum zugeschrieben, welches man erhält, wenn sehr kräftige Funken durch Kohlensäure, Kohlenoxyd oder Kohlenwasserstoffe schlagen. Das Spektrum ist beschrieben worden namentlich von Watts, Wüllner, Angström und Thalen. Messungen liegen vor von Watts, Angström und Thalen, Liveing und Dewar.

Wir müssen als der Kohle selbst angehörig ferner ein Bandenspektrum ansehen, welches sich im unteren Theile aller Flammen zeigt, und zuerst von Swan beschrieben worden ist; es wird daher auch das Flammenspektrum, oder das Swan'sche Spektrum genannt. Dies Spektrum bildet den Kern des ganzen Streites über die Kohle, da es von einigen Forschern, namentlich Angström und Thalen, und Liveing und Dewar für ein Verbindungsspektrum erklärt wird, während die Mehrzahl es wohl mit Recht für ein Kohlenspektrum hält. Eine historische Uebersicht wird die verschiedenen Ansichten klar machen.

Das Spektrum bestehend aus 5 Banden wurde von Swan bei Kohlenwasserstof en aufgefunden und von ihm als ein Kohlenwasserstoffspektrum beschrieben. Attfield wiederholte und vermehrte die Versuche von Swan und kam zu dem Schluss, dass das Spektrum der Kohle angehören müsse, denn es zeigte sich bei Funken in sorgfältig getrocknetem CN (Cyangas), CO (Kohlenoxyd), CS_2 (Schwefelkohlenstoff), ebenso, wenn CN in Sauerstoff verbrennt. Da alle diese Gase nur C gemeinsam haben, so muss das gemeinsame Spektrum zu C gehören. Nach ihm nahm Morren die Frage auf, und obgleich er von der entgegengesetzten Ansicht ausging, führten seine Versuche ihn zu Attfield's Standpunkt; er fand das Spektrum bei Funken durch CN, durch C_2H_2 (Acetylen) durch CS_2, bei der Flamme von CN mit O, endlich im unteren Theile aller Flammen. Schon vorher hatte Dibbits nach seinen Versuchen mit CN dasselbe geschlossen; er fand darin dieselben 5 Banden, welche auch in $C_7H_6O_2$ (Benzoesäure) und $C_9H_8O_2$ (Zimmtsäure) auftreten, wenn diese Dämpfe mit H verbrannt wurden, ebenso in C_2HCl_3 (Chloroform). Auch v. der Willigen, Plücker und Hittorf, Wüllner erklärten das Swan'sche Spektrum für ein Kohlenspektrum. Watts fand das Spektrum in der Flamme jedes Kohlenwasserstoffes, auch in CN, CO, CS_2, CCl_4 und schreibt es der Kohle zu, ebenso Salet und Huggins.

Gegen diese Ansicht traten nun aber im Jahre 1875 Angström und Thalen auf, welche das Spektrum einer Verbindung von C und H, nämlich dem Acetylen (C_2H_2) zuschrieben. Sie hatten gefunden, dass wenn zwischen Kohlenspitzen Funken überspringen, in Sauerstoff das Kohlenoxydspektrum erscheint, in Wasserstoff das Swan'sche Spektrum, in Stickstoff ausser diesem einige Banden in Blau und Violett, welche zu C + N gehören. Da es bekannt ist, dass Funken in Wasserstoff Acetylen bilden, so sollte das Flammenspektrum zu Acetylen gehören. Dieselbe Ansicht vertheidigen Liveing und Dewar, die das stete Auftreten des Spektrums immer anwesenden Spuren von Wasser oder Wasserstoff zuschreiben; ihre Versuche bestanden darin, dass sie von Kohlenelektroden Funken in den verschiedenen Gasen (Luft, CO_2, H, N, Cl, CO, NO, NO_2) überspringen liessen; sie finden, dass das Swan'sche Spektrum nicht immer auftritt, z. B. nicht in CO und in der Flamme von CS_2, und dass bei anderen Gelegenheiten das Spektrum nur sehr schwach sichtbar ist neben anderen helleren Banden, so als ob es nur von einer Verunreinigung herrührte. Sie schliessen daraus, dass die grünen und blauen Banden des Flammenspektrums zu Acetylen gehören, dagegen 7 weitere Banden in Blau, 6 in Violett und weitere im Ultraviolett, welche in der Cyanflamme sichtbar sind, zu Cyan.

Daraufhin hat Lockyer nachgewiesen, dass in CCl_4, welches so sorgfältig getrocknet war, dass die stärksten Funken keine Spur der Wasserstofflinien hervorbrachten, das Swan'sche Spektrum erscheint. Dieser Versuch scheint die Streitfrage in dem Sinne zu entscheiden, dass das besprochene Spektrum in der That zur Kohle selbst gehört. Das Spektrum ist sehr oft gezeichnet und gemessen worden; gute Zeichnungen findet man bei Watts, Angström und Thalen, Lecoq.

Die Wellenlängen der beiden Spektra sind folgende:

1. Linienspektrum.

	Watts	Angstr. u. Th.	Liv. u. Dew.		Watts	Angstr. u. Th.	Liv. u. Dew.
R	—	6583		Bl	4590o		
	6578	6578			4585o		
O	6165o				Fünf		
	6095				feine		
	5954				Linien		
	5855			J	4417o		
G	5688	5694			4368o		
	5652	5661			4350o		
	5640	5647			4320o		
	5635	5639			4272	4266	
	4426o			V	4196o		
	5385	5379			4192o		
Gr	5306n				4141n		
	5160o				4130n		
	5152	5151			4992 } n		3919
	5140	5144			4080 }		3877
	—	5133		UV			2995
	5065						2968
	4969						2837
	4960						2836
	4947						2747
	4927						**2733**
	4911n						2641
Bl	4900o						**2542**
	4874						2528
	4860						2524
	4730						2519
	4696o						2516
	4674o						2514
	4656						2512
	4646o						2509
	4637 } o						2507
	4632 }						2478
							2297

Watts hat in diesem Spektrum sehr viel mehr Linien als Angström und Thalen; Schuster vermuthet, dass viele Sauerstofflinien darunter sind. In der That stimmen sehr viele Linien nahe mit O-Linien zusammen, sie sind in der Tabelle mit einem dahinter gesetzten o bezeichnet, während andere, welche mit N übereinstimmen, durch ein n gezeichnet sind.

2. Bandenspektrum.

Die Bezeichnung der Banden: α, γ, δ, ε, f stammt von Watts.

		Watts	Salet	Thollon	Angstr. u. Th.	Liv. u. Dew.	Lecoq
O	α	6190	618	—	6187		
		6110	612	—	6119		
		6050	610	—	6056		
		5990	605	—	6001		
		5955	—	—	5954		
G	γ	5635	563	5622	5633		5629
		5586	5585	5581	5583		5581
		5542	554	5536	5538		5542
		5504	550	5491	5500		5500
		5478	547	—	5466		
		5440	—	—	—		
		5425	—	—	—		
Gr	δ	5166	5163	5165	5164	—	5161
		5130	513	5127	5128	—	5127
		5100	510	5097	5098		—
		5082	506	—	—		5090
Bl	ε	4740	474	4739	5736		4738
		4717	472	4717	4714		
		4698	470	4704	4697		
		4684	4687	4687	4682		
		4677	4675	—	—		4675
J	f	[1]				4381	
		[2].				4372	
		[3]				4365	4368
		4290			4311		4309
		4285					
		4279					
		4274	427	4270			
		4268					
		4261					
		4256					
		4249					
		4243					
		4239					
		4232					

[1]) Breites Band mit vielen feinen schwarzen Linien.

[2]) Feine helle Linien.

[3]) Breites Band von 4313 beginnend; die ersten Linien liegen zu nah, um messbar zu sein, die letzten sind oben angegeben.

Es ist noch zu erwähnen, dass Crookes gefunden hat, dass wenn Diamanten im Vakuum der Einwirkung von Entladungen ausgesetzt sind, sie fluoresciren; das Licht zeigt auf kontinuirlichem hellem Grunde die drei helleren Linien: 537, 513, 503.

Für die Banden γ und δ geben Angström und Thalen noch genauere Messungen mit viel grösserer Dispersion; es sind folgende:

Banden γ:		Banden δ:	
56330	55380	51640	50628
56040	55345	51440	50595
56020	55306	51425	50556
56000	55267	51410	50522
55975	55223	51392	50485
55945	55177	51373	50447
55920	55136	51355	**50402**
55890	55095	51338	**50367**
55855	55043	51320	50330
55830	55000	51297	50290
55804	54960	51280	50245
55772	54915	51063	50215
55743	54860	51030	50167
55709	54795	51000	50125
55683	54760	50977	50085
55648	54710	50955	50045
55614	54660	50921	50000
55576	54610	50893	49960
55535	54555	50859	49915
55498	54505	**50824**	49875
55461	54445	**50792**	49830
55423		50760	49780
		50727	49735
		50694	49690
		50665	49640

Verbindungen der Kohle.

1. C + N

In der Cyanflamme, sei es dass sie in Luft brennt, oder mit Sauerstoff oder Wasserstoff, treten ausser den zur Kohle gehörigen 5 Banden noch einige neue auf, namentlich im Ultraviolett, welche von den früheren Beobachtern, namentlich Watts, als zum Kohlenspektrum gehörig betrachtet wurden. In neuerer Zeit dagegen, namentlich durch die Untersuchungen von Liveing und Dewar, scheint es festgestellt zu sein, dass diese Banden nur auftreten, wenn Stickstoff zugegen ist, als Bestandtheil des Gases oder als Verunreinigung, sie würden daher zu CN gehören. Lockyer schreibt auch sie der Kohle zu. Zeichnungen finden sich bei Plücker und Hittorf, Dibbits, Watts. Liveing und Dewar ist es gelungen, das Cy-Spektrum umzukehren.

Die Wellenlängen des CN-Spektrums sind:

	Watts	Thalén	Liv. u. Dew.	Dibbits		Watts	Thalén	Liv. u. Dew.	Dibbits
Bl	4600	4611	4600	460				3884	388
	4574	4590						3871	386
J	4450	4561						3862	—
ζ	4534	4539	bis	bis				3855	384
	4514	4520						3850	383
	4505	4508			UV			3590	
	4502	4500	4500	450				bis	
V	4220	4210	4220	412				3550	
	4210	—						3370	
	4190	4193						3350	
θ	4174	4177	bis	bis					
	4166	4164							
	4160	4155							
	4158	4150	4150	415					

Es ist sehr merkwürdig, dass eine ganze Anzahl dieser Cyanbanden in der Sonne umgekehrt erscheinen. Zuerst fand Lockyer (1878), dass dies von der Gruppe Θ gilt, für welche Photographien genaue Koinzidenz zeigten. Es wäre dies der einzige Fall, dass in der Sonne ein Bandenspektrum zu Stande kommt, und da dies eine niedrige Temperatur voraussetzt, so folgerte Lockyer, dass der zugehörige absorbirende Dampf in der Korona vorhanden sein müsse (vergl. p. 169). Später fand Liveing und Dewar (1880), dass wahrscheinlich auch die beiden äussersten von ihnen beobachteten Banden im Ultraviolett in der Sonne umgekehrt sind, sie liegen bei den Frauenhofer'schen Linien N und P der Sonne.

Wenn diese Beobachtungen richtig sind, so hätten wir hiermit den einzigen bekannten Fall, dass in der Sonne nicht nur ein Bandenspektrum, sondern auch das Spektrum einer Verbindung sichtbar ist; man wäre beinahe geneigt daraus zu schliessen, dass das besprochene Spektrum doch ein Spektrum der Kohle selbst wäre; jedenfalls ist die Frage als noch nicht definitiv erledigt zu betrachten.

2. C + O.

a) CO_2 (Kohlensäure). In einem Geisslerrohr beobachtete Plücker, dass bei Beginn der Versuche ein starkes rothes Band erscheint, welches allmälig schwächer wird und verschwindet, bis das Spektrum von CO übrig bleibt. Da die Kohlensäure durch den Funken in C und CO dissociirt wird, so würde dies Band der CO_2 zugehören. Wüllner und Wesendonk haben ausführliche Versuche mit CO_2 vorgenommen.

b) CO (Kohlenoxyd). Das Spektrum von CO erscheint sehr brillant in einer Geissler'schen Röhre mit Kohlenoxyd, und sehr leicht durch Verunreinigung mit Kohlenwasserstoffen in jeder Röhre, welche Sauerstoff enthält. Es wurde von Watts anfänglich als ein zweites Bandenspektrum der Kohle beschrieben, wird aber jetzt ziemlich allgemein als CO entsprechend anerkannt. Messungen der Banden liegen vor von Watts, Salet und Angström und Thalen.

Bandenspektrum von CO:

	Watts	Salet	Angstr. u. Thal.
R	—	—	6622
O	—	—	6399
	6060	606	6078
	5803	—	5817
G	5602	561	5608
	—	—	5398
Gr	5195	5195	5197
	—	—	5015
Bl	4834	4832	4834
	—	—	4697
J	4505	4505	4509
	4395	—	4394
V	—	—	4209
	—	—	4131

Angström und Thalen geben für einige Banden noch folgende nähere Details:

56075	51970	48335	·47960
55918	51865	48225	67425
55883	51835	48203	**47888**
55855	51815	48181	**47855**
55825	51785	48160	47608
55785	51750	48135	47764
55740	51725	48110	47722
55705	51695	48086	**47678**
55665	51662	48057	**47628**
55622	51620	48028	47577
55575		47994	**47530**
			47480

3. C + H.

Die Existenz eines Spektrums von C_2H_2 (Acetylen) ist sehr zweifelhaft; Liveing und Dewar, wie schon bemerkt, Piazzi Smyth und Hasselberg schreiben dem Acetylen das Swan'sche Spektrum zu.

Angström und Thalen, mit ihnen Berthelot und Richard, ferner Ciamician halten ein Spektrum, welches von Plücker und Hittorf, Wüllner, E. Wiedemann, Hasselberg und Anderen für ein Wasserstoffspektrum angesprochen wird, und welches wir beim H beschreiben werden, für das Acetylenspektrum.

Kürzlich hat Wüllner in einem Geissler'schen Rohr mit Acetylen ein Spektrum beobachtet und als Acetylenspektrum beschrieben; wie aber Hasselberg[1]) gezeigt hat, ist dasselbe ein Gemisch des zweiten H-Spektrums und des CO-Spektrums.

Nach unserer Ansicht über das Svan'sche Spektrum müssen wir also sagen, dass es kein Acetylenspektrum giebt.

12. Ca (Calcium).

Litteratur:

W. A. Miller, Phil. Mag. **27** p. 81—91 (1845).
Kirchhoff u. Bunsen, Pogg. Ann. **110** p. 161—189 (1860).
Kirchhoff, Untersuchungen über das Sonnenspektrum (1861).
Roscoe u. Clifton, Proc. Lit. and Phil. Soc. Manchester (1862).
Mitscherlich, Pogg. Ann. **116** p. 499—507 (1862).
Mitscherlich, Pogg. Ann. **121** p. 459—488 (1863).
Huggins, Phil. Trans. **154** p. 139—160 (1864).
Thalén, Mém sur la déterm . . . (1868).
Lockyer, Phil. Trans. **164** p. 805—813 (1874).
Lecoq de Boisbaudran, Speçtres lumineux p. 76—85 (1874).
Bunsen, Pogg. Ann. **155** p. 230—252 und 366—384 (1875).
Lockyer u. Roberts, Proc. Roy. Soc. **23** p. 152—154 (1875).
Ciamician, Wien Ber. **76, 2** p. 499—517 (1877).
Lockyer, Proc. Roy. Soc. **28** p. 157—180 (1878).
Lockyer, C. R. **88** p. 148—154 (1879).
Lockyer, Studien zur Spektralanalyse p. 172—180 (1879).
Liveing u. Dewar, Proc. Roy. Soc. **28** p. 352—358 (1879).
Liveing u. Dewar. Proc. Roy. Soc. **29** p. 402—406 (1879).
Schönn, Wied. Ann. **9** p. 483—492 (1880).
Ciamician, Wien Ber. **82, 2** p. 425—457 (1880).
Cornu, Spectre Normale (1881).
Abney, Proc. Roy. Soc. **32** p. 443—444 (1881).

1. Linienspektrum.

Das Spektrum erhält man am besten von Metallelektroden (Huggins), oder auch vom Chlorid, welches auf die Elektrode gebracht ist (Thalen); Funken von der Lösung des Chlorids zeigen neben Banden des Chlorids auch viele Metalllinien (Lecoq). Von Lockyer ist die Länge der Linien bestimmt, von Liveing und Dewar die Absorption.

Lockyer hat das Linienspektrum ganz besonders ausführlich studirt, da es je nach der Erzeugung sehr variabel ist in Bezug auf das Vorhandensein einzelner Linien und die Intensität derselben; Lockyer hat aus seinen Versuchen den Schluss gezogen, dass das Ca dissociirbar

[1]) Hasselberg, Mém. de l'acad. de St. Peterb. **30** No. 7 (1882).

sei; näheres findet man Proc. Roy. **28**, C. R. 88, und in den Studien zur Spektralanalyse.

Messungen der Wellenlängen existiren von Kirchhoff, Huggins, Thalen, Lecoq, Lockyer, für das Ultraviolett von Cornu; Thalen hat sehr viel mehr Linien, als die andern Beobachter; von einer grossen Anzahl derselben zwischen $\lambda = 450$ und $\lambda = 395$ hat Lockyer nachgewiesen, dass sie nicht zu Ca gehören (1874); dieselben sind in der folgenden Tabelle fortgelassen:

	Huggins	Thalén	Kirchhoff	Lecoq	Cornu			Huggins	Thalén	Kirchhoff	Lecoq	Cornu	
R	6710	—	6722	—			Gr	5261	5261	5261	—		
R	6498	6498	6499	—			Gr	5258	—	—	—		
R	**6492**	**6492**	**6492**	—			Gr	5187	5188	5188	5188		
	6468	6469	6468	—			Gr	5040	5041	5041	5041		
O	**6458**	**6462**	**6462**	**6460**			Gr	5021	—	—	—		
O	6445	6449	6447	—			Bl	4877	4877	—	4877		
O	**6434**	**6438**	**6438**	**6436**			Bl	—	4841	—	—		
O	6352	—	—	6348			Bl	—	4832	—	—		
O	6336	—	—	—			Bl	—	4812	—	—		
O	6311	—	—	6320			Bl	—	4608	—	—		
O	—	—	6209	—			Bl	4584	4585	—	4585		
O	—	—	6202	6202			Bl	4581	4581	—	—		
O	—	—	6194	6191[1]			Bl	4578	4578	—	—		
O	—	—	6192				Bl	—	4455	4456	—		
O	—	—	6180	6181[1]			J	**4454**	**4454**	**4454**	**4457**		
O	—	—	6175				J	—	4435	4435	—		
O	—	6168	6467	—			J	**4434**	**4435**	**4434**	**4435**		
O	**6163**	**6161**	**6161**	—			J	**4424**	**4425**	**4424**	**4424**		
O	6154	—	—	—			J	—	4354[2]	—	—		
O	**6116**	**6121**	**6121**	**6121**			J	4318	4318	4318	4315		
O	—	6102	6101	—			J	4306	4307	4307	4305		
O	6093	—	—	—			J	**4302**	**4302**	**4302**	**4300**		
O	6087	—	—	—			J	4298	4299	4298	—		
O	6060	—	—	—			J	4288	4289	—	4289		
O	6002	—	6006	—			J	4282	4283	—	4282		
O	5986	—	6003				V	—	4238	—	—		
	5854	5857	5857	5858			V	**4227**	**4226**	—	**4226**		
	—	5602	5602	—			V	—	4098	—	—		
G	5600	5600	5600	—			V	—	4093[2]	—	—		
G	5598	5597	5597	—			V	—	4092	—	—		
G	5594	5593	5595	—			V	—	3974[2]	—	—		
G	5591	—	—	—			UV	**4969**	**3968**	—	**3968**	**3968**	H_1
G	5588	5589	5589	—			UV	—	3956[2]	—	—	—	
G	**5587**	**5588**	**5588**	**5587**			UV	—	**3933**	—	—	**3933**	H_2
G	5581	5581	5581	—			UV					3737	
G	5509	—	—	—			UV					3706	
G	5348	5349	5348	5348			UV					3181	
Gr	5269	5269	5269	—			UV					3179	
Gr	5264	5265	5264	—			UV					3169	
Gr	—	5263	5263	5263			UV					3159	

[1]) Diese Banden gehören wahrscheinlich zur Chlorverbindung des Ca.
[2]) Diese Linie ist von Lockyer gegeben.

Abney hat 2 Linien im Ultraroth gefunden, deren Wellenlängen etwa sind: $\lambda=8600$ und 850.

Von Liveing und Dewar ist die Umkehrung folgender Linien gefunden: Am leichtesten umzukehren sind: 4226 und 3933, dann folgen 4095, 4453, 4435, 4425, 3968, endlich: 4282, 4289, 4298, 4302, 4307, 4318, 4379, 4578, 4581, 4585, 4877, 5188, 5587, 6121, 6161.

Verbindungen.

Die Haloidverbindungen des Ca sind von Bunsen, Mitscherlich, Lecoq untersucht und gezeichnet. In der Flamme des Bunsen'schen Brenners geben die Salze sämmtlich neben einigen Banden der speziellen Verbindung die Banden des Oxyds ($\lambda=5543$—5517, 6565—6206—6181, 599 nach Lecoq) und die längste Metalllinie $\lambda=4226$. Selbst in einer Flamme mit Chlor, Brom, Jod, Fluorwasserstoff zeigen sich die Oxydbanden sehr leicht. Mitscherlich ist die Darstellung der reinen Verbindungsspektren gelungen, seine zweite Abhandlung enthält die Abbildungen. Lecoq giebt Messungen und Zeichnungen für das Oxyd und Chlorid.

13. Cd (Kadmium).

Litteratur:

Angström, Pogg. Ann. **94** p. 141—165 (1855).
Kirchhoff, Untersuchungen üb. d. Sonnensp. (1861).
W. A. Miller, Phil. Trans. **152** p. 861—887 (1862).
Robinson, Phil. Trans. **152** p. 939—986 (1862).
Mitscherlich, Pogg. Ann. **121** g. 459—488 (1863).
Huggins, Phil. Trans. **154** p. 139—160 (1864).
Stokes, Pogg. Ann. **122** p. 30—49 und 472—489 (1864).
Mascart, Ann. de l'école normale (3) **4** p. 7—31 (1866).
Brassak, Abh. d. naturf. Ges. zu Halle **9** p. 3—16 (1866).
Thalén, Mém. sur la déterm... (1868).
Cornu, C. R. **73** p. 332—337 (1871).
Lockyer, Phil. Trans. **163** p. 253—275 (1873).
Lockyer, C. R. **78** p. 1790—1793 (1874).
Lecoq de Boisbaudran, Spectres lumineux p. 139—141 (1874).
Lockyer u. Roberts, Proc. Roy. Soc. **23** p. 344—349 (1875).
Ciamician, Wien Ber. **76, 2** p. 499—517 (1877).
Cornu, Arch. de Gén. (3) **2** p. 119—126 (1879).
Liveing u. Dewar, Proc. Roy. Soc. **28** p. 471—477 (1879).
Liveing u. Dewar, Proc. Roy. Soc. **29** p. 402—406 (1879).
Cornu, D'Almeida J. **10** p. 425—431 (1881).
Hartley, Trans. Dubl. Soc. (2) **1** (1882).

1. Linienspektrum.

Dasselbe wird erhalten von festen Elektroden (Huggins, Thalén), oder von Funken aus einer Lösung (Mitscherlich, Lecoq); Mitscherlich hat es auch durch Verbrennen von kohlensaurem Kadmiumoxyd im Knallgasgebläse erzeugt. Lockyer hat die Länge der Linien bestimmt; zuerst Cornu, dann Liveing und Dewar haben die Absorption mehrerer Linien beobachtet, Hartley hat das ultraviolette Spektrum des Cd photographirt. Die Wellenlängen sind:

	Huggins	Thalén	Kirchhoff	Mascart	Lecoq	Cornu
R	6740	—	6742	—	—	
	—	—	6726	—	—	
	6462	6466	6468	—	—	
			6462	—	—	
	6433	**6438**	**6438**	1) **6437**	**6438**	
O	6050	6057	—	—	—	
	6004	6004	—	—	—	
	5959	5958	—	—	—	
	5914	5914	—	—	—	
	—	5790	—	—	—	
	—	5687	—	—	—	
G	—	5489	5379	2) **5377**	5379	
	—	5471	5378			
	5377	**5378**	5339	3) **5336**	5339	
	5334	**5338**	5337			
Gr	5304	5305	—	—	—	
	5153	5153	—	—	5154	
	5085	**5085**	**5085**	4) **5084**	**5085**	
Bl	**4798**	**4799**	**4800**	5) **4799**	**4799**	
	4677	**4677**	**4677**	6) **4677**	**4677**	
J	4416	4416	4416	7) 4415	4414	
				8) 3986		
				9) 3608		
				10) 3465		10) 3467
				11) 3403		
				12) 3288		
				17) 2743		17) 2748
UV				18) 2574		18) 2572
						22) 2322
				23) 2318		23) 2314
						2289
				24) 2266		24) 2266
				25) 2217		25) 2195
						26) 2144

Die Linien der Länge nach geordnet sind:

5085, 4799, 4677, 5378, 5338, 4416, 6438 u. s. w.

---

[1]) Mascart hat die Hauptlinien mit Nummern versehen, und da häufig die Lage einer anderen Linie nach diesen Cd-Linien angegeben wird, so sind die Nummern hier danebengesetzt.

Cornu hat die Umkehrung von 5085, 4799 und 4677 beobachtet, Liveing und Dewar von 5377, 5336, 5085, 4799, 4677, 6438.

2. Kontinuirliches Spektrum.

Lockyer und Roberts haben gefunden, dass Kadmiumdämpfe, wenn ihre Temperatur noch nicht so hoch ist, dass das umgekehrte Linienspektrum erscheint, kontinuirliche Absorption an beiden Enden des Spektrums erzeugen.

Verbindungen.

Die Verbindungen des Kadmium werden nach Mitscherlich sehr leicht dissociirt, so dass, wenn man überhaupt ein Spektrum erhält, es das des Metalls ist. Lockyer hat Legirungen des Cd untersucht (Studien zur Spektralanalyse p. 197), wobei mit wachsendem Prozentgehalt an Kadmium dessen Linien ihrer Länge nach erscheinen.

14. Ce (Cerium).

Litteratur:

Kirchhoff, Untersuchungen über das Sonnenspektrum (1861).
Thalén, Mém. sur la Déterm... (1868).

Linienspektrum.

Das Linienspektrum des Cer hat Thalen durch die Chlorverbindung desselben erhalten. Die Wellenlängen sind:

	Thalén	Kirchhoff		Thalén	Kirchhoff		Thalén	Kirchhoff
G	5654	—		—	4882	J	4472	4471
	—	5638	Bl	—	4737		4467	—
	5600	5563 }		4714	4713 } 4712 }		4463	—
	5561	5554 }		**4628**	**4628**		**4460**	4460 } 4459 }
	5511	—		4624	—		4449	—
	5472	5471		4606	—		4444	—
	5467	5467		4594	4594		4428	—
	5463	5463		4583	—		4419	4419
	5409	5409		4579	—		4410	—
	5393	5392		**4573**	4573		4399	—
	5352	**5352**		4565	—		4392	4391
Gr	5330	5329		**4562**	4562 } 4561 }		4386	4385
	5273	**5273**		4561	4561 } 4560 }		4382	4382
	—	5230 } 5229 }	J	4540	4540		4365	—
	5191	5191		4528	4528 } 4527 }		**4296**	—
	5187	5186		**4527**	4527 } 4526 }		**4289**	—
	5161	—		4523	—	V	4186	
	—	5146		4486	—		4165	
	—	5116		4483	—		4149	
	5079	5079		4479	—		4137	
	5072	5075					4133	
	4970	4971					4127	
							4124	

15. Cl (Chlor).

Litteratur.

W. A. Miller, Phil. Mag. **27** p. 81—91 (1845).
Plücker, Pogg. Ann. **105** p. 83 (1858).
v. d. Willigen, Pogg. Ann. **106** p. 610—632 (1859).
Plücker, Pogg. Ann. **107** p. 528 (1859).
Plücker u. Hittorf, Phil. Trans. **155** p. 1—29 (1865).
Morren, C. R. **68** p. 376—377 (1869).
Angström, C. R. **73** p. 369—375 (1871).
Gernez, C. R. **74** p. 660—662 u. 803—805 (1872).
Salet, Ann. de Chim. (4) **28** p. 24—29 (1873).
Lecoq de Boisbaudran, Spectres lumineux p. 38—41 (1874).
Ciamician, Wien. Ber. **76, 2** p. 499—517 (1877).
Ciamician, Wien. Ber. **77, 2** p. 839—841 (1878).
Ciamician, Wien. Ber. **78, 2** p. 872 (1878).
Lecoq de Boisbaudran, C. R. **91** p. 902—903 (1880).
Schuster, Rep. Brit. Ass. p. 269—270 (1880).
Hasselberg, Mélanges phys. et astr. du Bull. de l'acad. de St. Pétersb. p. 771—788 (1881).

1. Linienspektrum.

Wenn man durch eine mit Chlor gefüllte Geissler'sche Röhre Entladungen schickt, so erhält man das Linienspektrum des Cl. Dasselbe wurde von Plücker zuerst beobachtet, dann von ihm und Hittorf genauer untersucht. Salet liess Funken durch das Gas bei Atmosphärendruck schlagen, wobei die Linien nicht ganz scharf erscheinen. Die Angaben von Plücker und Hittorf sind von Watts auf Wellenlängen reduzirt, sonst sind Messungen von Salet und einige von Angström vorhanden. Lecoq erhielt die Hauptlinien des Spektrum, indem er einen sehr kurzen Funken von Platin nach Salzsäure springen liess. Hasselberg fand, dass in einigen Glasröhren bei starker Verdünnung und kräftigen Funken das Chlorspektrum erscheint in Folge der Verdampfung des Glases, welches Chlorverbindungen enthält.

	Pl. u. Hitt	Salet	Angstr.	Lecoq	Hasselb.	Thalén
R	6730	—	—	—	—	
	6692	—	—	—	—	
	6665	667	—	—	—	
	6645	—	—	—	—	
O	6108	611	—	—	—	
	5952	—	—	—	—	
	5934	—	—	—	—	
G	5788	—	—	—	—	
	5716	—	—	—	—	

	Pl. u. Hitt.	Salet	Angstr.	Lecoq	Hasselb.	Thalén
	5685	—	—	—	—	
	5674	—	—	—	—	
	5640	—	—	5637	—	
	5601	—	—	—	—	
	5577	—	—	5571	—	
G	5540	—	—	—	—	
	5533	—	—	—	—	
	5460	546	5460	5457	**5457**	5456
	5444	5445	—	5445	**5444**	5444
	5422	542	—	5421	**5424**	5423
	5385	439	5399	5390	**5392**	5392
	5346	—	—	—	—	—
	5325			5329	—	—
	5274	—	—	—	5285	5285
	—	—	—	—	**5220**	5220
	5212	5215	5213	**5216**	**5216**	5217
	5205	—	—	5193	5189	5188
	5180	—	—	—	—	—
	5176	—	—	5172	5172	5172
	5161	—	—	—	5161	5160
	5160	—	—	—	—	—
	5150	—	—	—	—	—
	5148	—	—	—	—	5142
	—	—	—	—	5113	5112
Gr	5101	—	—	**5103**	5102	5103
	5099	5097	—	—	5098	5098
	5077	5075	—	**5079**	5078	5077
	5044	—	—	—	—	—
	5006	—	—	—	—	—
	5004	—	—	—	—	—
	4998	5000	—	5002	4998	4994
	4974	4975	—	4971	4972	4968
	4948	—	—	—	—	—
	4942	—	4940	—	4945	4941
	4930	—	—	—	4938	4935
	4924	492	—	4919	4925	4924
	—	—	—	—	4917	4917
	4907	4903	—	—	4904	4903
	4899	4895	4895	4897	4897	4896
	4825	482	4820	4817	4820	4818
	4814	481	4808	—	4810	4810
	4800	—	—	—	—	—
	4790	4795	4793	4797	4794	4793
	4786	4785	—	4787	—	—
Bl	4782	—	—	—	—	—
	4778	—	—	—	—	—
	4777	477	—	4775	4769	4768
	4765	—	—	—	—	—
	4749	474	—	—	4740	4739
	4711	—	—	—	—	4648
	4650	—	—	—	—	4646
	4634	—	4630	—	—	4638
	4615	—	—	—	—	—

	Pl. u. Hitt	Salet	Angstr.	Lecoq	Hasselb.	Thalén
	4590	—				
Bl	4579	458				
	4574	457				
	4346	436				
	4338	4345				
	4310	432				
J	4293	431				
	4280	—				
	4277	427				
	4258	425				
V	—	413				

Ciamician hat den Einfluss des Druckes auf das Spektrum untersucht und findet, dass dasselbe sehr veränderlich ist. Schuster meint, dass wir es mit mehreren über einander liegenden Spektren zu thun haben.

2. Bandenspektrum.

Das Bandenspektrum des Chlor ist nur als Absorptionsspektrum bekannt; es erscheint, wenn man Licht durch eine genügend dicke Schicht des Gases gehen lässt. Während W. A. Miller das Spektrum nicht hatte erhalten können, fand es Morren in einer 2 m langen Röhre, dann Gernez mit 4,7 m; es besteht aus zahllosen Linien im Grün und Blau, während das Violett ganz absorbirt wird. Genauere Zahlenangaben fehlen.

Verbindungen von Cl und O.

Sowohl W. A. Miller, wie auch Gernez fanden, dass Unterchlorige Säure, Chlorige Säure und Chlorsäure sowohl in Gasform als in wässriger Lösung das gleiche Absorptionsspektrum liefern, von welchem sich bei W. A. Miller eine Zeichnung findet. Man muss annehmen, dass ein und dieselbe Verbindung in allen Fällen die Absorptionsbanden hervorbringt, die anderen Bestandtheile inaktiv sind, da wir verschiedenen Verbindungen nicht das gleiche Spektrum zuschreiben können.

16. Co (Kobalt).

Litteratur.

Kirchhoff, Untersuchungen über das Sonnenspektrum (1861).
W. A. Miller, Phil. Trans. **152** p. 861—887 (1862).
Robinson, Phil. Trans. **152** p. 939—986 (1862).
Huggins, Phil. Trans. **154** p. 139—160 (1864).
Thalén, Mém. sur la déterm. . . . (1868).
Lockyer, Phil. Trans. **163** p. 253—275 (1873).
Lecoq de Boisbaudran, Spectres lumineux p. 124—133 (1874).
Lockyer u. Roberts, Proc. Roy. Soc. **23** p. 344—349 (1875).
Ciamician, Wien, Ber. **76, 2** p. 499—517 (1877).

Russel, Proc. Roy. Soc. **32** p. 258—272 (1881).
Hartley, Trans. Dubl. Soc. (2) **1** (1882).

1. Linienspektrum.

Man erhält dasselbe ausser von festen Elektroden auch durch Funken von einer Lösung des Chlorürs (Lecoq). Seine Linien sind gemessen durch Kirchhoff, Huggins, Thalen, Lecoq; der ultraviolette Theil ist von Hartley gegeben. Lockyer hat die Länge der Linien bestimmt.

	Hugg.	Thalén	Kirchhof	Lecoq		Hugg.	Thalén	Kirchhof	Lecoq
	6453	—	—	6448	Gr	5267	5267	5268	—
O	6349	—	—	—		5265	5266	5265	**5265**
	6298	—	—	—		5254	—	—	—
	6275	—	—	—		5252	—	—	5251
	6247	—	—	—		5249	—	—	—
	—	6143	6144	—		5247	—	—	—
	—	6121	6121	—		5234	5234	5234	5233
	6116	—	—	6119		5228	5230	5230	—
	6084	—	—	6076		5213	5212	5211	5212
	6047	—	—	6041		5200	—	—	—
	—	—	6006	—		5190	—	—	5194
	6002	6004	6003	6004		5184	—	—	5175
	6000	—	—	—		5156	—	—	5154
	5985	—	—	5987		5147	—	—	5146
	5983	—	—	—		5128	—	—	5130
	5915	—	—	—		5105	—	—	5123
G	5843	—	—	—		5074	—	—	—
	5838	—	—	—		5061	—	—	—
	5644	—	—	5641		5054	—	—	—
	5634	—	—	—		5028	—	—	—
	5490	—	—	5591		4967	—	—	—
	—	—	—	5524	Bl	**4870**	**4867**	**4867**	**4868**
	5481	5482	5482	**5483**		**4841**	**4839**	**4839**	**4840**
	—	5452	5452	5453		**4814**	**4814**	**4813**	4815
	5443	5443	5442	5444		**4793**	**4792**	**4792**	4794
	5379	—	—	—		—	**4779**	**4778**	4781
	5368	5368	5368	5365					4773
	5360	5363	5363	—		**4751**	**4749**	**4749**	4751
	5356	5359	5360	—		4737	—	—	—
	5351	5352	5353	**5353**		4720	—	—	—
	5350	5351	5351	—		4683	—	—	4683
Gr	5340	5343	—	**5340**		—	—	—	4663
	—	5342	5342	—		—	—	—	4629
			5341			—	—	—	4599
	5338	—	—	—		4581	4581	4581	4583
	5329	—	—	—		4565	—	—	4568
	5320	—	—	—	J	4549	—	—	4550
	5317	—	—	—		4530	4531	4531	**4533**
	5313	—	—	—		—	—	—	4471
	5309	—	—	—		—	—	—	4372
	5290	—	—	—	V	4120	—	—	4119
	5285	—	—	—		4119	—	—	—
	5281	—	—	—		4413	—	—	—
	5279	5280	—	**5279**		4097	—	—	4090
	5274	—	—	—		—	—	—	3997

Die Linien nach absteigender Länge geordnet sind:

4531, 4779, 4792, 4839, 4867, 5234, 5266, 5367, 5280, 5342, 5343, 5351, 5352, 5482; diese sind alle gleich lang, dann folgt 5212 und die übrigen.

2. Kontinuirliches Spektrum.

Nach Lockyer und Roberts erzeugen Kobaltdämpfe eine schwache kontinuirliche Absorption der brechbareren Strahlen.

Verbindungen.

Es ist in Emission nur das Verbindungsspektrum des Chlorürs von Lecoq beschrieben; es zeigt sich, wenn man das Chlorür in einer mit HCl vermischten Bunsen'schen Flamme erhitzt, und besteht aus Banden und zwei rasch verschwindenden Linien.

Russel hat sehr ausführlich die Lösungen der Kobaltsalze in verschiedenen Lösungsmitteln auf ihre Absorptionsspektra hin untersucht, und giebt eine Zeichnung derselben.

17. Cr (Chrom).

Litteratur.

Kirchhoff, Untersuchungen über das Sonnenspektrum (1861).
W. A. Miller, Phil. Trans. **152** p. 861—887 (1862).
Huggins, Phil. Trans. **154** p. 139—160 (1864).
Thalén, Mém. sur la déterm. . . (1868).
Lecoq de Boisbaudran, Spectres lumineux p. 106—108 (1874).
Lockyer u. Roberts, Proc. Roy. Soc. **23** p. 344—349 (1875).
Ciamician, Wien. Ber. **76, 2** p. 499—517 (1877).
Liveing u. Dewar, Proc. Roy. Soc. **32** p. 402—405 (1881).

1. Linienspektrum.

Man erhält dasselbe durch Funken entweder von Metallelektroden (Huggins) oder vom Chlorid (Thalén), oder auch von einer Lösung von Cr_2Cl_6 (Lecoq). Liveing und Dewar haben die Umkehrung einer ganzen Anzahl von Linien beobachtet. Die Wellenlängen sind:

	Huggins	Thalén	Kirchhoff	Lecoq		Huggins	Thalén	Kirchhoff	Lecoq
R	6659	—	—	—	Bl	4862	—	—	—
	6499	—	—	—		4829	—	—	—
O	6461	—	—	—		4824	—	—	—
	6436	—	—	—		4288	—	—	—
	6157	—	—	—		4756	—	—	—
	6116	—	—	—		4753	—	—	—
	6100	—	—	—		4738	—	—	—
G	5790	—	—	5790		4730	—	—	—
	5784	—	—	—		4718	—	—	—
	5780	—	—	—		4652	4654[1])	—	—
	5638	—	—	—		4648	—	—	4649
	5605	—	—	—		4646	4646	—	—
	5411	5409	5409	5408		4631	—	—	—
Gr	5346	—	—	5341		4615	—	—	—
	5342	5343	—	—		4600	—	—	—
	5321	5318	—	5319		4587	—	—	—
	—	5313	—	—		4559	—	—	—
	—	5297	—	5297	I	4546	—	—	—
	5295	5296	—	—		4541	—	—	—
	5274	5274	—	5273		4535	—	—	—
	5265	—	—	5263		4529	—	—	—
	5264	5263	—	—		4524	—	—	—
	5252	5254	—	—		4497	4495	—	—
	5546	5246	—	—		—	4382	—	—
	5236	—	—	—		—	4369	—	—
	5224	—	—	—		—	4359	—	—
	5207	**5208**	**5207**	—		4350	4352	—	—
	5203	**5205**	**5205**	**5205**		4343	4344	—	4343
	5202	**5204**	**5203**	—		4341	4338	—	—
	5152	—	—	—		4337	4337	—	—
	5104	—	—	—		**4289**	**4289**	—	**4290**
Bl	4921	4924	—	—		**4274**	**4275**	—	**4275**
	4868	—	—	—		**4255**	**4254**	—	**4255**
	4876	—	—	—	V	4227	—	—	—
	4871	—	—	—		4216	—	—	—

Von Liveing und Dewar sind umgekehrt worden:

5207, 5205, 5203, 4289, 4274, 4253, 3578, 3593, 3606, 3446, 3217, (27998), (2797), (2794), 27796. Von den drei eingeklammerten Linien sind Liveing und Dewar nicht ganz sicher, ob sie zu Chrom gehören. Die Umkehrung wurde erhalten, indem Chromoxyd oder Ammoniumbichromat im Wasserstoffstrom verdampften.

2. Kannelirtes Spektrum.

Dasselbe ist von Lockyer und Roberts als Absorptionsspektrum erhalten worden.

---

[1]) Nach Liveing u. Dewar keine Cr-Linien.

Verbindungen.

Lecoq hat im Funken von einer Lösung von Cr_2Cl_6 einige Banden erhalten, die zur Verbindung zu gehören scheinen.

18. Cs (Caesium).

Litteratur.

Kirchhoff u. Bunsen, Pogg. Ann. **113** p. 337—381 (1861).
Bunsen, Pogg. Ann. **119** p. 1—11 (1863).
Johnson u. Allen, Phil. Mag. (4) **25** p. 196 - 200 (1863).
Thalén, Mem. sur la déterm. . . . (1868).
Lecoq de Boisbaudran, Spectres lumineux p. 44—45 (1874).
Bunsen, Pogg. Ann. **155** p. 230—252 u. 366—384 (1875).
Ciamician, Wien. Ber. **76, 2** p. 499—517 (1877).
Liveing u. Dewar, Proc. Roy. Soc. **27** p. 350—354 (1878).
Liveing u. Dewar, Proc. Roy. Soc. **28** p. 352—358 (1879).
Lockyer, Studien zur Spektralanalyse p. 255 (1879).

Das Caesium gehört zu den beiden ersten Elementen, welche von Kirchhoff und Bunsen mittelst der Spektralanalyse gefunden wurden. In den beiden citirten Abhandlungen wird die Auffindung und Darstellung beschrieben. Messungen liegen kaum vor: Thalén giebt eine Linie, Bunsen (1875) giebt eine Zeichnung des Funkenspektrums von der Chlorverbindung, in welcher 4 Linien vorkommen, welche ich angenähert auf Wellenlängen reduzirt habe. Liveing und Dewar geben 2 Linien an, von denen sie eine umgekehrt haben, Lockyer giebt zwei Linien als wahrscheinlich in der Sonne umgekehrt. Ausserdem giebt Lecoq Zeichnung und Messung des Spektrums, welches Cäsiumchlorür in der Flamme des Bunsen'schen Brenners zeigt, Bunsen giebt ebenfalls eine Zeichnung, deren Angaben ich angenähert auf Wellenlängen erduzirt habe.

Funkenspektrum.

Bunsen	Thalen	Liv. u. Dew.	Lockyer
624	—	—	—
6017	—	—	—
525	—	—	—
5225	—	—	—
	4972	—	—
		4590	4592
		4555	4556

Flammenspektrum.

	Bunsen	Lecoq		Bunsen	Lecoq		Bunsen	Lecoq
R	695	6975	G	583	5850	Gr	532	5310
	673	6723		—	5662		529	—
	—	6602		5635	5637		5268	5257
	—	6465		—	5572	Bl	**4617**	—
O	637	6361		550	5501		**4587**	**4597**
	623	**6219**		547	5461		—	**4560**
	600	**6007**		544	5410			
				539	5345			

Die beiden Spektra sollten identisch sein, da alle Cs-Salze im Bunsen'schen Brenner dissociirt werden, und dasselbe Spektrum liefern; auch stimmen viele Linien überein, aber doch nicht alle, so dass ich lieber die beiden Spektra getrennt gegeben habe.

19. Cu (Kupfer).

Litteratur.

W. A. Miller, Phil. Mag. **27** p. 81—91 (1845).
Angström, Pogg. Ann. **94** p. 141—165 (1855).
Kirchhoff, Untersuchungen über das Sonnenspektrum (1861).
W. A. Miller, Phil. Trans. **152** p. 861—887 (1862).
Robinson, Phil. Trans. **152** p. 939—986 (1862).
Simmler, Pogg. Ann. **115** p. 242—265 u. 425—451 (1862).
Mitscherlich, Pogg. Ann. **116** p. 499-507 (1862).
Mitscherlich, Pogg. Ann. **121** p. 459—488 (1863).
Diacon, Ann. de Chim. (4) **6** p. 5—25 (1865).
Plücker u. Hittorf, Phil. Trans. **155** p. 1—29 (1865).
Thalén, Mém. sur la déterm. . . (1868).
Leeds, Quartely J. of. Science (2) **1** No. 29 p. 59 (1871).
Cornu, C. R. **73** p. 332—337 (1871).
Lecoq de Boisbaudran, Spectres lumineux p. 152—167 (1874).
Lockyer u. Roberts, Proc. Roy. Soc. **23** p. 344—349 (1875).
Ciamician, Wien. Ber. **76, 2** p. 499—517 (1877).
Liveing u. Dewar, Proc. Roy. Soc. **29** p. 402-406 (1879).
Hartley, Trans. Dubl. Soc. (2) **1** (1882).

1. Linienspektrum.

Dasselbe wird durch Funken von festen Elektroden, oder theilweise von einer Lösung des Chlorids erhalten, im letzteren Fall allerdings vermischt mit Banden der Verbindung (Lecoq). Cornu und Liveing und Dewar haben die Umkehrung einiger Linien dieses Spektrums beobachtet, dessen Wellenlängen sind:

	Thalén	Kirchhoff	Lecoq		Thalén	Kirchhoff	Lecoq
O	6380	—	—	Gr	5011	—	—
O	6218	—	5219	Gr	4956	—	—
G	5781	5782	**5782**	Gr	4933	—	—
G	5700	—	**5700**	Gr	4912	—	—
Gr	5292	5292	5291	Bl	4703	—	4703
Gr	**5217**	**5217**	**5218**	Bl	4651	4651	4663
Gr	**5153**	**5153**	**5153**	J	4275	—	—
Gr	**5105**	**5105**	**5106**				

Cornu hat die Umkehrung von 5105, Liveing und Dewar von 5105 und 5153 gesehen.

2. Kontinuirliches Spektrum.

Lockyer und Roberts haben gefunden, dass Cu-Dämpfe kontinuirliche Absorption im Blau erzeugen.

Verbindungen.

W. A. Miller hat zuerst das Spektrum einer Verbindung beobachtet, nämlich von Kupferchlorür; er giebt eine Zeichnung; dann hat Simmler das CuO-Spektrum gefunden. Sehr genau sind CuO, CuCl, CuBr, CuJ, CuFl, von Mitscherlisch und Diacon untersucht worden, indem ersterer die Verbindungen theils verdampfte und den Dampf mit H verbrannte, theils sie in Flammen brachte, welche Cl, Br, J enthielten. Die Verbindungen geben alle Bandenspektra, deren Zeichnungen die Mitscherlich'sche Abhandlung zeigt. Eine sehr genaue Zeichnung der Chlorverbindung nebst Messungen findet sich bei Lecoq, allerdings nicht ganz frei von den Oxydbanden.

20. Da (Davyum).

Litteratur:

Kern, Chem. News. **36** p. 155 (1877).

Es ist mir nur die eine Messung über das Spektrum dieses neuen Metalls von Kern bekannt; ich habe die von ihm gegebenen Zahlen graphisch auf Wellenlängen reduzirt, und erhalte

R	7075	G	5790	Bl	4823	V	4170
R	6670	G	5740	Bl	4813	V	4058
R	6636	G	5710	Bl	4802	V	4007
O	6440	Gr	4075	Bl	4800	V	4003
O	6410	Gr	4964	J	4450	V	3984
O	6296			J	4375		

21. Di (Didym).

Litteratur:

Gladstone, J. Chem. Soc. **10** p. 219.
Kirchhoff. Untersuchungen üb. d. Sonnensp. (1861).
Rood, Pogg. Ann. **117** p. 350—351 (1862). (Nach Sill. J. (2) **34** p. 189.)
Delafontaine, Arch. de la Bibl. Univ. **22**, auch Pogg. Ann. **124** p. 635 bis 636 (1865).
Bunsen u. Bahr, Ann. d. Chem. u. Pharm. **137** p. 1—33 (1866).
Bunsen, Pogg. Ann. **128** p. 100—108 (1866).
Thalén, Mém. sur la détem.... (1868).
Thalén, Kongl. Sw. Vetensk.-Acad. Handl. **12** (1873).
Lecoq de Boisbaudran, Spectres lumineux p. 87—92 (1874).
Bunsen, Pogg. Ann. **155** p. 230—255 und 366—384 (1875).
Bührig, J. f. prakt. Chem. (2) **12** p. 209—215 (1875).
Soret, C. R. **88** p. 422—424 (1879).
Soret, C. R. **91** p. 378—381 (1880).
Soret, Arch. de Gén. **4** p. 261—292 (1880).
Crookes, Ann. de Chim. (5) **23** p. 555—565 (1881).

Linienspektrum.

Die Linien von Didym sind zuerst von Kirchhoff bestimmt aber nicht vollständig von denen von Lanthan getrennt worden. Dann hat Thalén (1868) die Bestimmung ebenfalls mit unreinen Präparaten ausgeführt, später mit möglichst reinen (1873). Bunsen giebt (1875) eine Zeichnung des Spektrums, welches Funken von DiCl erzeugen. Ich gebe in der auf Seite 266 obenan stehenden Tabelle nur die letzten Messungen von Thalén.

Verbindungen.

Das einzige bekannte Emissionsspektrum einer Didymverbindung, nämlich des Phosphates, bestehend aus mehreren Banden, hat Bunsen in seiner Abhandlung mit Bahr gegeben. Es tritt beim Didymoxyd die merkwürdige Erscheinung auf, dass es in festem Zustande diese Banden emittirt; dieselbe Erscheinung wurde zuerst bei Erbinerde beobachtet (vgl. Er). Dies Emissionsspektrum ist identisch mit dem sehr bekannten Absorptionsspektrum der Didymsalze, welches zuerst von Gladstone beobachtet worden ist. Namentlich Bunsen giebt Zeichnungen der Absorptionsspektra durch Chlordidym, salpetersaures, schwefelsaures, essigsaures Didymoxyd, auch durch feste Krystalle von Didymsulfat. Die Spektren sind alle sehr ähnlich, zeigen aber doch kleine Unterschiede. Nach Bunsen sind auch die Absorptionsspektren des Krystalls verschieden, welche man durch senkrecht zu einander polarisirte Strahlen erhält — Die beste Zeichnung des Spektrums, wie es eine Lösung des

R	6740	G	5515	Gr	5251	Bl	4896	Bl	4577
O	6385		5493		5250		4891		4566
	6346		4485		5249		**4883**		4559
	6309		5478		5239		4875	J	4552
	6301		5466		5233		4865		4543
	6296		5455		5227		4856		4537
	6256		5452		5224		4853		4523
	6222		5446		5215		4848		4522
	6177		5441		5212		4840		4519
	6166		5431		5204		4835		4501
	6148		5421		5200		4831		4499
	6132		5415		5195		4827		4471
	6120		5404		5192		4825		4466
	6113		5403		5191		4820		4462
	6107		5394		5179		4815		4458
	6072		5385		**5130**		4810		4456
	6071		5383		5123		4786		4451
	6065		5380		5122		4782		4442
	6033		5377		5111		4760		4434
	6007		5371		5107		4731		4424
	5996		5367		5093		4728		4403
	5993		4360		5071		4724		4401
	5988		5389		5063		4718		4389
	5867	Gr	5341		5056		4715		4385
	5858		5336		4989		4705		4374
G	5842		5322		4986		4704		4357
	5814		5319		4980		4695		4338
	5803		5311		4976		4688		4335
	5799		5308		4962		4683		4325
	5788		5306		4960		4674		4303
	5728		5305		4959		4670		4296
	5688		5302		4953		4669		4280
	5658		5293		4951		4654		4261
	5650		5286		**4944**		4649		4257
	5646		5282		4940		4634		4253
	5635		5276		4920		4626		4246
	5625		5273	Bl	4918		4621	V	4206
	5620		5270		4914		4615		4181
	5600		5269		4913		4593		4155
	5593		5264		4910		4586		4109
	5587		5259		4905		4580		4060
	5560		5255		**4901**		4578		

Chlorür's zeigt, zugleich mit Messungen, giebt Lecoq, die Zeichnungen sind reproduzirt in Fig. 48. — Soret fügt noch einige Banden im äussersten Violett und im Ultraviolett hinzu. Die Wellenlängen des Absorptionsspektrums in verdünnter Lösung sind folgende:

7380	5885	5312	4758	4275	
7307	5224	**5219**	**4691**	353	Soret
6894	**5788**	**5205**	4618	348	
6786	**5747**	5125	4458	3305	Soret
6225	**5719**	5087	4425	3285	
5962		**4822**			

Crookes findet, dass im Vakuum unter Einwirkung elektrischer Entladungen Didym ein schwaches Licht aussendet, welches ein kontinuirliches Spektrum mit einem dunklen Band im Gelbgrün zeigt.

21. Er (Erbium).

Litteratur:

Bahr, Ann. d. Chem. u. Pharm. **135** p. 376 (1865).
Delafontaine, Pogg. Ann. **124** p. 635—636 (1865).
Bahr u. Bunsen, Ann. d. Chem. u. Pharm. **137** p. 1—33 (1866).
Thalén, Mém. sur la déterm...... (1868).
Huggins, Proc. Roy. Soc. **18** p. 546—553 (1870).
Lecoq de Boisbaudran, C. R. **76** p. 1080—1082 (1873).
Thalén, Kongl. Sw. Vetensk-Acad. Handl. **12** (1873) (auch D'Almeida J. **4** p. 33).
Lecoq de Boisbaudran, Spectres lumineux p. 92—101 (1874).
Bunsen, Pogg. Ann. **155** p. 230—255 und 366—384 (1875).
Crookes, Ann. de Chim. (5) **23** p. 555 (1881).

Delafontaine, C. R. **87** p. 559—561, 600—602, 632—634, 634—635, 933—934 (1878).
Delafontaine, Arch. des Sciences phys. et nat. (1878).
Delafontaine, C. R. **90** p. 221—223 (1880).
Delafontaine, Arch. des Sciences phys. et nat. (1880).
Delafontaine, C. R. **92** p. 63—65 (1881).
Marignac, Arch. des Sciences phys. et nat. **61** p. 283 und **64** p. 100 (1878).
Marignac, C. R. **87** p. 578—581 (1878).
Marignac, C. R. **90** p. 899—903 (1880).
Lecoq de Boisbaudran, C. R. **88** p. 1167—1168 und 1342—1344 (1878).
Lecoq de Boisbaudran, C. R. **89** p. 212—214 und 516—517 (1879).
Smith u. Lecoq de B., C. R. **88** p. 1167 (1878).
Clève, C. R. **89** p. 419—422 u. 478—480 u. 708—709 (1879).
Clève, C. R. **91** p. 328—329 u. 381—382 (1880).
Thalén, C. R. **91** p. 45—48, 326—328 u. 376—378 (1880).
Nilson, C. R. **88** p. 642—645 u. 645—648 (1878).
Nilson, C. R. **91** p. 56—59 u. 118—121 (1880).
Nilson u. Pettersson, C. R. **91** p. 232—235 (1880).
Soret, Arch. des sciences phys. et nat. **63** p. 89 (1878).
Soret, C. R. **88** p. 422—424 (1878).
Soret, C. R. **89** p. 521—523 (1879).
Soret, C. R. **91** p. 378—381 (1880).
Soret, Arch. de Gén. **4** p. 261—292 (1880).
Thalén, Ofvers. Kgl. Vetensk. Akad. Afhandl. (1881).
Roscoe u. Schuster, J. chem. Soc. p. 283—287 (1882).

Das Erbium gehört zu einer grossen Gruppe sehr seltener Elemente, welche erst in den letzten Jahren aufgefunden sind; ihre chemische Trennung bietet fast unübersteigliche Schwierigkeiten, so dass noch keins der Elemente wirklich rein hat hergestellt werden können. — Man nahm früher die Existenz dreier Elemente an: das Erbium, das Yttrium, das Terbium. Gegen letzteres richteten sich bald von allen

Seiten Angriffe, so dass man dann die Existenz nur der beiden ersten gelten liess. Das Linienspektrum der beiden wurde von Thalén untersucht, und zwar zuerst (1868) mit unreinen Substanzen, später (1873) mit nach damaliger Ansicht reinen Elementen.

Im Jahre 1878 nahmen Delafontaine, Soret und Marignac die Untersuchung der Elemente genauer vor; ihnen schlossen sich bald Lecoq, Nilson und Clève an, und nun zeigte es sich, dass in den für rein gehaltenen Substanzen noch eine Menge anderer Elemente steckte, welche nach und nach entdeckt wurden. Da sich aber so viele Forscher an der Untersuchung betheiligten, so konnte es nicht fehlen, dass dasselbe Element von verschiedenen aufgefunden und verschieden benannt wurde. Da andererseits die Trennung ungemein schwierig ist, und die zur Erkennung meist benutzen Absorptionsspektren je nach der Konzentration und Dicke der absorbirenden Schicht etwas verschieden aussehen, so wurden theils Mischungen verschiedener Elemente als neue Elemente beschrieben, theils auch ein und dasselbe Element für verschiedene gehalten. So fand zuerst Marignac neben Erbium, Yttrium und Terbium das Ytterbium, später noch zwei mit $Y\alpha$ und $Y\beta$ bezeichnete Elemente. Dann führte Delafontaine das Philippium und Decipium ein, dann Smith das Mosandrum, Nilson das Scandium, Lecoq das Samarium, Soret ein X benanntes Element, Clève das Thulium und Holmium. Endlich fand Delafontaine, dass sein Decipium noch aus zwei Elementen bestehe, wovon das eine Samarium war, und das andere nun wieder Decipium genannt wurde. So waren statt zweier Elemente 14 vorhanden, und die herrschende Konfusion ist erst allmälig, und wohl noch nicht ganz verschwunden, wenn auch schon viele der Elemente als sicher vorhanden anzusehen sind. Als solche sind zu nennen: Erbium, Yttrium, Terbium, Ytterbium, Scandium, Holmium, Thulium, Samarium; X von Soret ist dasselbe wie Holmium, $Y\beta$ wie Samarium und ein Theil des alten Decipium, während über $Y\alpha$, Philippium und das neue Decipium die Untersuchung noch nicht abgeschlossen scheint, und Mosandrum ganz zu streichen ist. Kehren wir nun wieder zum Erbium zurück, so zeigte sich, dass das frühere Thalénsche Linienspektrum desselben nur drei Er-Linien enthält, während alle übrigen dem Ytterbium angehören. Thalén hat deshalb das Spektrum von Neuem bestimmt, indem er Funken von der Chlorverbindung untersuchte; das Spektrum ist sehr lichtschwach, die Linien nicht scharf. Die Wellenlängen sind:

Linienspektrum des Er.

6076	5871	5762	5626	**5256**	5133	4899	4795	4678	4563	4459
6044	5864	5756	5485	5217	5070	4871	4762	4674	4553	4419
6015	5850	5738	5456	5188	5042	4830	4758	4606	4501	4409
5881	**5826**	5732	5344	5164	**4951**	4819	4750	4566	4475	4326

Verbindungen des Er.

Unter den Verbindungen ist bei weitem die interessanteste das Oxyd, Erbinerde oder Erbin, von rosenrother Farbe. Bunsen und Bahr sagen darüber in ihrer Abhandlung Folgendes: „die Erbinerde unterscheidet sich von allen bisher bekannten Stoffen durch ein optisches Verhalten, welches in hohem Grade interessant ist. Die feste Substanz derselben giebt nämlich beim Glühen in der Flamme der nicht leuchtenden Lampe ein Spektrum mit hellen Streifen, die so intensiv sind, dass man sie zur Erkennung der Erbinerde benutzen kann. Die glühende Erbinerde leuchtet mit grünem Licht und ist, wenn ihre Temperatur eine bedeutende Höhe erreicht hat, mit einem grünen Schein in der Flamme umgeben, so dass man zu dem Glauben verleitet werden könnte, dieser Schein werde von einer Verflüchtigung der Erde und die hellen Spektralstreifen von dem Lichte dieses verflüchtigten Antheils bedingt; allein es lässt sich leicht beweisen, dass dieser grüne Schein nur eine einfache Folge der Irradiation ist, welche durch das ungewöhnlich grosse Emissionsvermögen der Erbinerde bedingt wird. Derselbe erstreckt sich nämlich nach allen Richtungen, namentlich nach oben und nach unten gleich weit, was bei den von Proben in der Flamme aufsteigenden leuchtenden Dämpfen aus leicht begreiflichen Gründen niemals der Fall sein kann. Bringt man ferner die glühende Erbinerde so nahe vor den Spalt, dass man ohne dass brechende Prisma ein deutliches Bild von derselben erhalten würde, so sieht man ein schmales begrenztes kontinuirliches Spektrum mit intensiv hellen Streifen, die sich weder nach oben noch nach unten über die Grenzen dieses kontinuirlichen Spektrums hin ausdehnen. Körper, welche in der Flamme flüchtig sind und deren glühende Dämpfe Spektra geben, zeigen auf dieselbe Weise vor den Spalt gebracht unter dem schmalen kontinuirlichen Spektrum der festen Probe stets die Spektrallinien der aufsteigenden Dämpfe. — Es kann daher kein Zweifel bestehen, dass man es hier mit dem Spektrum der festen glühenden Erde, und nicht mit dem Spektrum, welches dem Dampfe derselben zukommt, zu thun hat. Und so besitzen wir in der Erbinerde bis jetzt die einzige feste Substanz, welche unmittelbar beim einfachen Glühen ein Spektrum mit hellen Streifen giebt.“

Diese Erklärung ist allerdings von Huggins und Reynolds angezweifelt worden, die annehmen, dass es doch eine sehr dünne Dampfschicht ist, welche die feste Substanz umkleidet und das Bandenspektrum aussendet. Indess ist doch wohl die Bunsen'sche Annahme die richtige und gewinnt noch mehr an Wahrscheinlichkeit, da beim Didym und später von Thalén beim Thulium dieselbe Erscheinung beobachtet ist, und ausserdem Crookes neuerdings eine ganze Anzahl fester Körper gefunden hat, welche diskontinuirliche Spektra geben, wenn auch nicht in der Flamme, so doch unter der Einwirkung von elektrischen Entladungen im Vakuum, z. B. Rubin, Diamant, kohlensaures Lithium. Auch die Erbinerde gehört nach Crookes zu diesen Substanzen; sie zeigt ein kontinuirliches Spektrum mit zwei dunklen Banden, $\lambda = 523$ und 520, gerade solchen, welche Erbin emittirt und in Lösungen absorbirt.

Bunsen hatte diese Erscheinung an unreinem Erbin beobachtet, der grösste Theil seiner Substanz bestand aus Ytterbin, aber Thalén hat gefunden, dass dies Emissionsspektrum dem Erbin angehört. Lecoq hat es gezeichnet und die Wellenlängen bestimmt. (Seine Zeichnungen sind in Fig. 49 wiedergegeben.) Bunsen hatte die Erbinerde zur Erhöhung der Intensität des Lichtes mit Phosphorsäure angefeuchtet; Lecoq wies nach, dass das Spektrum von Erbin und Erbiumphosphat etwas verschieden ist. Ich gebe im folgenden die Wellenlängen beider Spektra nach Lecoq unter Fortlassung der zu den anderen Elementen gehörenden Linien.

Erbin.

R	6609, **6546**, 6492
G	**5631**, 5514, 5460, 5413, **5387**, 5346
Gr	5264, **5228**, **5204**, 5123, 5038, 4950
Bl	4870, 4756, 4648, 4568
J	4500

Erbiumphosphat.

R	6913, 6694, 6597, **6526**
O	6432
G	5507, **5463**, 5391
Gr	5310, **5238**, **5208**, 5160, 4975, 4928
Bl	4878, 4760, 4620
J	4500

Dasselbe Spektrum erhält man von den Erbiumsalzen mittelst Absorption; indessen ist das Spektrum ein wenig verschieden, je nach dem angewandten Salz (Lecoq), beim salpetersauren Erbin macht es auch einen Unterschied, ob die Lösung neutral oder angesäuert ist (Smith und Lecoq). Indess sind die Unterschiede unbedeutend und das Spektrum ist am ähnlichsten dem Emissionsspektrum des Phosphats. Im folgenden sind die Zahlen des Chlorür's gegeben nach Lecoq, unter Weglassung der zu Thulium und Holmium gehörenden Banden und Zufügung einiger von Soret angegebenen Banden:

R	6985, 6670, **6534**, 6492
O	6404
G	5490, 5433, 5409
Gr	5278, **5231**, 5208, 5189
Gr	4950, 4921
Bl	**4874**, 4680
J	4530, 4485, 442
UV	379, 367, 356

22. Fe (Eisen).

Litteratur.

Angström, Pogg. Ann. **94** p. 141—165 (1855).
Kirchhoff, Untersuchungen über das Sonnenspektrum (1861).
W. A. Miller, Phil. Trans. **152** p. 861—887 (1862).
Robinson, Phil. Trans. **152** p. 939—986 (1862).
Huggins, Phil. Trans. **154** p. 139—160 (1864).
Brassak, Abh. d. Nat. Ges. zu Halle **9** p. 3—16 (1866).
Thalén, Mém. sur la déterm. . . (1868).
Secchi, C. R. **77** p. 173—177 (1873).
Lockyer, Phil. Trans. **164** p. 479—494 (1874).
Lecoq de Boisbaudran, Spectres lumineux p. 122—129 (1874).
Lockyer u. Roberts, Proc. Roy. Soc. **23** p. 344—349 (1875).
Ciamician, Wien. Ber. **76, 2** p. 499—517 (1877).
Lockyer, Proc. Roy. Soc. **28** p. 157—180 (1878).
Liveing u. Dewar, Proc. Roy. Soc. **29** p. 402—406 (1879).
Schönn, Wied. Ann. **9** p. 483—492 (1880).
Liveing u. Dewar, Proc. Roy. Soc. **32** p. 402—405 (1881).
Cornu, Spectre Normal. . . (1881).
Hartley, Trans. Dubl. Soc. (2) **1** (1882).

1. Linienspektrum.

Das Linienspektrum des Eisens ist das linienreichste sämmtlicher Elemente, und war daher auch eins der ersten, deren Umkehrung im Sonnenspektrum aufgefunden wurde. Man erhält es am besten durch Funken zwischen festen Elektroden; sehr viele Linien kommen auch durch Funken von einer Eisenchloridlösung zum Vorschein (Lecoq). Messungen sind von Kirchhoff, Huggins, Thalén, Lecoq vorhanden, für den ultravioletten Theil von Cornu und Liveing und Dewar. Sehr viel hat sich Lockyer mit dem Spektrum in Bezug auf die Sonne beschäftigt, und er schliesst aus den Erscheinungen, dass das Eisen dissociirbar sein müsse; namentlich beweisend dafür ist der Umstand, dass in den Flecken und Fackeln nur einzelne Fe-linien Bewegung anzeigen, andere aber Ruhe. (Näheres siehe bei Besprechung des Sonnenspektrums §. 121).

Liveing und Dewar haben eine Menge der Fe-linien umgekehrt, namentlich im äussersten Ultraviolett.

Die Wellenlängen des Spektrums sind folgende:

	Hugg.	Thalén	Kirch-hoff	Lecoq		Hugg.	Thalén	Kirch-hoff	Lecoq	
	6497	6490	6490	—		—	5501	—	—	
	—	—	—	6462 L. u. D.		5460	—	5462	—	
	6460	—	—	—		—	5497	—	5495	
	6414	—	—	—		—	5487	—	—	*
	6401	—	—	—		**5454**	**5455**	**5454**	5455	
	6400	**6399**	**6399**	6400		**5444**	**5446**	**5446**	5444	*
	6486	—	—	—		—	—	5444	—	
	6360	—	—	—		5432	—	5433	—	
	—	—	—	6550		**5426**	**5429**	**5429**	5429	*
	6338	—	—	—		5424	—	5423	—	
	6320	—	—	—		5412	—	5415	—	
	6306	6300	6300	6299		5409	5405	5410	—	
	6254	—	—	—	G	5402	5403	5405	5405	*
	6246	6245	—	6246		5401	—	5403	—	
	6231	6230	6229	6231		5392	5396	5396	—	*
	6190	6191	6190	6191		5388	5392	5392	5392	
O	6138	6136	6136	6139		5383	5382	5382	5382	
	6103	—	—	—		**5370**	**5371**	**5371**	**5370**	*
	—	—	—	6095		—	5369	5369	—	
	6080	6065	6065	—		5366	5367	5367	—	
	—	—	—	6045		5365	5364	5364	—	
	6020	6023	6023	—		5363	5362	—	—	
	—	6019	—	6018		—	5352	—	—	
	—	6008	—	—		—	5349	—	—	
	—	6002	—	—		—	5346	5340	5340	
	5984	5986	—	—		—	5339	5339	—	
	—	5984	—	—		**5322**	**5327**	**5327**	**5326**	*
	—	5983	—	5980		5318	5323	5323	—	
	—	5976	—	—		5314	5316	5316	—	
	—	5975	—	—		5312	5307	—	—	
	—	—	5914	5916		5299	5302	5301	5305	
	5958	—	—	—		5289	5283	5282	5283	
	5902	—	—	—		5282	5281	5280	—	
	5880	—	--	—		5274	—	—	—	
	5855	—	—	—		**5270**	**5270**	**5269**	—	* E
	·5780	—	—	—		**5269**	**5269**	**5268**	—	
	—	5762	5762	5761		5267	5266	5265	**5267**	
	—	—	—	5714 L. u. D.		5262	5262	—	—	
	—	5708	—	5707	Gr	5256	—	—	—	
	—	5681	—	—		5250	—	—	5248	
	—	5662	—	—		5241	—	—	—	
	—	**5658**	—	5659		**5232**	**5232**	**5232**	**5231**	
	—	5654	—	—		**5226**	**5226**	**5226**	—	*
G	5624	5623	5623	5624		5218	—	—	—	
	5612	**5615**	**5614**	5614 *		—	5208	—	5210	
	5601	**5602**	**5601**	5601		5202	5204	—	—	
	5594	**5597**	—	—		—	5202	—	—	
	—	5591	—	—		—	5194	—	—	
	5584	**5586**	**5585**	5586 *		5192	5192	5192	**5192**	
	—	5575	5575	—		5190	5191	5191	—	
	5571	**5572**	**5572**	5571		5180	—	—	5180	
	5569	5569	5569	—		—	5171	5171	—	
	5503	5506	—	—		5168	5168	5168	**5168**	

	Hugg.	Thalén	Kirch-hof	Lecoq		Hugg.	Thalén	Kirch-hof	Lecoq
	5166	5167	5167	— * b_4		—	4525	—	4531
	—	5162	5162	—		—	4415	4415	4415 *
	5148	—	—	5150		—	—	—	4409 L. u. D.
	—	—	—	5142 L. u. D.		**4406**	**4404**	**4404**	**4406** *
	5139	5139	5139	**5139**		4380	4383	4383	**4383** *
	5133	—	5133	—		—	—	—	4379 L. u. D
	—	5107	—	5109		—	4343	—	—
	—	—	—	5104		**4324**	**4325**	**4325**	4326 *
	5099	—	—	5099		—	4315	—	— *
	—	5064	—	5064 *	J	**4307**	**4307**	**4307**	4307 * G
	—	5051	—	—		4303	—	—	—
	—	5049	—	5048		4300	4299	—	—
Gr	—	5041	—	—		4294	4294	—	—
	—	5040	—	5039 *		—	4286	—	—
	5017	—	5017	—		**4272**	**4271**	—	4273 *
	—	5005	—	5004		4259	4260	—	4261
	—	5002	—	—		**4251**	**4251**	—	4252
	—	4993	—	—		—	**4250**	—	—
	—	4990	—	—		—	4248	—	—
	—	4988	—	4985		—	4236	—	4236
	4958	**4957**	**4956**	**4959** *		—	4233	—	—
	—	—	—	4940		—	4227	—	4226
	4923	4923	4923	**4923**		—	4222	—	—
	4920	**4920**	**4920**	— *		—	4218	—	—
	—	4918	4919	4907 *		—	4210	—	—
	4893	**4890**	**4890**	**4891** *		4201	4202	—	4201
	—	4877	4877	4874		4199	4198	—	—
	—	4871	4871	— *		—	4191	—	4190
	—	4870	4870	—		—	**4187**	—	—
	—	4859	4858	4861		—	4181	—	—
	—	4789	—	—	V	—	4177	—	—
	—	4786	—	—		—	4154	—	4156
Bl	—	4709	—	—		4151	4152	—	—
	—	4708	—	—		—	4149	—	—
	—	4707	—	—		**4142**	**4143**	—	4144
	—	4691	—	—		—	4134	—	4135
	—	4653	—	—		**4131**	**4132**	—	—
	—	4632	—	—		—	4118	—	—
	—	4511	—	—		**4074**	**4071**	—	4072 *
	—	4603	—	—		**4067**	**4063**	—	4065 *
	4582	4592	—	—		**4047**	**4045**	—	4047 *
						—	4005	—	—

Cornu

	4071		3956		39184		3893
	4063		3942		39178		3888
	4045		3933[1]		3906		38874
V	4004	UV	3930	UV	3902	UV	38863
	3997		3927		3898 *		3886 *
	3968[1]		3922		3897		3885
	3967		3920		3895		3880

[1]) Diese Linie gehört nach Lockyer zum Ca.

Cornu

	3877		37324		3527		3246 *
	3871		3727 * M		3526		3243
	3870		37267		3521		3239
	38655		3724		3514		32387
	38652		3722 *		3506		32377
	38548		37212		3504		3234
	3861		37198*		3502 *		3232
	3859 *		37165		3497		32266
	3856 *		37155		3496		32245
	3854		3709		3495		3221
	3853		37078		3492 *		32185
	3852		37074*		3490		3216
	3850		37055*		3489		32123
	38498		37037		3488		32109
	3846		37032		3485		32105
	3843		37005		3476		32097
	3842		3694		3475 *		32093
	38403		3687		3470		32042
	3840		3686		3466 *		3202
	38185		3685		34616		31997
	38335*		3684		3458		31989
	3828 *		3682		3453		31963
	3825 *		3680		3446		31976
	3824 *		3678		3444		31974
	38197* L		36495		3443		31798
	38193		36485		3441		3161
	3817		3647 *		3440 * O		31575
UV	3815 *	UV	3638	UV	34395	UV	31565
	3814		3634		3427		31445
	38126		3631 *		34255		31442
	3805		3624		34247		31433
	3802		3623		3423		31426
	37995		3621		3421		31317
	37985		36205		3416		31315
	3797		3618		34155		31313
	3795		3617		3412		30995 L.u.D. S
	37934		3610		3406		3090
	37927		3608		3403 *		3082 L.u.D.
	37921		3606		3398		3079
	37905		3605		3391		3072 L.u.D.
	37897		3602		33047		30655
	3787		36018		33043		3057 *
	3786		3594		33038		3056 L.u.D.
	3785		3586		3296		30465 * s
	3767 *		3585		3291		30415 *
	3765		3584		3290		30407
	3763 *		35805 N		3289		30403
	3758 *		3569		32848 Q		3036 *
	3753		3564		32846		3030 *
	37495		3558		32835		30288
	3748		3556		32825		30252
	37455*		3554		3272 *		30248 *
	3743		3541		3269		30228 *
	37365*		3540		3264		3020 * T
	37345*		3539		3252		30178 *
	37333		3535		3247		30165 *

Cornu

UV	UV	UV	UV
30150	30002 *	29795	29656 *
3011	2999 *	2977	29605
30085 *	2994 L.u.D. t	2974 *	29574 *
30074 *	2992	29708 *	29538 *
30063 *	29854	2970	29504
30026	29840 *	29675 *	29474 * U
30024	2982 *		

Liveing u. Dewar

UV	UV	UV	UV
2941	27552	25455	2502
2937	27543	2541	2492
2932	2749	25357	24916
2929	2848	2534	2491
2912	27447	2529	24893
2871	2743	25286	24854
28663	27413	25273	24846
28608	27362	25242	2481
28364	27227	2523	2480
28298	2720	25183	2474
26242	2718	2511	2465
27673	25495		

Die von Liveing und Dewar umgekehrten Linien sind in obigen Tabellen mit einem Stern bezeichnet, die weiteren umgekehrten Linien sind am Schluss unter Liveing und Dewar angegeben.

2. Kontinuirliches Spektrum.

Lockyer und Roberts haben gefunden, dass Eisendämpfe kontinuirliche Absorption im Blau hervorbringen.

23. Fl (Fluor).

Litteratur.

Mitscherlich, Pogg. Ann. **116** p. 499—507 (1862).
Séguin, C. R. **54** p. 933 (1862).
Mitscherlich, Pogg. Ann. **121** p. 476 (1863).
Salet, Ann. de Chim. (4) **28** p. 34—35 (1873).
Ciamician, Wien. Ber. **82, 2** p. 425—457 (1880).

Ueber das Spektrum des Fluor ist noch sehr wenig bekannt. Salet verglich die Spektra von Fluorsilicium und Chlorsilicium; die Linien, die nur im ersten Fall auftreten, schreibt er dem Fluor zu; ihre Wellenlängen sind:

R	O
692	640
686	623
678	

Séguin verglich Fluorbor und Fluorsilicium, und glaubt daraus auf die Existenz einer blauen Fluorlinie schliessen zu können.

Mitscherlich hat das Linienspektrum durch Funken in Fluorwasserstoffgas erhalten, aber weder gemessen noch gezeichnet.

Ciamician bestätigt die Messungen Salet's.

24. Ga (Gallium).

Litteratur.

Lecoq de Boisbaudran, C. R. **82** p. 168 (1876).
Lecoq de Boisbaudran, Ann. de Chim. (5) **10** p. 100—141 (1877).
Delachanal u. Mermet, Bull. Soc. chim. de Paris (1877).
Liveing u. Dewar, Proc. Roy. Soc. **28** p. 471—477 (1879).

Das Gallium wurde von Lecoq entdeckt und spektroskopisch untersucht. Es zeigt nur zwei Linien, deren Wellenlängen sind:

Lecoq	Del. u. M.
4170	4171
4031	4033

Beide Linien sind von Liveing und Dewar umgekehrt werden.

25. H (Wasserstoff).

Litteratur.

Angström, Pogg. Ann. **94** p. 141—165 (1855).
Plücker, Pogg. Ann. **105** p. 67—84 (1858).
Plücker, Pogg. Ann. **107** p. 497—539 (1859).
Angström, Pogg. Ann. **123** p. 489—505 (1864).
Plücker u. Hittorf, Phil. Trans. **155** p. 1—29 (1865).
Wüllner, Pogg. Ann. **135** p. 497—514 (1868).
Frankland, Proc. Roy. Soc. **16** p. 419—422 (1868).
Wüllner, Pogg. Ann. **137** p. 337—350 (1868).
Berthelot u. Richard, C. R. **68** p. 810, 1035, 1107 u. 1546 (1869).
Angström, Pogg. Ann. **144** p. 300—307 (1872).
H. C. Vogel, Pogg. Ann. **146** p. 569—585 (1872).
Seabroke, Phil. Mag. (4) **43** p. 155—157 (1872).
Cailletet, C. R. **74** p. 1281—1285 (1872).
Salet, Ann. de Chim. (4) **28** p. 17—24 (1873).
Lockyer, C. R. **78** p. 1790—1793 (1874).
Lockyer, Proc. Roy. Soc. **28** p. 157—180 (1878).
Lockyer, Proc. Roy. Soc. **30** p. 31—32 (1879).
H. W. Vogel, Berl. Mon. Ber. p. 586—604 (1879).
H. W. Vogel, Berl. Mon. Ber. p. 192—198 (1880).
Fievez, Phil. Mag. (5) **9** p. 309—311 (1880).
E. Wiedemann, Wied. Ann. **10** p. 202—257 (1880).
Huggins, Phil. Trans. **171** p. 669—690 (1880).
Wüllner, Wied. Ann. **14** p. 354—362 (1881).
Hasselberg, Mém. de l'acad. de St. Pétersb. **30** (1882).

Janssen, C. R. **63** p. 289—294 (1866).
Huggins, Proc. Roy. Soc. **30** p. 576—580 (1880).
Liveing u. Dewar, Proc. Roy. Soc. **30** p. 580—582 (1880).
Liveing u. Dewar, Proc. Roy. Soc. **33** p. 274—275 (1882).

1. Elementares Linienspektrum.

Der Wasserstoff zeigt ebenso wie der Sauerstoff zwei verschiedene Linienspektra, eines bei höherem Druck und Temperatur, welches wir, dem Beispiele Schuster's für Sauerstoff folgend, des elementare Linienspektrum nennen wollen, weil bei der höchsten Temperatur der Zerfall der Moleküle in ihre Elemente am weitesten vorgeschritten sein muss. Es ist dies das gewöhnlich kurz als Linienspektrum des H bezeichnete. Bei der ersten Auffindung desselben kannte man nur drei Linien desselben, eine im Roth, eine im Grün, die dritte im Blau; bald kam noch eine vierte im Violett hinzu. In neuerer Zeit hat H. W. Vogel gefunden, dass das Spektrum noch eine grosse Anzahl brechbarerer Linien besitzt, was dann theilweise von Lockyer und Huggins bestätigt worden ist. Die Linien dieses Spektrums gehören zu denjenigen, welche mit zunehmendem Druck sich am stärksten verbreitern, und zwar beginnt die Verbreiterung, so viel bis jetzt bekannt, — die ultravioletten Linien sind darauf hin noch nicht untersucht, — bei den brechbarsten Linien, um schliesslich bei der rothen Linie zu endigen. Am weitesten hat Frankland die Druckerhöhung getrieben; er findet, dass bei 10 Atmosphären das Spektrum durch Verbreiterung der Linien vollkommen kontinuirlich geworden ist. Auch Wüllner und Cailletet und Lockyer haben diese Verhältnisse untersucht. Lockyer glaubt annehmen zu müssen, dass die blaue Linie nur bei höchster Temperatur zum Vorschein kommt, und dass wir den Wasserstoff in verschiedenen Formen erhalten können, nämlich so, dass er die blaue Linie nicht zeigt, und so, dass dies die Hauptlinie ist. Die Wellenlängen dieses Spektrums sind nach Angström und H. W. Vogel:

				UV	UV	UV
R	H_α	**6562**	= C	3962	3904	3862—3856
Gr	H_β	**4861**	= F	3960	3889	3849
Bl	H_γ	**4340**		3950	H_ζ **3887**	3834
J	H_δ	**4101**	= h	3944	3881	H_η 3801
V	H_ε	**3969**	= H	3928	3877	H_ϑ 3795
				3924	3872—3870	H_λ 3769
					3867	

Vogel giebt noch mehrere Linien im Blau und Violett, die er auch für Wasserstofflinien zu halten geneigt ist, deren Zugehörigkeit zu H. aber wohl noch nicht als sicher anzusehen ist; die Wellenlängen derselben sind angenähert:

Bl	4645	J	4413	V	4210	V	4168	V	4065
	4580		4390		4201		4158		4060
J	4535		4375		4195		4152		4047
	4500	V	4290		4193		4078		4005
	4459		4220		4174		4067		3986
	4448								

Huggins hat gefunden, dass viele von den Fixsternen ein ungemein rythmisches Spektrum geben, dessen sämmtliche Linien einer Substanz anzugehören scheinen. Da die meisten Linien als Wasserstofflinien bekannt sind, so werden auch die übrigen zu H gehören. Ihre Wellenlängen, mit der Bezeichnung von Huggins, sind:

α 38875 (Vogels H_ζ)
β 3834
γ 3795 (Vogels H_ϑ)
δ 37675 (Vogels H_λ)
ε 37455
ζ 3730
η 37175
ϑ 37075
ι 3699

2. Zusammengesetztes Linienspektrum.

Wenn man in einem Geissler'schen Rohr den Druck ausserordentlich gering macht und schwache Entladungen anwendet, so erhält man ein ganz anderes Spektrum, welches zuerst von Plücker und Hittorf beobachtet und beschrieben ist. Später hat sich Wüllner eingehend mit demselben beschäftigt. Dasselbe ist vielfach fälschlich als Bandenspektrum des H bezeichnet worden, während es ein Linienspektrum ist, welches einem zusammengesetzteren Bau des Molekels angehört. E. Wiedemann hat die Wärmemenge bestimmt, die nöthig ist, um das Wasserstoffmolekel aus der zusammengesetzteren Form in die einfachste überzuführen.

Nach dem Vorgang von Berthelot und Richard ist das Spektrum von einzelnen Spektroskopisten, namentlich von Angström und Salet, als nicht dem Wasserstoff sondern dem Acetylen zugehörig beschrieben worden; indess ist diese Ansicht durch Hasselberg wohl endgültig widerlegt. Einzelne Messungen existiren von H. C. Vogel und von Seabroke, die genauesten und vollständigsten von Hasselberg, welche auch allein hier angeführt werden sollen. Die Wellenlängen sind:

	6408		5918		5585		5157		4737
	6384		**5887**		5537		5145		4731
	6367	O	5877		5518		5129		4724
	6329		5869		5506		5112		4719
	6306		5861		5498		5084		4715
	6287		5849		5484		5070		4711
	6274		5835		5463		5065		4685
	6263		5830		5437		5056		4679
	6246		5823	G	5427		5050		4672
	6235		**5811**		5420	Gr	5041		4663
	6223		5804		5411		5032		4654
	6199		5792		5399		5017		**4636**
	6181		5785		5387		4982		**4633**
	6174		5778		8374		4975		4628
	6161		5772		5365		4968		4619
	6134		5766		5355		4958		4607
	6120		**5758**		5344		4947		4599
R	6100		**5741**		5335		4935	Bl	**4581**
	6091		**5726**		5320		4929		4573
	6084	G	5715		5304		4921		4568
	6072		5703		5293		4909		4563
	6065		5696		5285		4898		4558
	6055		5688		5275		4885		4551
	6041		5681		5266		4874		4544
	6032		5671	Gr	5259		4865		4539
	6022		5659		5247		4850		4533
	6002		5656		5231	Bl	4844		4523
	5989		5643		5224		4838		4506
	5980		5633		5215		4832		4498
	5973		5628		5206		4825		4492
	5966		5613		5198		4798		4460
	5958		5601		5191		4787		4448
	5950		5597		5182		4782		4422
	5939				5170		4743		4414
	5933								

Verbindungen.

Die wichtigste Verbindnng des Wasserstoffes, der Wasserdampf, zeigt bei niedriger Temperatur ein Absorptionsspektrum, dessen Linien hauptsächlich im weniger brechbaren Theile des Spektrums liegen. Diese Linien treten im Sonnenspektrum stets auf, wenn die Sonne tief am Horizont steht, also ihre Strahlen eine dicke Schicht der Atmosphäre zu durchdringen haben, oder wenn der Wassergehalt der Luft besonders gross ist. Diese Wasserdampflinien bilden die Mehrzahl der terrestrischen Linien; sie sind bei Gelegenheit des Sonnenspektrums schon besprochen worden.

Wenn Wasserstoff in Luft oder Sauerstoff verbrennt, oder wenn man durch den Kohlenbogen eiuen Wasserstoffstrom leitet, so entsteht ein im Ultraviolett sehr linienreiches Spektrum, welches von Huggins und von Liveing und Dewar gemessen worden ist, und von ihnen dem Wasser zugeschrieben wird. Die Wellenlängen sind nach Huggins:

3276	3218	3180	3149	3123	3085
3266	3211	3175	3145	3117	3082
3262	3208	3171	3143	3111	3080
3256	3201	3167	3139	3105	3078
3243	3198	3163	3135	3099	3074
3232	3193	3160	3133	3095	3073
3228	3189	3156	3130	3094	3068
3223	3184	3153	3127	3090	3062

26. He (Helium).

Die irdische Existenz dieses Elementes ist noch sehr zweifelhaft. In den Protuberanzen und Sonnenflecken trat stets eine gelbe Linie in der Nähe der D-Linien auf, und da das Element, welches die Linie erzeugt, unbekannt war, so nannte man sie die Linie D_3 oder die Heliumlinie. Neuerdings hat nun Palmieri (Rend. Acc. di Napoli **20** p. 233 (1882) angegeben, er habe unter den Produkten des Vesuv eine weiche Substanz gefunden, welche die Linie D_3 ($\lambda = 5875$) giebt; damit wäre das Helium gefunden. — Eine weitere Publikation ist aber seit dieser Notiz nicht mehr erfolgt, so dass die Auffindung des He nicht sicher erscheint.

27. Hg (Quecksilber).

Litteratur.

Angström, Pogg. Ann. **94** p. 141—165 (1855).
Plücker, Pogg. Ann. **107** p. 497—539 (1859).
Gladstone, Phil. Mag. (4) **20** p. 249—253 (1860).
Kirchhoff, Untersuchungen üb. d. Sonnensp. (1861).
W. A. Miller, Phil. Trans. **152** p. 861—887 (1862).
Robinson, Phil. Trans. **152** p. 939—986 (1862).
Huggins, Phil. Trans. **154** p. 139—160 (1864).
Plücker u. Hittorf, Phil. Trans. **155** p. 1—29 (1865).
Thalén, Mém. sur la déterm.... (1868).
Lockyer, C. R. **78** p. 1790—1793 (1874).
Lecoq de Boisbaudran, Spectres lumineux p. 169—172 (1874).
Ciamician, Wien. Ber. **76, 2** p. 499—517 (1877).
Pierce, Wied. Ann. **6** p. 597—599 (1878).
Ciamician, Wien. Ber. **77, 2** p. 839—841 (1878).
Ciamician, Wien. Ber. **78, 2** p. 867—891 (1878).
H. W. Vogel, Berl. Mon. Ber. p. 586—604 (1879).
Hartley, Trans. Dubl. Soc. (2) **1** (1882).

Linienspektrum.

Dasselbe wird erhalten, indem man in der Luft Funken nach Hg überspringen lässt, oder im Geissler'schen Rohr Entladungen durch Hg-Dämpfe statt finden lässt. Einige Linien erhält man auch, wenn

Funken nach der Lösung eines Quecksilbersalzes überspringen (Lecoq). Das Spektrum ist gemessen von Kirchhoff, Huggins, Plücker und Hittorf, Thalén, Lecoq, der ultraviolette Theil von H. W. Vogel; auch Hartley hat denselben photographirt. Die Wellenlängen sind:

	Huggins	Thalén	Kirchhoff	Pl. u. Hitt	Lecoq	H. W. Vogel
	6383	—	—	—	—	
	6360	—	—	—	—	
O	**6144**	**6151**	**6152**	—	—	
	6088	—	—	—	—	
	5885	5884	—	—	—	
	5871	5871	—	—	—	
	5817	—	—	—	—	
	5800	—	5791	—	**5790**	
	5788	**5790**	**5788**	—		
	5768	**5768**	5769, 5766	**5772**	**5768**	
G	5678	5678	5681, 5676	—	5677	
	5594	5595	—	—	5595	
	5460	**5461**	5461, 5458	**5461**	**5460**	
	5425	5426	5427, 5424	—	—	
	5364	5365	—	—	—	
	5281	5279	—	—	—	
	5218	5217	—	—	—	
Gr	—	5206	—	—	—	
	5132	5131	—	—	—	
	4959	4958	—	—	—	
Bl	4918	4916	—	—	4915	
	4826	—	—	—	—	
	4377	**4358**	4351, 4350	**4358**	**4357**	**4356**
J	—	—	—	—	—	4348
	—	—	—	—	—	4343
	—	—	—	—	—	4216 Bande
	—	—	—	—	—	4172
	—	—	—	—	—	4108
V	—	4079	—	—	4078	4079
	4055	4047	—	—	4047	**4047**
	—	—	—	—	—	4008 Bande
	3990	3982	—	—	—	3983
	—	—	—	—	—	3910
	—	—	—	—	—	3888
UV	—	—	—	—	—	3874
	—	—	—	—	—	3860
	—	—	—	—	—	3650

Lockyer findet, dass Quecksilberdampf keine Absorption ausübt.

Verbindungen.

Pierce hat die Spektren von $HgCl_2$, Hg_2Cl_2, $HgBr_2$ und HgJ_2 im Geissler'schen Rohr untersucht, und findet, dass jede Verbindung ihr eigenthümliches Bandenspektrum giebt.

28. Ho (Holmium).

Litteratur.

Clève, C. R. **89** p. 478—480 u. 708—709 (1879).
Soret, C. R. **91** p. 378—381 (1880).

Weiteres siehe bei Er.

Das Holmium, von Soret zuerst gefunden und mit X bezeichnet, dann von Clève näher untersucht und Holmium genannt, zeichnet sich durch das Absorptionsspektrum seiner Salze aus. Nach Soret's Messungen sind die Absorptionsbanden folgende:

UR	**804** (?)	V	η	4145
R	753	UV	λ	389—387
O	**6404**	UV	ν	**368—360**
G	**5363**	UV	ω	**347—353**
Bl	4855	UV	$\tilde{\omega}$	340—336
Bl	4745	UV	χ	332,5
J	453—449	UV	ϱ	**327**
J	430	UV		270—240
		UV		219,5

29. J (Jod).

Litteratur.

W. H. Miller, Phil. Mag. **2** p. 381 (1833).
W. A. Miller, Phil. Mag. **27** p. 81—91 (1845).
Plücker, Pogg. Ann. **105** p. 83 (1858).
Plücker, Pogg. Ann. **107** p. 638 (1859).
Wüllner, Pogg. Ann. **120** p. 158—167 (1863).
Mitscherlich, Pogg. Ann. **121** p. 474—475 (1864).
Plücker u. Hittorf, Phil. Trans. **155** p. 1—29 (1865).
Thalén, Stokh. Akad. Handl. **8** (1870).
Gernez, C. R. **74** p. 660—662 u. 1190—1192 (1872).
Salet, C. R. **74** p. 1249 (1872).
Salet, Ann. d. Chim. (4) **28** p. 29—34 (1872).
Salet, C. R. **75** p. 76—77 (1872).
Lockyer, Proc. Roy. Soc. **22** p. 377 (1874).
Lockyer, C. R. **78** p. 1790—1793 (1874).
Lockyer u. Roberts, Proc. Roy. Soc. **23** p. 344—349 (1875).
Conroy, Proc. Roy. Soc. **25** p. 46—51 (1876).
Roscoe u. Thorpe, Phil. Trans. **167** p. 207—212 (1877).
Ciamician, Wien. Ber. **76, 2** p. 499—517 (1877).

Ciamician, Wien. Ber. **77**, 2 p. 839—841 (1878).
Ciamician, Wien. Ber. **78**, 2 p. 867—890 (1878).
Lecoq de Boisbaudran, C. R. **91** p. 902—903 (1880).

1. Linienspektrum.

Bei Joddampf erscheint ein Linienspektrum, wenn man elektrische Entladungen hindurch gehen lässt. Es ist zuerst von Plücker beobachtet worden, dann genauer untersucht von Plücker und Hittorf und Salet, bei welchen man auch Zeichnungen findet. Nach Ciamician zeigt das Spektrum sehr grosse Unterschiede je nach dem Druck.

Die Wellenlängen des Linienspektrum's sind folgende:

	Plücker u. Hitt.	Salet		Plücker u. Hitt.	Salet		Plücker u. Hitt.	Salet
	6861	—		5696	5695		5200	—
	6825	—		5683	5685		5176	—
	6757	—		5649	—		5166	—
R	6690	—		5632	563		6150	5158
	6640	—		5620	562		5138	—
	6576	—		5607	561		5107	—
	6494	—		5600	—		5102	—
	6339	—		5558	—	Gr	5064	5065
	6292	—		5540	—		5047	—
	6257	—	G	5511	—		5028	—
	6210	621		5499	—		4990	—
	6169	—		5494	5496		4972	—
	6154	—		5482	—		4960	—
O	6131	613		5468	547		4946	—
	6087	—		5460	—		4922	—
	6073	6075		5441	5447		4886	—
	6067	—		5422	—		4853	—
	5956	596		5402	5407		4838	—
	5920	—		5377	—		4832	—
	5889	—		5365	537		4809	—
	5866	—		5339	5348	B	—	4675
	5821	—		5330	5338		—	4665
	5790	579		5314	—		4636	4634
	5777	578	Gr	5292	—		—	448
G	5763	5765		5262	—		—	447
	5739	574		5257	—		—	4455
	5713	5715		5235	5243	J	4446	445
	5705	—		5218	—		4215	421

2. Bandenspektrum.

Dasselbe wurde zuerst bekannt als Absorptionsspektrum durch W. H. Miller, und ist sehr genau gemessen und gezeichnet worden von Thalén. Das Spektrum macht den Eindruck, als ob verschiedene Reihen von Banden übereinander liegen; in jeder Reihe nimmt der Abstand zwischen zwei Banden nach dem rothen Ende des Spektrums zu; Thalén hat die verschiedenen Reihen getrennt. Der Einfluss verschiedener Temperaturen und verschiedener Dichte auf das Absorptionsspektrum des Joddampfes ist untersucht von Lockyer, Lockyer und Roberts und Thalén. Bei niedriger Temperatur erhält man ein kannelirtes Spektrum, welches von Roth bis Violett reicht; mit steigender Temperatur nimmt die Absorption im Violett und Blau immer mehr zu, bis dort schliesslich kontinuirliche Absorption stattfindet. Bei noch höherer Temperatur kommt das Blau und Violett wieder zum Vorschein. Genau dasselbe Spektrum erhielt dann Wüllner als Emissionsspektrum, indem er brennendem Wasserstoff Joddampf zumischte. Dann fand Salet den rothen Theil desselben Spektrums, indem er durch eine weite Geissler'sche Röhre, die mit Joddampf gefüllt war, schwache Entladungen gehen liess. Die beste Zeichnung des Spektrums findet sich bei Thalén; die Wellenlängen sind:

R	6834, 6778, 6739, 6724, 6658, 6647, 6634, 6594, 6583, 6541, 6533, 6504, 6493
O	6455, 6446, 6407, 6400, 6370, 6361
O	6354, 6323, 9316, 6276, 6271, 6232, 6227, 6190, 6187, 6149, 6147, 6110, 6068, 6030, 5992, 5955, 5918, 5916, 5883, 5880
G	5849, 5846, 5816, 5811, 5809, 5784, 5777, 5773, 5753, 5745, 5738, 5722, 5714, 5708, 4683, 5675, 5653, 5644, 5625
G	5614, 5598, 5586, 5571, 5559, 5545, 5532, 5521, 5506, 5497, 5480, 5473, 5456, 5450, 5432, 5410, 5388, 5366
Gr	5346, 4426, 5307, 5289, 5272, 5254, 5239, 5223, 5208, 5193, 5181, 5168, 5155, 5144, 5133, 5122, 5112, 5102, 5093

In einer Wasserstoff- oder Alkoholflamme giebt Joddampf ein besonderes Spektrum, welches nach Mitscherlich und Salet aus grünen Banden besteht; es gehört wahrscheinlich einer Verbindung an.

Verbindungen.

Ausser dem eben genannten Spektrum ist das Absorptionsspektrum von JCl untersucht und gezeichnet von Gernez und von Roscoe und Thorpe, welche es wegen seiner Aehnlichkeit mit dem Bromspektrum interessirte.

Ferner ist durch Gernez das Absorptionsspektrum von JBr, welches dem vorigen ähnlich ist, untersucht worden.

30. In (Indium).

Litteratur.

Reich u. Richter, J. f. prakt. Chemie **89** p. 441—442 (1863).
Schrötter, Mond. **8** p. 148 (1863).
Böttger, Jahresb. des Frankf. Ver. p. 25 (1863).
Thalén, Mém. sur la déterm. . . (1868).
Lecoq de Boisbaudran, Spectres lumineux p. 142—143 (1874).
Lockyer u. Roberts, Proc. Roy. Soc. **23** p. 341—346 (1875).
Clayden u. Heycok, Phil. Mag. (5) **2** p. 387—389 (1876).
Liveing u. Dewar, Proc. Roy. Soc. **28** p. 352—358 (1879).
Schönn, Wied. Ann. **9** p. 483—492 (1880).
Hartley, Trans. Dubl. Soc. (2) **1** (1882).

Das Indium ist eines der Elemente, welches kurz nach Einführung der Spektralanalyse durch ihre Hülfe gefunden wurde, und zwar von Reich und Richter.

Das Linienspektrum desselben, durch Funken von Metallelektroden ist nur durch Clayden und Heycock genauer untersucht; Thalén giebt nur drei Linien. Die Wellenlängen sind:

	A. u. H.	Thalén		A. u. H.	Thalén
R	6906	—	Gr	**5250**	—
O	**6193**	—	Bl	4680	—
	6114	—		4656	—
	6095	—		4638	—
	5922	—		—	4532
	5905	—	J	**4510**	**4510**
	5962	—	V	**4101**	**4101**
G	5820	—			
	5722	—			
	5644	—			

Schönn hat noch viele Linien im Ultraviolett beobachtet, ebenso Hartley.

Durch Lockyer und Roberts, dann durch Liveing und Dewar sind die Linien 4101 und 4510 umgekehrt worden.

Verbindungen.

Gewöhnlich sind die Salze des In untersucht worden, so von Lecoq; dabei werden nach Lecoq nur die beiden letzten Linien 4511 und 4101 sichtbar; Thalén erhielt vom Metall noch eine Linie 4532, die einer Verbindung angehören muss, da nach Clayden und Heycock das Metall sie nicht zeigt, wohl aber das salpetersaure Salz. Dasselbe zeigt noch Andeutungen mehrerer anderer Metalllinien.

31. Ir (Iridium).

Litteratur.

Kirchhoff, Untersuchungen über das Sonnenspektrum (1861).
W. A. Miller, Phil. Trans. 152 p. 861—887 (1862).

Thalén konnte die lichtschwachen Linien nicht messen; nur Kirchhoff giebt einige wenige Zahlen, die zum Theil auch dem Ruthenium angehören können. Die Wellenlängen sind:

6347
5449
5299

32. K (Kalium).

Litteratur.

Kirchhoff u. Bunsen, Pogg. Ann. **110** p. 161—189 (1860).
Kirchhoff, Untersuchungen über das Sonnenspektrum (1861).
W. A. Miler, Phil. Trans. **152** p. 861—887 (1862).
Robinson, Phil. Trans. **152** p. 939—986 (1862).
Wolf u. Diacon, C. R. **55** p. 334—336 (1862).
Mascart, C. R. **56** p. 139 (1863).
Huggins, Phil. Trans. **154** p. 139—160 (1864).
Thalén, Mém. sur la déterm. . . (1868).
Lockyer, C. R. **78** p. 1790—1793 (1874).
Roscoe u. Schuster, Proc. Roy. Soc. **22** p. 362—364 (1874).
Lecoq de Boisbaudran, Spectres lumineux p. 47—52 (1874).
Bunsen, Pogg. Ann. **155** p. 230—252 u. 366—384 (1875).
Salet, C. R. **82** p. 274—275 (1876).
Salet, Pogg. Ann. **155** p. 329—334 (1875).
Ciamician, Wien. Ber. **76, 2** p. 499—517 (1877).
Liveing u. Dewar, Proc. Roy. Soc. **27** p. 132—136 (1878).
Liveing u. Dewar, Proc. Roy. Soc. **28** p. 352—358 u. 471—477 (1879).
Lockyer, Proc. Roy. Soc. **29** p. 45—47 (1879).
Liveing u. Dewar, Proc. Roy. Soc. **29** p. 398—402 u. 471—477 (1879).

1. Linienspektrum.

Wenn zwischen festen Elektroden des Metalls Funken überspringen, so zeigt sich das Linienspektrum. Dasselbe erhält man auch, wenn im Geissler'schen Rohr Funken durch K-Dampf schlagen (Salet) oder wenn Funken nach geschmolzenem Kaliumsalz oder nach Lösung eines solchen überspringen (Lecoq). Die Kaliumsalze sind so leicht dissociirbar, dass schon in der Flamme eines Bunsen'schen Brenners kein Verbindungsspektrum auftritt, sondern die Hauptlinien des Metalls. Messungen liegen vor von Kirchhoff, Huggins, Thalén, Lecoq, Lockyer, Liveing und Dewar. Die Wellenlängen sind folgende:

	Huggins	Thalen	Kirch-hoff	Lecoq	Liv. u. Dew.	Lockyer
	—	—	7700	**7698**	7700	
R	—	—	7670	**7662**	—	
	6953	—	6940	**6946**	—	
	6932	—	6920	6913	—	
	6305	—	—	—	—	
O	6246	—	—	—	—	
	6120	—	—	6116	—	
	5831	**5829**	—	**5831**	5831	
	5811	—	—	5812	5812	
	5800	**5802**	—	**5802**	5801	
G	—	**5783**	—	**5783**	—	
	—	—	—	5638	—	
	5516	—	—	—	—	
	—	5354	—	**5355**	5355	
	—	—	—	5342	5338	
	—	5339	—	**5336**	5335	
	—	5329	—	5319	5319	
	—	—	—	5112	5112	
	—	—	—	—	5098	
	—	—	—	5095	5095	
	—	—	—	5081	5081	
Gr	—	—	—	5050	—	
	—	—	—	5025	—	
	—	—	—	5002	—	
	—	—	—	4963	4964	
	—	—	—	—	4956	
	—	—	—	—	4950	
	—	—	—	4936	4942	
	—	—	—	—	4870	
	—	—	—	—	4863	
	—	—	—	—	4856	
	—	—	—	—	4850	
	4827	4827	—	4828	—	
Bl	—	—	—	—	4808	
	—	—	—	—	4803	
	—	—	—	—	4796	
	—	—	—	—	4788	
	—	—	—	—	4759	
	—	—	—	4607	—	
	—	—	—	4505	—	
	5386	—	—	4387	—	
J	4309	4310	—	4307	—	
	4263	—	—	4262	—	
	4184	—	—	4185	—	—
V	—	—	—	—	—	4046
	4044	—	—	**4044**	—	—
	—	—	—	—	—	40428

Von Liveing und Dewar ist die Absorption der Linien beobachtet worden: 7700, 7670, 5831, 5802, 5782, 6913, 6946, 5353, 5338, 5319, 5112, 4044, 4042.

2. Bandenspektrum.

Dasselbe ist von Roscoe und Schuster als Absorptionsspektrum beobachtet worden, indem sie durch ein sauerstofffreies, Kaliumdämpfe enthaltendes Glas- oder Eisenrohr Licht gehen liessen. Die Banden haben ihre scharfe Kante nach der rothen Seite; die Wellenlängen derselben sind:

R	6844	O	6459	O	6311	O	5949	G	5763
	6762		6430		6300		5930		5745
	6710		6400		6275		5901		5732
	6666		6379		6095		5860		5712
	6615		6357		6033	G	5842		5700
	6572		6350		6012		5821		5690
	6534		6334		5988		5802		5674
	6494		6322		5964		5781		5667

Bei grösserer Dichte des Dampfes wird der rothe und gelbgrüne Theil des Spektrums ganz absorbirt.

Auch Lockyer hat die Absorption durch K-Dampf eingehend untersucht, und giebt 5 verschiedene Stufen der Absorption an, nämlich bei steigender Temperatur:

1. Absorption einer Linie bei D,
2. Kontinuirliche Absorption im ganzen Spektrum,
3. Kontinuirliche Absorption im Roth und Blau,
4. Absorption nur auf einer Seite der Linie,
5. Bandenspektrum.

Lockyer hält das K für kein Element, da es ihm gelungen ist, bei Destillation im Vakuum bei verschiedener Temperatur verschiedene Spektren von den Dämpfen zu erhalten, wobei der Dampf grün oder blutroth aussah (vergl. Nat. 24 p. 398).

33. La (Lanthan).

Litteratur.

Kirchhoff, Untersuchungen über das Sonnenspektrum (1861).
Thalén, Mém. sur la déterm. . . (1868).
Thalén, Kongl. Sw. Vetensk-Acad. Handl.
Bunsen, Pogg. Ann. **155** p. 230—255 u. 366—384 (1875).
Clève, C. R. **95** p. 33 (1882).

Das Lanthan ist zuerst von Kirchhoff und Thalén unrein, dann von letzterem möglichst rein untersucht worden. Die Wellenlängen des Linienspektrums sind:

O	6456	G	5740	Gr	5259	Bl	**4824**	J	4500
	6410		5734		5253		4808		4456
	6393		5719		5234		4803		4452
	6389		5703		5225		4800		**4430**
	6325		5673		5211		4796		4427
	6318		5657		5204		4760		4385
	6310		5647		5188		4757		4383
	6294		5631		**5183**		4748		4377
	6264		5602		5176		4742		4363
	6262		5599		5167		4739		4354
	6249		5587		5163		4728		**4330** [1]
	6187		5568		5159		4719		4322
	6132		5565		5157		4716		**4295**
	6128		5550		5156		4715		**4286**
	6124		5534		5144		4702		4280
	6111		5516		5122		4699		4275
	6107		5514		5114		4692		**4268**
	6099		5505		5097		4690		4263
	6006		5502		5067		4687		4249
	5973		5501		5062		4671	V	**4238**
	5929		5493		5056		4668		4235
	5873		5491		5050		4663		4217
	5867		5482		4999		4661		4203
	5863		5480		4991		**4655**		**4196**
G	5855		5475		4986		4619		4192
	5851		5464		4969		4613		4184
	5848		5458		4952		4605		**4152**
	5828		5455		4949		4580		4142
	5822		5381		4945		4574		**4121**
	5820		5380		4934		4570		4099
	5807		5376		**4921**		4568		**4086**
	5805	Gr	5340		**4920**		**4558**		**4077**
	5794		5303	Bl	4899	J	4549		4048
	5791		5302		4878		4542		4042
	5787		5301		4860		4526		4031
	5769		5280		4849		4524		3987
	5761		5276		4842		**4522**		3946
	5743		5271		4839				

34. Li (Lithium).

Litteratur.

Kirchhoff u. Bunsen, Pogg. Ann. **110** p. 161—189 (1860).
Kirchhoff, Untersuchungen üb. d. Sonnensp. (1861).
Tyndall, Phil. Mag. (4) **22** p. 151 u. 473 (1861).
Frankland, Phil. Mag. (4) **22** p. 472 (1861).
Wolf u. Diacon, C. R. **55** p. 334—336 (1862).
W. A. Miller, Phil. Trans. **152** p. 861—887 (1862).
Roscoe u. Clifton, Proc. Lit. and Phil. Soc. Manchester **2** p. 227 (1862).
Fizeau, Ann. d. Chim. (3) **66** p. 429, auch Pogg. Ann. **119** p. 87 (1863).
Huggins, Phil. Trans. **154** p. 139—160 (1864).
Mascart, Ann. de l'ecole norm. **4** p. 7—31 (1866).

[1] Nach Clève gehört diese Linie nicht dem La an, dafür eine Linie 43335.

Rühlmann, Pogg. Ann. **132** p. 1—29 (1867).
Thalén, Mém. sur la déterminat... (1868).
Cornu, C. R. **73** p. 322—337 (1871).
Lockyer, Phil. Trans. **163** p. 253—275 (1873).
Lecoq de Boisbaudran, Spectres lumineux p. 55—57 (1874).
Bunsen, Pogg. Ann. **155** p. 230—252 u. 366—384 (1875).
Ciamician, Wien. Ber. **76, 2** p. 499—517 (1677).
Liveing u. Dewar, Proc. Roy. Soc. **27** p. 132—136 (1878).
Lockyer, Proc. Roy. Soc. **28** p. 157—180 (1878).
Liveing u. Dewar, Proc. Roy. Soc. **28** p. 352—358 (1879).
Liveing u. Dewar, Proc. Roy. Soc. **30** p. 93—99 (1880).
Schönn, Wied. Ann. **10** p. 143—148 (1880).
Crookes, Ann. de Chim. (5) **23** p. 555—565 (1881).

Das Linienspektrum des Li erscheint bei Funken zwischen festen Elektroden, oder bei Funken von Salzlösungen, auch bei Salzen in der Flamme, da die Salze leicht dissociirbar sind. Es ist gemessen von Huggins, Thalén, Kirchhoff, Lecoq. Liveing und Dewar haben im Ultraviolett Linien gefunden, ebenso Schönn. Lockyer hat die Länge der Linien bestimmt; Cornu und Liveing und Dewar haben die Umkehrung einiger Linien beobachtet.

Die Wellenlängen sind:

	Huggins	Thalén	Kirchhoff	Lecoq	Liv. u. Dew.		Huggins	Thalén	Kirchhoff	Lecoq	Liv. u. Dew.
R	6705	6705	6708	6706	—	V	—	—	—	4130	4132
O	6098	6102	6101	6102	—		—	—	—	—	3984
Gr	4972	—	—	4970	4972		—	—	—	—	3913
Bl	4602	4603	—	4604	4603	UV	—	—	—	—	3833
J	—	—	—	—	4273		—	—	—	—	3799

Nach Lockyer sind die Linien 6705 und 6102 die längsten, dann folgt 4603.

Cornu hat 6705 und 4603 umgekehrt, Liveing und Dewar dieselben und die ultravioletten Linien.

Crookes hat gefunden, dass kohlensaures Lithium im Vakuum unter Einwirkung elektrischer Entladungen fluoreszirt, und dass das Licht dabei Linien im Roth, Orange und Blau zeigt, also wahrscheinlich die Hauptlinien des Emissionsspektrums.

35. Mg (Magnesium).

Litteratur.

Kirchhoff, Untersuchungen üb. d. Sonnensp. (1861).
W. A. Miller, Phil. Trans. **152** p. 861—887 (1862).
Robinson, Phil. Trans. **152** p. 939—986 (1862).
Thalén, Mém. sur la déterm... (1868).
Cornu, C. R. **73** p. 332—337 (1871).
Lockyer, Phil. Trans. **163** p. 253—275 (1873).
Lecoq de Boisbaudran, Spectres lumineux p. 85—86 (1874).
Bunsen, Pogg. Ann. **155** p. 230—252 u. 366—384 (1875).
Ciamician, Wien. Ber. **76, 2** p. 499—517 (1877).
Liveing u. Dewar, Proc. Roy. Soc. **27** p. 132—136 u. 350—354 u. 494 bis 496 (1878).
Liveing u. Dewar, Proc. Roy. Soc. **28** p. 352—358 (1879).
Cornu, Arch. de Gén. (3) **2** p. 119—126 (1879).
Ciamician, Wien. Ber. **82, 2** p. 425—457 (1880).
Liveing u. Dewar, Proc. Roy. Soc. **30** p. 93—99 (1880).
Cornu, D'Almeida J. **10** p. 425—431 (1881).
Fievez, Ann. de Chim. (5) **23** p. 366—372 (1881).
Liveing u. Dewar, Proc. Roy. Soc. **32** p. 189—203 (1881).
Hartley, Trans. Dubl. Soc. (2) **1** (1882).

1. Linienspektrum.

Dasselbe wird erhalten von in der Luft verbrennendem Mg, durch Magnesium im Kohlenbogen, durch Funken zwischen Magnesiumelektroden oder nach einer Salzlösung. Es ist untersucht und gemessen worden von Kirchhoff, Thalén, Lecoq, Cornu, namentlich aber von Liveing und Dewar (1881); dieselben beschreiben auf's genaueste die Spektren des in Luft verbrennenden Mg, desselben im Kohlenbogen, und das Spektrum des Funkens von Mg-Elektroden. Die beiden Forscher haben auch den Einfluss des Druckes untersucht: einzelne Linien verschwinden bei steigendem Druck, andere werden stärker und verbreitern sich.

Das Spektrum des Mg zeichnet sich im sichtbaren Theile namentlich durch eine mit b bezeichnete Gruppe aus, welche aus den drei Linien b_1, b_2, b_4 besteht. Durch das ganze unsichtbare Spektrum wiederholt sich mehrfach dieselbe Gruppirung, wobei mit abnehmender Wellenlänge die Linien immer näher an einander rücken; es ist dies ein besonders charakteristischer Fall, wo es sehr nahe liegt, eine gesetzmässige Lage der Linien, harmonische Verhältnisse ihrer Schwingungszahlen, zu suchen. In den folgenden Tabellen ist jede Gruppe durch eine davor gesetzte Klammer bezeichnet.

Die Wellenlängen des Spektrums sind:

	Liv. u. Dew.	Thalen	Kirch-hoff	Lecoq	Cornu		Liv. u. Dew.	Thalen	Kirch-hoff	Lecoq	Cornu
G	5710	—	—	—		UV	3334	—	—	—	3334
	5529	5527	—	5529			3330	—	—	—	3330
Gr b)	**5183**	**5183**	**5183**	**5183**			3327	—	—	—	3327
	5172	**5172**	**5172**	**5172**			—	—	—	—	3278[1]
	5167	**5167**	**5167**	**5167**			3097	—	—	—	3096
Bl	4808	—	—	—			3092	—	—	—	3092
	4705	4704	—	4705			3090	—	—	—	3090
	4586	4587	4587	—			2935	—	—	—	2935
			4586	—			2927	—	—	—	2927
	4570	—	—	—			**2852**	—	—	—	2850
J	**4481**	4481	4481	4483			2801	—	—	—	2801
	4456	—	4479	—			2797	—	—	—	2797
UV	3896	—	—	—			2795	—	—	—	2795
	3894	—	—	—			2790	—	—	—	2790
	3853	—	—	—			2782	—	—	—	
	3846	—	—	—			27807	—	—	—	
	3838	—	—	—	3838		27795	—	—	—	
	3832	—	—	—	3832		2778	—	—	—	
	3829	—	—	—	3829		2777	—	—	—	

Von Lockyer ist die Länge der Linien gemessen worden; nach abnehmender Länge lassen sie sich so ordnen: 5183, 5172, 5167, 5527, 4703, 4481.

Von Cornu ist zuerst die Umkehrung einiger Linien gefunden worden, und zwar von 5183 und 3838; Liveing und Dewar haben dann nach und nach fast alle stärkeren Linien umgekehrt erhalten.

Das Spektrum des Mg im Kohlenbogen, zeigt einige neue Linien, namentlich im äussersten Ultraviolett, die wohl nur wegen der grösseren Lichtstärke hier vorhanden sind, aber im Funken nicht gesehen werden. Einige Linien des Funkenspektrums fehlen dagegen im Kohlenbogen. Nach Liveing und Dewar ist das Spektrum folgendes:

G	5710	V	4165	UV	7097	UV	2795	UV	2736	UV	26725
	5529		4956		3092		2782		27325		2670
Gr	5183	UV	3838		3090		27807		2731		26685
	5172		3832		2942		27795		2698		2649
	5167		3829		2939		2778		2695		2646
Bl	4705		3334		29375		27675		26935		2633
	4570		3330		2852		27645				2630
J	4350		3327		2801						2605

Die dreifache Gruppe ist wieder durch eine Klammer bezeichnet.

2. Bandenspektrum.

Wenn man Mg in der Luft verbrennt, so zeigt das Spektrum der Flamme eine ganze Anzahl der Linien des Linienspektrums; ausserdem

[1]) Liv. u. Dew. bezweifeln die Zugehörigkeit dieser Linie zu Mg.

tritt nach Liveing und Dewar noch eine Reihe von Banden auf, welche an einer Seite scharf, an der andern unscharf sind; die scharfen Ränder sind aber theils nach Roth, theils nach Ultraviolett gekehrt. Die Wellenlängen der scharfen Ränder sind:

UV	UV	UV	UV	UV
3865	3848	3815	3790	3765
3860	3845	3810	3782	3756
3858	3841	3806	3777	3750
3855	3824	3799	3772	

Ciamician giebt an, er habe bei schwachen Entladungen im Glimmlicht des negativen Pols ein Bandenspektrum gesehen, und er giebt eine Zeichnung ohne Messungen. Liveing und Dewar haben dies Spektrum nicht auffinden können; nach ihnen gehört es wahrscheinlich theils zu einer Verbindung von Mg mit H, theils zum Oxyd von Mg, theils zu CO.

Verbindungen.

Liveing und Dewar geben ein Bandenspektrum, welches zum Oxyd des Magnesium gehören soll. Lecoq hat offenbar dieselben Banden erhalten, indem er Funken nach der Lösung von Magnesiumchlorür überspringen liess. Die Wellenlängen der Banden sind:

	Liv. u. Dew.	Lecoq		Liv. u. Dew.	Lecoq
Gr	5000	5006	Gr	4969	4966
	4990	4994		4957	4958
	4980	4984		4945	bis
	—	4974		4930	4930

Auch ein Bandenspektrum, welches zu Mg + H gehört, haben Liveing und Dewar entdeckt; es tritt z. B. sehr lebhaft auf, wenn man Funken zwischen Mg-Elektroden in einer stark verdichteten Wasserstoffatmosphäre überschlagen lässt. Die Wellenlängen der Banden, welche ihre scharfe Kante nach Roth kehren, sind:

G { 5618—5575
5566—5525
5513—546

(Die Bande beginnt mit drei scharfen Linien 5513, 5512, 5511)

Gr { 5210—518
5180—511 Bl { 4849—481
4803—477

36. Mn (Mangan).

Litteratur.

Simmler, Pogg. Ann. **115** p. 242—265 u. 425—451 (1862).
W. A. Miller, Phil. Trans. **152** p. 861—887 (1862).
Huggins, Phil. Trans. **154** p. 139—160 (1864).
Plücker u. Hittorf, Phil. Trans. **155** p. 1—29 (1865).
Thalén, Mém. sur la déterm. . . (1868).
Lockyer, Phil. Trans. **163** p. 253—275 (1873).

Watts, Phil. Mag. (4) **45** p. 81—90 (1873).
Lecoq de Boisbaudran, Spectres lumineux p. 108—122 (1874).
Lockyer u. Roberts, Proc. Roy. Soc. **23** p. 344—349 (1875).
Ciamician, Wien. Ber. **76, 2** p. 499—517 (1877).
Liveing u. Dewar, Proc. Roy. Soc. **29** p. 402—406 (1879).
Schönn, Wied. Ann. **9** p. 483—492 (1880).
Cornu, Spectre Normal (1881).

1. Linienspektrum.

Dasselbe erhält man durch Funken zwischen Metallelektroden, oder nach einer Lösung des Chlorürs (Lecoq). Die Wellenlängen sind:

	Huggins	Thalén	Lecoq	Cornu
O	6344	—	—	
	6128	—	—	
	6117	—	—	
	6021	**6521**	**6018**	
	6014	**6016**	—	
	6012	**6013**	—	
G	5556	—	—	
	5513	5516	5516	
	5467	—	—	
	5432	5443	—	
	5419	5420	5419	
	—	5412	—	
	5407	5407	5407	
	5404	—	—	
	5396	5400	—	
	5392	5394	5393	
	5377	5377	5377	
	—	5359	5359	
	5348	—	—	
Gr	5338	5340	**5339**	
	5300 } 5290 }	—	—	
	5254	5254	5254	
	—	5234	5234	
	—	5195	5195	
Bl	**4824**	**4823**	**4825**	
	4785	**4783**	**4784**	
	—	4766	4766	
	4765	**4765**	—	
	4762	**4762**	—	
	—	4761	—	
	4754	**4753**	**4755**	
	4738	4738	4738	
	4728	4729	4727	
	—	4726	—	
	4710	4709	4710	
J	4503	4504	—	
	—	4501	4502	
	4499	4498	—	
	—	4495	—	
	4490	4491	—	

	Huggins	Thalén	Lecoq	Cornu
J	—	4490	—	
	4477	4479	—	
	—	4472	—	
	—	4471	—	
	4464	4464	—	
	4461	4462	4462	
	—	4461	—	
	—	4460	—	
	—	4458	—	
	4457	44573	—	
	—	4457	—	
	—	44565	—	
	—	44562	—	
	4455	4455	—	
	4452	4452	—	
	4451	4450	—	
	4449	—	—	
	4436	4436	4437	
	—	4435	—	
	4415	4415	4415	
	4281	4281	4282	
	4267	4265	4266	
	4259	4258	4260	
V	**4237**	**4235**	4237	
	—	**4027**	—	
	—	4084	4084	
	—	4080	—	
	—	4063	4063	
	—	4054	4056	
	—	4048	4047	4049
	—	4041	4039	4041
	—	4034	—	4035
	—	4033	—	4034
	—	4032	—	4033
	—	4029	—	4030
	—	3988	—	—
UV				3952
				3881
				3824
				3807

Von W. A. Miller und Schönn sind Linien im Ultravioletten beobachtet aber nicht gemessen. Lockyer hat die Länge der Linien gemessen; die längsten sind: 6021, 6016, 6013, 5516, 5420, 5412, 5406, 5400, 5393, 5377, 5340 und die folgenden bis 4753, 4709, 4227.

Von Liveing und Dewar ist die Umkehrung vieler Linien beobachtet, nämlich von: 4823, 4783, 4753, 4033, 4032, 4029.

2. Bandenspektrum.

Plücker und Hittorf geben an, dass sie von Mn ein Bandenspektrum erhalten haben; es dürfte indess das Spektrum des Oxyds gewesen sein. Dagegen haben Lockyer und Roberts gefunden, dass Mangandämpfe ein Absorptionsspektrum erzeugen, dessen mittlerer Theil kannelirt ist, während das rothe und blaue Ende vollständig absorbirt ist.

Verbindungen.

Das Spektrum von Manganoxyd, ein Bandenspektrum, ist von Simmler zuerst beobachtet, von Watts genauer untersucht, gezeichnet und gemessen worden. Es ist dies das Spektrum, welches die Flamme beim Bessemerprozess zeigt, und daher von grosser technischer Wichtigkeit. Die Banden haben ihren scharfen Rand nach der blauen Seite hin; die Wellenlängen sind nach Watts:

O	6234 Linie	G	5847 Linie	G	5395 Linie	Gr	5018
	6204		5688 Linie		5391		4984
	6185 Linie		5683		5359		4943
	6178		5644	Gr	5229	Bl	4904
	6080 } Linie		5607		5192		4862
	6060 }		5580		5157		4836
	5932 Linie		5433 Linie		5099		4802 Linie
	5909		5423		5052		4783

Lecoq giebt Zeichnung und Messung des Bandenspektrums, welches Manganchlorür in der Flamme zeigt, oder welches Funken von der Lösung des Chlorürs hervorrufen, es scheint ebenfalls das Oxydspektrum zu sein.

Die höhere Oxydationsstufe des Mn, die Mangansäure zeichnet sich durch ein ausgezeichnet charakteristisches Absorptionsspektrum aus, welches bei allen ihren Salzen auftritt[1]). Eine Zeichnung des Absorptionsspektrums des übermangansauren Kali mit Messungen findet sich bei Lecoq. Das Spektrum besteht aus 7 Banden, deren Breite mit der Konzentration oder Dicke der Schicht zunimmt. Die Wellenlängen der Mitten sind:

G	5703	Bl	4861
	5465		4694
Gr	5246		4543
	5045		

[1]) Vergl. Abschnitt II, p. 128.

37. Mo (Molybden).

Litteratur.

W. A. Miller, Phil. Trans. **152** p. 861—887 (1862).
Thalén, Mém. sur la déterm. . . (1868).
Lockyer, Studien zur Spektralanalyse p. 224 (1879).

Es liegen nur Messungen von Thalén vor; Miller hat die ultravioletten Linien photographirt, aber nicht gemessen. Die Wellenlängen sind:

O	**6029**	G	5631	Bl	4868	J	4536
	5888		**5569**		4830		4475
	5857		5540		4818		4434
G	5791		**5532**		4758		4412
	5750		**5505**		4731		4381
	5688		5360		4707		4326
	5649	Gr	4979				4278

Lockyer führt 4 Linien als im Sonnenspektrum umgekehrt an, nämlich: 4730, 4706, 4576, 3902; die beiden letzten sind in Thalén's Liste nicht vorhanden.

38. N (Stickstoff).

Litteratur.

Angström, Pogg. Ann. **94** p. 141—165 (1855).
Plücker, Pogg. Ann. **105** p. 67—84 (1858).
Plücker, Pogg. Ann. **107** p. 497—539 (1859).
v. d. Willigen, Pogg. Ann. **106** p. 610—620 (1859).
Huggins, Phil. Trans. **154** p. 139—160 (1864).
Plücker u. Hittorf, Phil. Trans. **155** p. 1—29 (1865).
Brassak, Abh. der Nat. Ges. zu Halle **10** (1866).
Wüllner, Pogg. Ann. **135** p. 523—527 (1868).
Wüllner, Pogg. Ann. **137** p. 356—361 (1869).
Ditte, C. R. **73** p. 738—742 (1871).
H. C. Vogel, Pogg. Ann. **146** p. 569—585 (1872).
Wüllner, Pogg. Ann. **147** p. 321—353 (1872).
Schuster, Phil. Mag. (4) **54** p. 537—544 (1872) auch Pogg. Ann. **147** 106 bis 112 (1872).
Cailletet, C. R. **74** p. 1281—1285 (1872).
Wüllner, Pogg. Ann. **149** p. 103—112 (1873).
Salet, Ann. de Chim. (4) **28** p. 52—56 (1873).
Lockyer, C. R. **78** p. 1790—1793 (1874).
Salet, C. R. **82** p. 223—226 u. 274—275 (1876) auch Pogg. Ann. **158** p. 329 bis 334 (1876).
Angström u. Thalén Nov. Act. Reg. Soc. Ups. (3) **9** (1875).
Cazin, C. R. **84** p. 1151—1154 (1877).
H. W. Vogel, Berl. Mon. Ber. p. 586—604 (1879).
Wüllner, Wied. Ann. **8** p. 590—823 (1879).
Fievez, Phil. Mag. (5) **9** p. 309—312 (1880).
Schuster, Rep. Brit. Ass. p. 259—262 (1880).
Ciamician, Wien. Ber. **82, 2** p. 425—457 (1880).

Vom Stickstoff sind bekannt ein Linienspektrum und zwei Bandenspektren.

Das Linienspektrum tritt auf, wenn eine starke Entladung durch das Gas hindurchgeht, und seine Linien bilden der Hauptsache nach auch das Luftspektrum. Messungen der Wellenlängen existiren von Huggins und Plücker (beide reduzirt von Watts). Die Zahlen befinden sich beim Spektrum der Luft, bei welchen die betreffenden Linien mit N bezeichnet sind. Die Linien liegen meist auf einem schwach erleuchteten kontinuirlichen Grund, der bei erhöhtem Druck an Helligkeit zunimmt, so dass die Linien allmälig verschwinden; eine Verbreiterung der Linien scheint nicht einzutreten. Der Einfluss des Druckes ist untersucht von Wüllner, Cailletet und Cazin.

Die Bandenspektra zeigen sich bei schwachen Entladungen, und zwar ist das eine im Licht der positiven Elektrode, das zweite im negativen Glimmlicht sichtbar.

Das erste Bandenspektrum wurde von Plücker in einem Kapillarrohr, von v. d. Willigen im Licht der Büschelentladung aufgefunden, und von ihnen dem N zugeschrieben. Schuster fand dann, dass es nicht mehr erscheint, wenn der N mit erhitztem Natrium behandelt wird, und schloss daraus, dass das Bandenspektrum einer Verbindung von N und O angehöre, das Na den O absorbire und daher das Spektrum verschwinde. Salet aber wies nach, dass das Na auch den N absorbirt, und dass man das Bandenspektrum auch bei Gegenwart von Na erhalten kann, wenn dies nur vorher mit N gesättigt ist. Auch Wüllner behauptete die Zugehörigkeit zu N, welche jetzt ziemlich allgemein anerkannt ist; Angström und Thalén freilich schreiben es noch N + O zu. Zeichnungen des Spektrums finden sich bei v. d. Willigen, Plücker und Hittorf, Lecoq, H. W. Vogel, Angström und Thalén, Messungen von Salet, Angström und Thalén, H. C. Vogel und von H. W. Vogel für das Ultraviolett. Das Spektrum macht den Eindruck, als ob es aus zwei übereinanderliegenden Spektren bestände, von denen das eine in R und G, das andere in Gr und Bl liegt. Plücker und Hittorf glauben diese beiden Spektren in der That getrennt zu haben durch verschieden starke Entladungen.

Das zweite Bandenspektrum im Glimmlicht des negativen Pols wurde zuerst von v. d. Willigen beobachtet und gezeichnet. Seine Zugehörigkeit zu N ist unbestritten. Zeichnung und Messung liegt vor von Angström und Thalén und H. C. Vogel.

Eine niedrigere Spektralstufe ist nicht bekannt, indem Stickstoff nach Lockyer keine kontinuirliche Absorption erzeugt.

Die Wellenlängen der Bandenspektra sind folgende:[1])

[1]) Die Messungen der verschiedenen Beobachter lassen sich nur schlecht

Bandenspectrum des positiven Pols.[1])

	Angstr. u. Thal.	Salet	K. W. Vogel	H. C. Vogel		Angstr. u. Thal.	Salet	K. W. Vogel	H. C. Vogel
R	6870	—		—	G	**5831**	—		—
	6786	—		—		**5802**	5802		5802
	6779	6775		—		**5795**	—		—
	6760	—		—		**5781**	—		—
	6701	6700		—		**5752**	—		—
	6693	—		—		**5745**	5748		5741
	6674	—		—		**5731**	—		—
	6622	662		6620		5704	—		—
	6614	—		—		5683	—		—
	6585	—		—		5063	—		—
	6542	654		—		5658	—		—
	6534	—		—		5637	—		—
	6516	—		—		5619	—		—
O	6466	6467		—		5613	—		5607
	6459	—		—		5594	—		—
	6441	—		—		5568	—		5567
	6393	6393		—		5552	—		—
	6385	—		—		5525	—		5532
	6367	—		—		5513	—		—
	6321	6327		—		5506	—		—
	6314	—		—		5494	—		—
	6295	—		—		**5483**	—		—
	6249	6265		—		**5477**	—		5470
	6243	—		—		5473	—		—
	6226	620		—		**5442**	—		—
	6183	—		—		**5437**	—		—
	6175	—		—		**5422**	5417		5428
	6158	6144		—		**5406**	—		—
	6125	—		—		**5402**	—		—
	6119	—		—		**5387**	537		5389
	6102	—		—		5372	—		—
	6066	6087		6063		**5367**	—		—
	6061	—		—		**5353**	532		5353
	6043	603		—	Gr	5340	—		—
	6012	—		—		5306	—		5306
	6005	—		6000		5273	528		5272
	5988	5973		—		5256	—		—
	5957	—		—		5245	—		—
	5951	—		—		5239	—		5237
	5933	—		5948		5227	—		—
	5905	5913		—		**5213**	—		—
	5898	—		5896		**5208**	—		--
	5883	—		—		**5196**	—		—
G	**5853**	586		—		**5183**	—		—
	5846	—		5846		**5179**	—		**5178**

vergleichen, da weder die beiden Bandenspektren immer von einander, noch auch beide von dem Linienspektrum vollständig getrennt erscheinen. Am vollständigsten ist die Trennung der Bandenspektren wohl von Angström u. Thalén durchgeführt.

[1]) Angström und Thalén haben unter den Banden 3 Reihen unterschieden, indem meist je 3 Linien nahe neben einander liegen, von denen sie

	Angstr. u. Thal.	Salet	K. W. Vogel	H. C. Vogel		Angstr. u. Thal.	Salet	K. W. Vogel	H. C. Vogel
Gr	**5166**	—		—	J	—	435	—	4357
	5154	—		—		—	434	4345	4345
	5149	—		—		4271	4273	4278	4273
	5139	—		—				4268	
	5127	—		—	V	—	—	4236	
	5098	—		—		4203	420	4200	
	5066	5065		5066		4144	4138	4141	
	5032	303		—		4098	409	4094	
	4972	4973		4975	V	4063	406	4059	
	4919	491		4913		4002	3995	4000	
Bl	4813	481		4811	UV	3952		3946	
	4722	4715		4721				3918	
	4666	466		4666				3895	
	4649	464		4644				3840	
	4574	4576		**4570**				**3807**	
J	4489	4491		4487				**3762**	
	4417	4413	4416	4417				3713	
	4360	—	—	4363				3670	

Spektrum des negativen Glimmlichts.

	Angstr. u. Thal.	H. C. Vogel		Angstr. u. Thal.	H. C. Vogel
Gr	5228	5224	J	4517	4486
	5150	5147		4281	4273
Bl	4709	4704	V	4239	—
	4654	4646		4203	—
	4601	—		4175	—
	4555	5569			

Verbindungen.

Unter den Verbindungen von N wäre zuerst zu erwähnen NH_3 (Ammoniak).

NH_3 (Ammoniak).

Litteratur.

Plücker, Pogg. Ann. **105** p. 78 (1858).
Mitscherlich, Pogg. Ann. **121** p. 459—488 (1863).
Dibbits, Pogg. Ann. **122** p. 497—545 (1364).
Hofmann, Pogg. Ann. **147** p. 95—101 (1872).
Schuster, Rep. Brit. Ass. (1872).

Plücker konnte im Geissler'schen Rohr das NH_3-Spektrum nicht erhalten, da der Ammoniak dissociirt wurde und das Spektrum von N + H erschien. Es ist dann als Bandenspektrum von Dibbits und Mitscherlich dadurch erhalten worden, dass sie Ammoniak mit Wasserstoff vermischt an der Luft verbrennen liessen, oder noch besser

je eine einer Reihe zutheilen. Salet und H. C. Vogel haben meist nur eine dieser 3 Linien gemessen.

es im Sauerstoffgebläse mit O verbrannten. Ebenso erhielt es Hofmann. Schuster erhielt es auch durch elektrische Entladungen, indem er durch das Geissler'sche Rohr einen dauernden Strom von NH_3 gehen liess; er erhielt dabei nur ein Band von $\lambda = 5680 - 5627$. Zeichnungen finden sich bei Mitscherlich, Dibbits und Hofmann. Ich habe die Zahlenangaben auf Wellenlängen annähernd reduzirt:

	Dibbits	Hofmann		Dibbits	Hofmann
R	723—652	—	G	539—527	
	662	663—659		539	538
	454	—		533	534
	651—633	644—642		527—524	528—526
O	633—629	637—633		523—517	519—616
	624	625—620		514	513
	620	617		508	507—502
	613	613		500—492	498
	606—602	606—603	Gr	492—472	496—495
	599	601	Bl	472	488—485
	597	597		472—418	480—479
	597—571	589			470—469
	582	585—583			467—465
G	576	574—571			461—459
	571		J		455—453
	569—556	559—556			450
	554—540	545—540			447—445

Von den Verbindungen des N mit O giebt N_2O (Stickoxydul) und NO (Stickoxyd) nach Plücker [Pogg. Ann. **105** p. 80—81 (1858)] kein besonderes Spektrum, während Angström und Thalén dem NO das erste Bandenspektrum des N zuschreiben.

Von

NO_2 (Untersalpetersäure)

ist das Bandenspektrum durch Absorption vielfach untersucht.

Litteratur.

Brewster, Pogg. Ann. **28** p. 380 (1833).
Gernez, C. R. **74** p. 465—468 (1872).
Moser, Pogg. Ann. **160** p. 177—199 (1877).
Moser, Wied. Ann. **2** p. 139—140 (1877).
Hasselberg, Mém. de St. Pétersb. (7) **26** (1879).
J. Chappuis, C. R. **94** p. 946—948 (1882).
Weiss, Wien. Ber. 1861.

Das Spektrum ist ein Bandenspektrum, es war das erste Absorptionsspektrum eines Gases, welches bekannt wurde. Eine sehr genaue Zeichnung findet sich bei Hasselberg. Bei steigender Temperatur werden die meisten Banden dunkler, andere aber schwächer; so sollen nach Moser 3 Banden bei C verschwinden. Die Wellenlängen des Spektrums sind nach Hasselberg folgende: (b und e hinter den Zahlen bedeutet: Bande und Linie. Hasselberg unterscheidet im Spektrum verschiedene Gruppen, welche im Folgenden durch Striche von einander getrennt sind:

Absorptionsspektrum der Untersalpetersäure:

R {
6854 l
6828 l
6809 l, 6794 l } b
6773 b
6766 l
6742 b
6735 b
6726 l
6711 l
6703, 6695 } b
6689 b
6680, 6677 } b
6658 b

6558 b
6553 l
6546 b
6526 l
6516 l
6510 l
6502 b
6489 b
6475 b
}

O {
6471, 6465 } b
6461 b
6455 b
6448 b
6438 l
6433 l
6425 l
6417, 6412 } b
6407 l
6398 b
6378 l
6367 b
6360 b
6353 b
6351 l
6341 l
6335 b
6322 b
6311 l
6390 b

6269 l
6263 l
6259 l
6256 l
6251 l
6242 l
6237 l
}

O {
6232 l
6225 b
6218, 6212, 6206, 6202 } b
6197, 6193 } b
6187 l
6176 b
6172 l
6168, 6164 } b
6161 l
6156 b
6141 b
6126 b
6131 b
6115 b
6111 l
6108 l

6090 l
6084 l
6074 l
6068 b
6056 l
6052 b
6043, 6036 } b
6031, 6023 } b
6019 l
6016 l
6013 b
6003 b
5999, 5996 } b
5991, 5987 } b
5978 b
5973 l
5969 l
5962 b

5957 l
5945 b
5936 b
5934 b
5930, 5926 } b
5924 l
5922, 5912 } b
5909, 5903 } b
}

O {
5898 l
5892 l

5878 l
5873 l
5870, 5864 } b
5862, 5857 } b
}

G {
5854 l
5845 l
5840 l
5837 l
5829 b
5819 l
5814 b

5808 l
5805, 5801 } b
5799, 5790, 5784 } b
5777 l
5770 l
5768 l

5753 l
5748 l
5743 b
5737 l
5734 l
5731, 5728 } b
5725, 5720, 5709, 5706, 5704 } b
5700, 5696 } b
5692 l
5689, 5687 } b
5684, 5680, 5671 } b
5664 b

5653 l
5648 l
5646, 5641 } b
5636, 5632 } b
5628 l
5624 l
}

G {
5619 b

5610 l
5606 l
5602 l
5600 l
5588 b
5580 b
5573 l
5565, 5561 } b
5557 l
5554 b
5551 l
5540 b
5538 b
5533, 5531 } b
5528 b

5469 b
5466 l
5463, 5451, 5449 } b
5440 b
5433 b
5430, 5426 } b
5422, 5420, 5418 } b

5412 l
5400 b
5394, 5391 } b
5389 l
5387 l
5384 b
5379 b
5376 l
5364 b
5361 b

5349
}

Gr {
5346, 5343, 5339, 5336 } b (with 5349)
5334, 5332, 5325, 5322, 5315 } b
5313, 5305, 5296 } b
}

Gr:
- 5294, 5288, 5286, 5280, 5278, 5273 } b
- 5271 b
- 5266, 5261 } b
- 5259 b
- 5255, 5248 } b
- 5243 l
- 5240 l
- 5230, 5224 } b
- 5222, 5219, 5215 } b
- 5210, 5204 } b
- 5202, 5200, 5198 } b
- 5195 b
- 5191 b
- 5186 b
- 5178 l
- 5176 l
- 5174, 5171 } b
- 5164 l
- 5157 l
- 5155 l
- 5145 b
- 5137, 5135, 5130 } b
- 5124 l

Gr:
- 5121 l
- 5119 l
- 5118 l
- 5112 b
- 5104 b
- 5101 l
- 5095 b
- 5093 l
- 5090 b
- 5087 b
- 5084, 5082 } b
- 5077 l
- 5074 l
- 5066 l
- 5064 b
- 5061 l
- 5050 b
- 5046 b
- 5041 l
- 5035 l
- 5032, 5029, 5026 } b
- 5024 l
- 5022 l
- 5021 l
- 5019 l
- 5010 l
- 5009 b
- 5003 l
- 5001 b
- 4998 b
- 4978 b
- 4975 l
- 4972, 4966, 4964 } b
- 4901 b

Gr:
- 4954 b
- 4946, 4944, 4942 } b
- 4940, 4938 } b
- 4931 l
- 4929 l

Bl:
- 4927, 4918, 4915 } b
- 4913, 4911 } b
- 4910, 4906 } b
- 4905, 4901 } b
- 4896 b
- 4887 b
- 4883 b
- 4868 b
- 4857 l
- 4850 l
- 4847 l
- 4843, 4842 } b
- 4840, 4838 } b
- 4836 l
- 4831 b
- 4820, 4817, 4814 } b
- 4812 l
- 4810 b
- 4807 b
- 4703 b
- 4797, 4793 } b

Bl:
- 4787 l
- 4784 l
- 4779 b
- 4776, 4774 } b
- 4765 b
- 4760 b
- 4759, 4757 } b
- 4754 b
- 4747 b
- 4745 l
- 4738 b
- 4736 b
- 4731 l
- 4722 b
- 4718, 4716 } b
- 4715, 4712 } b
- 4710 b
- 4708 l
- 4699 b
- 4694 b
- 4688 b
- 4684 b
- 4682, 4678 } b
- 4675 b
- 4665 b
- 4663 b
- 4660 b
- 4657 b
- 4644 b
- 4641 b
- 4631 b

J. Chappuis und Hautefeuille haben gefunden, dass durch Funken in N und O eine Verbindung beider gebildet wird, welche sie acidum pernitricum nennen. Dieselbe zeichnet sich durch ein Absorptionsspektrum mit folgenden Wellenlängen aus (D'Almeida J (2) **1** p. 494 bis 504 [1882]):

R 6680—6650

O { 6390, 6320—6280, 6280—6250 }

O { 6170, 6060, 5980, 5900—5885 }

39. Na (Natrium).

Litteratur.

Swan, Phil. Trans. Roy. Soc. Edinb. **21** (1857).
Kirchhoff u. Bunsen, Pogg. Ann. **110** p. 161—189 (1860).
W. A. Miller, Phil. Trans. **152** p. 861—887 (1862).
Robinson, Phil. Trans. **152** p. 939—986 (1862).
Wolf u. Diacon, Mém. de l'acad. de Montpellier (1862) auch C. R. **55** p. 334—336 (1862).
Huggins, Phil. Trans. **154** p. 139—160 (1864).
Thalén, Mém. sur la déterm... (1868).
Cornu, C. R. **73** p. 332—337 (1871).
Lockyer, Phil. Trans. **163** p. 253—275 (1873).
Roscoe u. Schuster, Proc. Roy. Soc. **22** p. 362—364 (1874).
Lockyer, C. R. **78** p. 1790—1793 (1874).
Lecoq de Boisbaudran, Spectres lumineux p. 52—54 (1874).
Bunsen, Pogg. Ann. **155** p. 366—384 (1875).
Lockyer u. Roberts, Proc. Roy. Soc. **23** p. 344—349 (1875).
Ciamician, Wien. Ber. **76, 2** p. 499—517 (1877).
Ciamician, Wien. Ber. **78, 2** p. 867—890 (1878).
Liveing u. Dewar, Proc. Roy. Soc. **27** p. 132—136 (1878).
Liveing u. Dewar, Proc. Roy. Soc. **28** p. 352—358 (1879).
Lockyer, Proc. Roy. Soc. **29** p. 140 u. 266—272 (1879).
Liveing u. Dewar, Proc. Roy. Soc. **29** p. 398—402 u. 402—406 u. 482 bis 489 (1879).
Schönn, Wied. Ann. **10** p. 143—148 (1880).
Cornu, Spectre Normal (1881).
Abney, Proc. Roy. Soc. **32** p. 443—444 (1881).
Hasselberg, Wied. Ann. **15** p. 45—49 (1882).

1. Linienspektrum.

Das Linienspektrum des Na zeigt sich, wenn man Funken zwischen den festen Elektroden überschlagen lässt, oder durch den Dampf des Metalles. Die Salze sind sehr leicht dissociirbar, so dass stets nur Metalllinien auftreten, mit steigender Temperatur immer kürzere. Da das Kochsalz, Chlornatrium, in der Atmosphäre sehr verbreitet ist, so erhält man beinahe in jeder Flamme bei spektralanalytischen Untersuchungen die längsten Natriumlinien, die Doppellinie D. Dieselbe war daher schon sehr frühzeitig beobachtet worden, aber erst Swan gelang es, mit ziemlicher Sicherheit ihren Ursprung festzustellen; Kirchhoff und Bunsen bestätigten dann, dass die D-linien zu Na gehören. Wolf und Diacon fanden, dass bei höherer Temperatur noch mehr Linien sichtbar werden, und seitdem ist das Na-Spektrum noch vielfach untersucht worden; namentlich sind Huggins, Thalén, Lecoq, Liveing und

Dewar, Lockyer zu nennen. Abney hat zwei Linien im Ultraroth gefunden; Lockyer hat die Länge der Linien untersucht, Cornu und Liveing und Dewar die Umkehrung vieler Linien beobachtet. Dabei ist sowohl von Cornu, als von Liveing und Dewar je eine neue Linie gefunden, die im Emissionsspektrum nicht bekannt ist. Das Spektrum zeigt die sehr charakteristische Gesetzmässigkeit, dass stets zwei Linien dicht neben einander liegen, deren Abstand von R nach Bl hin immer kleiner wird. Die Wellenlängen sind:

	Huggins	Thalén	Lecoq	Abney	Liv. u. Dew.	Cornu	Schönn
UR	—	—	—	8199 8187	—		
O	6155 6149	6160 6154	6156	—	6160 6154		
	D_1 5895 D_2 5889	5895 5889	5892	—	—		
G	5687 5681	5687 5681	5687	—	—		
	—	—	5666	—	5674 5669		
Gr	5154 5149	5155 5153	5150	—	5155 5152		
	4985	4983	4982	—	4983 4982		
Bl	—	—	4751	—	—		
	—	—	4670	—	4667 4664		
J	—	—	—	—	44964 44945		
	—	—	—	—	4423 44195		
	—	—	—	—	4343 Band		
	—	—	—	—	4325 Band		
UV	—	—	—	—	—	33013 33008	33016

Cornu hat ausser der D-Linie noch eine Linie 422 umgekehrt; Liveing und Dewar haben bei der Umkehrung die neue Linie 5730 erhalten.

Die Länge der Linien ist folgende: 5895 und 5889, 5687 und 5681, 6160 und 6154, 5155 und 5152, 4983 und 4982 u. s. w.

Lockyer hat am Natriumdampf ganz eigenthümliche Beobachtungen gemacht, aus denen er auf die Zerlegbarkeit des Na schliesst; durch andauerndes Erhitzen erhielt er den Natriumdampf in verschieden gefärbten Schichten, die verschiedene Spektra zeigten, z. B. nur die rothen und grünen Linien ohne die gelben.

Die Natriumlinien, namentlich die D-Linie verbreitert sich ungemein leicht mit wachsendem Druck (Ciamician 1878); dabei kehren sich die

Dämpfe auch sehr leicht selbst um, indem die äusseren kühleren Schichten das von innen kommende Licht absorbiren. Das Na zeigt wegen seines grossen Emissions- und Absorptionsvermögens für das Licht der D-Linie auch sehr leicht noch komplizirtere Umkehrungserscheinungen: so kann die helle Linie übergehen in die dunkle verbreiterte Linie; dann kann diese in der Mitte gespalten werden und dort wieder die helle Linie erscheinen, wenn die Emission der mittleren Flammentheile gar zu sehr überwiegt; endlich kommt es vor, dass auch in dieser mittleren hellen Linie abermals eine dunkle Absorptionslinie entsteht, so dass wir in der Mitte eine dunkle Linie haben, zu beiden Seiten helle Streifen, die wieder von dunklen eingefasst sind; so erscheint mitunter das Spektrum in Sonnenflecken.

2. Bandenspektrum.

Dasselbe wurde zuerst von Roscoe und Schuster als Absorptionsspektrum beobachtet; bald darauf beschäftigte sich Lockyer, endlich Liveing und Dewar mit der Absorption durch Na-Dämpfe und fanden auch das Bandenspektrum. Das Bandenspektrum ist von Roscoe und Schuster gemessen, die Wellenlängen der scharfen Kanten der Banden, welche nach dem rothen Ende zu liegen, sind:

R	6668	O	6361	O	6105	O	5999	Gr	4964
	6616		6272		6092	Gr	5150		4927
	6552		6235		6071		5129		4889
	6499		6192		6051		5082	Bl	4863
O	6450		6162		6035		5038		4832
	6305		6149		6016		5002		4810

Lockyer unterscheidet bei den Absorptionserscheinungen 4 Stufen, welche bei steigender Temperatur erreicht werden; sie sind:

1. Absorption der D-Linie,
2. Kontinuirliche Absorption des ganzen Spektrums,
3. Kontinuirliche Absorption auf der einen oder andern Seite der D-Linie,
4. Bandenspektrum.

Liveing und Dewar beschrieben die Erscheinungen bei abnehmender Dampfdichte folgendermaassen: bei grosser Dichte ist das ganze Spektrum kontinuirlich absorbirt; dann erscheint ein blaues Band ($\lambda = 4500$), dann ein grünes ($\lambda = 5420$); dies wird dann getheilt durch eine Linie bei ($\lambda = 5510$); dann erscheinen auch im Roth und Grün Linien, worauf das kannelirte Spektrum zwischen Grün und Blau, dann auch im Roth auftritt. Dann werden die Banden schwächer, es bleiben nur die Linien im Gelb und Grün, endlich nur die D-Linien.

40. Nb (Niob).

Messungen über dies Element sind noch nicht vorhanden; Thalén giebt an, die Linien seien zur Messung zu schwach.

41. Ni (Nickel).

Litteratur.

Kirchhoff, Untersuchungen über das Sonnenspektrum (1861).
W. A. Miller, Phil. Trans. **152** p. 861—887 (1862).
Robinson, Phil. Trans. **152** p. 939—986 (1862).
Thalén, Mém. sur la déterm. . . (1868).
Lockyer, Phil. Trans. **163** p. 253—275 (1873).
Lecoq de Boisbaudran, Spectres lumineux p. 133—138 (1874).
Lockyer u. Roberts, Proc. Roy. Soc. **23** p. 344—349 (1875).
Ciamician, Wien. Ber. **76, 2** p. 499—517 (1877).
Cornu, Spectre Normal (1881).
Hartley, Chem. News **43** p. 287 (1881).
Hartley, Trans. Dubl. Soc. (2) **1** (1882).

Linienspektrum.

Das Nickel zeigt ein Linienspektrum, wenn Funken zwischen den festen Elektroden überspringen, oder wenn man eine Lösung des Chlorürs als negative Elektrode nimmt (Lecoq). Die Linien sind gemessen von Kirchhoff und Thalén, sehr viel mehr von Lecoq; die ultravioletten Linien sind zuerst von Miller photographirt, Cornu giebt die Wellenlängen vieler derselben; auch Hartley hat den ultravioletten Theil des Spektrums photographirt. Lockyer hat die Länge der Linien gemessen.

Die Wellenlängen sind:

	Thalén	Kirchhoff	Lecoq		Thalén	Kirchhoff	Lecoq
O	—	—	6315	G	—	—	5827
	—	—	6261		—	—	5301
	6176	6176	6177		—	—	5756
		6175			—	—	5716
	6115	6116	—		—	—	5695
	6108	6108	6108		—	—	5681
	5892	**5891**	—		—	—	5508
	5857	5856	5857		5476	5477	**5476**
					—	—	5434
					—	—	5426

	Thalén	Kirch-hoff	Lecoq		Thalén	Kirch-hoff	Lecoq
G	—	—	5416	Bl	**4865**	**4865**	4867
	—	—	5370		**4855**	**4854**	4856
Gr	5176	5176	5178		4830	4831	4832
	5168	5168	5169		4828	4828	—
	5155	5154	5156		—	—	4808
	—	—	5144		4786	4786	4788
	5142	5141	5143		—	—	4762
	5137	5136	—		4755	4755	4755
	—	—	5129		—	—	4732
	5115	5115	5115		**4714**	**4714**	**4715**
	5100	5099	5101		—	—	4704
	5099	5098	—		—	—	4687
	5081	5081	**5081**		—	—	4668
	5080	5080	—		4647	4647	4647
	—	—	5048		—	—	4629
	5035	5035	**5036**		—	—	4606
	5017	5017	**5017**		—	—	4594
	—	—	4998	J	—	—	4571
	4983	4983	**4984**		—	—	4550
	4980	4979	—		—	—	4471
	—	—	4950		—	—	4461
	4935	4935	4936		4402	—	**4401**
Bl	4918	4918	4918		—	—	4327
	4904	4904	4905		—	—	4309
	4873	**4873**	4873		—	—	4288

Cornu

UV	UV	UV	UV	UV	UV
3641	3470	3413	33645	3242	3053
3617	3462	3391	33638	3231	3050
3573	3458	3390	33603	3213	3037
3571	3446	3379	33596	31344	3030
3565	3436	3373	33208	31340	3011
3524	3432	3372	33204	31008	3003
3515	3422	3371	3313	31005	3002
3510	3420	3368	3310	3056	2992
3492	3419	33654	3249		

Die Linien lassen sich nach Lockyer folgendermaassen nach abnehmender Länge ordnen:

4402, 4714, 4576, 5081, 6156, 5100, 5098, 5080, 4935, 4904, 4855, 4755, 4647 u. s. w.

Lockyer und Roberts haben gefunden, dass Nickeldämpfe eine schwache kontinuirliche Absorption des blauen Lichtes bewirken.

42. O (Sauerstoff).

Litteratur.

Angström, Pogg. Ann. **94** p. 141—165 (1855).
Plücker, Pogg. Ann. **105** p. 67—84 (1858).
Plücker, Pogg. Ann. **107** p. 497—539 (1859).
Huggins, Phil. Trans. **154** p. 139—160 (1864).
Plücker u. Hittorf, Phil. Trans. **155** p. 1—29 (1865).
Brassak, Abh. der Nat. Ges. zu Halle **10** (1866).
Wüllner, Pogg. Ann **135** p. 514—523 (1868).
Wüllner, Pogg. Ann. **137** p. 350—356 (1869).
Lecoq de Boisbaudran, C. R. **70** p. 1090—1091 (1870).
Wüllner, Pogg. Ann. **144** p. 481—525 (1872).
Angström, Pogg. Ann. **144** p. 300—307 (1872).
H. C. Vogel, Pogg. Ann. **146** p. 569—585 (1872).
Wüllner, Pogg. Ann. **147** p. 321—353 (1872).
Salet, Ann. de Chim. (4) **28** p. 35—37 (1873).
Angström u. Thalén, Nov. Act. Reg. Soc. Up. (3) **9** (1875).
Schuster, Nat. **17** p. 148—149 (1877).
Schuster, Proc. Roy. Soc. **27** p. 383—388 (1878).
Paalzow, Wied. Ann. **7** p. 130—135 (1879).
Schuster, Wied. Ann. **7** p. 670—673 (1879).
Wüllner, Wied. Ann. **8** p. 253—266 (1879).
Schuster, Phil. Trans. **170** p. 37—54 (1879).
Ciamician, Wien. Ber. **82, 2** p. 425—457 (1880).
Paalzow u. H. W. Vogel, Wied. Ann. **13** p. 336—338 (1881).
P. Smyth, Trans. Edinb. Roy. Soc. **30** (1882).

J. Chappuis, C. R. **91** p. 985—986 (1880).
Hartley, J. Chem. Soc. p. 57—60 (1881).
J. Chappuis, C. R. **94** p. 858—860 (1882).
J. Chappuis, D'Almeida J. (2) **1** p. 494—504 (1882).

H. Draper, Sill. J. **14** p. 89—96 (1877).
J. Ch. Draper, Sill. J. **16** p. 256—265 (1878).

Für den Sauerstoff sind 4 verschiedene Spektra bekannt, nämlich zwei Linienspektra, ein Bandenspektrum und ein kontinuirliches Spektrum. Die genauesten Untersuchungen über O sind von Schuster ausgeführt, welcher die Linienspektra als das elementare Linienspektrum und als das zusammengesetzte Linienspektrum unterscheidet. Das elementare Linienspektrum erhält man bei der höchsten Temperatur, also bei Entladungen mit Leidener Flasche und Funkenstrecke. Die Linien sind gemessen von Huggins, Plücker und Hittorff, Thalén, Salet, Wüllner, Angström und Thalén, Schuster. Zeichnungen finden sich bei allen genannten Forschern ausser Wüllner und Salet.

Bei niedrigerer Temperatur und geringerer Dichte verschwindet das erste Linienspektrum, um dem zusammengesetzten Linienspektrum Platz zu machen, welches aus 4 Linien besteht. Die Linien desselben sind zuerst von Plücker (1859) und von Wüllner beobachtet worden, welche aber die beiden Linienspektra nicht getrennt haben. Schuster hat 1877 gezeigt, dass diese Trennung möglich ist. Die Linien mit Ausnahme der blauen verbreitern sich sehr stark mit zunehmendem Druck, so dass das Spektrum nahezu, aber nach Wüllner nie ganz, kontinuirlich wird; die Verbreiterung findet stärker nach dem rothen Ende des Spektrums statt. Messungen sind vorhanden von Plücker, H. C. Vogel, Wüllner, Paalzow und H. W. Vogel und Schuster, bei Paalzow und Vogel und letzterem ist auch eine Zeichnung. P. Smyth hat neuerdings noch eine fünfte starke Linie und einige schwächere in diesem Spektrum entdeckt; nach ihm sind 4 von den starken Linien dreifache Linien.

Das Bandenspektrum ist im Licht des negativen Pols zuerst von Wüllner (1872) gefunden worden; es besteht aus 3 rothen und 2 grünen Banden; die erste rothe Bande ist sehr lichtschwach, sie ist gemessen von Paalzow und Vogel, welche auch im Ultravioletten neue Linien des Spektrums aufgefunden haben, die aber dem elementaren Linienspektrum anzugehören scheinen und dort angegeben sind.

Das kontinuirliche Spektrum erscheint bei der niedrigsten Temperatur, bei welcher O überhaupt leuchtend wird; es erscheint in den weiten Theilen der Geissler'schen Röhren, und ist selbst bei Atmosphärendruck sichtbar, wenn die Funken sehr schwach sind; das Gas leuchtet dabei in gelbem Lichte. Schuster beschreibt den allmäligen Uebergang der 4 Spektra in einander folgendermaassen[1]):

Die Erscheinungen in einem Geissler'schen Rohr bei allmäligem Evakuiren sind folgende: Zuerst hat der Funke gelbe Farbe, das Spektrum ist vollkommen kontinuirlich. Sehr bald werden die 4 Linien des zusammengesetzten Linienspektrums auf dem kontinuirlichen Grunde sichtbar. Die Entladung geht noch als Funke durch die Röhre; in den weiten Theilen ist das kontinuirliche Spektrum noch sichtbar und dehnt sich weiter nach roth und blau aus, als im kapillaren Theil. Bei abnehmendem Druck werden die Linien schwächer, der Funke wird breiter und daher auch das kontinuirliche Spektrum schwächer. Wenn der Druck klein wird, verschwindet das kontinuirliche Spektrum, während das Bandenspektrum sich vom negativen Pol aus in die Kapillare verbreitet und auf der positiven Seite die 4 Linien sichtbar sind. Schaltet man jetzt eine Leidener Flasche und eine Luftstrecke ein, so wird das zusammengesetzte Linienspektrum durch das elementare ersetzt; ein Ein- und Ausschalten der Luftstrecke bringt stets das elementare und das zusammengesetzte Spektrum hervor.

---

[1]) Schuster, Phil. Trans. **170** p. 51.

Die Wellenlängen der 3 Spektra sind folgende:

1) Elementares Linienspektrum.

	Schuster	Salet	Huggins	Plücker	Paalz u. Vogel	H. C. Vogel
	—	645	—	6452	645	—
O	—	6171	6171	6170	—	6146
	—	612	—	6118	603	—
	—	—	—	—	543	5603
	5205	521	5205	5340	532	5332
	5190	—	5190	5190	—	5189
	5175	5178	—	5178	—	—
Gr	5159	5161	5163	5161	—	—
	—	—	—	5144	—	—
	4954	—	4953	4954	500	—
	4942	4941	4943	4941	497	—
	4940	—	—	—	—	—
	4924	4924	4925	4925	—	—
	4906	4906	4907	4900	—	—
	4890	489	4892	4884	—	—
	4871	487	4872	4866	—	4870
	4864	—	—	4862	—	4863
	4860	486	—	4856	—	—
	4856	—	—	4850	—	—
	4850	485	4853	4848	—	—
	4842	—	—	—	—	4829
	4750	—	—	4754	—	—
	4741	—	—	4744	—	—
	4709	4712	—	4711	—	—
	4705	4706	4705	4706	—	—
Bl	**4699**	4698	4699	4698	—	—
	4696	469	—	4690	—	—
	4675	4675	4677	4775	—	—
	4673	—	—	—	—	—
	4661	4662	4662	4662	—	—
	4649	—	—	—	—	—
	4648	4649	4648	4649	465	—
	4641	4641	4640	4640	464	—
	4637	doppelt	—	4639	—	—
	4608	—	—	—	—	—
	4606	—	—	—	—	—
	4595	4596	4596	4600	—	—
	4590	4590	4588	4593	459	4583
	4469	4475	—	4474	—	4506
	4465	4467	4467	4468	—	—
	4453	4455	—	4457	—	
	4448	4450	—	4450	—	
	4443	4443	—	4443	—	
	4417	4418	4416	4418	—	
	4415	4414	4414	4414	441	
J	4396	—	—	4398	—	
	4366	4368	4364	4367	437	4372
	4354	—	—	—	—	
	4349	4348	4347	4348	—	
	4347	doppelt	—	4347	—	
	4345	—	—	—	—	

	Schuster	Salet	Huggins	Plücker	Paalz u. Vogel	H. C. Vogel
J	4341	—	—	4341	434	
	4337	4333	—	4334	—	
	4319	4318	—	4327	—	
	4317	doppelt	4318	4320	—	
	—	—	—	4317	432	
V	—	419	4190	4190	—	
	—	4184	4183	4171	418	
	—	4155	—	4158	—	
	—	4149	4149	4147	—	
	—	—	—	4136	—	
	—	—	—	4126	—	
	—	4123	4117	4117	—	
	—	—	—	4104	—	
	—	—	—	4094	—	
	—	—	—	4086	—	
	—	4076	—	4085	—	
	—	4074	4073	4072	407	
UV	—	—	—	—	396	
	—	—	—	—	393	

2) Zusammengesetztes Linienspektrum.

	Schuster	Paalz u. Vogel
O	615686	615
G	543555	543
Gr	532941	532
J	436762	436

3) Bandenspektrum des negativen Pols.

O	6010 5960	G	5630 5553
	5900 5840		
G	5840	Gr	5292 5205

Schuster giebt von den zwei letzten Banden folgende genauere Messungen der einzelnen Linien.

56296	55860	55584	52695	52312
56188	55765	55528	52627	52253
56112	55758	52925	52550	52169
56012	55701	52844	52477	52133
55914	55645	52769	52390	52050

Von dem Sauerstoff ist eine allotrope Modifikation bekannt, das Ozon; dasselbe zeigt ein besonderes Absorptionsspektrum, welches von Chappuis und Hartley beobachtet ist. Die Wellenlängen desselben sind nach Chappuis:

O	1) 6285 2) 6095—5935	B	8) 4845—4790 9) 4700—4685 10) 4645—4600
G	3) 5770—5600 4) 5470—5445	J	11) 4400
Gr	5) 5350—5270 6) 5085—5020 7) 4925—4910		

Mit wachsender Dicke der absorbirenden Schicht erscheinen immer mehr Banden, ebenso bei zunehmendem Druck; die Reihenfolge in der die Banden erscheinen, ist: 2 und 3; 5, 6 und 8; 10 und 11; 4, 7 und 9; 1. Die Banden werden stärker bei abnehmender Temperatur. Flüssiges Ozon zeigt dasselbe Absorptionsspektrum.

Nach Hartley absorbirt das Ozon noch die Wellen, deren Länge zwischen der 17ten und 23sten Kadmiumlinie liegt; die mittlere Wellenlänge dieses Absorptionsstreifens ist $\lambda = 2560$.

Die Anwesenheit von O in der Sonne ist noch sehr zweifelhaft und unwahrscheinlich. Nach Schuster sind die drei ersten Linien des zusammengesetzten Linienspektrums in der Sonne umgekehrt; nach H. Draper finden sich Sauerstofflinien als helle Linien im Spektrum, nach J. Ch. Draper als dunkle Linien. Näheres ist schon bei Besprechung des Sonnenspektrums angegeben.

43. Os (Osmium).

Litteratur.

Huggins, Phil. Trans. **154** p. 139—160 (1864).
Thalén, Mém. sur la déterm. . . (1868).

Für das Osmium hat nur Huggins die Wellenlängen genauer bestimmt; Thalén hat nur die stärkste Linie gemessen. Die Wellenlängen sind:

O	6460	Gr	5201
	6280		5073
	5991	J	4550
	5858		4419
G	5777		4357
	5719		4311
	5582		4294
	5521		4260
	5440		
	5414		

(4422 Thalén)

44. P (Phosphor).

Litteratur.

Plücker, Pogg. Ann. **107** p. 497—539 (1859).
Séguin, C. R. **53** p. 1272—1274 (1861).
Christofle u. Beilstein, C. R. **56** p. 399 (1863).
Mitscherlich, Pogg. Ann. **121** p. 459—488 (1863).
Mulder, J. für prakt. Chemie **91** p. 111—113 (1864).
Christofle u. Beilstein, Ann. de Chim. (4) **3** p. 280—283 (1864).
Plücker u. Hittorf, Phil. Trans. **155** p. 1—29 (1865).
Salet, C. R. **73** p. 1056—1059 (1871).

Salet, Ann. de Chim. (4) **28** p. 56—59 (1874).
Lockyer, C. R. **78** p. 1790 - 1793 (1874).
Lockyer, Proc. Roy. Soc. **22** p. 374 (1874).
Lecoq de Boisbaudran, Spectres lumineux p. 187—191 (1874).
Ciamician, Wien. Ber. **76, 2** p. 499—517 (1877).
Ciamician, Wien. Ber. **77, 2** p. 839—841. (1878).
Lockyer, C. R. **89** p. 514—515 (1879).
Schuster, Rep. Brit. Ass. p. 273—274 (1880).
Ciamician, Wien. Ber. **82, 2** p. 425—457 (1880).

1. Linienspektrum.

Man kann das Linienspektrum des Phosphors erhalten, indem man Wasserstoff mit Phosphordampf mischt und bei Atmosphärendruck Funken hindurch schlagen lässt (Séguin), oder indem man in einem evakuirten Geissler'schen Rohr Phosphordämpfe entwickelt und durch sie Funken gehen lässt (Plücker und Hittorf). Ciamician findet, dass vermehrter Druck das Aussehen der Linien nicht verändert. Die Wellenlängen sind:

	Pl. u. Hitt	Salet		Pl. u. Hitt	Salet		Pl. u. Hitt	Salet
R	6505	651		5589	559		**5243**	5245
	6457	646		5552	5545	Gr	5178	—
	6433	—		5500	5505		4972	4935
	6370	—		5486	—		**4600**	460
	6200	—		5480	—	Bl	**4588**	459
	6173	—	G	5462	5463		4562	—
	6100	—		5452	—		4554	
O	6071	—		**5420**	542		4532	—
	6057	—		5402	—		4526	
	6043	6038		5381	—		4503	—
	6032	6017		5358	5365	J	4499	
	5990	—		5337	533		4477	—
	5964	—	Gr	5306	—		4477	—
G	5601	—		**5284**	5283		4468	

2. Bandenspektrum.

Christofle und Beilstein fanden, dass wenn man in einen Wasserstoffentwickelungsapparat etwas Phosphor wirft, die Wasserstoffflamme grün gefärbt erscheint und ein Bandenspektrum liefert. Das Spektrum wird nach Salet viel heller, wenn man die Flamme abkühlt, indem man sie gegen eine kalte Platte brennen lässt, oder mit einem kalten Luftstrom umgiebt; namentlich die grünen und rothen Banden werden dadurch verstärkt. Wird dem Wasserstoff viel P beigemischt, so werden die Banden unscharf. Lässt man Wasserstoff durch eine Röhre streichen, in der sich warme Phosphorstücke befinden, so erscheint der Wasserstoff nach Salet an der Mündung der Röhre grünlich gelb, flammenartig, ohne Wärme zu erzeugen; das Spektrum zeigt auf kontinuirlichem Grund die hellsten Banden. Salet und Lecoq geben Zeichnungen und Messungen dieses Spektrums. Schuster hält es für das Spektrum einer Verbindung.

Lockyer hat in seinem Eisenrohr ein Absorptionsspektrum des P beobachtet, welches im Blau kontinuirlich, sonst kannelirt war; Messungen sind von ihm nicht gegeben.

Die Wellenlänge des Bandenspektrums sind:

	Salet	Lecoq		Salet	Lecoq
O	609	—	Gr	**525**	**5263**
O	599	5994	Gr	**511**	**5106**
O	**590**	—	Gr	503	5024
G	584	—	Bl	491	4890
G	576	—	Bl	478	—
G	**559**	**5605**	Bl	470	—
G	552	5538			
G	547	4436			

Lockyer (1879) glaubt annehmen zu müssen, dass der P ein zusammengesetzter Körper sei.

45. Pb (Blei).

Litteratur.

Angström, Pogg. Ann. **94** p. 141—165 (1855).
Kirchhoff, Untersuchungen üb. d. Sonnensp. (1861).
W. A. Miller, Phil. Trans. **152** p. 861—887 (1862).
Robinson, Phil. Trans. **152** p. 939—986 (1862).
Mitscherlich, Pogg. Ann. **121** p. 468 (1863).
Huggins, Phil. Trans. **154** p. 139—160 (1864).
Plücker u. Hittorf, Phil. Trans. **155** p. 25—26 (1865).
Brassak, Abh. d. naturf. Ges. zu Halle **9** p. 3—16 (1866).
Thalén, Mém. sur la déterm... (1868).
Cornu, C. R. **73** p. 332—337 (1871).
Leeds, Quarterly J. of Science (2) **1** No. 29 p. 59 (1871).
Lockyer, Phil. Trans. **163** p. 253—275 u. 639—658 (1873).
Lecoq de Boisbaudran, Spectres lumineux p. 147—150 (1874).
Lockyer u. Roberts, Proc. Roy. Soc. **23** p. 344—349 (1875).
Ciamician, Wien. Ber. **76, 2** p. 499—517 (1877).
Liveing u. Dewar, Proc. Roy. Soc. **29** p. 402—406 (1879).
Lockyer, Studien zur Spektralanalyse p. 141—142 (1879).
Hartley, Trans. Dubl. Soc. (2) **1** (1882).

1. Linienspektrum.

Dasselbe erhält man durch Funken zwischen Metallelektroden, am besten in einer Wasserstoffatmosphäre, da sonst die Banden des Oxyds mit erscheinen. Plücker und Hittorf bemerken, dass sie auch in einem Geissler'schen Rohr, in welchem Dämpfe des Chlorids vorhanden waren, die Linien erhalten haben. — Die Länge der Linien ist durch Lockyer bestimmt worden, Cornu und Liveing und Dewar haben die Umkehrung einiger Linien beobachtet.

Messungen liegen vor von Kirchhoff, Thalén, Huggins und Lecoq; das ultraviolette Spektrum hat Hartley photographirt. Die Wellenlängen sind:

	Kirchhoff	Huggins	Thalén	Lecoq		Kirchhoff	Huggins	Thalén	Lecoq
R	—	6790	—	—	Gr	—	5274	5275	—
	6657	**6655**	**6656**	—		—	—	5207	—
G	6452	—	6452	—		—	5199	5201	**5201**
	—	—	6059	—		—	—	5189	—
	6041	—	6040	—		—	—	5163	—
	6039	6034	—	—		5045	5044	5045	5044
	—	—	6009	—		5042	—	—	—
	6003	5997	6002	6001		—	—	5005	**5003**
	6001	—	—	—		—	—	4802	—
	—	5895	5895	—	Bl	—	—	4797	—
	—	5876	5874	—		—	4763	4760	—
Gr	—	5853	5857	—		—	—	4573	—
	—	5823	—	—	J	—	—	4402	—
	—	5776	5779	—		4387	**4386**	**4387**	4386
	5608	**5608**	**5607**	**5607**		4386	—	—	—
	5607	—	—	—		—	4271	—	—
	5547	5548	5546	5544		—	4247	4246	—
	5543	—	—	—	V	—	**4066**	**4168**	4167
	—	—	5524	—		—	—	4063	—
	5374	5372	**5372**	5370		—	—	4058	**4056**
	5372	—	—	—					

Die Länge der Linien ist nach abnehmender Grösse:

4062, 5607, 4058, 6656, 5372, 5546 u. s. w.

Cornu hat 4062 umgekehrt, Liveing und Dewar: 4058 und 4062.

2. Kontinuirliches Spektrum.

Lockyer und Roberts beobachteten, dass Bleidämpfe bei niedriger Temperatur das rothe und blaue Ende des Spektrums kontinuirlich absorbiren, bei höherer Temperatur das ganze Spektrum.

Verbindungen.

Sämmtliche Salze zeigen, wie schon Mitscherlich und Plücker und Hittorf fanden, dasselbe Spektrum, nämlich das des Oxyds. Bei starken Entladungen zwischen Elektroden aus den Salzen werden ausserdem die längsten Linien des Metalls sichtbar. Das Spektrum des Oxyds ist annähernd von Lecoq beschrieben: es ist ein kannelirtes Spektrum, die scharfen Ränder der Banden liegen nach dem Roth hin.

46. Pd (Palladium).

Litteratur.

Kirchhoff, Untersuchungen üb. d. Sonnensp. (1861).
W. A. Miller, Phil. Trans. **152** p. 861—887 (1862).
Robinson, Phil. Trans. **152** p. 939—986 (1862).
Huggins, Phil. Trans. **154** p. 139—160 (1864).
Thalén, Mém. sur la déterm.... (1868).
Lecoq de Boisbaudran, Spectres lumineux p. 184—187 (1874).
Lockyer u. Roberts, Proc. Roy. Soc. **23** p. 344—349 (1875).
Ciamician, Wien. Ber. **76, 2** p. 499—517 (1877).
Hartley, Trans. Dubl. Soc. (2) **1** (1882).

1. Linienspektrum.

Man kann das Linienspektrum des Pd durch Funken zwischen Metallelektroden erhalten; es sind sehr kräftige Entladungen nöthig, wenn nicht das Luftspektrum überwiegen soll. Einfacher erhält man das Pd-Spektrum durch Funken aus der Lösung des Chlorürs (Lecoq). Die ultravioletten Linien hat Hartley photographirt. Die Wellenlängen sind:

	Huggins	Thalén	Kirch-hoff	Lecoq		Huggins	Thalén	Kirch-hoff	Lecoq
R	—	—	—	6778		5512	—	—	—
	6381	—	—	—		—	—	—	5495
	6248	—	—	—	G	5465	—	—	—
	—	—	—	6177		5436	—	—	5432
O	6125	6129	6130	6129		5394	5394	5393	**5393**
	5903	—	—	—		5359	5362	5362	5361
	5888					5342	5345	5344	5345
	5866	—	—	—		5310	—	5313	5309
	5854	—	—	—		**5292**	**5295**	**5294**	5294
	5823	—	—	—		5254	5257	5255	5257
	5805	—	—	—		5249	—	—	—
	5787	—	—	—		5233	5234	4234	5234
	5737	—	5737	5736	Gr	5209	5208	5207	5210
	5733	—	—	—		**5163**	**5163**	**5163**	**5165**
	—	5694	5694	**5696**		5116	5117	—	**5118**
	5669	5668	5669	**5668**		5110	5110	5110	5111
	5653	5651	—	5652		5062	—	5062	5063
G	5638	5640	5643	5640		—	—	—	4969
	5630	5618	—	5617		—	—	—	4917
	5614				Bl	4876	4875	4874	4874
	5607	—	—	—		4818	4817	4820	4818
	5599	—	—	5601		—	4787	4787	4788
	5587	—	—	—	J	4474	4474	—	4475
	5564	—	—	—		—	4278	—	—
	5546	5546	5545	**5547**		4212	4213	—	**4214**
	5540	5542	5540	—	V	—	—	—	4170
	—	—	5529	5528		—	—	—	4088

2. Kontinuirliches Spektrum.

Lockyer und Roberts haben gefunden, dass Pd-Dämpfe das Blau kontinuirlich absorbiren.

47. Pp (Philippium).

Litteratur.

Roscoe u. Schuster, J. chem. Soc. p. 283—287 (1882).
Weitere Litteratur siehe bei Er.

Die Existenz dieses Elementes ist noch zweifelhaft; seine Salze zeigen kein Absorptionsspektrum; dagegen zeigen sie nach Roscoe und Schuster in Emission eine Linie ($\lambda = 49566$), welche auch bei Yttrium und Terbium auftrat, stärker als diese, so dass die Linie dem Pp angehören könnte.

48. Pt (Platin).

Litteratur.

Angström, Pogg. Ann. **94** p. 141—165 (1855).
Kirchhoff, Untersuchungen üb. d. Sonnensp. (1861).
W. A. Miller, Phil. Trans. **152** p. 861—887 (1862).
Robinson, Phil. Trans. **152** p. 939—986 (1862).
Huggins, Phil. Trans. **154** p. 139—160 (1864).
Thalén, Mém. sur la détermination.... (1868).
Cornu, C. R. **73** p. 332—337 (1871).
Lecoq de Boisbaudran, Spectres lumineux p. 181—184 (1874).
Ciamician, Wien. Ber. **76, 2** p. 499—517 (1877).
Gouy, C. R. **85** p. 439—442 (1877).

Linienspektrum.

Dasselbe ist zwischen Metallelektroden nur durch sehr starke Entladungen zu erhalten. Sehr leicht entsteht es durch Funken nach einer Lösung des Chlorids (Lecoq). Gouy erhält es, indem er dem Gas des Bunsenbrenners Platinchlorür beimischt. Cornu hat eine Linie (535?) umgekehrt gesehen. Die Wellenlängen sind:

	Huggins	Thalén	Kirchhoff	Lecoq
R	—	—	—	6757
R	—	6522	6522	6521
O	6347	—	—	—
O	—	—	—	6219
O	6015	—	—	6022
O	—	—	5994	—
O	—	—	5988	—
O	—	—	5986	—
O	—	—	5983	5984
O	5979	—	5980	—
O	—	—	5977	—
O	5964	5964	5964	—
G	—	—	5954	—
G	5952	—	5952	—
G	5840	5845	—	5845
G	5835	5835	—	—
G	5800	5806	—	—
G	—	—	—	5758
G	5477	5478	5475	**5476**
G	—	5476	—	—
G	5389	5390	—	**5390**
G	5367	5368	—	5367

	Huggins	Thalén	Kirchhoff	Lecoq
Gr	**5299**	**5302**	5301 5300	**5302**
Gr	5226	5226	5226	**5228**
Gr	5196	5198	—	—
Gr	5059	5060	5060 5059	**5059**
Gr	—	—	—	4999
B	—	4879	4878	4880
B	—	4852	—	—
B	—	4803	—	—
B	—	—	—	4659
J	4553	4552	4551	4554
J	4521	—	4518	4524
J	4499	4498	4497	4501
J	4444	4442	4442	4442
J	—	—	—	4415
J	—	4389	—	4390
J	4327	4327	—	4327
V	—	—	—	4199
V	—	—	—	4165
V	—	—	—	4118

49. Rb (Rubidium).

Litteratur.

Kirchhoff u. Bunsen, Pogg. Ann. **113** p. 337—381 (1861).
Thalén, Mém. sur la déterm.... (1868).
Lecoq de Boisbaudran, Spectres lumineux p. 46—47 (1874).
Bunsen, Pogg. Ann. **155** p. 230—252 u. 366—384 (1875).
Ciamician, Wien. Ber. **76, 2** p. 499—517 (1877).
Liveing u. Dewar, Proc. Roy. Soc. **27** p. 350—354 (1878)
Liveing u. Dewar, Proc. Roy. Soc. **28** p. 352—358 (1879).

Linienspektrum.

Das Rubidium ist eines der beiden ersten Elemente, welche mit Hülfe der Spektralanalyse aufgefunden wurden, und zwar von Kirchhoff und Bunsen. Da seine Salze sehr leicht dissociirbar sind, so erhält man das Spektrum durch jedes Salz in der Flamme des Bunsen'schen Brenners. Messungen liegen vor von Kirchhoff, Thalén, am vollständigsten von Lecoq, der auch eine gute Zeichnung giebt. Die Wellenlängen sind:

	Lecoq	Thalén	Kirchhoff		Lecoq	Thalén	Kirchhoff
R	7951	—	—	Gr	5259	—	—
R	**7800**	—	—	Gr	5194	—	—
O	**6297**	**6296**	**6296**	Gr	5161	—	—
O	6203	6204	6005	Gr	5085	—	—
O	6159	6160	6160 } 6159	Gr	5021	—	—
				Bl	—	4776	—
O	6059	6070	—	Bl	—	4570	—
G	5724	—	—	J	—	4551	—
G	5650	—	—	V	**4216**	—	—
G	5429	—	—	V	**4202**	4202	—
G	4359	—	—				

Liveing und Dewar haben einige Linien des Spektrums umgekehrt.

50. Rh (Rhodium).

Messungen liegen nicht vor; Thalén fand die Linien dazu zu schwach.

51. Ru (Ruthenium).

Messungen fehlen.

52. S (Schwefel).

Litteratur.

Séguin C. R. **53** p. 1272—1274 (1861).
Mitscherlich, Pogg. Ann. **121** p. 459—488 (1863).
Mulder, J. f. prakt. Chem. **91** p. 112—113 (1864).
Plücker u. Hittorf, Phil. Trans. **155** p. 1—29 (1865).
Salet, C. R. **68** p. 404—406 (1869) auch Pogg. Ann. **137** p. 171—174.
Salet, C. R. **73** p. 559—561 (1871).
Ditte, C. R. **73** p. 622—624 (1871).
Angström C. R. **73** p. 369—375 (1871).
Salet, C. R. **74** p. 865—866 (1872).
Gernez, C. R. **74** p. 803—805 (1872).
Salet, Ann. de Chim. (4) **28** p. 37—47 (1873).
Salet, C. R. **79** p. 1229—1230 (1874).
Lockyer, C. R. **78** p. 1790—1793 (1874).
Lockyer, Proc. Roy. Soc. **22** p. 374 (1875).
Ciamician, Wien. Ber. **77, 2** p. 839—841 (1878).
Schuster, Rep. Brit. Ass. p. 272—273 (1880).
Hasselberg, Mélanges phys. et chim. du Bull. de l'acad. de St. Pétersb. 11 p. 307—327 (1880).
Ciamician, Wien. Ber. 82, 2 p. 425—457 (1880).

1. Linienspektrum.

Séguin verdampfte Schwefel in Wasserstoff, und liess durch das Gemenge bei Atmosphärendruck Funken schlagen; er erhielt so zuerst das Linienspektrum von S. Plücker und Hittorf schmolzen Schwefel in einem evakuirten Geissler'schen Rohr, und liessen Flaschenfunken hindurchgehen, wodurch das Linienspektrum entstand. Ebenso erhielt es Salet. Dasselbe Spektrum erhält man nach Séguin und Salet auch durch Funken in SH_2 (Schwefelwasserstoff) und SO_2 (Schweflige Säure), wenn auch schlechter ausgebildet. Ciamician fand im Gegensatz zu Salet, dass die Linien des Spektrums mit steigendem Druck sich nicht verbreitern.

Zeichnungen und Messungen liegen vor von Plücker und Hittorf, Salet und Hasselberg; auch Angström hat einige Wellenlängen bestimmt. Hasselberg findet, dass in einigen Glassorten S enthalten, so dass man bei sehr starker Evakuation und kräftigen Funken durch Verdampfen des Glases das S-Spektrum erhält. Die Wellenlängen dieses Linienspektrums sind in der Tabelle auf Seite 321 angegeben.

2. Bandenspektrum.

Lässt man durch das Geissler'sche Rohr mit Schwefeldämpfen schwache Entladungen gehen, so erscheint ein Bandenspektrum, von welchem Plücker und Hittorf und Salet Zeichnungen geben. Mitscherlich scheint das Bandenspektrum durch Funken von festen Schwefelelektroden erhalten zu haben. Salet erhielt dasselbe Spektrum auch als Absorptionsspektrum, indem er Licht durch eine 30 cm lange in Rothglut erhaltene Röhre mit Schwefeldampf dringen liess. Auch Lockyer fand das kannelirte Absorptionsspektrum. Salet fand, dass das gleiche Bandenspektrum, nur mit Intensitätsunterschieden, wodurch auch einige neue Banden zum Vorschein kommen, erhalten wird, wenn man einem Wasserstoffstrom geringe Spuren von Schwefelpulver beimischt, den Wasserstoff anzündet und die Flamme abkühlt, indem man sie gegen eine kalt gehaltene Platte von Glas oder Metall brennen lässt; Schuster glaubt indess anzunehmen zu müssen, dass man es dabei mit einem Gemisch des Bandenspektrums und eines Verbindungsspektrums zu thun habe.

Die Wellenlängen des Bandenspektrums sind nach Salet

O	6145	G	5595	Gr	**5088**	Bl	**4655**
	609		5535		**504**		4615
	603		548		499	J	454
	597		5425	Bl	4745		**447**
	590	Gr	5365		**489**		445
G	5843		531		**484**		439—4345
	578		**525**		4795		433—431
	5715		**519**		4755	V	420—4175
	6645		5143		4705		408—406

	Pl. u. Hitt	Salet	Angstr.	Hasselb.
R	6579	—	—	—
	6454	—	—	—
O	6421	—	—	—
	6404	640	—	—
	6390	639	—	—
	6321	6325	—	—
	6309	631	—	—
	6290	629	—	—
	6152	—	—	—
	6111	—	—	—
	6009	—	—	—
	5866	—	—	—
	5810	—	—	—
G	5780	—	—	—
	5667	567	5671	—
	5657	566	—	5660
	5650	5655	—	5645
	—	—	—	5640
	5641	5647	5645	**5639**
	5618	—	5613	5613
	5609	561	—	5604
	5584	—	—	5575
	5568	557	—	5562
	5558	—	—	5555
	5532	—	—	—
	5522	—	—	5518
	5508	551	—	5507
	5473	5477	5474	5471
	5452	5455 } 5445 }	5451	**5451**
	5438	5432	5432	5438
	5425	—	—	**5430**
	—	—	—	5418
Gr	**5338**	535	5345	5387
	—	532	5322	5342
	5304	—	—	**5319**
	5269	—	—	—
	5231	—	—	—
	5218	522 } 5217 }	—	5218
	5207	5205	5207	5214
	5199	—	—	5200
	5191	—	5191	—
	5182	516	—	—
	5143	—	—	5145
	5141	—	—	—
	5140	—	—	—
	5124	—	—	—
	5110	5103	—	5103
	5096	—	—	—
	5068	—	—	5078
	5044	—	—	5045
	5036	—	—	—

	Pl. u. Hitt	Salet	Angstr.	Hasselb.
Gr	**5030**	503 }	—	5033
	5024	5024 }	5027	—
	5013	5013	5013	5013
	5004	5008	—	—
	5003	500 }	—	—
	5000	— }	4994	4994
	4990	499 }	—	—
	4942	—	—	4942
	4924	4925	4925	4925
	4922	—	—	4919
Bl	4902	—	—	4902
	4884	—	—	4885
	4825	4825	—	—
	4813	481	—	**4816**
	4804	—	—	4809
	4791	—	—	4793
	4777	—	—	4779
	4768	—	—	4763
	4762	—	—	4753
	4734	—	—	—
	4723	—	—	—
	4718	4715	—	4715
	4694 } 4690 }	469 Bd.	—	—
	4677 } 4666 }	467 Bd.	—	—
	4661 } 4654 }	—	—	—
	4632 } 4628 }	463 Bd.	—	—
	4613 } 4608 }	461 Bd.	—	—
	4596 } 4590 }	459 Bd.	—	—
	4583 } 4578 }	458 Bd.	—	—
	4563 }	456 Bd.	—	—
	4560 }	4556	—	—
J	**4552**	4555 Bd.	—	4552
	4523	4525	—	4525
	4485	4485	—	4485
	4466	4467	—	4464
	4434 } 4430 }	4435 Bd.		
	4424 } 4421 }	4425 Bd.		
	4389 } 4384 }	439 Bd.		
	4358	—		
	4350	—		
	4343	—		
	4336	—		
	4329	—		

	Pl. u. Hitt	Salet	Angstr.	Hasselb.		Pl. u. Hitt	Salet	Angstr.	Hasselb.
J	4317	4315 Bd.			V	4230	—		
	4313					4227			
	4297	4295				4198	4192 Bd.		
	4284	4282				4194			
	4279	—				4181	418		
	4272	4267				4168	4162		
	4259	—				4158	4155		
	4255	425				4140	—		
V	4242	—							
	4240								

3. Kontinuirliches Spektrum.

Wenn man Schwefel in Luft anzündet, so erscheint ein kontinuirliches Spektrum, welches sich sehr weit ins Violett hinein erstreckt, (bei Verbrennung in Sauerstoff treten schon einige Banden auf); ebenso zeigt die Flamme von Schwefelwasserstoff ein kontinuirliches Spektrum. Dasselbe hat Salet auch als Absorptionsspektrum erhalten; erhitzt man den Dampf nicht bis zur Rothglut, sondern nur bis zur Siedetemperatur des Schwefels so findet man kontinuirliche Absorption des ganzen brechbareren Theils des Spektrums vom Orange an. Gernez findet, dass der Uebergang von diesem kontinuirlichen Absorptionsspektrum zum Bandenspektrum bei der Temperatur stattfindet, bei welcher sich die Dampfdichte ändert; wir haben es offenbar mit einem plötzlichen Zerfallen der Molekeln zu thun.

Nach Salet kann man mittelst des Bandenspektrums in der abgekühlten Wasserstoffflamme noch 0,000002 gr Schwefel erkennen.

53 Sb (Antimon).

Litteratur.

Angström, Pogg. Ann. **94** p. 141—165 (1855).
Kirchhoff, Untersuchungen über das Sonnenspektrum (1861).
W. A. Miller, Phil. Trans. **152** p. 861—887 (1862).
Robinson, Phil. Trans. **152** p. 939—986 (1862).
Huggins Phil. Trans. **154** p. 139—160 (1864).
Thalén, Mém. sur la déterm. . . (1868).
Lockyer, Phil. Trans. **163** p. 253—275 (1873).
Lecoq de Boisbaudran, Spectres lumineux p. 150—151 (1874).
Lockyer, C. R. **78** p. 1790—1793 (1874).
Lockyer u. Roberts, Proc. Roy. Soc. **23** p. 344—349 (1875).
Ciamician, Wien. Ber. **76, 2** p. 499--517 (1877).
Ciamician, Wien. Ber. **82, 2** p. 425—457 (1880).
Hartley, Trans. Dubl. Soc. (2) **1** (1882).

1. Linienspektrum.

Das Linienspektrum des Sb zeigt sich, wenn man Funken zwischen festen Elektroden oder nach einer konzentrirten Lösung des Chlorürs (Lecoq) überschlagen lässt. Messungen sind vorhanden von Kirchhoff, Huggins, Thalén, Lecoq; Hartley hat das ultraviolette Spektrum photographirt. Lockyer hat die Länge der Linien gemessen. Die Wellenlängen sind:

	Hugg.	Thalén	Kirchhoff	Lecoq
R	7020	—	—	—
	6840	—	—	—
	6803	—	—	—
	6780	—	—	—
	6742	—	—	—
	6712	—	—	—
	6645	—	—	—
	6513	—	—	—
	6500	—	—	—
O	6461	—	—	—
	6392	—	—	—
	6320	—	—	—
	6301	6302	6301	—
	6283	—	—	—
	6243	6245	6244	—
	6204	6209	—	—
	6189	6193	—	—
	6153	6155	—	—
	6125	**6129**	6130 6128	**6127**
	6076	**6078**	6080 6076	**6077**
	6050	6051	6052 6048	6050
	6002	**6004**	6006 6003	**6002**
	5982	5980	5979	—
	5920	—	—	—
	5912	5909	5910 5905	5909
	5895	5894	5896 5891	—
G	5840	—	—	—
	5822	—	—	—
	5790	5792	—	5791
	5714	—	—	—
	5700	—	—	—
	5563	—	—	—
	5644	—	—	—
	5635	5638	5641 5639	5637

	Hugg.	Thalén	Kirchhoff	Lecoq
G	5629	—	—	—
	—	5607	—	5607
	5556	5567	5569 5566	**5568**
	5460	5464	5465 5462	5462
	5392	—	—	—
	5379	5379	—	5378
	—	5372	—	—
	5352	5353	—	5351
Gr	5238	5242	—	5239
	5219	5208	—	—
	5177	5177	—	5176
	—	—	—	5165
	5139	5141	—	5140
	5112	5113	—	5113
	5080	—	—	—
	5044	—	—	—
	5031	5036	—	5037
	4948	4949	—	4947
Bl	4878	4878	—	4877
	4832	4835	—	—
	4787	4786	—	4787
	4768	—	—	—
	4757	—	—	—
	4735	4735	—	—
	4712	4711	4712 4711	4711
	4693	4691	—	—
	4622	—	—	—
	4600	—	—	—
	4588	4592	—	—
J	4506	—	—	—
	4457	—	—	—
	4376	—	—	—
	4349	4352	—	—
	4264	4265	—	—
	4249	—	—	—
V	4193	—	—	—

Die Linien lassen sich nach abnehmender Länge folgendermaassen ordnen: 6003, 6078, 6125, 5909, 5894, 5792 u. s. w.

2. Bandenspektrum.

Dasselbe ist von Lockyer als Absorptionsspektrum beobachtet worden.

3. Kontinuirliches Spektrum.

Lockyer und Roberts haben gefunden, dass Sb-Dämpfe ein kontinuirliches Absorptionsspektrum im Blau erzeugen, bei einer höheren Temperatur, als bei welcher das kannelirte Spektrum sichtbar ist.

54. Sc (Scandium).

Litteratur.

Nilson, C. R. **88** p. 645—648 (1878).
Thalén, C. R. **91** p. 45—48 (1880).

Weiteres siehe bei Er.

Das Skandium wurde von Nilson gefunden, von Thalén wurde das Funkenspektrum gemessen. Die Wellenlängen desselben sind:

O	**6304**		
	6279		
	6258		
	6246		
	6238		
	6210		
	6193	Linie nach Roth hin abnehmend.	
	6153		
	6145		
	6140		
	6115		
	6110		
	6101		
	6079		
	6072		
	6064		
	6037		
	6016		
	5918		
	—	min.	schwache Banden nach Roth hin abnehmend
	5887	max.	
	—	min.	
	5877	„	
G	5849	max.	
	—	min.	
	5842	„	
	5809	max.	
	—	min.	
	5802	„	
	5772	max.	
	—	min.	
	5737	max.	
	—	min.	
	5724		
	5716		
	5711		
	5708		

G	5700
	5686
	5683
	5671
	5668
	5666
	5657
	5640
	5591
	5564
	5526
	5520
	5514
	5484
	5481
	5454
	5451
	5446
	5391
	5375
	5355
	5349
Gr	5342
	5340
	5339
	5318
	5285
	5258
	5239
	5219
	5210
	5117
	5101
	5099
	5096
	5090
	5087

Gr	5085
	5083
	5081
	5076
	5070
	5064
	5031
	4991
	4976
	4973
	4954
	4922
Bl	4909
	4838
	4833
	4827
	4753
	4743
	4740
	4737
	4733
	4729
	4670
	4573
	4556
J	**4415**
	4400
	4385
	4374
	4355
	4325
	4320
	4314
	4306
	4295
	4249

In der Bunsen'schen Flamme giebt das Skandium kein Spektrum, ebensowenig besitzt es ein Absorptionsspektrum.

Die Auffindung des Elementes war insofern von grossem Interesse, als Mendelejeff theoretisch die Existenz eines Metalles mit den gleichen physikalischen und chemischen Eigenschaften vorausgesagt und es Ecabor genannt hatte.

55. Se (Selen).

Litteratur.

Werther, J. f. prakt. Chemie **88** p. 180—181 (1863).
Mitscherlich, Pogg. Ann. **121** p. 459—488 (1863).
Mulder, J. f. prakt. Chemie **91** p. 111—113 (1864).
Plücker u. Hittorf, Phil. Trans. **155** p. 1—29 (1865).
Salet, C. R. **73** p. 742—745 (1871).
Ditte, C. R. **73** p. 622—624 (1871).
Gernez, C. R. **74** p. 803—805 u. 1190—1192 (1872).
Salet, Ann. de Chim. (4) **28** p. 47—49 (1873).
Lockyer u. Roberts, Proc. Roy. Soc. **23** p. 344—349 (1875).
Ciamician, Wien. Ber. **82, 2** p. 425—457 (1880).

1. Linienspektrum.

Dies Spektrum wird erhalten durch starke Entladungen in einer Geissler'schen Röhre, in welcher man Selen erhitzt; es wurde zuerst von Plücker und Hittorf beobachtet, welche auch eine Zeichnung desselben geben. Ditte erhielt das Spektrum indem er Funken durch Dämpfe von Selenchlorür gehen liess. Die Wellenlängen sind in der auf Seite 326 obenan stehenden Tabelle angegeben.

2. Bandenspektrum.

Gehen durch das Geissler'sche Rohr unter denselben Umständen nur schwache Entladungen, so erhält man ein Bandenspektrum. Dasselbe entsteht auch, wenn man brennendem Wasserstoff oder Leuchtgas Selendampf beimischt (Mulder, Mitscherlich), nach Salet auch, wenn Selen in Luft verbrennt. Dasselbe Spektrum ist von Gernez und Lockyer und Roberts als Absorptionsspektrum beobachtet worden; der Selendampf muss dazu auf über 700° erhitzt werden. — Nach Salet sind die Mitten der Banden:

O	587	Gr	527	Bl	475
G	579	Gr	516	Bl	467
G	565	Gr	505	J	441
G	550	Gr	495	J	unbestimmte Banden
G	537	Bl	484	J	bis
				J	410

	Pl. u. Hitt	Salet		Pl. u. Hitt	Salet		Pl. u. Hitt	Salet
R	6503	—	Gr	5220	5223	Bl	**4654**	4658
	6480	—		**5215**	—		4638	464
O	6431	—		**5162**	5177		4619	462
	6308	—		5153	5142		**4606**	4607
	6173	—		5124	—		4596	—
	6160	—		5115	—		4567	—
	6152	—		5103	—	J	4519	—
	6119	—		5099	—		4514	
	6070	607		**5091**	5095		4473	—
	6035	—		5089	—		4465	
	5952	—		5066	507		4451	—
	5856	—		5048	—		4443	
G	5845	—		5029	—		4418	—
	5746	—		5014	—		4410	
	5700	—		5003	—		4406	—
	5683	—		5000	—		4398	
	5668	—		**4994**	4995		4386	—
	5628	563	Bl	**4975**	497		4379	
	5596	560		**4845**	484		4342	—
	5566	557		**4840**	—		4346	
	5524	553		**4776**	476		4322	—
	5466	—		4748	4745		4315	
	5457	—		4741			4272	427
	5452	—		4737	4735		4266	
	5444	—		4731		V	4222	4215
	5391	—		4707	—		4216	
	5374	—		4700	—		4190	417
Gr	**5293**	5307		4677	—		4168	
	4259	527		4673			4148	—
	5243	525		4666	—		4124	
	5232	—		4661				

3. Kontinuirliches Spektrum.

Dasselbe ist nur als Absorptionsspektrum bekannt, indem nach Gernez der Selendampf bei Temperaturen unter 700° ausser dem Roth alles Licht absorbirt.

Verbindungen.

Von Gernez sind die Absorptionsspektren einiger Selenverbindungen beobachtet worden:

Selensäuredampf giebt ein kannelirtes Spektrum in Blau und Violett, welches dem von Selen ähnlich ist.

Selenchlorürdampf zeigt ein kannelirtes Absorptionsspektrum, welches an der Grenze von Grün und Blau beginnend sich bis ins Ultraviolett erstreckt.

Selenbromürdampf erzeugt ein Absorptionsspektrum im weniger brechbaren Theile des Spektıums.

56. Si (Silicium).

Litteratur.

Plücker, Pogg. Ann. **107** p. 531 (1859).
Kirchhoff, Untersuchungen über d. Sonnensp. (1861).
Mitscherlich, Pogg. Ann. **121** p. 459—488 (1863).
Troost u. Hautefeuille, C. R. **73** p. 620—622 (1871).
Salet, C. R. **73** p. 1056—1059 (1871).
Salet, Ann. de Chim. (4) **28** p. 65—68 (1873).
Ciamician, Wien. Ber. **82**, **2** p. 425—457 (1880).

1. Linienspektrum.

Wenn man zwischen Siliciumelektroden Funken überschlagen lässt, so erhält man ein Linienspektrum. Auf diese Weise hat zuerst Kirchhoff das Spektrum untersucht; er fand zwei Linien bei 5060—5056 und 5045—5042. Vorher hatte schon Plücker im Geissler'schen Rohr mit Siliciumchlorid einige Linien des Spektrums beobachtet. Ebenso und in Siliciumfluorid haben es Troost und Hautefeuille untersucht, welche auch Siliciumelektroden benutzten; sie haben zahlreiche Linien gefunden, geben aber keine Zahlen an. Auch Salet hat das Funkenspektrum im Chlorür mit dem im Fluorür und den anderen Haloidverbindungen verglichen. Ebenso hat es Ciamician erhalten. Die Wellenlängen dieses Spektrums sind folgende:

	Salet	Plücker	Kirchhoff
O	637	—	—
	635	6329	—
	5993	—	—
	597	5978	—
Gr	5058	—	5060 / 5056
	504	5043	5045 / 5042
J	443	—	—
	441	—	—
V	413	—	—
	389	—	—

2. Bandenspektrum.

Wenn man zu Wasserstoff Dämpfe vom Chlorür, Bromür und Jodür des Siliciums mischt, und es anzündet, so erhält man nach Salet in den abgekühlten Flammen drei Bandenspektra, welche viele Banden gemeinsam haben; ob diese dem Silicium selbst angehören, oder einer Wasserstoff- oder Sauerstoff-Verbindung desselben, liess sich nicht entscheiden, indess ist Salet geneigt, das erstere anzunehmen, da Siliciumbromid im Geissler'schen Rohr bei schwachen Entladungen ein kontinuirliches Spektrum giebt. Auch Ciamician hält es für ein Spektrum des Si selbst. Siliciumwasserstoff giebt in der Flamme kein Spektrum. Siliciumfluorid giebt in der Flamme kein Spektrum, was schon Mitscherlich fand, wohl aber im Geissler'schen Rohr. Die Wellenlängen der drei Bandenspektren sind nach Salet:

	Siliciumchlorür	Siliciumbromür	Siliciumjodür
O	622	620	620
	621	—	—
	605	605	—
	595	595	595
	587	—	—
G	578	579	—
	567	567	567
	559	556	—
	551	548	551
	545	545	545
	537	535	533
Gr	527	527	—
	522	522	522
	514	—	—
	507	507	507
	501	501	—
	495	495	495
Bl	**4875**	4875	488
	481	—	—
	474	477	—
	469		
	465		
	457		
J	452		
	446		

57. Sm (Samarium).

Litteratur.

Lecoq de Boisbaudran, C. R. **89** p. 212—214 u. 516—517 (1878).
Soret, C. R. **91** p. 378—381 (1880).

Weiteres siehe bei Er.

Der Name Samarium wurde von Lecoq eingeführt, das Element ist identisch mit Marignac's Yβ.

Es zeichnet sich durch das Absorptionsspektrum seiner Salze aus. Die Banden desselben sind:

Bl		V		UV	
	480		419—415		376—372
	4635		408—406		364—360
			4008		344

58. Sn (Zinn).

Litteratur.

Angström, Pogg. Ann. **94** p. 141—165 (1855).
Kirchhoff, Untersuchungen üb. d. Sonnensp. (1861).
W. A. Miller, Phil. Trans. **152** p. 861—887 (1862).
Robinson, Phil. Trans. **152** p. 939—986 (1862).
Mitscherlich, Pogg. Ann. **121** p. 469 (1863).
Huggins, Phil. Trans. **154** p. 139—160 (1864).
Brassak, Abh. d. naturf. Ges. zu Halle **9** p. 3—16 (1866).
Thalén, Mém. sur la déterm... (1868).
Salet, C. R. **73** p. 862—863 (1871).
Lockyer, Phil. Trans. **163** p. 253—278 (1873).
Salet, Ann. de Chim. (4) **28** p. 68—70 (1873).
Lecoq de Boisbaudran, Spectres lumineux p. 143—145 (1874).
Lockyer u. Roberts, Proc. Roy. Soc. **23** p. 344—349 (1875).
Hartley, Trans. Dubl. Soc. (2) **1** (1882).

1. Linienspektrum.

Das Spektrum erhält man durch Funken zwischen Metallelektroden oder nach einer Salzlösung; bei starken Funken treten im letzteren Fall auch die Banden des Oxyds auf (Lecoq). Mitscherlich hat das Spektrum durch Metall im Knallgasgebläse erhalten. Lockyer hat die Länge der Linien gemessen, Hartley das Ultraviolette photographirt.

Die Wellenlängen sind:

	Huggins	Thalén	Kirchhoff	Lecoq
R	6840	—	6842 6840	—
	6769	—	—	—
	6573	—	—	—
O	**6447**	**6452**	6453 6448	6450
G	**5798**	**5798**	5799 5796	5798
	5630	5630	—	**5631**
	5587	**5589**	5591 5586	5589
	5564	**5563**	5564 5560	5561

	Huggins	Thalén	Kirchhoff	Lecoq
G	5366	5369	—	—
	5347	5348	—	—
Gr	5338	5332	—	5331
	5327	—	—	—
	5287	5290	—	—
	5224	5224	—	—
	5098	5101	5100 5099	—
	—	5021	—	—
	—	4923	—	—
Bl	4858	4858	4857	—
	4584	4585	4585	—
J	**4523**	**4524**	**4524**	**4526**

Der abnehmenden Länge nach lassen sich die Linien folgendermaassen ordnen:

5630, 4524, 6452, 5798, 5588, 5563, 5332 u. s. w.

2. Kontinuirliches Spektrum.

Lockyer und Roberts haben durch Absorption ein kontinuirliches Spektrum gefunden, welches stark im Blau, schwach im rothen Theile ist.

Verbindungen.

Die Salze geben stets dasselbe Spektrum, sei es dass sie direkt in die Flamme gebracht werden, sei es dass ihre Dämpfe brennenden Gasen beigemischt werden (Salet). Das Spektrum ist das Bandenspektrum des Oxyds; es tritt nach Lecoq auch in starken Funken von den Salzlösungen auf. Salet giebt die Wellenlängen der Banden:

		Gr	532
O	615—580		520—497 (darin 2 Max. bei 516 u. 510)
G	566		494—480
	563	Bl	470—460
	556	J	450—439 (3 Banden)
	545—537	V	433—424 (3 Banden)
			414—408

59. Sr (Strontium).

Litteratur.

Kirchhoff u. Bunsen, Pogg. Ann. **110** p. 161—189 (1860).
Kirchhoff, Untersuchungen über das Sonnenspektrum (1861).
Roscoe u. Clifton, Proc. Lit. u. Phil. Soc. Manchester **2** p. 227 (1862).
Mitscherlich, Pogg. Ann. **116** p. 499—507 (1862).
Mitscherlich, Pogg. Ann. **121** p. 459—488 (1863).
Huggins, Phil. Trans. **154** p. 139—160 (1864).
Thalén, Mém. sur la déterm. . . (1868).
Lockyer, Phil. Trans. **163** p. 253—258 u. 639—658 (1873).
Lecoq de Boisbaudran, Spectres lumineux p. 69—76 (1874).
Lockyer, Phil. Trans. **164** p. 479—494 (1874).
Bunsen, Pogg. Ann. **155** p. 230—252 u. 366—384 (1875).
Ciamician, Wien. Ber. **76, 2** p. 499—517 (1877).
Liveing u. Dewar, Proc. Roy. Soc. **28** p. 352—358 (1879).
Liveing u. Dewar, Proc. Roy. Soc. **29** p. 402—406 (1879).
Lockyer, Studien zur Spektralanalyse p. 146—150 u. 170—171 (1879).
Schönn, Wied. Ann. **10** p. 143—148 (1880).
Ciamician, Wien. Ber. **82, 2** p. 425—457 (1880).

Linienspektrum.

Das Linienspektrum des Sr erhält man durch Funken zwischen den festen Elektroden, oder von einer Lösung des Chlorids (Lecoq). Auch bei der hohen Temperatur des Knallgasgebläses (Mitscherlich), oder noch besser im Kohlenbogen geben die Salze und das Element das Linienspektrum. Messungen sind ausgeführt von Huggins, Thalén, Kirchhoff, Lecoq, für das violette Ende besonders genau von Lockyer. Letzterer hat auch die Länge der Linien gemessen; Liveing und Dewar haben Umkehrungen beobachtet. Schönn hat Linien im Ultraviolett gesehen, aber nicht gemessen.

Die Wellenlängen sind:

	Huggins	Lecoq	Thalén	Kirchhoff	Lockyer
R	7108	—	—	—	
	6885	—	—	—	
	6790	—	—	—	
	—	6663	—	—	
	6641	—	—	—	
	6606	—	—	—	
	6548	6551	6550	—	
	6502	—	6502	6502	
O	6435	—	—	—	
	6410	—	**6407**	**6406**	
	6388	—	6387	—	
	6383	—	6380	—	
	6369	—	—	—	
	6343	—	—	—	
	6311	—	—	—	
	6274	6275	—	—	
	6251	—	—	—	
	6220	—	—	—	
	—	6191	—	—	
	6172	—	—	—	
	—	6134	—	—	
	6098	—	—	—	
	—	**6058**	—	—	
	—	**6031**	—	—	
	5998	—	—	—	
	5977	—	—	—	
	5971	5970	5971	—	
	—	5940	—	—	
	—	5912	—	—	
	—	5890	—	—	
G	—	—	5850	—	
	5816	—	—	—	
	5766	—	—	—	
	5647	—	—	—	
	5623	—	—	—	
	5579	—	—	—	
	5543	—	—	—	
	5540	5541	5540	5540	
	5531	—	5534	5534	
	5519	5524	5523	5521	
	5500	5504	5504	5503	
	5496	—	—	—	
	5487	—	5485	5485	
	5480	5480	**5480**	**5480**	

	Huggins	Lecoq	Thalén	Kirchhoff	Lockyer
G	5450	5448	—	—	
	5423	—	—	—	
	5383	—	—	—	
Gr	5254	5255	5256	5256	
	5238	5239	**5239**	**5238**	
	5228	—	5229	5228	
	5224	5225	5226	5225	
	5221	—	5224	5222	
	5217	—	—	—	
	5155	5156	—	—	
	5102	—	—	—	
	4967	—	4968	—	
	4962	4964	4962	—	
	4943	—	—	—	
Bl	4893	4891	—	—	
	4875	4874	4876	—	
	4872	—	4872	—	
	4865	—	—	—	
	4853	—	—	—	
	4830	4834	4832	—	
	4811	4814	4812	—	
	4784	4786	4784	—	
	4750	—	—	—	
	4742	4742	4741	—	
	4721	4723	4721	—	
	4604	**4607**	**4608**	4608 4607	
J	4438	—	—	—	44370
	4367	—	—	—	43650
	4361[2])	—	—	—	—
	4337	—	—	—	43360
	4319	—	—	—	33250
	4305	4307	**4305**	4305 4304	43053
V	—	—	4226[1])	—	—
	4215	4215	**4215**	—	42153
	4161	4163	4161	—	41610
	4078	4079	**4079**[2])	—	—
	—	—	—	—	40770
	—	—	—	—	40317
	—	—	—	—	40315
	—	—	—	—	40294
	—	—	—	—	39400

Die Linien lassen sich nach abnehmender Länge so ordnen:
4607, 4215, 4077, 4226, 4161, 4305 u. s. w.

[1]) Nach Lockyer Ca-Linie.
[2]) Nach Lockyer keine Sr-Linie.

Von Liveing und Dewar umgekehrt sind:
6060, 6035, 5920, 5522, 5503, 5480, 5256, 5238, 5228, 5225, 5223, 5155, 4962, 4892, 4873, 4865, 4831, 4812, 4607, 4305, 4215, 4077.

Verbindungen.

Die Haloidverbindungen des Sr. geben in der Flamme alle nach den ersten Sekunden das gleiche Spektrum, nämlich das Bandenspektrum des Oxyds. Wenn man aber den Gasen Chlor, Brom u. s. w. beimischt, so giebt jede Verbindung ihr eigenes Bandenspektrum, dem nur die längsten Metalllinien beigemischt sind. Diese Verhältnisse sind besonders ausführlich von Mitscherlich, dann von Lockyer studirt worden, welcher auch Zeichnungen der Haloidverbindungen giebt. (Vergl. Fig. 39). Auch Lecoq giebt Zeichnungen und Messungen der Banden des Chlorürs und des Oxyds.

60. Ta (Tantal).

Messungen fehlen; Thalén fand die Linien zu schwach zur Messung.

61. Tb (Terbium).

Litteratur.

Roscoe u. Schuster, J. chem. Soc. p. 283—287 (1882).
Weitere Litteratur siehe bei Er.

Vom Tb ist in neuester Zeit durch Roscoe und Schuster das Emissionsspektrum gemessen worden, indem das Chlorid benutzt wurde. Die Wellenlängen sind in der nachstehenden Tabelle angegeben.

G	5371	Gr	5280	Gr	5186	Gr	5098	Gr	4936
	5369		5272		5183		5092		4933
	5368		**5271**		**5175**		5074	Bl	4912
	5367		5269		**51746**		5071		4909
	5360		5265		**5172**		5069		4893
	5352		5261		5166		5067		4864
	5350		5255		5155		5061		4847
	5348		**5251**		5154		5057		4844
Gr	5342		5250		5141		5052		4841
	5340		5249		5145		5051		4821
	5331		5237		5130		5030		**4815**
	5321		5233		5122		5028		4800
	5319		5232		5117		5015		4790
	5306		5219		5112		4961		4782
	5302		5197		5109		4957		4777
	5301		5195		5104		4952		4774
	5292		5192		5103		4948		4766
	5282		5190		**5100**		4937		4758

	4755		4600		4523		4444		4380
	4745		4597		4522		4442		4373
	4743		4596		4519		4438		4369
	4725		4594		4512		4436		4361
	4720		4593		4499		4435		4360
	4717		4591		4498		**4434**		4352
	4715	Bl	4589		4497		4430		4350
	4712		4584		4484		4427		4347
	4704		4582		4483		4424		4346
	4700		4581		4481		4421	J	4342
Bl	4687		4577	J	4476	J	4420		4336
	4676		4566		4473		4419		4333
	4674		4560		4472		4414		4330
	4669		4558		4471		4409		4328
	4655		4554		**4467**		4408		4326
	4646		4552		4466		4406		4325
	4642		4544		4463		4403		4318
	4638	J	4541		4458		4401		4315
	4636		4540		4454		4390		4313
	4615		4537		4453		4387		4309
	4604		4524		4450		4382		

Die Salze des Tb zeigen in Lösung keine Absorptionsstreifen. Es ist nur dadurch erkennbar, dass die Lösungen keine Wellen, welche kürzer sind als die 23ste Cd-Linie ($\lambda = 2318$) durchlassen, was bei keinem anderen Element der Gruppe der Fall ist.

62. Te (Tellur).

Litteratur.

W. A. Miller, Phil. Trans. **152** p. 861—887 (1862).
Robinson, Phil. Trans. **152** p. 939—986 (1862).
Werther, J. f. prakt. Chem. **88** p. 180—181 (1863).
Mitscherlich, Pogg. Ann. **121** p. 459—488 (1863).
Huggins, Phil. Trans. **154** p. 139—160 (1864).
Talén, Nova Acta Reg. Soc. Ups. (3) **6** (1860).
Salet, C. R. **73** p. 742—745 (1871).
Ditte, C. R. **73** p. 622—624 (1871).
Gernez, C. R. **74** p. 1190—1192 (1872).
Salet, Ann. de Chim. (4) **28** p. 49—52 (1873).
Hartley, Trans. Dubl. Soc. (2) **1** (1882).

1. Linienspektrum.

Das Linienspektrum vom Tellur erhält man, wenn zwischen den festen Metallelektroden Funken überspringen. Es ist so von Huggins und von Thalén gemessen und gezeichnet worden; Hartley hat den ultravioletten Theil desselben photographirt.

Linienspektrum:

	Huggins	Thalén		Huggins	Thalén		Huggins	Thalén
R	6645	—		5740	5741	Gr	5038	5035
	6431	**6437**		**5708**	**5707**		—	4895
	6366	—		**5646**	**5647**		4866	4867
	6347	—		5618	5616		4832	4832
	6290	—		5575	5574		4785	4785
	6243	—	G	5486	5486	Bl	4709	—
O	6228	—		5476	5478		4664	—
	6042	6046		5447	5448		4652	—
	6010	6013		5409	5409		4602	4604
	5995	—		5366	5366		4599	—
	5970	**5973**		5309	5310		4544	—
	5934	5935		5298	5299		4479	—
	5854	5857		5222	5217	J	4352	—
	5849	5852	Gr	—	5172		4302	—
G	—	5825		—	5152		4259	—
	—	5806		5134	5133	V	4063	—
	5756	**5755**		—	5105			

2. Bandenspektrum.

Salet erhitzt in einem Geissler'schen Rohr Tellur, aber es war darin auch etwas Stickstoff und Tellurige Säure vorhanden. Entladungen in dem Rohr brachten ein Bandenspektrum zum Vorschein, welches von R bis Bl reicht; Salet glaubt aber, dass die brechbareren Banden von etwa $\lambda = 500$ an zur tellurigen Säure gehören, da in einer Wasserstoffflamme, welche Selendämpfe enthält, im Flammenkern nur die weniger brechbaren, in der Flamme selbst die brechbareren Banden erscheinen. Gernez erhitzte in einem schwer schmelzbaren Glasrohr Tellur in CO_2, und erhielt von den Dämpfen bei der höchsten erreichbaren Temperatur ein Absorptionsbandenspektrum, welches sich von Gelb bis Violett erstreckt.

Die Wellenlängen der Banden des Emissionsspektrums sind nach Salet:

	625	G	547	Gr	497		451
	615		541		492		447
O	605		534		487		440
	594		5275		482	J	**435**
	5855	Gr	522		4765		433
	5735		5155	Bl	**4725**		428
G	**5655**		507		**467**		425
	556		5015		460	V	420
					456		415

Verbindungen.

Gernez hat die Absorptionsspektra einiger Verbindungen untersucht: Tellurchlorürdampf zeigt ein kannelirtes Spektrum im Grün und Orange. Tellurbromür giebt ein kannelirtes Spektrum namentlich in Roth und Gelb.

63. Th (Thorium).

Litteratur.

Thalén, Mém. sur la déterm.... (1868).

Thalén giebt folgende Wellenlängen des Linienspektrums:

G	5699	Bl	4864
	5640	J	**4393**
	5537		**4382**
	5446		**4281**
	5375		4278
Gr	4919		4273

64. Ti (Titan).

Litteratur.

Thalén, Mém. sur la déterm.... (1868).
Liveing u. Dewar, Proc. Roy. Soc. **32** p. 402—405 (1881).
Cornu. Spectre Normal (1881).

Von dem sehr linienreichen Spektrum dieses Elementes hat Thalén die Wellenlängen des sichtbaren Theiles, Cornu viele Linien im Ultravioletten gemessen. Liveing und Dewar haben die Umkehrung zahlreicher Linien beobachtet. welche in der folgenden Tabelle mit einem Stern bezeichnet sind. Sie haben dabei einige neue Linien gefunden, welche der Tabelle eingereiht und mit L und D bezeichnet sind.

R	6556	G	**5643**	Gr	5296	Gr	5127	Gr	**4990** *
	6543		5629		5288		**5120**		4988
O	6260 *		5597		**5283**		5113		**4981** *
	6257 *		5565		5272		5109		4978
	6221 *		**5513**		5267		5102		4975
	6214		**5512**		5265		5087		4972
	6125		5503		5263		5077		4968
	6097		5489		5260		5072		4965
	6090		5487		5255		5066		4947
	6083		5480		5251		**5064** *		4937
	6065		5477		5246		5061		4928
	5999		5473		5239		5052		4925
	5978		5471		5226		5043		4921
	5965		5448		**5223** *		5039 *	Bl	4919
	5952		5446		5218		5038 *		4913
	5922		5429		**5210** *		**5036** *		4911
	5919		5425		5206		5035 * L. u. D.		4904
	5899		5418		5201 *		5025 *		4899
	5865		5409		**5192**		5024		**4885**
G	5738		5403		5188		5021		4873
	5714		5396		5185		5019		4869
	5702		5380		5173		5015		4868
	5589		5369		5153		**5013** *		4855
	5679		5351		5151		5012		4848
	5674	Gr	**5337**		5147		**5007** *		4840
	5662		5299		5145		5001		4835
	5647		**5297**		**5129** *		**4999** *		4820

Bl	**4804**	Bl	4644	J	**4532** *	J	**4443**	J	4305 *
	4798		**4639**		**4526**		**4427**		**4299** *
	4792		4629		4522		4418		4298 *L. u. D.
	4779		4623		4518		4411		4295 *
	4759		4617 *		4512		4403		4294
	4757		**4572**		**4501**		4398		4291 *
	4742		4563		4496		**4393**		4287
	4723	J	4555		4481		**4338**		4282
	4709		4552		**4469**		4324		4273
	4698		**4549**		4458		4320		4263
	4691 *		4544		4455		4318	V	4237
	4682 *		**45355** *		4453		4314		4285
	4667 *		45350 * L. u. D.		4450		4313		**4171**
	4656 *		45332 * L. u. D.		4447		4308		**4163**

Cornu giebt noch folgende Linien:

UV	35100	33593 = P	32375	32166
	35042	33470	32350	32106
	33927	33466	32325	32017
	33863	33396	32280	31903
	33820	33384	32230	31680
	33713	32403	32217	31675
				31668

65. Tl (Thallium).

Litteratur.

W. A. Miller, Phil. Trans. **152** p. 861—887 (1862).
Crookes, Phil. Trans. **153** p. 277—330 (1863).
Crookes, Phil. Mag. (4) **26** p. 55—63 (1863).
Huggins, Phil. Trans. **154** p. 139—160 (1864).
Thalén, Mém. sur la déterm... (1868).
Lecoq de Boisbaudran, Spectres lumineux p. 141—142 (1874).
Bunsen, Pogg. Ann. **155** p. 230—252 u. 366—384 (1875).
Lockyer u. Roberts, Proc. Roy. Soc. **23** p. 344—349 (1875).
Ciamician, Wien. Ber. **76, 2** p. 499—517 (1877).
Liveing u. Dewar, Proc. Roy. Soc. **27** p. 132—136 (1878).
Hartley, Trans. Dubl. Soc. (2) **1** (1882).

Linienspektrum.

Das Thallium zeichnet sich namentlich durch eine sehr helle grüne Linie aus, deren Auftreten es auch seine Entdeckung durch Crookes im Jahre 1862 auf spektralanalytischem Wege verdankt.

Huggins und Thalén haben auch die schwächeren Linien gemessen, die unter der Wirkung von Funken auftreten. Lecoq hat in der Flamme ausser der grünen Hauptlinie noch eine zweite gefunden, welche Huggins und Thalén nicht angeben. Nach Hartley's Photographie scheinen im Ultravioletten noch mehrere Linien zu liegen. Während Lockyer und Roberts keine Umkehrung beim Tl fanden, haben Liveing und Dewar die Umkehrung der grünen Linie gesehen.

Die Wellenlängen des Spektrums sind:

	Huggins	Thalén	Lecoq		Huggins	Thalén	Lecoq
R	6547	—	—		**5347**	**5350**	**5349**
	6240	—	—		5153	5153	—
O	6002	—	—		—	5085	—
	5949	5948	—	Gr	5078	5079	—
	5824	—	—		5054	5053	—
	5771	—	—		4980	4982	—
	—	—	5680		—	4946	—
G	—	5608	—		4893	4892	—
	5487	5490	—	Bl	4767	—	—
	—	5413	—		4737	4736	—
	—	5360	—	V	4112	—	—

66. Tm (Thulium).

Litteratur.

Clève, C. R. **89** p. 478—480 (1879).
Thalén, C. R. **91** p. 376—378 (1880).

Weiteres siehe bei Er.

Der Name des Elementes wurde von Clève eingeführt, der es entdeckte. Sein Funkenspektrum wurde von Thalén gemessen, er fand folgende Wellenlängen:

O	5962	Gr	5034		4481		4204
	5896	Bl	4733	J	4387	V	4188
G	5675		4615		4360		4107
Gr	**5306**	J	4522		4242		4093

Das Thuliumoxyd giebt wie das Erbiumoxyd und Didymoxyd in der Flamme ein diskontinuirliches Spektrum, ohne dass es verdampfte. Die Banden dieses Spektrums sind nach Thalén:

R 6840
Bl 4760

Die Thuliumsalze zeigen bei durchgehendem Licht zwei Absorptionsstreifen, deren Wellenlänge nach Thalén ist:

R 6840 (bei stärkerer Konzentration 6800—7070
Bl 4650

Die erste dieser Banden ist dieselbe, welche in der Flamme emittirt wird, die zweite dagegen sieht man in Emission nicht, und es kann daher zweifelhaft scheinen, ob sie zu Tm gehört.

67. Ur (Uran).

Litteratur.

Thalén, Mém sur la déterm... (1868).

Linienspektrum.

Das Linienspektrum des Ur ist nur durch Thalén bestimmt worden; er fand folgende Wellenlängen:

O	5913
G	5619, 5579, 5563
G	**5527**, 5509, **5494**, **5482**
G	**5480**, **5477**, **5475**, 5384
Gr	5027
Bl	4731, 4723
J	4543, **4473**, 4394
J	4374, **4362**, **4341**

68. Va (Vanadium).

Litteratur.

Thalén, Mém. sur la déterm... (1868).

Nur durch Thalén ist das Linienspektrum dieses Metalls bestimmt worden, und zwar folgendermaassen:

O	6241, 6134, **6119**, 6110, **6089**, 6080, **6039**
G	5786, **5725**, 5706, 5703
G	5698, 5668, 5626, 5623, 5414, 5401
Gr	5240, 5233, 5195, 5192
Bl	4881, 4875, 4864, 4851, 4843, 4832, 4593, 4585, 4579, 4576, 4559
J	**4408**, 4406, 4401, 4395, 4389, **4384**, **4379**, 4353, 4341, 4333, 4330
J	4310, 4297, 4293, 4284, 4277, 4272, 4269
V	4110, 4130 bis 4085 (zu schwache Linien)

69. Wo (Wolfram).

Litteratur.

W. A. Miller, Phil. Trans. **152** p. 861—887 (1862).
Thalén, Mém. sur la déterm... (1868).

Messungen über das Linienspektrum des Wolfram sind nur von Thalén vorhanden. Er fand folgende Linien:

G	5805, 5733, 5648, 5632, **5513**, 5492
Gr	**5223**, 5071, 5068, **5053**, 5014, 5007, 4981
Bl	4888, **4842**, 4681, 4661, 4660
J	4302, 4295, 4269

70. Y (Yttrium).

Litteratur.

Talén, Kongl. Swensk. Vetensk.-Acad. Handl. **12** (1873).

Weiteres siehe bei Er.

Linienspektrum.

Thalén hat für das Linienspektrum folgende Zahlen gegeben:

R	6613	O	6003		5468	Bl	4822
O	6435		**5987**	G	5466		4799
	6313		**5971**		5437		4786
	6296	G	5774		5424		4761
	6273		5743		5416		4751
	6236		5728		**5402**		4732
	6222		5706		5379		4728
	6218		5674	Gr	5320		4682
	6206		**5662**		5288		4674
	6199		5647		5240		4658
	6191		5643		**5205**		4643
	6181		5629		**5200**	J	4527
	6164		5605		5196		4505
	6149		5581		5135		4486
	6137		5576		5123		4465
	6131		5567		5118		4422
	6126		5556		**5088**		4397
	6114		5545		4982		**4374**
	6107		5543		4973		4359
	6095		5527		**4900**		**4309**
	6088		5520		**4881**	V	4237
	6071		5512		4859		4177
	6053		5509		**4854**		4167
	6036		5503		4852		4153
	6023		**5496**		4844		4127
	6019		5480		4839		4103
	6009		5473				

71. Yα (nach Marignac).

Litteratur siehe bei Er.

Ein Emissionsspektrum ist unbekannt.

Die Salzlösungen zeigen im sichtbaren Theil des Spektrums keinen Absorptionsstreifen, wohl aber einen schwachen Streifen zwischen der 16ten Cd-Linie und der Mitte zwischen der 18ten und 22sten.

72. Yb (Ytterbium).

Litteratur.

Marignac, C. R. **87** p. 578—581 (1878).

Lecoq de Boisbaudran, C. R. **88** p. 1342—1344 (1878).

Thalén, C. R. **91** p. 326—328 (1880).

Thalén, Ofvers. Kgl. Vetensk.-Akad. Förh. (1881).

Weiteres siehe bei Er.

Das Ytterbium war das erste neue Element, welches von der ganzen Gruppe durch Marignac gefunden wurde; es zeichnet sich dadurch aus, dass seine Salze kein Absorptionsspektrum im sichtbaren Theil geben; im Ultraviolett liegt dagegen nach Soret zwischen der 16ten und 22sten Cd-Linie eine Absorptionsbande. Es hat ein sehr linienreiches Emissionsspektrum, welches von Thalén untersucht ist: es ist bis auf wenige Linien dasselbe, welches Thalén 1873 als Spektrum des Er beschrieben hatte. Das damalige Er bestand aus Yb und Er, und es ist der merkwürdige Umstand zu bemerken, dass die damalige Substanz ein Emissions- und ein Absorptionsspektrum gab, von denen das erstere dem Yb, das zweite dem Er angehörte.

Thalén giebt folgende neuere Messungen der Linien:

6489	6054	5770	5620	5453	**5352**	5243	4937	4518
6463	6004	5766	5588	5448	5347	5240	4935	4513
6274	5990	5750	5580	5432	5345	5226	4786	4493
6261	5984	5736	5560	5427	**5334**	5218	4725	4439
6221	5544	5730	**5556**	5414	5300	5184	4683	4317
6199	5907	5719	5536	5389	5279	5135	4598	4218
6160	5836	5651	5529	5367	5276	5085	4582	4183
6152	5818	5631	**5476**	5363	5257	4994	4576	4180

73. Zn (Zink).

Litteratur.

Angström, Pogg. Ann. **94** p. 141—165 (1855).
Kirchhoff, Untersuchungen üb. d. Sonnensp. (1861).
W. A. Miller, Phil. Trans. **152** p. 861—887 (1862).
Robinson, Phil. Trans. **152** p. 939—986 (1862).
Stokes, Phil. Trans. **152** (1862).
Mitscherlich, Pogg. Ann. **121** p. 459—488 (1863).
Huggins, Phil. Trans. **154** p. 139—160 (1864).
Mascart, Ann. de l'école norm. **4** p. 7—31 (1866).
Brassak, Abh. d. naturf. Ges. zu Halle **9** p. 3—16 (1866).
Thalén, Mém. sur la déterm... (1868).
Cornu, C. R. **73** p. 332—337 (1871).
Lockyer, Phil. Trans. **163** p. 253—275 (1873).
Lecoq de Boisbaudran, Spectres lumineux p. 138—139 (1874).
Lockyer, C. R. **78** p. 1790—1794 (1874).
Lockyer u. Roberts, Proc. Roy. Soc. **23** p. 472—489 (1875).
Ciamician, Wien. Ber. **76, 2** p. 499—517 (1877).
Lockyer, Studien zur Spektralanalyse p. 134—136 u. 192—204 (1879)
Liveing u. Dewar, Proc. Roy. Soc. **29** p. 402—406 (1879).
Cornu, D'Almeida J. **10** p. 425—431 (1881).
Hartley, Trans. Dubl. Soc. (2) **1** (1882).

1. Linienspektrum.

Dasselbe erhält man am einfachsten durch Funken zwischen den Metallelektroden; einige Linien erscheinen bei Funken nach der Lösung des Chlorürs (Lecoq). Messungen liegen vor von Huggins, Thalén, Kirchhoff, Lecoq, Mascart, für das Ultraviolette von Cornu; Hartley hat eine Photographie des Ultravioletts. Lockyer hat die Länge der Linien bestimmt, Cornu und Liveing und Dewar die Umkehrung einzelner derselben beobachtet.

Die Wellenlängen sind:

	Huggins	Thalén	Kirchhoff	Lecoq	Mascart	Cornu
R	5681	—	—	—	—	
O	**6360**	**6363**	**6362**	**6361**	**6361**	
	6211	—	—	—	—	
	6100	6102	6106 6099	—	—	
	6041	—	—	—	—	
	—	6023	6025 6019	—	—	
	5910	—	—	—	—	
	5894	5894	5894	—	—	
G	5814	5816	—	—	—	
	5755	5756	—	—	—	
	5741	5745	—	—	—	
	—	5608	—	—	—	
	5577	5578	—	—	—	
	5563	5563	—	—	—	
	—	5466	—	—	—	
	—	5436	—	—	—	
Gr	5333	5336	—	—	—	
	5247	5250	—	—	—	
	5232	5233	—	—	—	
	—	—	—	5184	—	
	5157	5159	—	—	—	
	5122	5121	—	—	—	
	5117	—	—	—	—	
	5083	—	—	—	—	
	5072	5074	—	—	—	
	5049	5048	—	—	—	
	4970	4971	—	—	—	
	4924	**4924**	4928 4924	—	4923	
	4911	**4911**	4911	—	4911	
Bl	—	4878	—	—	—	
	4867	4865	—	—	—	
	4809	**4810**	**4810**	**4812**	4809	
	4722	**4721**	**4721**	**4721**	4721	
	4679	**4680**	**4679**	**4681**	4679	
				4630		
UV						21385
						27. 20988
						28. 20634 20610
						29. 20243

Die Linien sind nach abnehmender Länge folgendermaassen zu ordnen:

4810, 4721, 4680, 6363, 4911, 4924 u. s. w.

Cornu hat die Umkehrung von 4812, 4721 und 4679 gefunden, Liveing und Dewar nur die Umkehrung von 4810.

Lockyer hat den Einfluss des Drucks auf das Erscheinen der Linien, welcher beim Zink besonders charakteristisch ist, untersucht.

2. Kontinuirliches Spektrum.

Lockyer hat eine kontinuirliche Absorption im Blau durch Zinkdämpfe beobachtet.

Verbindungen.

Nach Mitscherlich geben alle Salze nur Linien des Metalls. Lockyer hat Legirungen mit Cd untersucht.

74. Zr (Zirkon).

Litteratur.

Thalén, Mém. sur la déterm... (1868).
Troost u. Hautefeuille, C. R. **73** p. 620—622 (1871).

Messungen über das Linienspektrum des Zirkon sind nur von Thalén gemacht worden.

	6344	Bl	**4815**	J	4370
O	6310		**4771**		4360
	6141		**4739**		4242
	6133		**4710**	V	4241
	6127		**4687**		4229
G	5385	J	4498		4210
	5350		4495		4209
Gr	5191		4443		4155
			4380		4149

Den Schluss des dritten Abschnittes und damit des ganzen Buches bildet eine Tabelle, welche nach Wellenlängen geordnet die Linien sämmtlicher Linienspektra enthält. Hinter jeder Linie ist der Name des Elementes gegeben, in dessen Spektrum die Linie erscheint, und zwar ist der Name fett gedruckt, falls es eine der hellsten Linien des Elementes ist.

Eine solche Tabelle ist von grossem praktischen Nutzen zur spektralanalytischen Erkennung von Substanzen. Haben wir z. B. irgend ein Metallstück, von dem wir nicht wissen, was es ist, so genügt die angenäherte Messung von 5 oder 6 der hellsten Linien in Wellenlängen, um aus der Tabelle das Element zu erkennen. Angenommen, wir hätten gefunden: 527, 521, 515, 512, 472, so zeigt die Tabelle, dass in der Nähe dieser Linien die fünf fett gedruckten Bi-Linien 5271, 5208 5144, 5124, 4723 liegen; also war das Metall Wismuth.

Sehr nützlich ist die Tabelle auch zur Erkennung von Verunreinigungen; sehr oft ist es schwer zu errathen, welcherlei fremde Elemente gegenwärtig sein können, und es sind Verunreinigungsspektra als neue Spektra beschrieben worden. Das wird unmöglich durch Benutzung einer Tabelle wie der folgenden.

Es sind in die Tabelle die Linien der ganz seltenen Elemente nicht aufgenommen, dagegen dem Zwecke, Verunreinigungen zu zeigen, entsprechend die Spektren von CO und Cy.

Für die Wellenlängen sind die Thalén'schen Zahlen genommen; wo solche nicht vorhanden waren, die am zuverlässigsten erscheinenden.

7951	Rb	6808	Bi	6705	Li	6628	Br
7800	**Rb**	03	Sb	01	N	22	CO, N
7698	K	6790	Pb, Sr	6697	Ba	14	N
7662	**K**	86	N	93	N	06	Sr
7108	Sr	80	Ba, Sb	92	Cl	02	Cs
7020	Sb	79	N	90	I	6599	Bi
6975	Cs	78	Pd	77	Ba	89	Ba
46	**K**	69	Sn	74	N	85	N
13	K	60	N	70	Au	83	C
6888	Ba	57	I, Pt	65	Cl	81	Zn
85	Sr	42	Cd, Sb	63	Sr	79	S
70	N	30	Cl	60	Au	78	C
62	Br	26	Cd	59	Cr	76	Br, I
61	I	23	Cs	56	Pb	73	Sn
42	Sn	22	Ca	45	Cl, Sb, Te	71	Bi
40	Sb	12	Sb	41	Sr	62	H
25	I	10	Au, Ca	40	I	56	Ti

6555	Br
50	Sr
47	Tl
43	Ti
42	N
34	N
26	Ba
22	Pt
16	N
13	Sb
05	P
03	Se
02	Sr
00	Sb
6499	Cr
98	Ca
96	**Ba**
94	I
93	**Ca**
90	Fe
83	Ba
80	Se
69	Ca
66	Cd, N
65	Cs
62	**Ca**
61	Cr, Sb
60	Fe, Os
59	N
57	Au, P
54	S
53	Co
52	O, Pb, **Sn**
49	Ba, Ca
41	N
38	**Ca**, **Cd**
37	**Fe**
36	Cr
35	Sr
33	P
31	Se
28	Au
21	S
14	Fe
07	Sr
04	As, S
00	**Fe**
6399	CO
93	N
92	Sb
90	S
88	Sr
86	Fe
85	N
83	Hg, Sr
81	Pd
80	Cu
6371	Ag, Al
70	P
69	Sr
67	N
66	Te
63	**In**
61	Cs
60	Fe, Hg
57	**Br**
52	Cu
50	Fe
49	Co
47	Pt, Te
45	Al
44	Mn, Zr
43	Ba, Sr
42	As
39	I
38	Fe
36	Ca
29	Si
21	**N**, S
20	Fe, Sb
15	Ni
14	**N**
11	Ca, Sr
10	Zr
09	S
08	Se
05	K
04	Au
02	Sb
00	Fe
6298	Co
96	**Rb**
95	**N**
92	I
91	Au
90	**S**, Te
83	Sb
80	Os
77	Au
75	Co
74	Sr
61	Ni
60	Ti
57	I, **Ti**
54	Fe
52	As
51	Sr
49	Ag, **N**
48	Pd
47	Co
46	K
45	Fe, Sb
44	Al
43	**N**, Te
6241	Va
40	Tl
34	Al
30	Fe
28	Te
26	**N**
21	Ti
20	Sr
19	**Cs**, Pt
18	Cu
14	Ti
11	Zn
10	I
09	Ca, Sb
04	Rb
02	Ca
00	P
6193	Sb
91	Fe, Sr
83	N
77	Pd
76	Ni
75	N
73	P, Se
72	Sr
70	**As**, O
69	I
68	Ca
61	**Ca**
60	Na, Rb
58	**Br**, N
57	Cr, O
55	Sb
54	Ca, I, Na
52	S, Se
51	Br, **Hg**
43	Co
41	**Ba**, I, **Zr**
36	Fe
34	Sr, Va
33	Zr
31	As, Br, Co
29	Bi, Pd, **Sb**
28	Br, Mn
24	**Zr**
25	**N**, Ti
21	**Ca**
19	N, **Va**
17	Mn
16	Co, Cr, K
15	Ni
11	S
10	**As**, Ba, Va
08	Cl, Ni
03	Fe
02	Ca, Li, N, Zn
00	Cr, P
6098	Sr
97	Ti
95	Fe
93	Ca
90	Ti
89	**Va**
88	Hg
87	Ca, I
84	Co
83	Ti
80	Va
78	As, CO, **Sb**
73	I
71	P
70	Rb, Se
67	I
66	N
65	Fe, Ti
62	Ba
61	N
60	Ca
59	Pb
58	**Sr**
57	Bi, Cd, **P**
51	Sb
50	Bi
47	Co
45	Fe
43	N
42	P, Te
41	Zn
40	Pb
39	Bi, **Va**
36	Ag
35	Se
33	**P**
31	**Sr**
23	Fe, Zn
22	As, Pt
21	**Mn**
19	Fe
18	Ba
16	**Mn**
13	As, **Mn**
12	**N**
10	Te
09	Pb, S
08	Fe
07	**Cs**
06	Co
05	N
04	Cd, Co, **Sb**
02	Ca, Fe, Pb, Tl
00	Co
5999	Ti
98	Sr

5995 Te
94 Pt
92 Ba
91 Os
90 P
89 Co
88 N, Pt
86 Ca, Fe, Pt
84 Fe
83 Co, Fe, Pt
80 Bi, Pt, Sb
78 Si, **Ti**
77 Pt, Sr
76 Fe
75 Fe
73 Ag, **Te**
72 Bi
71 Ba, Sr
65 **Ti**
64 P. Pt
60 Au
58 Cd, Fe
57 N
56 I
55 Au
54 Pt
52 Cl, Pt, Se, **Ti**
51 N
49 Tl
40 Sr
45 Te
44 Cl
43 N
22 Ti
20 Au, I, Sb
19 Ti
15 Co
14 Cd
13 Ur
12 Sr
10 **Zn**
09 Sb
05 Ba, N
03 Pd
02 Fe
5899 **Ti**
95 Na, Pb
94 Sb, Zn
92 **Ni**
90 Sr
89 Ba, I, Na,
88 N, Pd
84 Hg
83 N
80 Au, Fe
74 Pb

5871 Hg
68 Br
66 I, Pd, S
65 **Ti**
62 Au, Bi
58 Os
57 Ca, Ni, Pb, Te
56 Se
55 Fe
54 Ag, Pd
53 As, **Ba**, **N**
52 Te
50 Cs, Sr
46 **N**
45 Pt, Se
43 Co
40 Sb
38 Co
36 **Au**
35 Pt
33 As
31 **N**
29 **K**
27 Ba, **Br**, Ni
25 Te
24 Br, Tl
23 Pb, Pd
22 Sb
21 I
17 CO, Hg
16 Bi, Sr, Zn
13 As
12 K
10 S
09 Ba
06 Pt, Te
05 Pd, Wo
04 Ba
02 **K**, **N**
01 Ni
00 Hg
5798 **Sn**
95 **N**
92 Br, Sb
90 Au, Cd, Cr, **Hg**, I
88 Cl
87 Pd
86 Va
84 Cr
83 **K**
81 As, Cu, **N**
80 Ba, Cr, Fe, S
79 Pb
77 I, Os

5771 Tl
68 **Hg**
66 Sr
63 I
62 Fe
58 Au, Pt
56 Ni, Zn
55 **Te**
52 **N**
46 Se
45 **N**, Zn
44 Ba
43 As
41 Te
39 Br, I
38 Ti
37 Pd
33 Pd, Wo
31 **N**
25 **Va**
24 Rb
23 **Al**
22 Br
19 Os
17 Bi
16 Cl, Ni
14 Fe, Sb, Ti
13 I
12 Br
10 Mg
08 Fe
07 **Te**
06 Va
05 I
04 N
03 Va
02 Ti
00 Cu, Sb, Se
5698 Va
96 **Al**, Br, I
95 Ni
94 C, **Pd**
89 Ti
87 Cd, Na
85 Cl
83 I, N, Se
81 Fe, Na, Ni
80 Tl
79 Ti
78 Hg
74 Cl, Na, **Ti**
69 Na
68 **Pd**, Se, Va
67 S
63 N, Sb
62 Br, Cs, Fe, **Ti**

5661 C
60 S
58 **Fe**, N
55 Bi
54 Fe
53 Au
51 **As**, Pd
50 Rb
49 I
48 Wo
47 As, C, Sr, **Te**, Ti
45 Ag, S
44 Co, Sb
43 **Ti**
40 Cl, Pd, S
39 C, **S**
38 Cr, K, Sb
37 Cs, N
34 Co
32 I, Wo
30 Sn
29 Sb, Ti
26 Ag, Br, Va
23 Ag, Fe, Va
22 Br
20 I
19 N, Ur
18 Pd
16 As, Te
15 **Fe**
13 N, S
11 Ag
08 CO, Pb, Tl, Zn
07 I, **Pb**, Pd, Sb
05 Cr
04 S
02 Ca, **Fe**
01 Cl, P
00 Ca, I
5599 Pd
8 **Br**
7 Ca, **Fe**, Ti
6 Se
5 Hg
4 N
3 Al, Ca
91 Ca, Fe
90 Ag, As, Co
89 Ca, P, **Sn**
88 **Ca**
87 Pd
86 **Fe**
82 Os
81 Ca
80 Au

5579 Ur
78 Zn
77 Cl
75 Fe, S
74 Te
72 Cs, **Fe**
69 Fe
68 Ag, N
67 Sb
66 Br, Se
65 Ti
64 Pd
63 **Sn**, Zn
62 Ur
61 S
58 **As**, I
57 Ag
56 **Mn**
55 S
53 Bi
52 Ag, Br, N, P
46 Pb, Pd
43 Pb
42 Pd
40 Cl
38 Bi
35 **Ba**
33 Cl
32 S
30 I
29 Pd
27 Mg, **Ur**
25 N
24 Co, Pb, Se
23 Sr
22 Ag
21 Os
18 Ba, S
16 Mn
15 Br
13 N, **Ti**, **Wo**
12 Pd, **Ti**
11 I
09 Ca, Ur
08 N, Ni
07 S
06 Fe
04 Sr
03 Ti
02 Br
01 Cs, Fe
00 P
5499 I
98 As
97 Fe
96 Sr
95 Pd

5494 I, N, **Ur**
92 Br, Wo
90 Ba, Tl
89 Cd, Ti
88 Te
87 Ag, Fe, Ti
86 P
85 Sr
83 **N**
82 Co, I, **Ur**
80 P, **Sr**, Ti, **Ur**
78 Pt, Te
77 **N**, Ti, **Ur**
76 **Ni**, Pt
75 **Ur**
73 N, Ti
71 Cd, S, Ti
70 Ag
68 I
67 Mn
66 Se, Zn
65 Pd
64 **Ag**, Sb
62 P
61 Cs, **Hg**
60 **Cl**, Fe, I
55 **Fe**
52 Co, P, Se
51 **S**
50 Bi
48 Sr, Te, Ti
46 **Br**, **Fe**, Ti
44 **Cl**, Fe
43 Co, Mn
42 **N**
41 I
40 Os
38 S
37 **N**
36 **Br**, O, Pd, Zn
34 Ni
32 Fe
30 Mn, **S**
29 **Fe**, Rb, Ti
28 Br
26 Hg, Ni
25 Ba, Ti
24 Ag, Fe
23 Sr
22 Br, **Cl**, I, **N**
20 **P**
18 S, Ti
16 Ni
14 Os, Va
13 Tl
12 Fe, Mn
11 Ag, Cr

5410 Cs
09 Te, Ti
07 Mn
06 **N**
05 Fe
04 As, Mn
03 Fe, Ti
02 Ag, I, **N**, P
01 Fe, Va
00 Mn
5398 CO
97 Bi
96 Fe, Ti
94 Mn, **Pd**
92 Fe, Sb
91 Br, Se
90 Pt
87 **N**, S
85 **Cl**, Zr
84 As, Ur
83 Br, Sr
82 Fe
81 P
80 Ti
79 C, Co, Sb
78 **Cd**
77 I, Mn
74 Pb, Se
72 N, **Pb**, Sb
71 **Fe**
70 Ni
69 Fe, Sn, Ti
68 Co, Pt
67 Fe, **N**
66 Te
65 Hg, I
64 Fe
63 Co
62 Fe, Pd
60 Tl
59 Co, Mn, Rb
58 P
57 Bi
54 K
53 **N**, Sb
52 Co, Fe
51 Co, Ti
50 **Tl**, Zr
49 Ca, Fe
48 Mn, Sn
46 Cl, Cr, Fe
45 Cs
43 Co
42 Co, Cr
40 Mn, N, O
39 Fe, I, K
38 **Cd** Co, K

5337 P, **Ti**
36 Zn
32 As, Sn
30 I
29 Co, O
27 **Fe**, Sn
26 **Br**
25 Cl
24 As
23 Fe, K
20 Co
19 **S**
18 Cr
17 Co
16 Fe
14 I
13 Co, Cr,
10 Cs, Pd, Te
09 Co
07 Fe
06 N, P
05 Cd
02 Fe, **Pt**
00 Co, Mn
5299 Ag, Br, Te, Ti
97 Cr, **Ti**
96 Cr, Ti
95 Co, **Pd**
93 **Se**
92 Br, Cu, I
91 Co
90 Mn, Sn
88 Ti
87 As
84 **P**
83 Fe, **Ti**
81 Fe
80 Co
79 Hg
75 Pb
74 Cl, Co, Cr, Fe
73 N
72 Ti
70 **Bi**, **Fe**
69 Ca, **Fe**, S
67 Co, Ti
66 Co, Fe
65 Ca, Cr, Ti
63 Br, Ca, Cr, Ti
62 Fe, I
61 Ca
60 Ti
59 Rb, Se
58 Ca
57 Cs, I, Pd

5256 Fe, N
55 Ti
54 Co, Cr, Mn,
52 Co
51 Ti
50 Br, Fe, Zn
49 Co, Pd
47 Co
46 Cr, Ti
45 As, N
43 **P**, Se
42 Sb
41 Fe
40 Va
39 N, Ti
36 Cr
35 I
34 Co, Mn, Pd
33 Va, Zn
32 **Fe**, Se
31 S
30 **Au**
29 As
28 Co, N
27 N
26 **Fe**, Pt, Ti
25 **Br**
24 Cr, Sn
23 Ti, **Wo**
20 Br, Se
18 Fe, I, S, Ti
17 **Cu**, Hg, Te
16 Br
15 **Se**
14 S
13 Co, **N**
12 **Cl**
10 **Ti**
09 **Ag**
08 **Bi**, Fe, **N**, Pd, Sb
07 **Cr**, Pb, S
06 Hg, Ti
05 **Cl**, **Cr**, O
04 **Cr**
02 Fe
01 Bi, Os, Pb, Ti
00 Co, I, **S**
5198 Pt
96 **N**, CO
95 As, Mn, Va
94 Fe, Rb
92 Fe, **Ti**, Va
91 Fe, S, Zr
90 Co, O
89 Pb
88 Ca, Ti

5187 Br
85 Ti
84 Co, Zn
83 **Mg**, **N**
82 **S**
80 Br, Cl, Fe
79 **N**
78 P
77 Sb
76 Cl, I, Ni
75 O
73 Ti
72 **Mg**, Te
71 Fe
68 **Br**, Fe, Ni
67 Fe, **Mg**
66 I, **N**
65 Sb
63 Pb, **Pd**
62 As, Fe, **Se**
61 Cl, Rb
60 Cl
59 O, Zn
56 Co, Sr
55 Na, Ni
54 N
53 Cd, **Cu**, Se, Ti, Tl
52 Cr, Na, Te
51 C, Ti
50 Br, Cl, I, N
49 N
48 Cl, Fe
47 Co, Ti
45 Ti
44 **Bi**, C, Ni, O
43 S
42 Ni
41 S, Sb
40 S
39 Fe, N, **Sr**
38 I
37 Ni
33 C, Fe, Te
31 Hg
29 Ni, Sr, **Ti**
28 Co
27 N, Ti
26 Sr
24 **Bi**, S, Se, Sr
22 Br
21 Zn
20 **Ti**
17 Pd, Sr, Zn
15 Ni, Se
13 Sb, Ti
12 K

5110 Pd
09 Ti
07 Fe, I
06 Br
05 Co, **Cu**, Te
04 As, Cr, Fe
03 S, Se
02 I, Ti
01 Cl, Sn
00 Ni
5099 Cl, Fe, Ni, Se
98 K, N
96 S
95 K
92 Br
91 **Se**
90 **Bi**
89 Se
87 Ti
85 **Cd**, Rb, Tl
83 Zn
81 K, Ni
80 Ni, Sb
79 Tl
78 Bi, S
77 Cl, Ti
74 Co, Zn
73 Os
72 Ti
71 Wo
68 Wo
67 Au
66 Cl, N, Se, Ti
64 Fe, I, **Ti**
62 Pd
61 Co, Ti
60 **Pt**, Si
57 **Al**
55 Sr
54 Br, Co
53 Tl, **Wo**
52 Ti
51 Fe
50 K
49 Fe
48 Ni, Se, Zn
47 I
45 Pb, S
44 Cl, Sb
43 Si, Ti
42 Pb
41 Ca, Fe
40 Fe
39 Ti
38 Ti
36 S, Sb, **Ti**
35 Br, Ni, Te, Ti

5032 N
30 **S**
29 Se
28 Co, I
27 **S**, Ur
25 K, Ti
24 Ti
21 Ca, Rb, Sn, Ti
19 Ti
17 Fe, Ni
15 CO, Ti
14 Se, Wo,
13 S, **Ti**
12 Ti
11 Cu
10 Br
07 **Ti**, Wo
06 Cl
05 Fe, Pb
04 Cl, S
03 S, Se
02 Fe, K, Sr
01 Ti
00 S, Se
4999 Pt, **Ti**
98 Cl, Ni
94 S, **Se**
93 Bi, Fe
90 Br, Fe, I, **Ti**
88 Fe, Ti
83 As, Na, Ni
82 Br, Na, Tl
81 **Ti**, Wo
80 Ni
78 Ti
75 **Se**, Ti
74 Cl
72 I, Li, N, P, Ti
71 Zn
70 Bi
69 Pd
68 Sr, Ti
67 Co
65 Ti
64 K
62 Sr
60 Br, I
58 Hg
57 **Fe**
56 Cu, K
54 O
50 K, Ni
49 Sb
48 Cl
47 Ti

4946	I, Tl	4864	O, Va	4787	**Br**, Pd	4703	Cu
45	Br	63	K	86	Cl, Ni, Sb	00	Se
43	Sr	62	Cr	85	Te	4699	**O**
42	Cl, K, **O**, S	61	H	84	Sr	98	Ti
41	As	60	O	82	Cl	97	CO
40	Fe, O	58	Sn	79	**Co**, Ti	96	O
37	Ti	56	K, O	78	Br, Cl	95	Br
35	Ni	55	**Ni**, Ti	77	Cl, Fe, S	94	S
33	**Ba**, Cu	53	I, Sr	76	Rb, **Se**	92	Bi
32	Br	52	Br, Pt	73	**Mn**	91	Sb, Ti
30	Cl	51	Va	71	Br, Fe, **Zr**	90	Ba
28	Ti	50	K, O	70	Fe	89	Fe
26	S	48	Ti	68	S, Sb	87	Ni, **Zr**
25	Ti	47	Br	67	Tl	86	Fe
24	Br, Cl, Cr,	45	**Se**	66	Mn	83	Co
	O, **Zn**	43	Va	65	Cl, **Mn**	82	Ti
23	Fe, Sn	42	O, **Wo**	62	**Mn**, Ni, S	81	Wo
22	I, S	41	Ca	61	Mn	80	**Br**, **Zn**
21	Ti	40	**Se**, Ti	60	Pb	77	**Cd**, S, Se
20	**Fe**	39	**Co**	59	Fe, K, **Ti**	76	Br
19	N, Ti	38	I	57	Sb, **Ti**	75	**O**
18	Fe, Ni	35	Sb, Ti	56	Cr	73	O
17	Cl, Pd	34	CO	55	Ni	68	Ni
16	Hg	32	Ca, I, Sr, Te	53	Bi, Cr, **Mn**	67	Ag, Na, Ti
15	Bi		Va	51	Na	66	N, Se
13	Ti	30	Ni	50	O, Sr	64	Na, Te
12	Au, Cu	29	Cr	49	Cl, **Co**	63	Co
11	Ti, **Zn**	28	Ni	48	Se	62	**Al**
07	Cl	27	K	46	Br	61	**O**, S, Wo
06	O	26	Hg	42	Ti	60	Wo
05	Bi	25	Cl, S	41	O, Sr	59	Pt
04	Ni, Ti	24	Cr	39	**Zr**	56	**Ti**
02	S	23	**Mn**	38	Cr, Mn	54	N, **Se**
4899	Ba, Cl, Ti	20	Ti	37	Co, Se	52	Cr, Te
95	Te	18	Br	36	Br, Tl	51	Cu
93	Sr	17	Pd	35	Sb	50	Cl
92	Tl	15	**Zr**	34	S	49	N, O
90	O	14	Cl, **Co**	32	As, Ni	48	Cr, **O**
88	As, Wo	13	N, S	31	Ur	47	Ni
86	Cr, I	12	Ca, Sr	30	Bi, Br, Cr	46	Cr
85	**Ti**	10	**Zn**	29	Mn	44	Br, Ti, **N**
84	S	09	I	26	Mn	41	O
81	Va	08	K, Mg, Ni	24	Ba	39	**Ti**
79	Pt	07	Br	23	S, Ti, Ur	38	Se
78	Sb, Zn	04	S, Ti	22	**Bi**, N	37	O
77	Ca	03	K, Pt	21	Br, Sr, **Zn**	36	I
76	Cr, Sr	02	Pb	20	Co	34	Cl
75	Pd, Va	00	Cl	18	Cr, S	32	S
74	Ag	4799	**Cd**	14	**Ni**	31	Cr
73	**Ni**, Ti	98	Ti	11	Cl, Sb	29	Co, Ni, Ti
72	Sr	97	Bi, Pb	10	**Zr**	25	**Br**
71	Cr, O	96	K	09	Mn, N, O,	23	As, Ti
70	K	93	Au		Te, Ti	22	Sb
69	Ti	92	**Co**, Ti	07	Se	19	Se
68	Br, Ti	91	S	06	**Br**	17	Ti
67	**Co**, Te	90	Cl, **Fe**	05	Bi, **O**	15	Cl, Cr
65	**Ni**, Sr, Zn	88	Cr, K	04	Mg, Ni	13	S

4611 Cy
09 Fe
08 Au, Ca, Fe, O, **Sr**
07 Fe, K
06 Ni, O, **Se**
04 Te
03 Li
01 N
00 Cr, **P**. Sb
4599 Co, Te
96 S, Se
95 O
94 Ni
93 As, Va
92 **Cs**
91 Fe
90 Cy, Cl, O
88 **P**, Sb
87 Cr, Mg
85 Ca, Va
83 S
81 Ca, Co
79 Cl, Va
78 Ca
76 Va
75 Sn
74 N
73 Pb
72 **Ti**
71 Ni
70 Mg, Rb
67 Se
65 Co
63 S, Ti
62 P
61 Cy
60 Bi
59 Cr, Va
55 **Cs**, N, Ti
53 **Ba**, Fe
52 Pt, **S**, Ti
51 As, Rb
50 Ni, Os,
49 Co, **Ti**
46 Cr
44 Te, Ti
43 **Br**, Ur
41 Cr
39 Cy
37 As
36 **Ti**
35 Cr, Ti
33 Ti
32 Fe, P, **Ti**
31 Co
30 Al
4529 Cr
26 **Ti**
24 Ba, Cr, **Sn**
23 **S**
22 Ti
20 Cy
19 Se
18 Pt, Ti
17 N
12 Ti
11 Al, Fe
09 CO
08 Cy
06 Sb
05 K
04 Mn
03 Fe, P
01 Mn, **Ti**
00 Cy
4498 Mn, Pt, Zr
97 As
96 Na, Ti
95 Cr, Mn, Na, Zr
93 Ba
92 Fe
91 Mn
90 Au, Mn
89 N
88 Ba
85 **S**
81 **Mg**, Ti
79 Al, Mn, Te
77 P
76 Bi
75 Ag
74 Pd
73 Se, **Ur**
72 Mn
71 Co, Mn, Ni
69 O, **Ti**
66 **S**
65 O
64 As, Mn
62 Mn
61 Mn, Ni
60 Mn
58 Mn, Ti
57 Mn, Sb
56 Mg, Mn
55 Ca, Mn, Ti
54 **Ca**
53 O, Ti
52 Mn
51 Se
50 Mn, Ti
49 Mn
4448 O
47 Ti
46 I
43 O, **Ti**, Zr
42 Pt
37 Au, Sr
36 Ca, Mn
35 **Ca**, Mn
34 S
33 Ba
28 Fe
27 **Ti**
25 **Ca**
24 S
23 Na
22 Os
20 Na
19 Os
18 Se, Ti
17 N, O
16 Cd
15 Fe, Mn, **O**, Pt
11 Ti
08 **Va**
06 Se, Va
04 **Fe**
03 Ti
02 Ba, Pb
01 **Ni**, Va
4398 Ti
96 O
95 Va
94 CO, Ur
93 **Ti**
89 Bi, Pt, S, Va
86 K, Se
85
84 **Va**
83 Fe
82 Cr
81 Mn
80 Zr
79 **Va**
76 Sb
74 Ur
72 Co
70 Zr
69 As, Cr
68 O
66 O
65 **Br**, Mn, Sr
62 **Ur**
60 N, Zr
59 Cr
58 **Hg**, Mn, S
57 Os
4354 Ca, O
53 Va
52 Cr, Te
51 Ba
50 Mg, S
49 O, Sb
48 Hg
47 O
46 **Cl**
45 O
44 Cr
43 Fe, Hg, Na, S
42 Se
41 O, **Ur**, Va
40 Bi, H
38 Au, Cr, **Ti**
37 Cr, O
36 S, Sr
35 As, **Mn**
33 Va
32 Ba
30 Va
29 S
28 Bi
27 **Mn**, Ni, Pt
25 Ba, **Fe**, Na, Sr
24 Ti
23 Ba
22 Se
20 Ti
19 O
18 Ca, Ti
17 O, S
15 Fe
14 Au, Ti
13 As, Ti
11 Os
10 Cl, K
09 Ni
08 Ti
07 Ca, **Fe**
05 **Sr**, Ti
03 Fe
02 Bi, **Ca**, Te, Wo
4299 Ca, Fe, **Ti**
98 Ti
97 S, Va
95 Ti, Wo
94 Fe, Os, Ti
93 Cl, Va
91 Ba, Ti
89 Ca, **Cr**
88 Br, Ni
87 Pb, Ti
86 Fe, **Pb**

4284	S, Va	4230	S	4163	**Ti**	4092	Ca
83	Ba, Ca	29	Zr	61	Sr	88	Pd
82	Ti	28	Br	58	O, S	87	Ba
81	N	27	Cr, Fe	55	Cy, Zr	86	O
80	Cl	26	**Ca**	54	Fe	85	Bi, O
79	S	24	Ba,	52	Fe	84	Ba, K, Mn
78	Pd	22	Fe, Se	50	Cy	81	Ba
77	Cl, Va	18	Fe	49	Fe, Zr	80	Mn
75	**Cr**, Cu	16	Cr, Hg, Rb	48	Se	79	Hg, **Sr**
73	Li	15	I, Sr	44	N	77	Sr
72	S, Se, Va	13	Pd	43	**Fe**	72	O
71	**Fe**, N, Pb	12	Ag	42	Br	71	**Fe**
69	Va, Wo.	10	Cy, Fe, Zr	40	S	64	Au
66	C	09	CO, Zr	36	O	63	**Fe**, Mn, N, Pb, Te
64	Ba, Sb	03	N	34	Fe	58	Pb
63	K, Ti	02	Fe, Rb	32	Ba, **Fe**, Li	56	Mg
60	Bi, Fe, Os	4199	Pt	31	Ba, CO	54	Mn
59	S, Te	98	Br, Fe, S	26	O	53	Ag
58	Cl	93	Cy, Sb	24	Se	48	Mn
55	S	91	Fe	20	Co	47	Hg
54	**Cr**	90	O, Se	19	Bi, Co	46	K
51	**Fe**	87	**Fe**	18	Fe, Pt	45	**Fe**
50	**Fe**	85	Ti	17	O	44	K
49	Sb	81	Br, Fe, S	13	Co	41	Mn
48	Fe	77	Cy, Fe	12	Tl	34	Mn
46	Pb	75	N	10	Va	33	Mn
42	Ba, S, Zr	72	Hg	08	Hg	32	Mn, Sr
41	Br, Zr	71	O, **Ti**	04	O	31	Sr
39	Ba, N	70	Pd	01	H	29	Mn, Sr
38	Ca	68	**Pb**, S	4098	Ca, N	18	Ag
37	Ti	66	Ba	97	Co	04	Fe
36	Fe	65	Mg, Pt	94	O	02	N
33	Fe	64	Cy	93	Ca		

Namen- und Sachregister.

A.

B.

C.

D.

M.

N

O.

P.

Y.

Z.

Buchdruckerei von Gustav Schade (Otto Francke) in Berlin N.

NORMALES SONNENSPECTRUM.

Nach ANGSTRÖM.

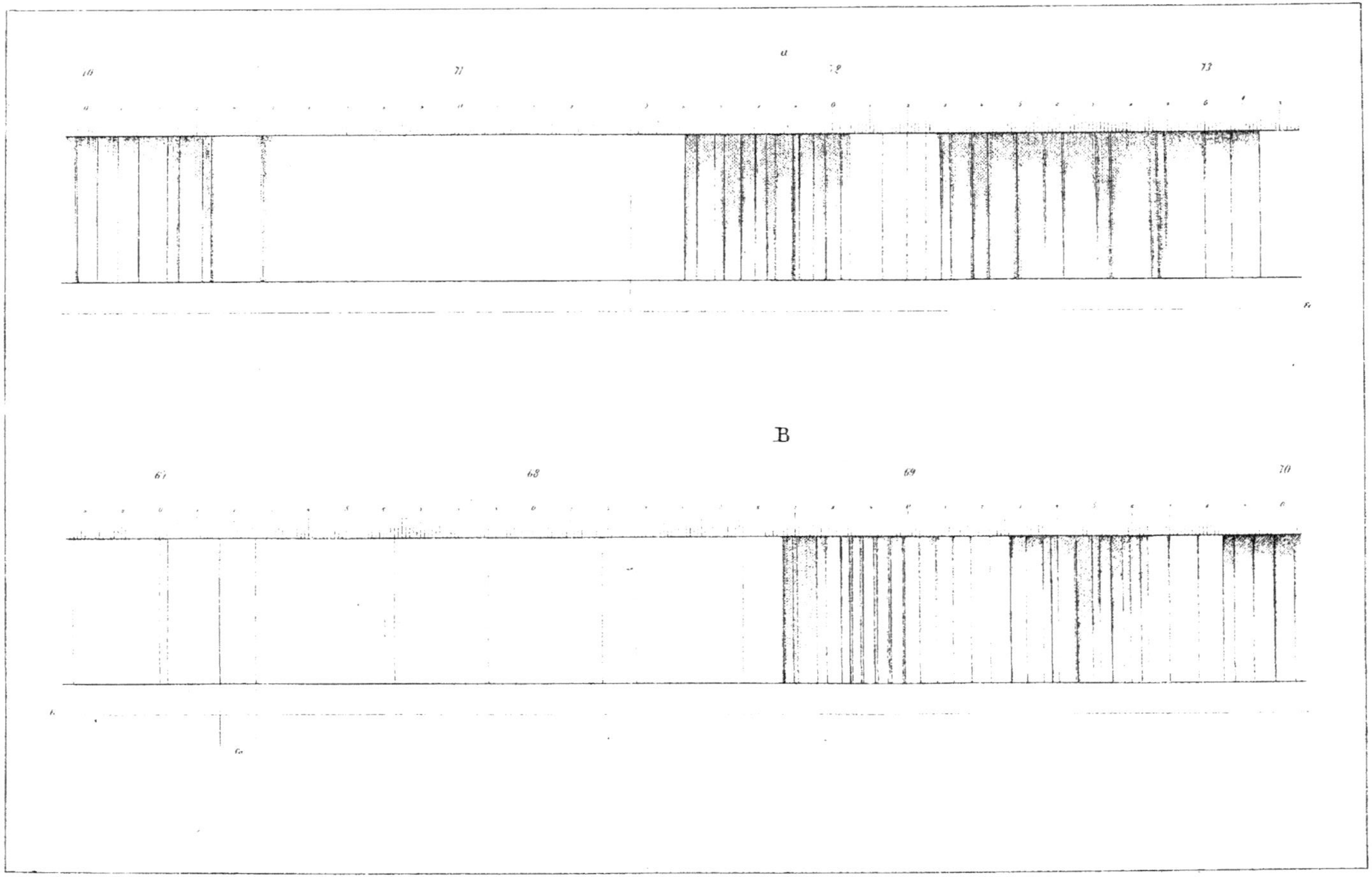

NORMALES SONNENSPECTRUM.

Nach ANGSTRÖM.

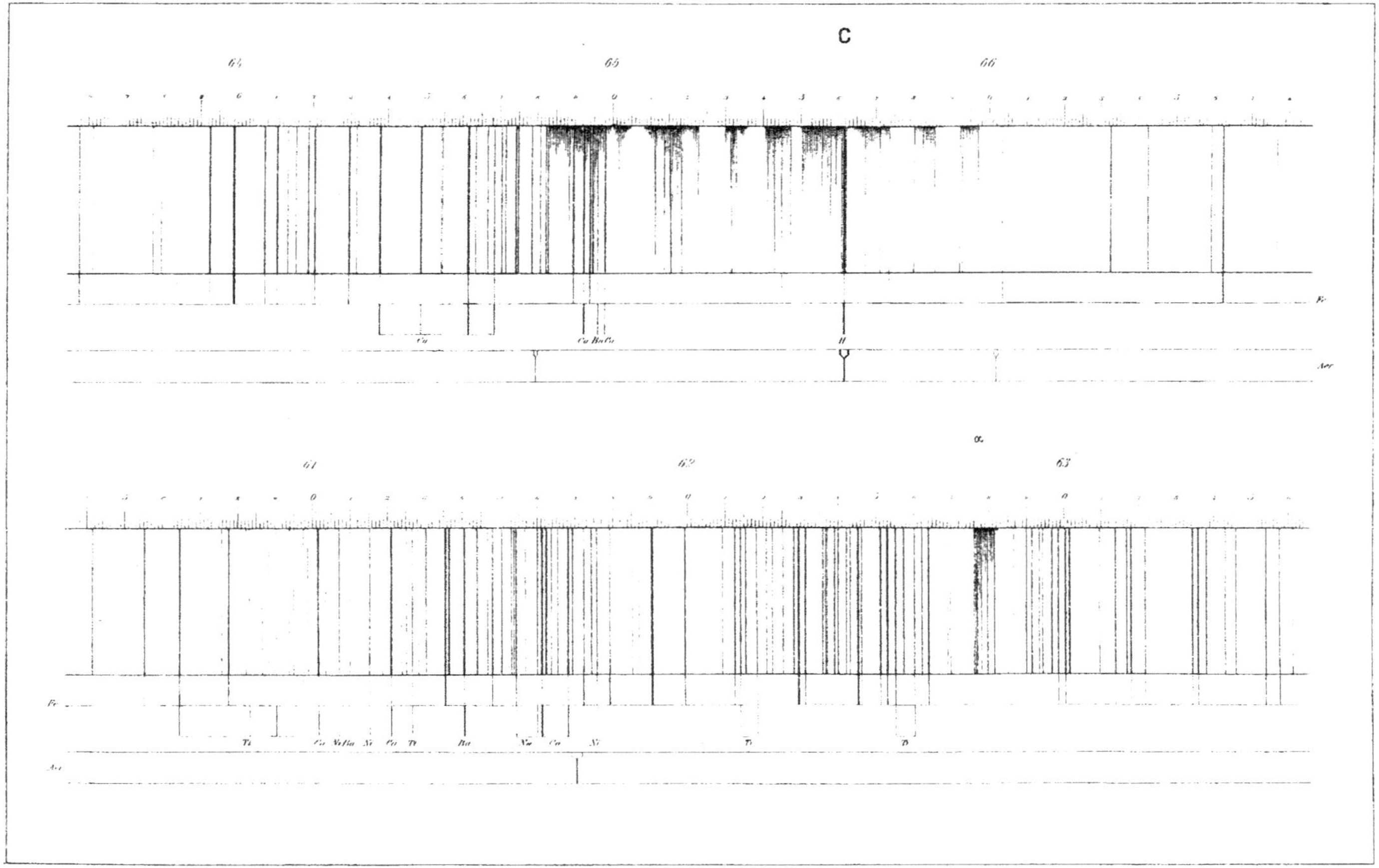

NORMALES SONNENSPECTRUM.

Nach ANGSTRÖM.

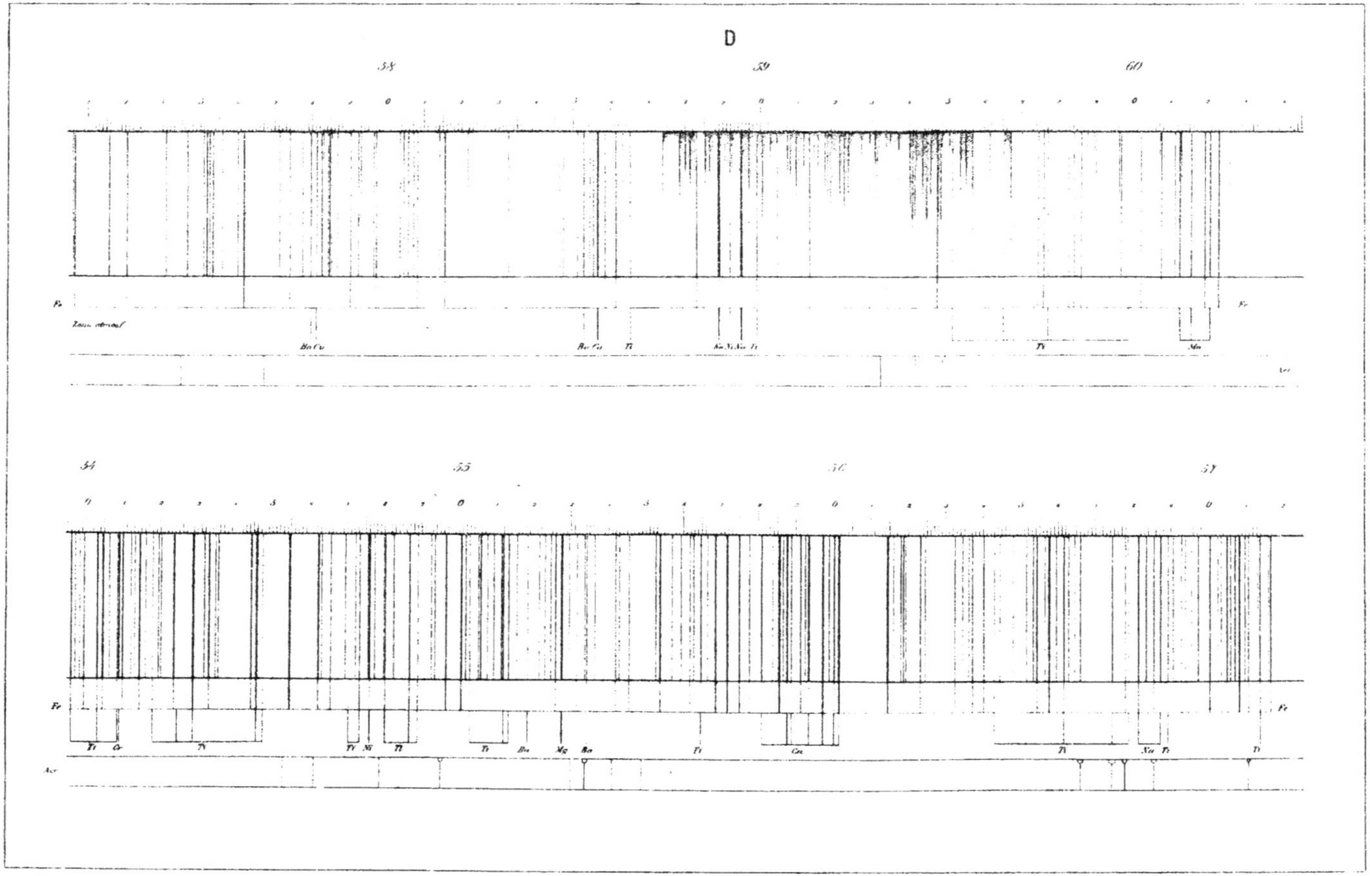

NORMALES SONNENSPECTRUM.

Nach ANGSTRÖM.

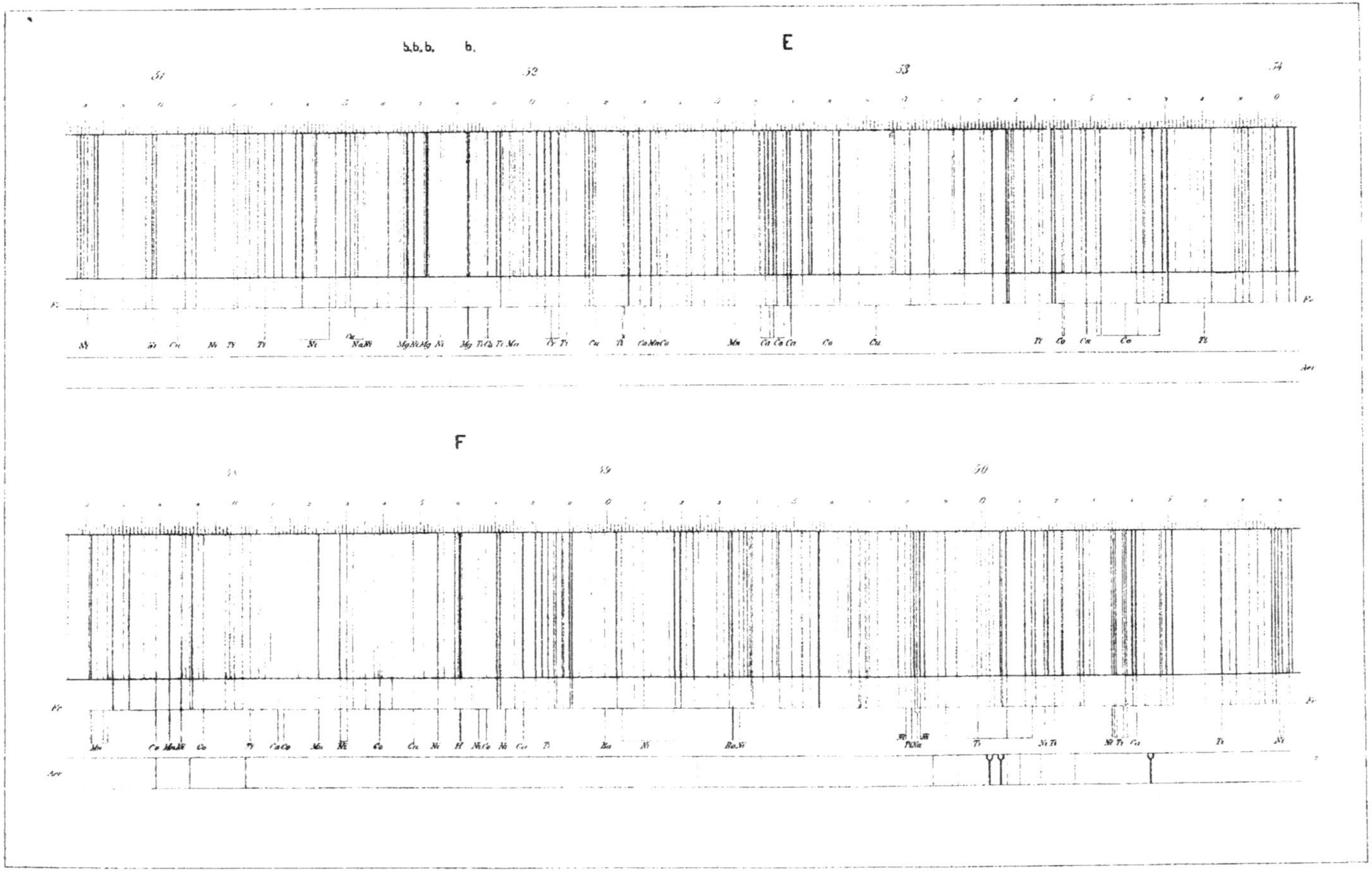

NORMALES SONNENSPECTRUM.

Nach ANGSTRÖM.

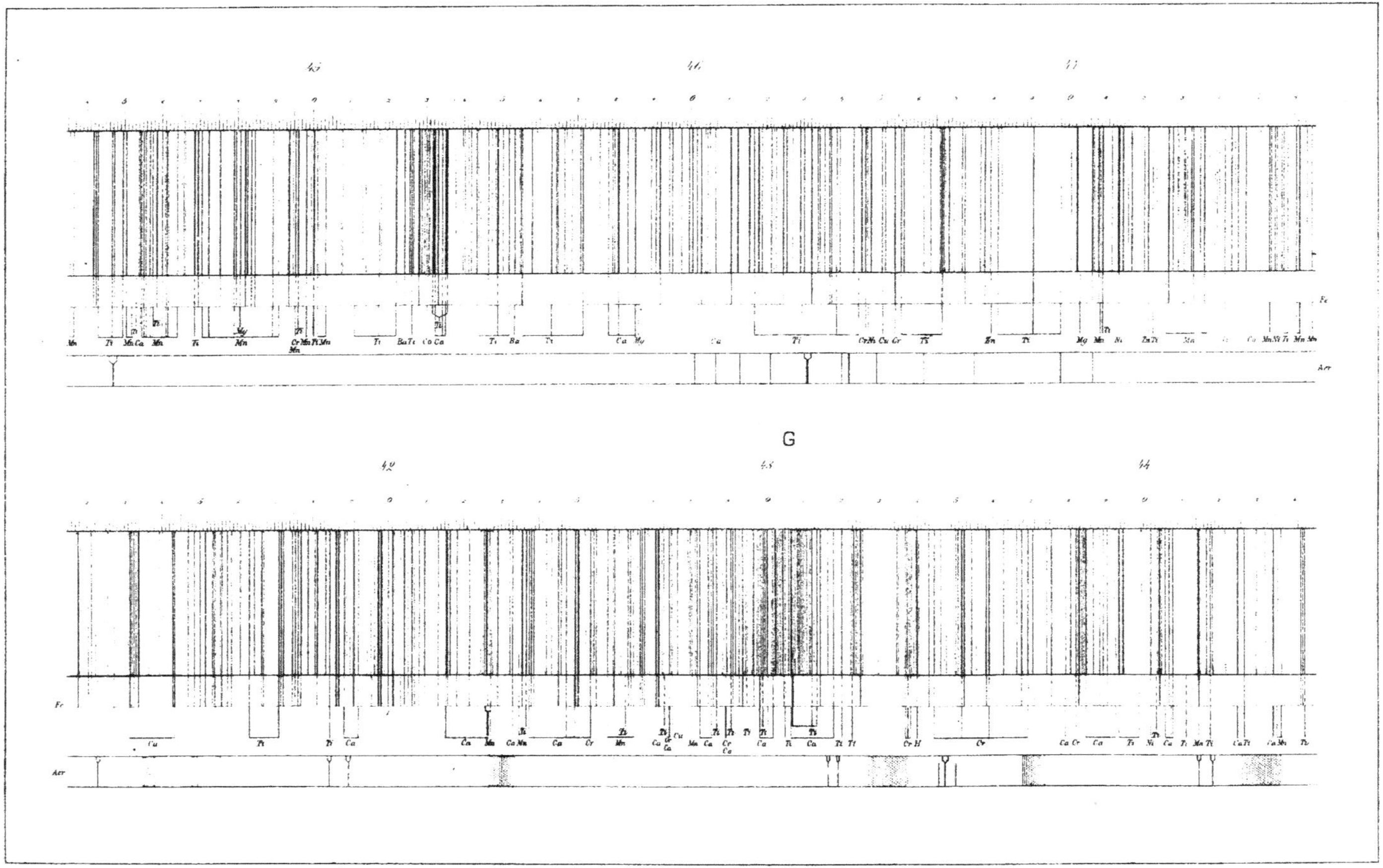

NORMALES SONNENSPECTRUM.

Nach ANGSTRÖM.

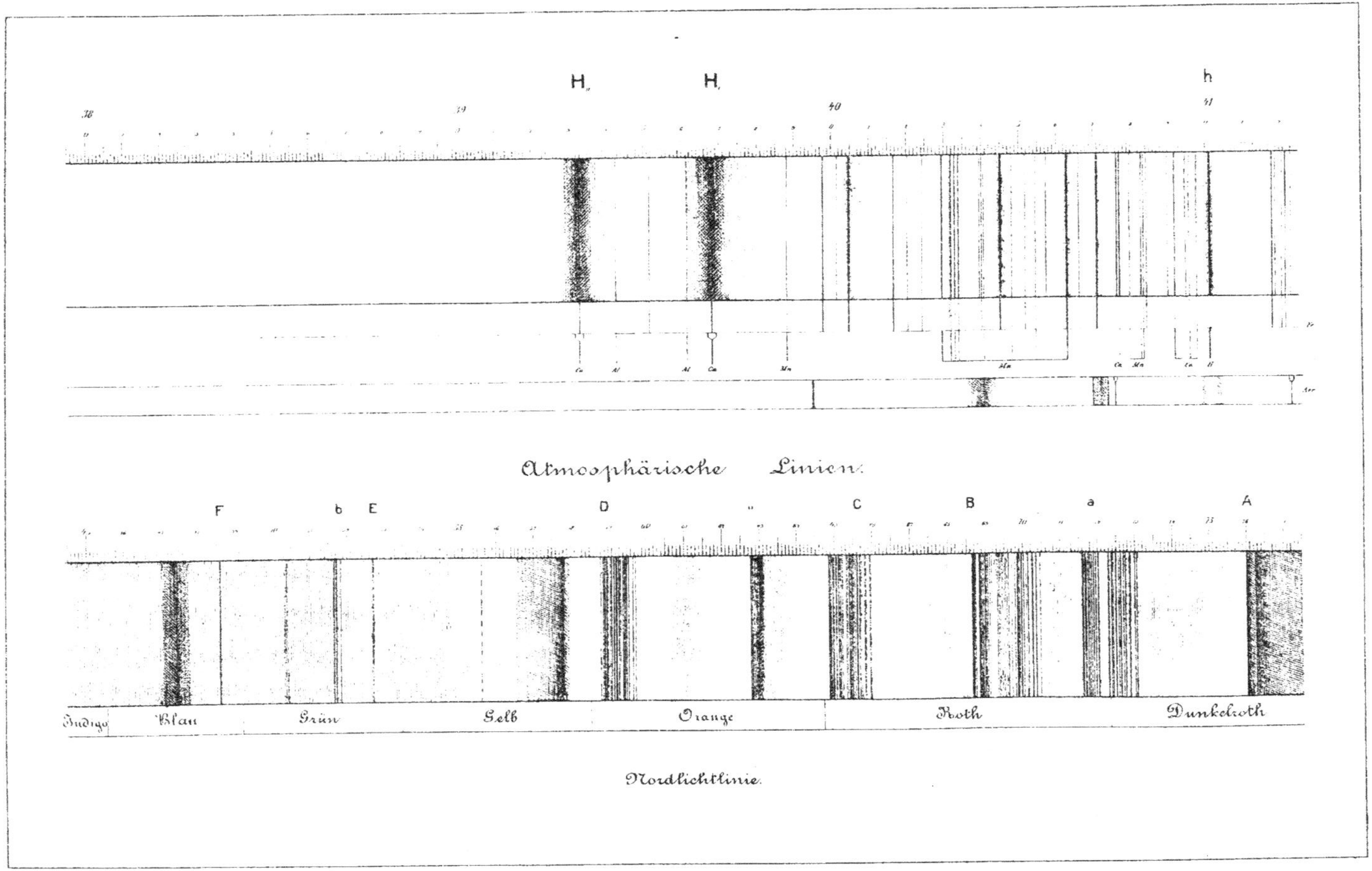

NORMALES SONNENSPECTRUM; ULTRAVIOLETTER THEIL.

Nach CORNU.

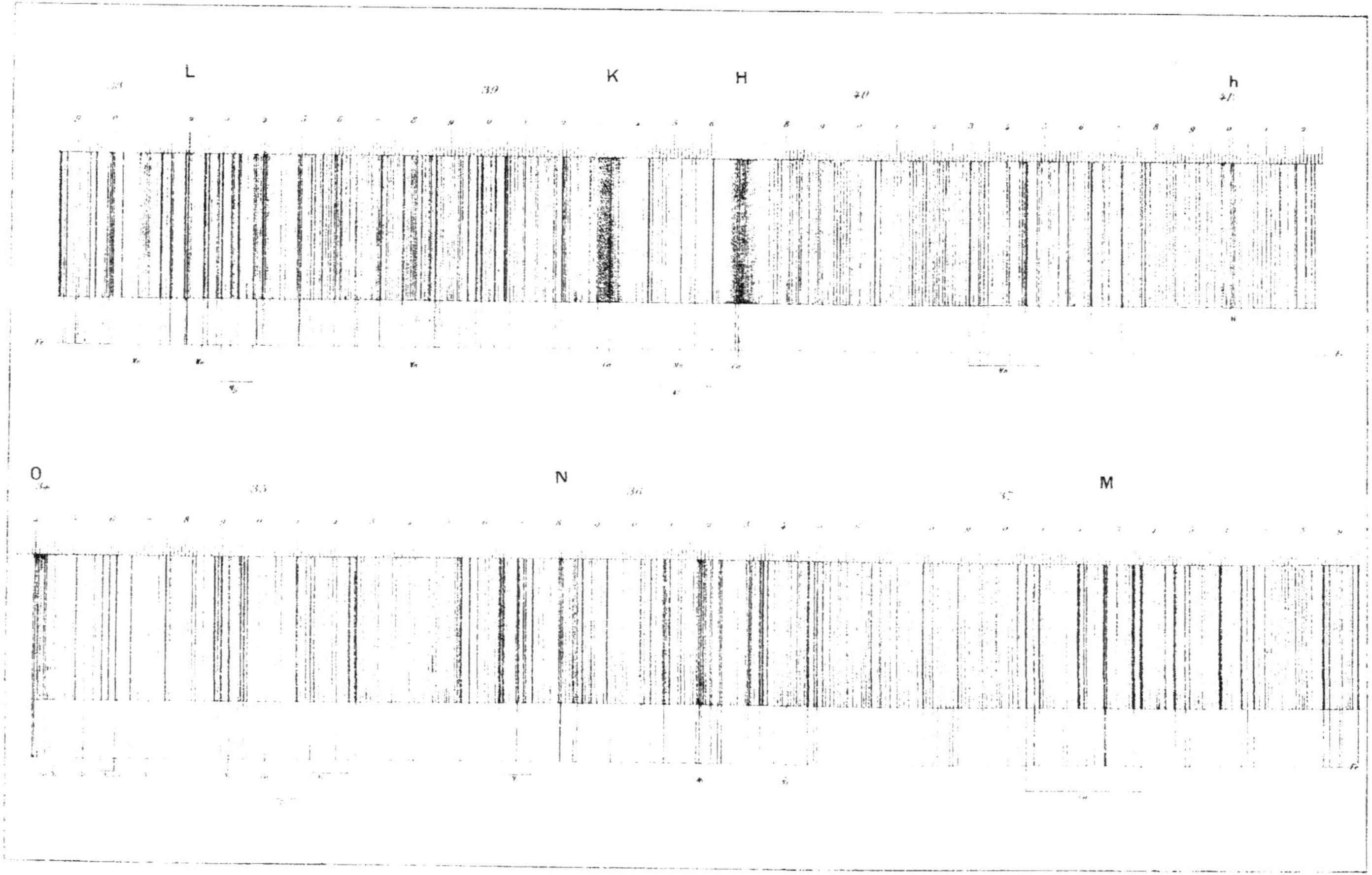

NORMALES SONNENSPECTRUM; ULTRAVIOLETTER THEIL.

Nach CORNU.

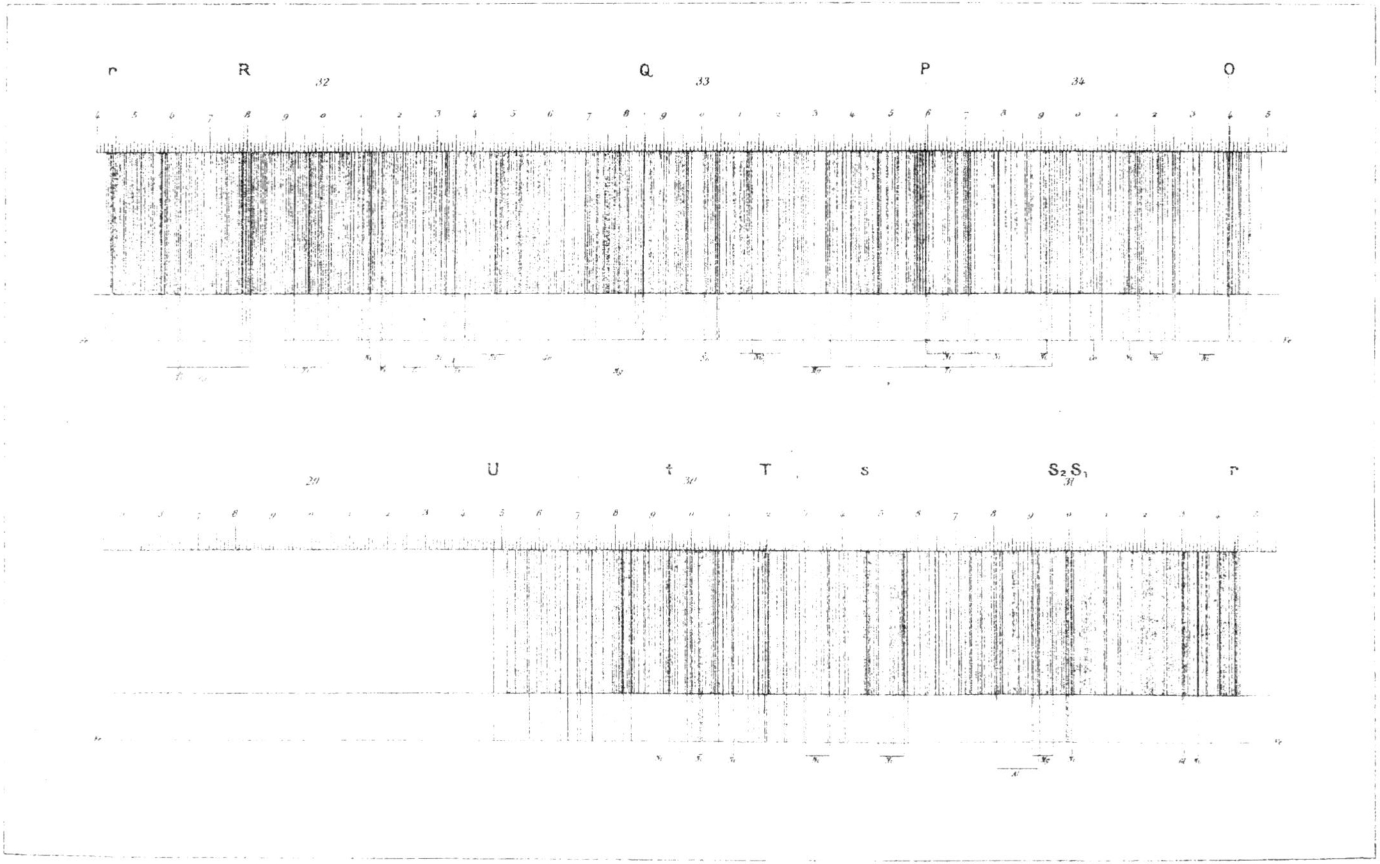

TAF. IX.

NORMALES SONNENSPECTRUM; ULTRAROTHER THEIL.

Nach ABNEY.

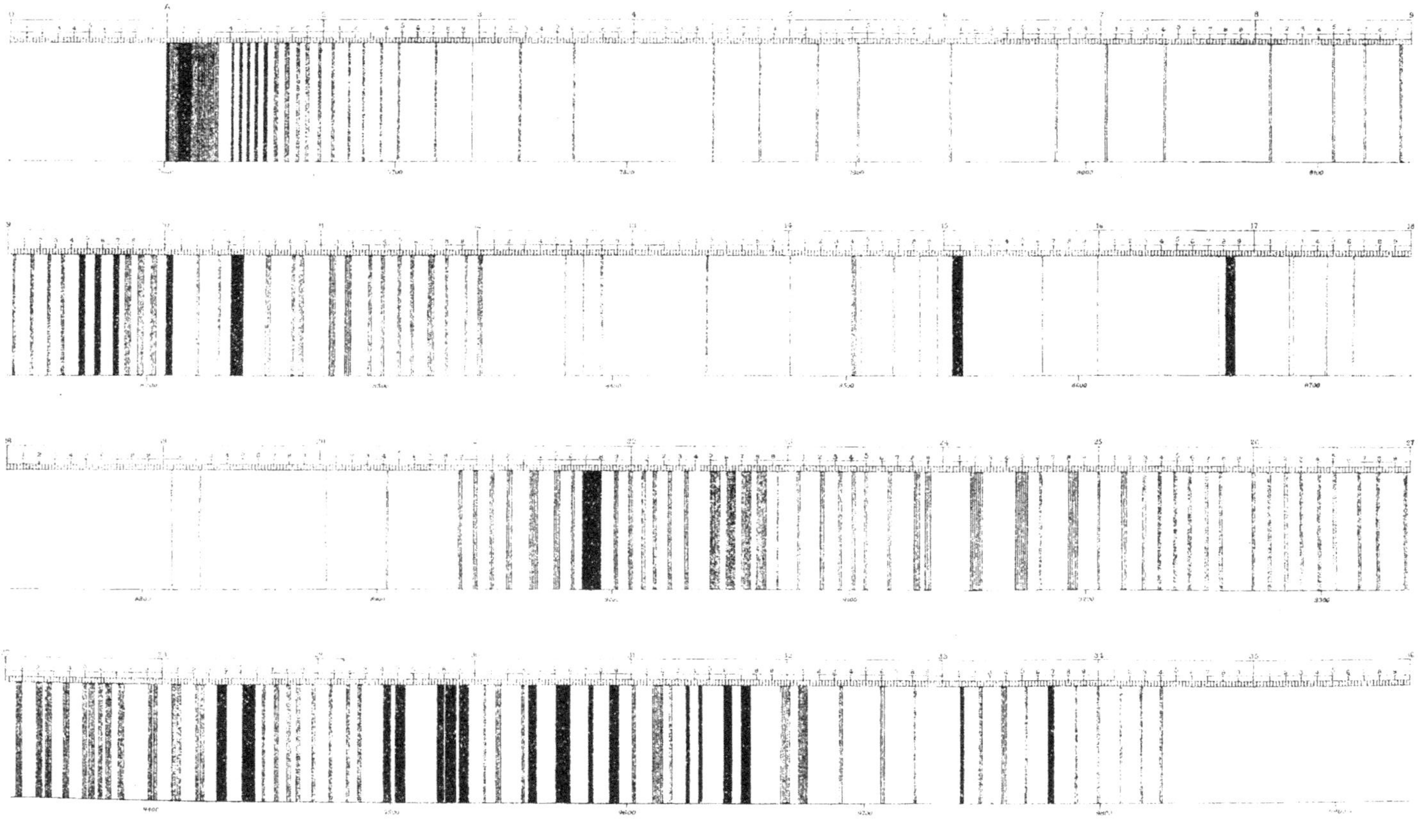

GPSR Compliance

The European Union's (EU) General Product Safety Regulation (GPSR) is a set of rules that requires consumer products to be safe and our obligations to ensure this.

If you have any concerns about our products, you can contact us on ProductSafety@springernature.com

In case Publisher is established outside the EU, the EU authorized representative is:

Springer Nature Customer Service Center GmbH
Europaplatz 3
69115 Heidelberg, Germany

Batch number: 10682411

Printed by Printforce, the Netherlands